古今数学思想

(第一册)

[美]莫里斯·克莱因 著

张理京 张锦炎 江泽涵 等 译

上 海 科 学 技 术 出 版 社

图书在版编目(CIP)数据

古今数学思想.第1册/(美)克莱因(Kline,M.)著;张理京等译.—上海:上海科学技术出版社,2014.1(2022.10重印)

书名原文:Mathematical thought: from ancient to modern times

ISBN 978-7-5478-1717-9

Ⅰ.①古… Ⅱ.①克… ②张… Ⅲ.①数学史 Ⅳ.①O11

中国版本图书馆CIP数据核字(2013)第062748号

古今数学思想(第一册)

[美]莫里斯·克莱因 著
张理京 张锦炎 江泽涵 等 译

上海世纪出版(集团)有限公司
上海科学技术出版社 出版、发行
(上海钦州南路71号 邮政编码200235 www.sstp.cn)
常熟市华顺印刷有限公司印刷
开本787×1092 1/16 印张21.25 插页2
字数370千字
2014年1月第1版 2022年10月第16次印刷
ISBN 978-7-5478-1717-9/O·21
定价:78.00元

《古今数学思想》译者录

第一册(序,第 1 章至第 17 章):

江泽涵(序);张理京(第 1 章至第 10 章,第 13 章,第 14 章);张锦炎(第 11 章,第 12 章);申又枨(第 15 章,第 16 章);朱学贤(第 17 章)

第二册(第 18 章至第 33 章):

朱学贤(第 18 章,第 25 章);钱敏平(第 19 章);邓东皋(第 20 章);丁同仁(第 21 章);刘西垣(第 22 章);叶其孝(第 23 章,第 24 章);庄圻泰(第 26 章,第 27 章);万伟勋(第 28 章至第 30 章);石生明(第 31 章至第 33 章)

第三册(第 34 章至第 51 章):

张顺燕(第 34 章);姜伯驹(第 35 章);孙树本(第 36 章,第 38 章,第 39 章);章学诚(第 37 章);叶其孝(第 40 章);程民德(第 41 章);朱学贤(第 42 章);张恭庆(第 43 章,第 44 章);邓东皋(第 45 章至第 47 章);章学诚(第 48 章);聂灵沼(第 49 章);江泽涵(第 50 章);吴光磊(第 51 章)

翻译说明

很多数学工作者、数学教师和数学爱好者早就希望能有一本比较简明的、阐述一些重要数学思想的来源和发展的书。看到莫里斯·克莱因(Morris Kline)教授写的这本 *Mathematical Thought from Ancient to Modern Times* (1972),我们感到相当满意,就组织人力把它翻译出来。

这本书内容丰富,全面论述了近代数学大部分分支的历史发展;篇幅不大,简明扼要。正如书名所指出的,本书着重论述数学思想的古往今来,而不是单纯的史料传记,努力说明数学的意义是什么,各门数学之间以及数学和其他自然科学尤其是和力学、物理学的关系是怎样的。本书厚今薄古,主要篇幅是叙述近二三百年的数学发展,着重在19世纪,有些分支写到20世纪30年代或40年代,作者对一些重要数学分支的历史发展,对一些著名数学家的评论,都很有一些独到的见解,并且写得很引人入胜。莫里斯·克莱因教授本人深受格丁根大学数学传统的影响,注意研究数学史和数学教育,是一位著名的应用数学家和数学教育家,因此,他很能体会读者的心情,在书中能通过比较丰富的史料来阐述观点,把科目的历史叙述和内容介绍结合起来。另外,为了方便读者,对许多古代的数学成就或资料都翻译成近代数学的语言,通俗易懂。这些都是本书突出的优点。

当然,本书也有不足之处,例如忽视了我国的数学成就及其对数学发展的影响,这对于论述数学的发展来说,无疑是有片面性的。关于对现代数学高度抽象这一特征的看法,作者是持一定保留态度的,他的这种态度,给本书带来了某种倾向性,我们认为这是可以商榷的。另外,关于数学中的有些问题,在历史上一直是争论不休的,而数学就在这种争论中发展着;作者的一些看法也只是一家之言,还是值得研究的。但是总的看来,本书仍不失为一本难得的好书。*Bulletin of the American Mathematical Society*, 1974, 9, Vol. **80**, No. 5:805～807 的书评文章说:"就数学史而论,这是迄今为止最好的一本。"

参加本书翻译的有张理京、江泽涵、张锦炎、申又枨、朱学贤、钱敏平、邓东皋、丁同仁、刘西垣、叶其孝、庄圻泰、万伟勋、石生明、张顺燕、姜伯驹、孙树本、章学诚、程民德、张恭庆、聂灵沼和吴光磊。本书由张理京、申又枨、江泽涵、冷生明校阅。另外,叶其孝、朱学贤也参加校阅了全书的部分章节,并协同做了许多组织工作。

本书是在1976年初，由北京大学数学系的几位教授与部分教师，主要是申又枨、江泽涵、吴光磊、冷生明等，建议组织翻译的。当时主要目的是便于自己学习。

如今，莫里斯·克莱因教授和多位当年参加翻译的老一辈数学家相继去世，我们深深地怀念他们。原书虽再没有新的版本，但其在国际上的影响仍然很大。为了保证质量，冷生明曾对译稿进行了全面校勘，改正了许多误译和其他差错。在原译本中，数以千计的人名、地名译法都不规范，为纠正这些错误，出版社的几位编辑也花费了大量心血。另外，在本书的出版过程中，吴文俊教授给予很大的关怀与支持，我们表示衷心的感谢！

原书初版时为一卷，后改为三册；中译本也分为三册，且内容保持一致。我们希望本书的翻译出版，能增进读者对数学史和数学本身的了解，对数学的教学改革以及对数学和数学史的研究有所裨益。限于水平，译文一定还有许多不妥甚至错误之处，欢迎读者批评指正。

邓东皋

2000年3月9日

序

如果我们想要预见数学的将来，适当的途径是研究这门科学的历史和现状。

庞加莱(Henri Poincaré)

本书论述从古代一直到20世纪头几十年中的重大数学创造和发展。目的是介绍中心思想，特别着重于那些在数学历史的主要时期中逐渐冒出来并成为最突出的，并且对于促进和形成尔后的数学活动有影响的主流工作。本书所极度关心的还有对数学本身的看法、不同时期中这种看法的改变，以及数学家对于他们自己的成就的理解。

必须把本书看作是历史的一个概述。当人们想到欧拉(Leonhard Euler)全集满满的约70卷、柯西(Augustin - Louis Cauchy)的26卷、高斯(Carl Friedrich Gauss)的12卷，人们就容易理解只凭本书一卷的篇幅不能给出一个详尽的叙述。本书的一些篇章只提出所涉及的领域中已经创造出来的数学的一些样本，可是我坚信这些样本最具有代表性。再者，为了把注意力始终集中于主要的思想，我引用定理或结果时，常常略去严格准确性所需要的次要条件。本书当然有它的局限性，但我相信它已给出整个历史的一种概貌。

本书的组织着重在居领导地位的数学课题，而不是数学家。数学的每一分支打上了它的奠基者的烙印，并且杰出的人物在确定数学的进程方面起决定性作用。但是，特意叙述的是他们的思想，传记完全是次要的。在这一点上，我遵循帕斯卡(Blaise Pascal)的意见："当我们援引作者时，我们是援引他们的证明，不是援引他们的姓名。"

为使叙述连贯，特别是在1700年以后的时期，对于每一发展要等到它已经成熟，在数学中占重要地位并且产生影响的时候，我才进行论述。例如，我把非欧几里得几何放在19世纪的时期介绍，虽然企图寻找欧几里得平行公理的替代物或证明早在欧几里得(Euclid)时代就开始了并且继续不断。当然，有许多问题会在不同的时期反复提及。

为了不使资料漫无边际，我忽略了几种文化，例如中国的[①]、日本的和玛雅的文化，因为他们的工作对于数学思想的主流没有重大的影响。还有一些数学中的发展，例如概率论和差分演算，它们今天变得重要，但在所考虑的时期中并未起重要作用，从而也只得到很少的注意。这最后的几十年的大发展使我不得不在本书中只收入那些20世纪的，并且在该时期变成有特殊意义的创造。我没有在20世纪时期继续讨论像常微分方程或变分法的扩展，因为这将会需要很专门的资料，而它们只对于这些领域的研究工作者有兴趣，并且将会大大增加本书的篇幅。此外还考虑到，对于许多较新的发展的重要性，目前还不能作客观的估价。数学的历史告诉我们，许多科目曾经激起过很大的热情，并且得到最好的数学家的注意，但终于湮没无闻。我们只需要回忆一下凯莱(Arthur Cayley)的名言“射影几何就是全部几何”，以及西尔维斯特(James Joseph Sylvester)的断言“代数不变量的理论已经总结了数学中的全部精华”。确实，历史给出答案的有趣问题之一便是数学中哪些东西还生存着而未被淘汰？历史作出它自己的而且更可靠的评价。

通过几十项重要发展的即使是基础的叙述，也不能指望读者知道所有这些发展的内容。因此，我在本书中论述某科目的历史时，除去一些极初等的领域外，也说明科目的内容，把科目的历史叙述和内容说明融合起来。对各种数学创造，这些说明也许不能把它们完全讲清楚，但应能使读者对它们的本质得到某些概念。从而在某种程度上，本书也可作为一本从历史角度来讲解的数学入门书。这无疑是使读者能获得理解和鉴赏的最好的写法之一。

我希望本书对于专业的数学家和未来的数学家都有帮助。专业的数学家今天不得不把这么多的时间和精力倾注到他的专题上去，使得他没有机会去熟悉他的学科的历史。而实际上，这历史背景是重要的。现在的根深扎在过去，而对于寻求理解“现在之所以成为现在这样子”的人们来说，过去的每一事件都不是无关的。再者，虽然数学大树已经伸张出成百的分支，它毕竟是一个整体，并且有它自己的重大问题和目标。如果一些分支专题对于数学的心脏无所贡献，它们就不会开花结果。我们的被分裂的学科就面临着这种危险；跟这种危险作斗争的最稳妥的办法，也许就是要对于数学的过去成就、传统和目标得到一些知识，使得能把研究工作导入有成果的渠道。如同希尔伯特(David Hilbert)所说的：“数学是一个有机体，它的生命力的一个必要条件是所有各部分的不可分离的结合。”

对于学数学的学生来说，本书还会另有好处。通常一些课程所介绍的是一些

---

① 中国数学史的一个可喜的叙述，已见于李约瑟(Joseph Needham)的 *Science and Civilization in China*，剑桥大学出版社，1959，卷3，第1～168页。

似乎没有什么关系的数学片断。历史可以提供整个课程的概貌，不仅使课程的内容互相联系，而且使它们跟数学思想的主干也联系起来。

在一个基本方面，通常的一些数学课程也使人产生一种幻觉。它们给出一个系统的逻辑叙述，使人们有这种印象：数学家们几乎理所当然地从定理到定理，数学家能克服任何困难，并且这些课程完全经过锤炼，已成定局。学生被湮没在成串的定理中，特别是当他正开始学习这些课程的时候。

历史却形成对比。它教导我们，一个科目的发展是由汇集不同方面的成果点滴积累而成的。我们也知道，常常需要几十年甚至几百年的努力才能迈出有意义的几步。不但这些科目并未锤炼成无缝的天衣，就是那已经取得的成就，也常常只是一个开始，许多缺陷有待填补，或者真正重要的扩展还有待创造。

课本中的斟字酌句的叙述，未能表现出创造过程中的斗争、挫折，以及在建立一个可观的结构之前，数学家所经历的艰苦漫长的道路。学生一旦认识到这一点，他将不仅获得真知灼见，还将获得顽强地追究他所攻问题的勇气，并且不会因为他自己的工作并非完美无缺而感到颓丧。实在说，叙述数学家如何跌跤，如何在迷雾中摸索前进，并且如何零零碎碎地得到他们的成果，应能使搞研究工作的任一新手鼓起勇气。

为了使本书能包罗所涉及的这个大范围，我曾经试着选择最可靠的原始资料。对于微积分以前的时期，像希思(Thomas L. Heath)的《希腊数学史》(*A History of Greek Mathematics*)无可否认地是第二手的资料，可是我并未只依靠这样的一个来源。对于以后时期中的数学发展，通常都能直接查阅原论文；这些都幸而可以从期刊或杰出的数学家的全集中找到。对研究工作的大量报道和概述也帮助了我，其中一些实际上也就在全集里。对于所有的重要结果，我都试着给出出处。但并没有对于所有的断言都这么做；否则将会使引证泛滥，浪费篇幅，而这些篇幅还不如用来充实报道。

每章中的参考书目指出资料来源。如果读者有兴趣，他能从这些来源得到比本书中所说的更多的报道。这些书目中还包括许多不应而且没有作为来源的文献。把它们列在书目中，是因为它们供给额外的报道，或者表达的水平可以对一些读者更有帮助，或者它们比原始资料更易于找到。

在此，我想对我的同事 Martin Burrow，Bruce Chandler，Martin Davis，Donald Ludwig，Wilhelm Magnus，Carlos Moreno，Harold N. Shapiro 和 Marvin Tretkoff 表示谢意，感谢他们回答了大量的问题，阅读了本书的许多章节，提出了许多宝贵的批评意见。我特别感激我的妻子 Helen，她以批评的眼光编辑我的手稿，广泛地核对人名、日期和出处，而且极仔细地阅读尚未分成页的校样并给它们编上页码。Eleanore M. Gross 夫人做了大量的打字工作，对我是一个极大的帮助。我想对牛津大学出版社的编辑部表示感激,感谢他们细心地印刷了本书。

莫里斯·克莱因(Morris Kline)

纽约 1972 年 5 月

目　录

第 1 章

美索不达米亚的数学

逻辑可以等待,因为它是永恒的。

亥维赛(Oliver Heaviside)

1. 数学是在哪里开始出现的

数学作为一门有组织的、独立的和理性的学科来说,在公元前 600 到前 300 年之间的古典希腊学者登场之前是不存在的。但在更早期的一些古代文明社会中已产生了数学的开端和萌芽。在这些原始文明社会中,有好些社会只能分辨一、二和许多,并没有更多的数学知识;有些则知道并且能够运算大的整数。还有一些能够把数作为抽象概念来认识,并采用特殊的字来代表个别的数,引入数的记号,甚至采用十、二十或五作为基底来表示较大的数量。也可以发现他们知道四则运算,不过仅限于小的数;并且具有分数的概念,不过只限于$\frac{1}{2}$,$\frac{1}{3}$之类,而且是用文字表达的。此外,古人也认识到最简单的几何概念如直线、圆和角。也许值得一提的是,角的概念想必是从观察到人的大小腿(股)或上下臂之间形成的角而产生的,因为在大多数语言中,角的边常是用股或臂的字来代表的。例如在英文中,直角三角形的两边叫两臂。(在汉文中直角三角形的一条直角边也叫股。——译者)在这些原始文明中,数学的应用只限于简单交易,田地面积的粗略计算,陶器上的几何图案,织在布上的花格和记时等方面。

在公元前 3000 年左右巴比伦和埃及的数学出现以前,人类在数学上没有取得更多的进展。由于原始人早在公元前一万年就开始定居在一个地区,建立家园,靠农牧业生活,可见最初等的数学迈出头几步是多么费时;更由于许许多多古代文明社会竟然没有什么数学可言,足见能培育出这门科学的文明是多么稀少。

2. 美索不达米亚的政治史

在上述两个古代文明社会中,巴比伦人是首先对数学主流作出贡献的。由于我们对近东的特别是对巴比伦古代文明的知识,大部分来自近百年来考古研究的结果,所以这一知识是不完整的,而且会因以后的新发现而必须加以改正。"巴比伦人"这个名词包括好些同时或先后居住在底格里斯(Tigris)和幼发拉底(Euphrates)两河之间及其流域上的一些民族。这块地方古代叫美索不达米亚(Mesopotamia),是今日伊拉克的一部分。这些民族居住在独立的城邑如巴比伦(Babylon),乌尔(Ur),尼普尔(Nippur),苏萨(Susa),阿塞尔(Aššur),乌鲁克(Uruk),拉格什(Lagash),启什(Kish)等。公元前 4000 年左右,同闪族及印度-日耳曼族不同种族的苏美尔人(Sumerians)在美索不达米亚的部分地区定居了下来。他们的首都是乌尔,他们所控制的地区叫苏美尔(Sumer)。虽然他们的文化在公元前 2250 年达到最高点,但甚至在更早的时候,公元前 2500 年左右,苏美尔人就受阿卡得人(Akkadians)的政治控制。阿卡得人是闪族,他们的主要城市是阿卡得(Akkad),当时的统治者是萨尔贡(Sargon)。于是苏美尔文化就被阿卡得文化淹没了。在汉谟拉比(Hammurabi)王(公元前 1700 年左右)统治期间,文化得到高度发展。这位君王也以制定一部著名法典而垂名后世。

公元前 1000 年左右,民族迁徙和铁器的使用产生了进一步的变革。其后到公元前 8 世纪,这地区为原住在底格里斯河上游的亚述人(Assyrians)所统治。据今日所知,亚述人对文化没有什么新贡献。一个世纪之后,亚述帝国为迦勒底人(Chaldeans)和米提亚人(Medes)所割据,而米提亚人则与更往东的波斯人种族接近。美索不达米亚史上的这段时期(公元前 7 世纪)通常称为迦勒底时期。公元前 540 年左右,近东地区为居鲁士(Cyrus)统治下的波斯人所征服。波斯数学家如那波-里曼尼(Nabu-rimanni,公元前 490 年左右)和西丹努斯(Kidinu,公元前 480 年左右)开始为希腊人所知悉。

公元前 330 年,希腊军事领袖亚历山大大帝(Alexander the Great)征服了美索不达米亚。从公元前 330 年迄基督诞生这一段历史时期世称为塞琉西时期(Seleucid),这是从公元前 323 年亚历山大死后统治该地区的希腊将领塞琉古(Seleucus)得名的。但其时希腊数学之花已盛开,所以自亚历山大迄公元 7 世纪阿拉伯人到来这一段时期内,希腊人的影响遍及近东。巴比伦人所创造的数学大部分出现在塞琉西时期以前。

尽管美索不达米亚地区的统治者变动频繁,但数学的知识、传统和使用,从古代起至少一直到亚历山大时代,始终连绵不断。

3. 数的记号

我们对巴比伦文明和数学的知识,无论是其古代的或较近期的,都得自其泥版的文书。这些泥版是在胶泥尚软时刻上字然后晒干的。因而那些未被毁坏的就能完整保存下来。这些泥版的制作大抵在两段时期，有些是公元前 2000 年左右的，而大部分是公元前 600 年到公元 300 年间的。较早的泥版对数学史来说重要性更大些。

较早期泥版上刻的是阿卡得文字，这是附加到较早的苏美尔文字上的一种文字。阿卡得语中的字含有一个或多个音节；每个音节则用一批基本上是线条形式的记号表示。阿卡得人用一种断面呈三角形的笔斜刻泥版，在版上按不同方向刻出楔形刻痕。因此这种文字就叫楔形文字。楔形文字的英文字 cuneiform 就是从拉丁文 *cuneus* 而来的，而 *cuneus* 的原意就是“楔”或尖劈。

巴比伦文化中发展程度最高的算术是阿卡得人的算术。他们的整数写法如下：

1　2　3　4（或）　5　6　7（或）

8（或）　9　10　11　12　20　30　40　50

60　70　80　120　130

巴比伦数系的突出之点是以 60 为基底并采用进位记号。

起初巴比伦人没有用什么记号来表示某一位上没有数，因此他们写的数是意义不定的。例如可以表示 80 或 3 620，这要取决于头一个记号是表示 60 还是 3 600。他们往往空出一些地方来表明哪一位上没有数，但这当然还会引起误解。在塞琉西时期他们引入了一种特别的分开记号来表示哪一位上没有数。例如 $=1\cdot60^2+0\cdot60+4=3\,604$。但即使在这段时期也还未采用一个记号来表明最右端的一位上没有数，如同我们今日所记的 20 那样。在这两段时期，人们都得依靠文件的内容，才能定出整个数字的确切数值。

巴比伦人也用进位记法来表示分数。例如作为分数来记时，可以表示 20/60，而作为分数来记，可表示 21/60 或 $20/60+1/60^2$。所以他们数字系统的混淆不清比上面所指出的还要厉害。

少数几个分数有其特定记号。例如我们可以看到 = 1/2， = 1/3， = 2/3。这些特殊分数 1/2，1/3 和 2/3，对巴比伦人来说，在量的度量意义上是作为“整体”看待的，而不是一的几分之几，虽则它们是从量的度量（同另一量相比有这相应关系)所得出的结果。例如把一角钱与元对比时,我们可以把1角钱写成1/10,但又把这1/10本身看成是一个单位。

实际上巴比伦人并不到处都用60进制。有时他们把年数写成 *2me25*,这里 *me* 代表百,用我们的记号就是225。他们也用 *lîmu* 代表1 000,这一般用在非数学的文件上,然而也出现在塞琉西时代的数学文件上。有时10和60进位是混用的。如 *2me1*,10,这表示 $2\times100+1\times60+10$ 或270。他们以60, 24, 12, 10, 6, 2混合进位制写出的数,表示日期、面积、重量、钱币,正如我们今日的钟点数用12进位,分、秒数用60进位,英寸数用12进位而普通计数则用10进位一样。巴比伦人的数制也像今日所用的一样,是由许多历史条件和地区习惯形成的混合数制。不过在数学和天文上,他们则是一贯用60进制的。

我们不能明确地知道基底60是怎么来的。这也许是由于他们采用一系列重量单位制的结果。假如我们有一个重量单位制,其各单位所含重量之比为

$$1/2,\ 1/3,\ 2/3,\ 1,\ 10.$$

又假如另外还有一种重量单位制,其单位不同但重量值之比相同,而政治或社会力量要求把这两种衡制合并起来。(例如我们有米和码。)如果较大的单位是较小单位的60倍,那么较大单位的1/2, 1/3和2/3将是较小单位的整倍数。因而为了使用方便就采纳较大的单位。

关于进位记数法的来源有两种可能的解释。在较早的记数法中,他们用较大的代表1乘60而以较小的这种记号代表1。在写法简化以后,的外形减小了但仍放在代表60的那个位置上,因而所在的位置就变成代表60的倍数记号。另一种可能的解释来自币制。他们可能把1talent(古币单位)和10mana写作,这里表示1talent,它等于60mana。正如我们所写$1.20中的1代表100分那样。于是记钱数的写法就采用到一般算术上来了。

4. 算术运算

在巴比伦记数制中,代表1和10的记号是基本记号。从1到59这些数都是用几个或者更多一些基本记号结合而成的。因此这种数的加减法就不过是加上或去掉这种记号。巴比伦人把数字合在一起用来表示相加,例如表示16。减法用记号表示,如即 $40-3$。在较晚期的天文文件中则出现 *tab* 这个字,它表示加法。

他们也做整数的乘法。比方说,乘以37,他们的做法是乘以30,另外再乘以7,

然后把结果相加。乘法记号是 ,读作 *a-rá*，意思是"去"。

巴比伦人也做整数除以整数的运算。由于除以一个整数 a 就是乘以倒数 $1/a$，这就牵涉到分数的运算。巴比伦人把倒数化成 60 进制的"小数",而除了上面指出的几个分数以外,不用分数的特殊记号。他们有数字表,可以查出 $1/a$ 形式的数(其中 $a = 2^{\alpha}3^{\beta}5^{\gamma}$) 怎样写成有限位的 60 进制"小数"。有些数表给出 1/7, 1/11, 1/13 等的近似值,因为这些分数所化成的 60 进制小数是无限循环的。在一些老问题里所出现的分数中,如果分母里含有 2, 3 或 5 之外的因子,分子里也有这种因子,那就彼此约掉。

巴比伦人完全靠倒数表来作计算。例如,他们的表中有

*igi*2*gál-bi*30　　　*igi*8*gál-bi*7, 30
*igi*3*gál-bi*20　　　*igi*9*gál-bi*6, 40
*igi*4*gál-bi*15　　　……
*igi*6*gál-bi*10　　　*igi*27*gál-bi*2, 13, 20

这些显然表示 $1/2 = 30/60$, $1/3 = 20/60$ 等。至于 *igi* 和 *gál-bi* 的确切意义则不知道。60 进制分数(即小于 1 的数)用 60 乘幂 60, 60^2 等的逆方幂表示,不过分母并未明确写出。这种写法仍为希腊人希帕恰斯(Hipparchus,又译"喜帕恰斯""依巴谷")和托勒玫(Claudius Ptolemy,又译"托勒密")所采用,并且一直沿用到 16 世纪文艺复兴时的欧洲,这之后才被以 10 为底的 10 进制小数所代替。

巴比伦人也有表示平方、平方根、立方和立方根的数表。当方根是整数时,给出的是准确值。对于其他的方根,相应的 60 进制数值只是近似的。无理数当然是不能用有限位的 10 进制或 60 进制小数来表示的。不过,没有事实可以证明巴比伦人懂得这一点。他们很可能相信,只要用足够多的位数,就可用 60 进制小数准确表达无理数。巴比伦人给出的$\sqrt{2}$的近似值是 $\sqrt{2} = 1.414\,213\cdots$ 而不是 $1.414\,214\cdots$。

在他们计算高 h、宽 w 的矩形对角线 d 时出现平方根。有一个问题是求给定宽和高的一扇门的对角线。给出的解答并未说明是怎么求得的,但相当于用了求对角线 d 的近似公式,即

$$d \approx h + \frac{w^2}{2h}.$$

这公式在 $h > w$ 时是 d 的很好的近似式,例如在他们的一个问题中有 $h > w$ 的情形,可以看出这解答是合理的,因为

$$d = \sqrt{h^2 + w^2} = h\sqrt{1 + \frac{w^2}{h^2}} = h\left(1 + \frac{w^2}{h^2}\right)^{\frac{1}{2}}.$$

如果把二项式展开并只取头两项,那就得出上面的近似式。他们还给出了求平方

根问题的其他近似解答,这些可能是用了巴比伦人数字表中的数而得出的。

5. 巴比伦的代数

从载有数字表的文件中,可以获得巴比伦人的数系和数字运算方面的许多知识。还有一些文件与此不同,它们是处理代数与几何问题的。早期巴比伦代数的一个基本问题,是求出一个数,使它与它的倒数之和等于已给数。用现代的记号来说,即巴比伦人要求出这样的 x 与 $\bar{x}$,使

$$x\bar{x} = 1, \; x + \bar{x} = b.$$

从这两个方程得出 x 的一个二次方程,即 $x^2 - bx + 1 = 0$。他们作出 $\left(\frac{b}{2}\right)^2$;再作出 $\sqrt{\left(\frac{b}{2}\right)^2 - 1}$,然后得出解答:

$$\frac{b}{2} + \sqrt{\left(\frac{b}{2}\right)^2 - 1} \quad 及 \quad \frac{b}{2} - \sqrt{\left(\frac{b}{2}\right)^2 - 1}.$$

这就是说巴比伦人实际上知道二次方程根的公式。有些别的问题,如给定两数之和与两数之积而求出这两数,也可化为上述问题。由于巴比伦人不用负数,故二次方程的负根是略而不提的。虽然他们只给出具体例题,但好些问题是打算说明二次方程的一般解法的,他们用变量置换把更为复杂的代数问题化成较简单的问题。

巴比伦人能解出含五个未知量的五个方程这类个别的问题。在校正天文观测数据而引起的一个问题中,包括含十个未知量的十个(大多数是线性的)方程。他们用一种特殊的方法结合各个方程,最后算出了所有未知量。

他们的代数方程是用语文叙述并用语文来解出的。他们常用*uś*(长),*sag*(宽)和 *aša*(面积)这些字来代表未知量,并不一定因为所求未知量确实是这些几何量,而可能是由于许多代数问题来自几何方面,因而用几何术语成了标准做法。我们举下面一个例子,来说明他们是怎样用这些术语表示未知量和陈述问题的:“我把长乘宽得面积 10。我把长自乘得面积,我把长大于宽的量自乘,再把这个结果乘以 9。这个面积等于长自乘所得的面积。问长和宽是多少?”很明显,这里的文字**长**、**宽**和**面积**,只不过是分别代表两个未知量及其乘积的方便说法①。

这问题现今的写法是

① 在范·德·瓦尔登(van der Waerden)一书 pp. 65 – 73 中可找到许多代数问题的例子。请参看本章末的文献。

$$xy = 10,$$
$$9(x-y)^2 = x^2.$$

附带说明一下，求解时得出 x 的一个四次方程，但其中缺少 x 和 x^3 项，因而可作为 x^2 的二次方程来解出。

他们也解需要求三次根的问题。其中一个问题若用现今的记号来写是这样的：

$$12x = z,\ y = x,\ xyz = V.$$

这里 V 是个给定的体积。求这里的 x 时必须算立方根。巴比伦人用上述的立方根数字表来算这个根。他们也计算复利问题，其中需要求出一个未知的指数函数值。

巴比伦人有时也用记号表示未知量，但这种记法只是偶尔用之。在有些问题里，他们用两个苏美尔文字(字尾变形有点受阿卡得文的影响)表示两个互为倒数的未知量。又因这两个文字在古苏美尔文里是用象形记号的，而这两个象形记号当时已不流行，所以结果就等于用两个特殊记号来表示未知量。他们反复运用这些记号，因而虽不懂得这两个记号在阿卡得文里的读法，我们也可以认出它们来。

他们解代数问题时只指出求解的步骤。例如，10 平方得 100，从 1 000 减去 100 得 900 等。由于他们并不说明每步做法的理由，所以只能推想他们是怎么知道这种做法的。

他们在具体问题里算出了算术数列和几何数列之和。对于后者，用我们的记号是

$$1 + 2 + 4 + \cdots + 2^9 = 2^9 + (2^9 - 1) = 2^{10} - 1.$$

他们也给出了从 1 到 10 的整数平方和，好像是应用了下列公式似的：

$$1^2 + 2^2 + \cdots + n^2 = \left(1 \times \frac{1}{3} + n \times \frac{2}{3}\right)(1 + 2 + 3 + \cdots n).$$

在处理这方面的特殊问题时，他们没有给出推导。

巴比伦代数中也含有一些数论。他们求出了好几批毕达哥拉斯三元数组，并且很可能是用正确方法得出的，即若 $x = p^2 - q^2$，$y = 2pq$，$z = p^2 + q^2$，则 $x^2 + y^2 = z^2$。他们还求出了 $x^2 + y^2 = 2z^2$ 的整数解。

6. 巴比伦的几何

几何在巴比伦人的心目中是不重要的。几何并不是他们一门独立的学科。关于划分土地或计算某项工程所需砖数之类的问题很易于化为代数问题。面积和体积的一些算法是按固定法则或公式给出的。不过，那些说明几何问题的图画得很

粗,所用的公式也可能不正确。例如,在巴比伦人计算面积的问题里,我们分不清其中的三角形是否为直角三角形,也不知其四边形是否为正方形,因而不知其对有关图形所用的公式是否正确。不过,毕达哥拉斯定理中的关系,三角形的相似以及相似三角形对应边成比例的关系他们是知道的,他们似用 $A=\frac{c^2}{12}$(其中 c 表圆周长)这个法则得出圆面积。在这个法则里,他们等于用 3 代替了 π。不过,在他们给出正六边形及其外接圆周长之比时,其中的结果说明他们用 $3\frac{1}{8}$ 作为 π 值。在计算一些特定物理问题时,他们算出了一些体积,有些算对了,有些算得不对。

除了计算一个给定的等腰三角形的外接圆半径之类这些特殊的实际知识外,巴比伦人的几何内容只是收集了一些计算简单平面图形面积和简单立体体积的法则,而平面图形中则包括正多边形。他们并不专为几何而研究几何,总是在解决实际问题时才去研究几何的。

7. 巴比伦人对于数学的使用

尽管巴比伦人的数学知识有限,但数学在他们生活的许多方面都起作用。巴比伦位于古代贸易通道上,他们商业活动范围很广。巴比伦人用他们的算术和简单代数知识来表示长度和重量,来兑换钱币和交换商品,来计算单利和复利,来计算税额,来给农民、教会和国家之间分配收获的粮食。划分土地和遗产的问题引出代数问题。牵涉到数学的大多数楔形文字著作(除了数字表和解题的文件之外)都是关于经济问题的。在他们的早期历史中,经济对算术发展的影响是毋庸置疑的。

挖运河、修堤坝以及搞其他水利工程都需要用到计算。关于砖的需用量问题就引起许多数字计算和几何问题。他们需要计算谷仓和房屋的容积以及田地的面积。巴比伦数学和实际问题之间的紧密联系可从下例看出:要挖一条运河,其横断面为给定的梯形,其长、阔、深是已知的。每人每天的挖土量是已知的,挖土人数和他们的工作日数之和也是已知的。问题是要算出人数和工作日数。

由于从希腊时代起数学和天文学之间的关系就非常重要,所以我们这里要指出巴比伦人在天文学方面有哪些知识并做了些什么工作。苏美尔人的天文知识如何我们一无所知,而阿卡得时代的天文知识是粗糙的并且缺乏数量关系;在出现值得一提的天文学之前,数学先有了发展。在亚述时代(公元前 700 年左右)的天文学中开始有了对现象的数学描述,并有系统地记录观测数据。在公元前的最末三个世纪里,数学的应用多了起来,特别是用于计算月球和行星的运动。天文学方面的文件大多产生在这个塞琉西时期。这种文件有两类,一类是程式文书,一类是天文历书,即给出天体在不同时期所处位置的书表。程式文书是说明怎样计算天文历书的。

从他们对日月观察数据所作的算术,可以看出巴比伦人计算了相继数据之间的一次和二次差分,观察到了一次或二次差分等于常数时的情况,并对数据作了外插与内插。他们算法的程式等于利用了这一事实:所观测的数据可用多项式函数来拟合,这样使他们能预测各行星在每一天的位置。他们颇为准确地知道一些行星的运动周期,并利用亏蚀现象来作为计算的基础。但在巴比伦人的天文学里,并没有对行星运动或月球运动给出几何概型。

塞琉西时期的巴比伦人已对太阳和月球的运动记录了很多的数据,其中给出变动的速度和位置。这些数据表里还列有(或者易于从中推算出)太阳和月球的特定位置和亏蚀时间。他们的天文学家能把新月和亏蚀出现的时间算准到几分钟之内。从他们的数据说明他们知道太阳年或回归年(季节年)等于 $12+22/60+8/60^2$ 个月(从新月出现到下次新月出现为一月),并把恒星年(太阳相对于恒星的位置复原所需之时)准确算到 $4\frac{1}{2}$分。

黄道带里相应于十二宫的星座是他们早就知道的,但黄道带的名称是在公元前 419 年的一项文件中才首次出现的。黄道带每宫占 30°。天上行星的位置以恒星为依据来确定,也用其在黄道带中的位置来确定。

天文学有许多用处。其一是要用它来算出历书,这是由太阳、月球和恒星的位置推定的。年、月、日这些天文上的数量要准确算出,才能知道播种日和宗教节日。部分由于日历同宗教节日和宗教仪式的关系,部分由于他们认为天体都是神,所以在巴比伦由祭司掌管日历。

他们的日历是阴历。每月是在月球全黑(我们今日所谓的新月)后首次出现娥眉月时开始的。日子从首次出现娥眉月的那天晚上开始算起,并把从日落到第二次的日落之间的时间作为一天。阴历是难办的,因为虽然使一个月有整数的日子是件方便的事,但根据太阳月球接连有同样相对位置(即从新月到新月)之间相隔日数来算的阴历月份,有的是 29 天,有的是 30 天。这就出现该定哪些月为 29 天和哪些月为 30 天的问题。更重要的一个问题是怎样使阴历符合季节。这问题的解答很复杂,因它要取决于月球和太阳的运行路径和它们的速度。阴历里还插进了额外的月份,使得在 19 年里这样插进了 7 个月之后,才能让阴历约摸符合太阳年。这样 235 个阴历月份等于 19 个太阳年。他们逐年算出了夏至的时间,然后取相等的分段,定出冬至和春分、秋分的时间。这种历法为犹太人、希腊人所沿用,罗马人起初也沿用,直到公元前 45 年他们采用儒略历法(Julian calendar)时为止。

把圆分为 360 度是巴比伦天文学家在公元前最末一个世纪里首创的。这跟他们早先用 60 作基底一事不相干;不过 60 却用来作为把度分成分和把分分成秒的底数。天文学家托勒玫(公元 2 世纪)也沿用巴比伦人的这种分法。

与天文学密切相关的是占星术。巴比伦人也像其他许多古代文明社会中的人一样,认为天体都是神,因而认为它们能影响甚至主宰人间的事。如果我们想想太阳的重要性,它给我们以光和热,对植物生长的影响,日蚀时所引起的恐惧,以及动物交配的季节性现象,那就很可以理解,为什么古人相信天体甚至能影响人的一生中的日常事务。

古代社会中伪科学性的预卜并非都用天文。他们认为数本身有神秘特性并可用之于预卜未来。我们可在但以理书(*the Book of Daniel*)及新旧约先知的著述中看出巴比伦人预卜未来的做法,希伯来人的“科学”测字术(*gematria*)(希伯来传统神秘主义的一种形式)就是根据这一事实而来的,即因希伯来人用字母来表示数,所以他们认为由字母组成的每个字都具有一个数值。如果两个字的字母值之和相同,那就表明这两个字所代表的两种概念、两个人或两件事之间有重要的联系。在以赛亚的预言里(21 : 8),狮子宣告巴比伦城的沦落,因为希伯来文中狮子这个字和巴比伦这个字里,其字母所代表的数字之和是一样的。

8. 对巴比伦数学的评价

巴比伦人用特殊的名称和记号来表未知量,采用了少数几个运算记号,解出了含有一个或较多未知量的几种形式的方程,特别是解出了二次方程,这些都是代数的开端。他们对整数和分数搞出了有系统的写法,这使他们能把算术推进到相当高的程度,并用之于解决许多实际问题特别是天文上的问题。他们在解特殊型高次方程方面具有一些代数技能,但总的说来,他们的算术和代数是很初等的。虽然他们算的都是具体的数和具体问题,但他们对抽象数学也有部分掌握,因为他们认识到某些运算过程对某些类型方程具有典型性。

问题是巴比伦人在采用数学证明这方面做到什么程度。他们确曾用正确的有系统的步骤,解出了含未知量的颇为复杂的方程。但他们只用语言说出该做的步骤,没有说出做那一步的理由根据什么。几乎可以肯定地说,他们的算术和代数步骤以及几何法则都是根据物理事实、边试边改以及从直观认识得出的结果。如果有些方法行之有效,巴比伦人便认为这就有充分理由继续加以采用。关于证明的想法,依据于决定取舍原则的逻辑结构的思想,以及问题的解在什么条件下存在这些方面的考虑,在巴比伦人的数学里都是找不到的。

参考书目

Bell, E. T.: *The Development of Mathematics*, 2nd ed., McGraw-Hill, Chaps. 1－2.

Boyer, Carl B.: *A History of Mathematics*, John Wiley and Sons, 1968, Chap. 3.

Cantor, Moritz: *Vorlesungen über Geschichte der Mathematik*, 2nd ed., B. G. Teubner, 1894, Vol. 1, Chap. 1.

Chiera, E.: *They Wrote on Clay*, Chicago University Press, 1938.

Childe, V. Gordon: *Man Makes Himself*, New American Library, 1951, Chaps. 6－8.

Dantzig, Tobias: *Number: The Language of Science*, 4th ed., Macmillan, 1954, Chaps. 1－2.

Karpinski, Louis C.: *The History of Arithmetic*, Rand McNally, 1925.

Menninger, K.: *Number Words and Number Symbols: A Cultural History of Numbers*, Massachusetts Institute of Technology Press, 1969.

Neugebauer, Otto: *The Exact Sciences in Antiquity*, Princeton University Press, 1952, Chaps. 1－3 and 5.

Neugebauer, Otto: *Vorgriechische Mathematik*, Julius Springer, 1934, Chaps. 1－3 and 5.

Sarton, George: *A History of Science*, Harvard University Press, 1952, Vol. 1, Chap. 3.

Sarton, George: *The Study of the History of Mathematics and the History of Science*, Dover (reprint), 1954.

Smith, David Eugene: *History of Mathematics*, Dover (reprint), 1958, Vol. 1, Chap. 1.

Struik, Dirk J.: *A Concise History of Mathematics*, 3rd ed., Dover, 1967, Chaps. 1－2.

van der Waerden, B. L.: *Science Awakening*, P. Noordhoff, 1954, Chaps. 2－3.

第2章

埃及的数学

所有科学，包括逻辑和数学在内，都是有关时代的函数——所有科学连同它的理想和成就统统都是如此。

穆尔(E. H. Moore)

1. 背 景

当美索不达米亚地区的统治民族迭经更替从而接受新的文化影响之际，埃及的文明却在不受外来势力的影响下独自发展。埃及文明源自何处至今未知，但它肯定在公元前4000年之前就已存在。正如希腊史学家希罗多德(Herodotus)所说，埃及是受尼罗河恩施的。这条河把南方的水一年一度地泛滥到沿河两岸之后留下沃土。他们的大多数人自古以来就一直靠耕种这片沃土谋生。这国家的其余部分是荒漠。

在今日埃及这块地方，古代有两个王国，一个在北方，一个在南方。在公元前3500年到前3000年之际，他们的一个统治者美尼斯(Mena或Menes)统一了南、北(或上、下)埃及。嗣后埃及历史的主要时期就按统治的朝代来命名，而以美尼斯为第一朝代的创建人。埃及文化在第三朝代(公元前2500年左右)到达最高点，当时的统治者建立了至今闻名的金字塔。一直到公元前332年亚历山大大帝征服它以前，埃及文明按着它自己的道路延续着。此后一直到公元600年左右，埃及的历史和数学就附属于希腊文明了。因此，除了受希克索斯(Hyksos)人的一次小小入侵(公元前1700—前1600)和跟巴比伦文明的轻微接触[这从尼罗河谷发现公元前1500年左右的泰勒阿玛纳(Tell al-Amarna)楔形文字泥版一事推知]之外，埃及文明是其本地居民的创造物。

古埃及人造出了他们自己的几套文字。其中有一套是象形文字，每个文字记号是某件东西的图形。直到基督降生的年代，埃及象形文字还用在纪念碑文和器皿上。从公元前2500年左右起，埃及人用一种所谓僧侣文(hieratic writing)来作日常书写。这套文字所用的人为记号起初只是象形字的简缩。僧侣文是拼音的，每个音节由一个会意文代表，而整个文字则由一些会意文组成。整个文字的意义并不受个别会意文的限制。

书写的方式是用墨水写在草片(papyrus)上，这是把一种木髓紧压后切成的薄片。因草片会干裂成粉末，所以除了铭刻在石头上的象形文字外，古埃及的文件很少保存下来。

现存的数学文件主要是两批草片文书：一批是保存在莫斯科的，叫莫斯科草片文书；一批是1858年英国人莱因德(Henry Rhind)发现的，现存英国博物馆，叫莱因德草片文书。莱因德草片文书又叫阿梅斯(Ahmes)草片文书，因其作者叫阿梅斯。他在这文书的开首写了如下这句话："获知一切奥秘的指南。"这两批草片文书都是公元前1700年左右的东西。此外还存有写于这一时代及其后的一些草片文书的片断。数学草片文书的作者是在古埃及政府和教会行政机构中工作的书记。

草片文书里含有数学问题和解答——在莱因德草片文书里有85题，在莫斯科草片文书里有25题。这些想必是书记们在工作中所碰到的问题，而人们则指望他们求出解答。这两大批草片文书中的问题很可能是作为一些典型问题和典型解法的示范例子而记下来的。虽然这些草片文书的撰写年代在公元前1700年左右，但其中所含的数学是埃及人早在公元前3500年就已经知道的，而从那时起直到希腊人征服他们以前，他们很少增加新的知识。

2. 算　　术

埃及人用的象形数字记号是：∣表示1，∩表示10，𓍢及𓍢表示100，𓆼表示1 000，𓁨表示10 000，以及表示更大单位的其他记号。介乎其间的各数则由这些记号组合而成。书写的方式是从右往左的，故||||∩∩表示24。这套数字写法是以10为底的，但不是进位制的。

埃及僧侣文的整数写法可用下面几个记号作为例子：

1　2　3　4　5　6　7　8　9　10

他们的算术主要用叠加法。做通常加减法时，他们只是靠添上或划掉一些记号，以求得最后结果。乘除法也是化成叠加步骤来做的。比如说，计算12乘12时，埃及人的做法如下：

1　　12

2	24
4	48
8	96

每行是由上一行取二倍得出的。有了 $4\cdot12=48$ 和 $8\cdot12=96$,把 48 和 96 相加,这就得到 $12\cdot12$。这种算法当然同分别乘以 10 和乘以 2 然后相加的算法很不一样。乘以 10 的算法他们也做,这时他们把表示 1 的记号改成表示 10 的记号,把表示 10 的记号改成表示 100 的记号。

埃及人做一个整数除以另一整数的算法也是很有意思的。例如,他们做 19 除以 8 的算法如下:

1	8
2	16
1/2	4
1/4	2
1/8	1

于是得解答为 $2+1/4+1/8$。求解的思想无非是取 8 的倍数和部分数,使之合并成 19。

埃及数系中分数的记法比我们今日的复杂得多。记号⬭读作 *ro*,原表示 1/320 蒲式耳(谷物容量,一蒲式耳合八加仑。——译者),埃及人用来表示一个分数。在僧侣文中把这卵形改成一个点。这卵形⬭或点通常记在整数上,表明它是个分数。例如在象形文字写法中,

$$\overset{\frown}{|||||}=\frac{1}{5},\quad \overset{\frown}{\cap}=\frac{1}{10},\quad \overset{\frown}{\cap\,|||||}=\frac{1}{15}.$$

少数几个分数用特殊记号表示。如象形记号⊂⊃表示 1/2;⩀表示2/3;×表示 1/4。

除了几个特殊分数之外,所有分数都拆成一些所谓单位分数。例如,阿梅斯把 2/5 写成 $1/3+1/15$。加法记号是没有的,但从上下文可以看出加的意思。莱因德草片文书里有个数表,把分子为 2 而分母为 5 到 101 的奇数的这类分数,表达成分子为 1 的分数之和。利用这表,可把 7/29 这样一个分数(这在阿梅斯看来是整数 7 除以整数 29)表达成单位分数之和。由于 $7=2+2+2+1$,他把每个 2/29 表达成分子为 1 的分数之和。把这些结果加起来,并作进一步的变换,最后得到一些单位分数之和,其中每个分数的分母各不相同。所得 7/29 的最后这种表达式是

$$\frac{1}{6}+\frac{1}{24}+\frac{1}{58}+\frac{1}{87}+\frac{1}{232}.$$

这里凑巧 7/29 还可表达成 $1/5+1/29+1/145$,不过用了阿梅斯的 $2/n$ 数表会得出头一个结果,所以他就用头一个表达式。把分数 a/b 表达成单位分数之和是系统地按照老办法做的。埃及人利用单位分数就可对分数进行四则运算。埃及人之

所以未能把算术和代数发展到高的水平,其分数运算之繁复也是原因之一。

埃及算术里也如巴比伦一样未能认识到无理数的性质。代数问题中出现的简单平方根,他们是能够用整数和分数来表达的。

3. 代数与几何

草片文书中有求一个未知量问题的解法,这个问题大体上相当于今日的一元一次方程。不过用的方法纯粹是算术的,并且在埃及人心目中这并不成其为一门独特的学科——解方程。问题是用文字叙述的,仅告诉得出解的步骤,不说明为什么用这些方法,也不说明为什么这些方法能行。例如阿梅斯草片文书中的第 31 题,直译出来是:"一个数量,它的 2/3,它的 1/2,它的 1/7,它的全部,加起来总共是 33。"用我们的记号就是

$$\frac{2}{3}x+\frac{x}{2}+\frac{x}{7}+x=33.$$

这个题只要用埃及人的简单算术就可解出。

草片文书中的第 63 题如下:"把 700 块面包分发给四人,第一人 2/3,第二人 1/2,第三人 1/3,第四人 1/4。"这对我们来说就是

$$\frac{2}{3}x+\frac{1}{2}x+\frac{1}{3}x+\frac{1}{4}x=700.$$

阿梅斯给出的解法是这样的:"把$\frac{2}{3}$, $\frac{1}{2}$, $\frac{1}{3}$, $\frac{1}{4}$加起来,得$1\ \frac{1}{2}\ \frac{1}{4}$。以 $1\ \frac{1}{2}\ \frac{1}{4}$除 1,得$\frac{1}{2}\ \frac{1}{14}$。现求 700 的$\frac{1}{2}\ \frac{1}{14}$。这是 400。"

在解有些问题时,阿梅斯用了"错位法则"。例如,为定出算术数列中的五个数,需使它们的和等于 100,阿梅斯先取公差 d 为最小那个数的 $5\frac{1}{2}$倍。然后他把其中最小的数取为 1,于是得数列 1, $6\frac{1}{2}$, 12, $17\frac{1}{2}$, 23。但这些数相加得 60 而所需的和应是 100。于是他把各项乘以 5/3。

草片文书中只涉及最简单的二次方程如 $ax^2=b$。即使在出现两个未知量时,方程的类型也是

$$x^2+y^2=100,\ y=\frac{3}{4}x.$$

所以消去 y 后,x 的方程仍是前述类型。草片文书中也可看到牵涉算术数列和几何数列的具体问题。从所有这些问题及其解法中,我们不难推知他们所用的一般法则。

在埃及人有限的代数里实际上没有成套的记号。在阿梅斯草片文书中,加法和减法用一个人走近和走开(来和去)的腿形⊿和⋀来表示,记号「用来表示平方根。

埃及人的几何是怎样的呢?他们并不把算术和几何分开。草片文书中都有这两方面的问题。埃及人也像巴比伦人那样,把几何看作实用工具。他们只是把算术和代数用来解有关面积、体积及其他几何性质的问题。据希腊历史学家希罗多德说,埃及是因为尼罗河每年涨水后需要重定农民土地的边界才产生几何的。但巴比伦人并无这种需要却也在几何上作出同样多的贡献。埃及人有计算矩形、三角形和梯形面积的死方法。就计算三角形面积而论,他们虽用一数乘以另一数的一半来做,但我们不能肯定这方法是否正确,因从题中所用的字语不能肯定相乘的两个长度代表底和高还是只代表两条边。又由于图画得很不清,使人不能确定究竟所求的是哪块面积或哪块体积。他们对圆面积的计算好得惊人,用的公式是 $A=(8d/9)^2$,其中 d 是直径。这就等于取 π 为 3.160 5。

略举一例便可说明埃及人的面积公式多么"准确"。在埃德富(Edfu)一个庙宇的墙上刻有一个捐献给庙宇的田地表。这些田地一般有四边,今将其记之为 a, b, c, d,其中 a 与 b 以及 c 与 d 是两批相对的边。铭文给出的这些田地的面积是 $\frac{(a+b)}{2}\cdot\frac{(c+d)}{2}$。但有些田地是三角形的,这时他们认为 d 就没有了,面积的算法变成 $\frac{(a+b)}{2}\cdot\frac{c}{2}$。即使对四边形来说,这种算法也只是粗略的近似。

埃及人也有算立方体、箱体、柱体和其他图形体积的法则。有些法则是对的,有些只是近似。草片文书中给出的一个截锥水钟的体积,用我们的记号是

$$V=\frac{h}{12}\left[\frac{3}{2}(D+d)\right]^2.$$

这里 h 是高,$(D+d)/2$ 是平均周长。这个公式相当于取 π 为 3。

埃及几何里最了不起的一个法则是计算截棱锥体的体积公式。锥体的底是正方形,这公式用现代的记号是

$$V=\frac{h}{3}(a^2+ab+b^2).$$

其中 h 是高,a 和 b 是上下底的边。这公式之所以了不起,乃是因为它正确,而且表达的形式是对称的(当然不是用我们的记法)。它只是用具体数字写出的。不过我们并不知道棱锥体的底是否确为正方形,因为草片文书中的图作得很马虎。

我们也不知道埃及人是否认识到毕达哥拉斯定理。我们知道他们有拉绳人(测量员),但所传他们在绳上打结,把全长分成长度各为 3 比 4 比 5 的三段,然后用来形成直角三角形之说,则从未在任何文件上得到证实。

他们的法则并不用记号表示。埃及人是用语文来表述数学问题的；他们的解题步骤基本上同我们在套公式进行计算时的做法一样。例如，对于求截棱锥体体积这样一个几何问题，如果大体上逐字逐句译出来便是："若有人告诉你说，有截棱锥，高为6，底为4，顶为2。你就要取这4的平方，得结果为16。你要把它加倍，得结果8。你要取2的平方，得4。你要把16，8和4加起来，得28。你要取6的三分之一，得2。你要取28的两倍，得56。你看，它等于56。你可以知道它是对的。"

埃及人究竟懂不懂证明，或者懂不懂他们的算法和公式需要有根据？有一种说法认为阿梅斯草片文书是按教科书格式写给当时学生学习用的，因此虽然阿梅斯在解一些类型的方程时没有叙述一般法则，但很可能他懂得这些法则，但想让学生自己去体会出这些法则，或者想让教师教给他们。按照这种观点，阿梅斯草片文书是颇为高深的算术课本。别的一些人又说这是一个学生的笔记本。不管怎样，几乎可以肯定地说，草片文书中所载的问题是当时的商业人员和行政管理人员应该解决的那类问题，而求解的方法则是从工作经验中得出的实用法则。谁也不会相信埃及人有一种依据可靠公理形成的演绎结构，来证明他们所用的法则是正确的。

4. 埃及人对数学的使用

埃及人用数学来管理国家和教会的事务，确定付给劳役者的报酬，求谷仓的容积和田地的面积，征收按土地面积估出的地税，从一种度量单位换算成另一种度量单位，计算修造房屋和防御工程所需的砖数。草片文书中还有一些问题，计算酿造一定量啤酒所需的谷物数量，以及用一种出酒率与他种谷物之比为已知的谷物酿出与他种谷物同样的酒所需的数量。

同巴比伦人一样，埃及数学的一个主要的用途是天文，这是从第一朝代就开始做的。尼罗河是埃及人的生命源泉，他们靠耕种尼罗河每年泛滥的淤土所覆盖的田地谋生。但他们也得准备好应付洪水的危害，他们得把家、农具和耕畜暂时迁至别处，并做好安排，使洪水过后能立即播种。因此就得预报洪水到来的日期，这就要知道洪水到来前的天文现象。

有了天文学才可能有历法。除了在商业上的需要之外，预报宗教节日也需要历法。他们认为，为要求得天神保佑，节日必须按时庆贺，同巴比伦人一样，历法是由教士来管的。

埃及人靠观察天狼星算得太阳年的日子数。这颗星在夏季的某一天可在太阳快出来的时候在地平线上看到。在其后一些日子里，在太阳升起以前可以在较长的时间里看到它。把在太阳快升起时能看到它的那第一天，叫做天狼星的先阳升日(heliacal rising of Sirius),两个先阳升日之间大约相隔 365 $\frac{1}{4}$天;因此埃及人(一般认为是在公元前 4241 年)采用以 365 日为一年的民历。他们之所以集中观察天狼星,无疑是因为尼罗河水在那天开始上涨,而那天也就被选定为一年的第一天。

他们把 365 天的一年分为 12 个月,每月 30 天,年末外加 5 天。因埃及人没有在每四年内加插一天,他们的民历就要慢慢落后于季节。这种民历需要经 1 460 年之后才能又符合季节;这段时期叫索特周期(Sothic cycle),这是因为埃及人称天狼星为索特。但埃及人是否知道索特周期是有疑问的。他们的历法在公元前 45 年为凯撒(Julius Caesar)所采用,但他采纳亚历山大城希腊人索西吉斯(Sosigenes)的建议,把一年改为 365 $\frac{1}{4}$天。埃及人虽在定出一年的天数和历法上作出了有价值的贡献,但这并不是由于他们的天文学高明,实际上他们的天文学是粗浅的,并且远不如巴比伦人的天文学。

埃及人把他们的天文知识和几何知识结合起来用于建造他们的神庙,使一年里某几天的阳光能以特定方式照射到庙宇里。例如他们把某些庙宇修成这样,使一年中白昼最长的那天,阳光能直接进入庙宇,照亮祭坛上的神像。巴比伦人和希腊人也在某种程度上按这种方式确定庙宇的方向和位置。金字塔的方位也朝向天上特定的方向,而斯芬克斯(即狮身人面像。——译者)的面则是朝东的。虽则这些工程的修建细节对我们无关宏旨,但值得指出的是,金字塔代表埃及人对几何的另一种用法。金字塔是帝王的陵墓;因埃及人相信灵魂不灭,所以他们相信合适修造陵墓对死者的阴间生活大有影响。事实上,每个金字塔里都专设一间房,供帝王和王后死后居住。他们竭力使金字塔的底有正确的形状;底和高的尺寸之比也是意义非常重大的。但我们不应把有关工程的复杂性或想法的深奥性过分强调。埃及人的数学是简单粗浅的,并不像过去经常有人宣称的那样包含着深刻的原理。

5. 总 结

我们来回顾一下希腊人出场之前的数学状况。在巴比伦和埃及文明中,我们发现有整数和分数的算术,包括进位制记数法,有初步的代数和几何上的一些经验公式。几乎还没有成套的记号,几乎没有有意识的抽象思维,没有作出一般的方法论,没有证明甚或直观推理的想法,使人能深信他们所作的运算步骤或所用的公式是正确的。实际上,他们没有想到需要任何理论科学。

除了巴比伦人偶然得出的少数结果外,在这两个文明里,数学并不成其为独立的一门学科,也未曾为数学本身进行过研究。它只是一种工具,形式上是些无联系的简单法则，用于解决人们日常生活中所碰到的问题。他们肯定没有在数学上做出什么能改变或影响生活方式的大事。虽然巴比伦数学比埃及数学高明些，但我们对两者至多只能说他们表现出一些活力，虽还谈不上什么严密性；他们的毅力超过他们的才力。

凡作评价总得有个标准。把这两种文明同其后的希腊文明相比可能并不公允，然而却很自然。按这标准说，埃及人和巴比伦人好比粗陋的木匠，而希腊人则是大建筑师。我们确实看到有些书上把巴比伦人和埃及人的成就说得更好些甚至加以赞扬。不过那是某些专家们所做的事情，他们也许无意中对其兴趣所专注的领域作了过分热情的传颂。

参考书目

Boyer, Carl B.: *A History of Mathematics*, John Wiley and Sons, 1968, Chap. 2.

Cantor, Moritz: *Vorlesungen über Geschichte der Mathematik*, 2nd ed., B. G. Teubner, 1894, Vol. 1, Chap. 3.

Chace, A. B., *et al.*, eds.: *The Rhind Mathematical Papyrus*, 2 vols., Mathematical Association of America, 1927 - 1929.

Childe, V. Gordon: *Man Makes Himself*, New American Library, 1951.

Karpinski, Louis C.: *The History of Arithmetic*, Rand McNally, 1925.

Neugebauer, O.: *The Exact Sciences in Antiquity*, Princeton University Press, 1952, Chap. 4.

Neugebauer, O.: *Vorgriechische Mathematik*, Julius Springer, 1934.

Sarton, George: *A History of Science*, Harvard University Press, 1952, Vol. 1, Chap. 2.

Smith, David Eugene: *History of Mathematics*, Dover (reprint), 1958, Vol. 1, Chap. 2; Vol. 2, Chaps. 2 and 4.

van der Waerden, B. L.: *Science Awakening*, P. Noordhoff, 1954, Chap. 1.

第3章

古典希腊数学的产生

> 所以说数学就是这样一种东西：她提醒你有无形的灵魂，她赋予她所发现的真理以生命；她唤起心神，澄净智慧；她给我们的内心思想添辉；她涤尽我们有生以来的蒙昧与无知。
>
> 普罗克洛斯(Proclus)

1. 背　　景

希腊人在文明史上首屈一指，在数学史上至高无上。他们虽也取用了周围其他文明世界的一些东西，但希腊人创造了他们自己的文明和文化，这是一切文明中最宏伟的，是对现代西方文化的发展影响最大的，是对今日数学的奠基有决定作用的。文明史上的重大问题之一，是探讨何以古代希腊人有这样的才气和创造性。

虽然我们对希腊早期历史的知识，会因考古研究工作的进展而必须加以纠正和补充，但是根据荷马(Homer)的《伊里亚特》(*Iliad*)和《奥德赛》(*Odyssey*)，根据对古代语文和古籍的阐释以及古物考察的结果，我们有理由相信希腊文明可追溯到公元前2800年。古代希腊人定居在小亚细亚(这可能是他们的老家)，欧洲大陆上如今希腊所在地区，以及意大利南部、西西里(Sicily)、克里特(Crete)、罗得斯(Rhodes)、得洛斯(Delos)和北非。在公元前775年左右，希腊人把他们用过的各种象形文字书写系统改换成腓尼基人的拼音字母(这些也为希伯来人所采用)。采用了拼音字母之后，希腊人变得更通文达理，更有能力来记载他们的历史和思想了。

希腊人定居创业之后，便游访埃及、巴比伦，并与之贸易往来。古典希腊著述中有许多地方提及埃及人的学问，他们错误地认为埃及人是科学(特别是测量、天文学和算术)的创始者。许多希腊人到埃及去游历和学习。又有一些人则去巴比伦，到那里去学习数学和科学。

小亚细亚爱奥尼亚(Ionia)地区的一个城市米利都(Miletus)是希腊哲学、数学和科学的诞生地。那里几乎肯定受到了埃及和巴比伦的影响。米利都是濒临地中海的一个富庶商业大城。来自希腊本土、腓尼基和埃及的船舶都驶进它的港口;往东有商队大道与巴比伦相通。公元前540年左右,爱奥尼亚地区落入波斯人之手,但仍允许米利都保持一些独立性。在公元前494年爱奥尼亚人反抗波斯的起义被镇压后,爱奥尼亚的重要地位就此衰落。当希腊人在公元前479年击败波斯后,爱奥尼亚又成为希腊领土,但此后文化活动地区便移到希腊本土,而雅典则为其活动中心。

古代希腊文明虽然一直延续到公元600年,但从数学史的观点讲,需要把它分为两段时期:一段是从公元前600年到前300年的古典时期;一段是从公元前300年到公元600年的亚历山大时期(或称希腊时期)。由于采用了拼音文字(前面已经提过),并且公元前7世纪时希腊人已经有了草片当纸张用,这可能说明何以公元前600年左右的文化活动繁荣起来。有了这种书写纸,无疑能帮助思想的传播。

2. 史料的来源

说来奇怪,我们对希腊数学史知识的来源,反而没有像早得多的巴比伦数学史料和埃及数学史料那样确凿可靠,因为现在已经没有重要的希腊数学家的原文手稿。其原因之一是草片易于损毁。埃及人虽然也用草片,但幸而他们的一些数学文件确实保留了下来。还有希腊人的大图书馆后来毁于兵燹,否则也许今日还能看到卷帙浩繁的希腊著述中的一些材料。

今日希腊数学著作的主要来源是拜占庭的希腊文手抄本,这是在希腊原著写成后500年到1 500年之间录写的。这些抄本并不是逐字不变的原著抄录本而是评述本,因此我们不能确定编述者作了些什么修改。我们还有希腊著作的阿拉伯文译本和转译自阿拉伯文的拉丁文译本。这里我们又不知道译者可能作了什么修改,也不知道译者对原著了解到什么程度。而且甚至阿拉伯人和拜占庭编述者所用的希腊文件本身也是有疑问的。例如,我们虽无亚历山大时代希腊人赫伦(Heron,又译“海伦”)的手稿,但我们知道他对欧几里得(Euclid)的《原本》(*Elements*)作了若干改动。他作出了不同的证明,添补了一些定理的新例子和逆定理。同样,亚历山大的泰奥恩(Theon,又译“赛翁”“赛昂”,公元4世纪末)告诉我们,他在自己的编述本中改动了《原本》中的若干部分。我们今日看到的拉丁文(原著为“希腊文”,可能系作者笔误。——译者)和阿拉伯文译本可能是根据原著的这种修改本译出的。不过我们确实能看到用这种形式保存下来的希腊学者们的著作,如欧几里得、阿波罗尼斯(Apollonius)、阿基米德(Archimedes)、托勒玫、丢番图(Diophantus)和其他希腊学者的著作。许多写于古典希腊时代和亚历山大时代的希腊著作并没有流传下来,因为即使在希腊时代,他们的作品已被上述这些学者的著作所取代。

希腊人写了一些数学史和科学史。亚里士多德(Aristotle)学派中的一员欧德摩斯(Eudemus,公元前 4 世纪)写过一本算术史、一本几何史、一本天文史。但除了后世作者引述过的片断材料外,这些史书都失传了。几何学史叙述了欧几里得以前的几何学状况,如果还在,那将是无价之宝。亚里士多德的另一个学生特奥夫拉斯图斯(Theophrastus,约公元前 372—约前 287)写了一本物理学史,但这书(除了片断材料外)也失传了。

除上述材料之外,我们有两批评述本。帕普斯(Pappus,公元 3 世纪末)写过《数学汇编》(*Synagoge* 或者 *Mathematical Collection*),它的几乎全部内容流传在 12 世纪的抄本中。这书介绍了希腊古典时期和亚历山大时期的许多数学著作,从欧几里得一直到托勒玫。帕普斯自己又补充了一些引理和定理,帮助读者理解。帕普斯又写了一本书叫《分析集锦》(*Treasury of Analysis*),那是希腊著作本身的汇编本。这书已失传。但帕普斯在他那《数学汇编》的第七篇里告诉我们《分析集锦》中有哪些内容。

第二位重要的评述者是普罗克洛斯(410—485),他是个多产的作家。他的材料取自希腊数学家的原著和他以前的评述本。保留下来的他的一些作品中,最有价值的是《评述》(*Commentary*),内容是介绍欧几里得《原本》的第一篇。看来普罗克洛斯是打算讨论《原本》中更多内容的,但没有材料可以证明他确实这样做了。《评述》中有一段文字是后人引用的三段文字中的一段。第三段文字相传认为是欧德摩斯《几何史》(*History of Geometry*,参看第 10 节)中的话,但可能引自较晚的修订本。这特别提及的一段引文是三段引文中最长的,后人称之为欧德摩斯总结。普罗克洛斯也提到帕普斯书中的一些内容,所以除了一些希腊经典著作本身的后世版本和译本外,帕普斯的《数学汇编》和普罗克洛斯的《评述》也是我们研究希腊数学史的两大史料。

关于原著的文字(但非手稿),我们如今只知道辛普利修斯(Simplicius,6 世纪前半叶)引自欧德摩斯那本失传的《几何史》中的片断文字,那是有关希波克拉底(Hippocrates)月牙形的一些话。此外还有阿基塔斯(Archytas)关于倍立方体问题的片断文字。至于原著手稿,至今还有希腊亚历山大时代撰写的一些草片本材料。同希腊数学有关的史料也是大有价值的。例如希腊哲学家特别是柏拉图(Plato)和亚里士多德关于数学发表过许多意见,而他们的许多著作也颇像数学著作似地保留了下来。

要把希腊数学史从上述这些史料中重新整理出来,这是一项浩繁而复杂的工作。尽管学者进行了广泛的工作,我们的知识还有欠缺之处,有些结论也有争议。不过基本事实是清楚的。

3. 古典时期的几大学派

古典时期数学成就的精华是欧几里得的《原本》和阿波罗尼斯的《圆锥曲线》(*Conic Sections*)。为领略这些著作,须对当时数学的本质所产生的巨大变革以及希腊人所面临的和所解决的问题有所了解。此外,从这些精心撰述的著作中,我们看不出此前三百年间数学上的创造性工作,或此后数学史上关系重大的一些问题。

古典希腊数学是在先后相继的几个中心地点发展起来的,每处都在前人工作的基础上进行添筑。在每个中心地点,总有无正式组织的成群学者在一两个伟大学者领导下开展活动。这类组织在现代也是习见的,它之所以存在也是可以理解的。今日,当一位大学者住在某一处时——通常是个大学,其他学者就接踵而去,向大师学习。

第一个学派是爱奥尼亚(Ionian)学派,是米利都地方的泰勒斯(Thales,约公元前640—约前546)创立的。我们并不知道泰勒斯授徒讲业的全部情况,但肯定知道哲学家阿那克西曼德(Anaximander,约公元前610—约前547)和阿那克西米尼(Anaximenes,约公元前550—前480)是他的学生,阿那克萨哥拉(Anaxagoras,约公元前500—约前428)是属于这学派的,毕达哥拉斯(Pythagoras,约公元前585—约前500)据信也是跟泰勒斯学过数学的。其后毕达哥拉斯在意大利南部形成他自己的学派。在公元前6世纪末之际,爱奥尼亚地区科勒芬(Colophon)城的色诺芬尼(Xenophanes)迁居到西西里,在那里建立一个中心,属于这学派中的人有哲学家巴门尼德(Parmenides,公元前5世纪)和芝诺(Zeno,公元前5世纪)。这两人住在意大利南部埃利亚(Elea),学派也随之迁到那里,因此这群学者就叫埃利亚(Eleatic)学派。自公元前5世纪下半叶起进行学术活动的诡辩(Sophist)学派则主要集中在雅典。最出名的学派是柏拉图(约公元前427—前347)在雅典的学院派(Academy),亚里士多德就是那里的一个学生。学院派在希腊思想史上有无与伦比的重要性。它的学生和学友是当时最伟大的哲学家、数学家和天文学家;甚至在数学方面的领导地位转移到亚历山大之后,这一学派仍在哲学上保持其领先的地位。欧多克索斯(Eudoxus,约公元前408—约前355)的数学知识主要是从西西里太兰吐姆(Tarentum)地方的阿基塔斯学来的,之后他在小亚细亚北部的城市基齐库斯(Cyzicus)成立了他自己的学派。亚里士多德离开柏拉图的学院之后在雅典成立另一学派——学园学派(Lyceum)。学园学派通常称为漫步学派(Peripatetic school)。并不是古典时期的所有大数学家必定都属于某一学派,不过为叙述连贯起见,我们有时把某人的著作同某一学派结合起来讨论,虽然那人同该学派的联系并不密切。

4. 爱奥尼亚学派

这学派的领袖和创立人是泰勒斯。关于此人的生平和学术工作虽然没有确切可靠的材料,但他可能就是生长和工作于米利都的人。他游迹甚广,曾一度住在埃及进行商务活动,并据说学了不少埃及的数学。传说泰勒斯还是一个精明的商人。在一次油橄榄大丰收的季节,他垄断了米利都和希俄斯(Chios)两地的所有油坊之后以高价出租。据说泰勒斯预报了公元前 585 年的一次日蚀,但因当时天文知识没有那么高明,所以有人否认此说。

据传他曾用一根已知长度的杆子,通过同时测量竿影和金字塔影之长,求出了金字塔的高度。据信他利用关于相似三角形的这一类知识计算过船舶到海岸的距离。后人也把数学之成为抽象理论和有些定理的演绎证明归功于他,但这两项功劳是否属实是可疑的。后人也把磁铁和静电吸引力的发现归功于他。

就对于数学本身的贡献来说,爱奥尼亚学派只值得稍加提及,不过它在哲学特别是自然哲学方面的重要性是无与伦比的(见第 7 章第 2 节)。在波斯人征服这地区之后,爱奥尼亚学派的重要地位就下落了。

5. 毕达哥拉斯派

毕达哥拉斯据信是曾就学于泰勒斯的。他继而拾起学术事业的火炬,在意大利南部的希腊居留地克罗顿(Croton)成立了他自己的学派。毕达哥拉斯派学者没有书面著作,我们是通过他人如柏拉图和希罗多德(Herodotus)的著作知悉他们的。特别是我们对毕达哥拉斯及其门徒的生平不清楚,也不能肯定一些发现该归功于毕达哥拉斯本人还是应归功于他的门人。因此,在谈到毕达哥拉斯的工作时,实际是指这批学者在公元前 585 年(所传毕达哥拉斯出生之年)到公元前 400 年左右这一段时间里所做的工作。菲洛劳斯(Philolaus,公元前 5 世纪)和阿基塔斯(公元前 428—前 347)是这个学派中的杰出成员。

毕达哥拉斯生于靠近小亚细亚海岸的萨摩斯岛(Samos)。他在米利都泰勒斯那里学了一段时期之后就到别处游历,其中有埃及和巴比伦,并可能在那里学到一些数学和神秘主义的教条。然后他卜居于克罗顿。在那里他成立了一个宗教、科学和哲学性质的帮会。这是个正式的学派组织,会员人数是限定的,并由领导人传授知识,会员对学派中所传授的知识要保密,不过有些史学家否定数学和物理知识保密的说法。据信毕达哥拉斯派的人参与政治活动;他们同贵族党派结盟,因而被民主党派赶走。毕达哥拉斯逃奔到邻近的米太旁登(Metapontum),约公元前 497

年被害于该处。他的门人散居到希腊其他学术中心,继续传授他的教导。

希腊人对数学看法本身的一个重大贡献是有意识地承认并强调:数学上的东西如数和图形是思维的抽象,同实际事物或实际形象是截然不同的。有些原始文明社会(埃及和巴比伦人肯定如此)诚然也知道把数脱离实物来思考,但他们对这种思考的抽象性质究竟自觉认识到何种程度是颇成问题的。而且在希腊人之前的所有文明中,几何思想肯定是离不开实物的。例如,埃及人的直线就无非是拉紧的绳或田地的一边,而矩形则是田地的边界。

数学研究抽象概念,这种认识肯定要归功于毕达哥拉斯学派。不过在他们开始进行工作时情况可能并不如此。亚里士多德曾说,毕达哥拉斯学派把数看作是真实物质对象的终极组成部分①。数不能离开感觉到的对象而独立存在。早期毕达哥拉斯学派说到一切对象由(整)数组成,或者说到数乃宇宙的要素时,他们所要说的意思就是字面上的意思,因他们心目中的数就如同我们心目中的原子一样。也有人相信,公元前6世纪和前5世纪的毕达哥拉斯学派实际上并不把数和几何上的点区分开来。因此他们从几何角度把一个数看作是扩大了的一个点或很小的一个球。但据普罗克洛斯的记载,欧德摩斯说毕达哥拉斯认识到较高(比之于埃及人和巴比伦人)的原理,并且纯凭心智来考虑抽象问题。欧德摩斯还说毕达哥拉斯创立了纯数学,把它变成一门高尚的艺术。

毕达哥拉斯学派常把数描绘成沙滩上的点子或小石子。他们按点子或小石子所能排列而成的形状来把数进行分类。例如,1, 3, 6 和 10 这些数叫三角形数,因为相应的点子能排列成正三角形(图3.1)。第四个三角形数10特别使毕达哥拉斯学派神往,因为这是他们所珍爱的数,并且这三角形的每边有4点,而4又是另一个得宠的数。他们认识到 $1, 1+2, 1+2+3$ 等这些和数都是三角形数,并且知道 $1+2+\cdots+n=(n/2)(n+1)$。

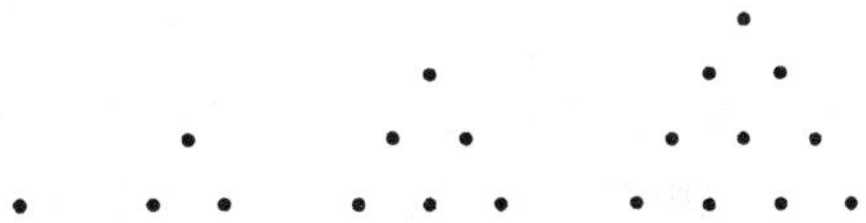

图 3.1

1, 4, 9, 16,…这些数他们称之为正方形数,因为用点表示时可把它们排成正方形(图3.2)。复合数(非质数)中凡不恰好是正方形数的,则叫做长方形数。

把代表数的点子排成几何图形后,整数的一些性质就变得很明显。例如在图3.2的第三个图形中画了一道斜杠之后,便可看出相继两个三角形数之和是个正方形数。这个关系是普遍成立的,因若用现代记法,我们可以看出

① 《形而上学》(*Metaphys*)卷Ⅰ,986a 及 986a21, Loeb 经典图书版。

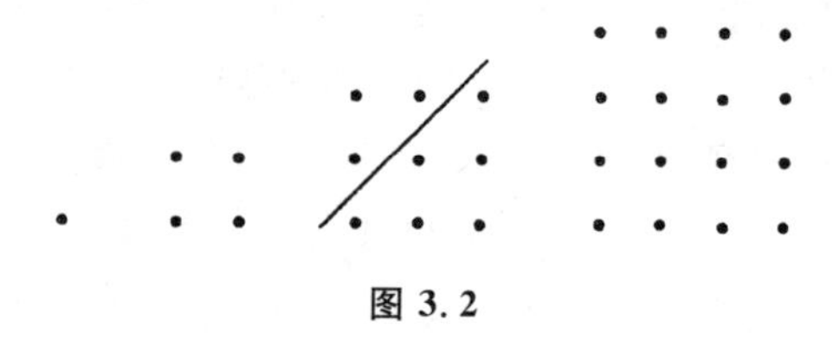

图 3.2

$$\frac{n}{2}(n+1)+\frac{n+1}{2}(n+2)=(n+1)^2.$$

至于说毕达哥拉斯学派能证明这个一般结论,那却是成问题的。

毕达哥拉斯派再用图 3.3 所示的方案从一个正方形数得出下一个正方形数。图中折线右方和下方的那些点所形成的数,他们称作一个 gnomon。他们从这图里所看出的事实,若用记号表示出来就是 $n^2+(2n+1)=(n+1)^2$。其次,若从 1 起加上 gnomon 3,再加上 gnomon 5 等,其结果用我们的记号来表示便是

$$1+3+5+\cdots+(2n-1)=n^2.$$

"gnomon"这个字在巴比伦人的原意可能是指日规上的直杆,用它的阴影来指示时刻。在毕达哥拉斯时代 gnomon 指木匠用的方尺,它的形状就像图 3.3 中的 gnomon 那样。它还表示从正方形的一角割掉一个小正方形后所余的图形。以后,欧几里得又把 gnomon 表示从平行四边形一角割掉一个较小的相似平行四边形后所余的图形(图 3.4)。

图 3.3　　图 3.4　有阴影的那块面积称为 gnomon

毕达哥拉斯派还研究多角数,如五边形数、六边形数和其他多边形数。图 3.5 中的每个点代表数 1。从这图可看出第一个五边形数是 1,次一个(其各点排成一个五角形的顶点)是 5,第三个数是 1+4+7 即 12 等。第 n 个五边形数,用我们的

图 3.5　五边形数

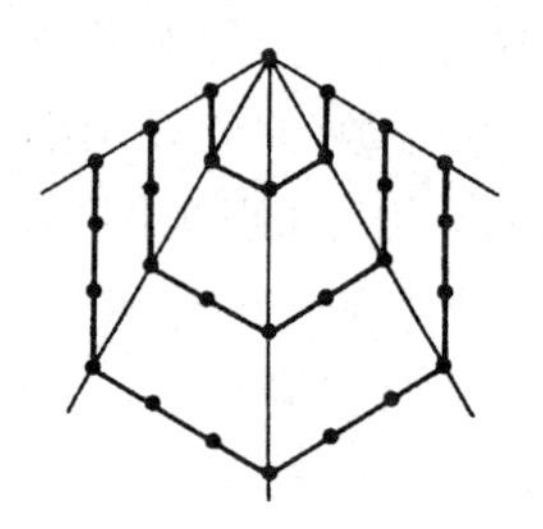

图 3.6　六边形数

记号是 $(3n^2 - n)/2$。同样有六边形数(图 3.6)1, 6, 15, 28, …而一般是 $2n^2 - n$。

若一数等于它的所有因数(能除尽该数的数,包括 1,但不包括该数本身)之和,他们称之为完全数,如 6, 28 和 496 便是完全数。数本身大于其因数之和的叫盈数,小于其因数之和的则叫亏数。若有两数彼此等于另一数的因子之和,他们称这两数是亲和数,例如 284 与 220 便是亲和数。

毕达哥拉斯派得出了一个法则,能求出可排成直角三角形三边的三元数组。从这一法则说明他们知道毕达哥拉斯定理,关于这定理以后还要细讲。他们发现,若 m 是奇数,则 m, $(m^2 - 1)/2$ 及 $(m^2 + 1)/2$ 便是这样的三元数组。不过这法则只给出一部分的这种三元数组。如今我们把能形成直角三角形三条边的三个整数所构成的任何集合统统称为毕达哥拉斯三元数组。

毕达哥拉斯派研究了质数、递进数列,以及他们认为美的一些比和比例关系。例如,若 p 和 q 是两数,它们的算术平均值 A 是 $(p+q)/2$,几何平均值 G 是 $\sqrt{pq}$,而调和平均值 H,即 $1/p$ 和 $1/q$ 的算术平均值取倒数,是 $2pq/(p+q)$。但我们可看出 G 是 A 和 H 的几何平均值。$A/G = G/H$ 这个比例便叫完全比例,而 $p : (p+q)/2 = 2pq/(p+q) : q$ 这个比例他们称之为音乐比例。

毕达哥拉斯派所说的数仅指整数。和现代人不一样,他们不把两个整数之比看成是一个分数而是另一类数。实际的分数是用于商业上的,以表示钱币或度量单位的若干部分,但算术在商业上的这类应用是属于正统希腊数学范围之外的。因此当毕达哥拉斯派发现有些比——例如等腰直角三角形斜边与一直角边之比或正方形对角线与其一边之比——不能用整数之比表达时,他们就感到惊奇不安。由于毕达哥拉斯派关心能形成直角三角形三边的三元整数组,他们很可能是在做这项工作时发现这些新比的。他们把那些能用整数之比表达的比称作可公度比,意即相比两量可用公共度量单位量尽,而把不能这样表达的比称作不可公度比。例如我们今日写成 $\sqrt{2}/2$ 的比便是不可公度比。不可公度量之比希腊人称作 *αλογos* (*alogos*,意即"不能表达")。他们也用 *αρρητos*(*arratos*,没有比)这个词来表达。后人把不可公度比的发现归功于米太旁登的希帕苏斯(Hippasus,公元前 5 世纪)。相传当时毕达哥拉斯派的人正在海上,就因这一发现而把希帕苏斯投到海里,因为他在宇宙间研究出这样一个东西否定了毕达哥拉斯派的信条:宇宙间的一切现象都能归结为整数或整数之比。

$\sqrt{2}$ 与 1 不能公度的证明是毕达哥拉斯派给出的。据亚里士多德说,他们用的是**归谬法**,即间接证法。这个证明指出,若设斜边能与一直角边公度,则同一个数将又是奇数又是偶数。证明过程如下:设等腰直角三角形斜边与一直角边之比为 $\alpha : \beta$ 并设这个比已表达成最小整数之比。于是根据毕达哥拉斯定理得 $\alpha^2 = 2\beta^2$。由

于 α^2 为偶数，α 必然也是偶数，因任一奇数的平方必是奇数①。但比 $\alpha:\beta$ 是既约的,因此 β 必然是奇数。α 既是偶数，故可设 $\alpha=2\gamma$。于是 $\alpha^2=4\gamma^2=2\beta^2$。因此 $\beta^2=2\gamma^2$，这样 β^2 是个偶数。于是 β 也是偶数。但 β 同时又是奇数,这就产生了矛盾。

这个证明当然和现今对 $\sqrt{2}$ 为无理数的证明相同,它原来是包括在欧几里得《原本》的早期版本中的,作为第十篇的命题 117。不过欧几里得原书中很可能是没有的,所以现代版本已经把它删去。

现代数学中用无理数来表示不可公度比。但毕达哥拉斯派不愿意接受这样的数。巴比伦人是运用这种数的,用时取它们的近似值,但他们可能不知道他们的60进制近似分数是决不能确切等于这种数的。埃及人也没有认识到无理数有不同的性质。毕达哥拉斯派则至少认识到不可公度比与可公度比的性质完全不同。

这发现提出了希腊数学里的一个中心问题。在这之前毕达哥拉斯派是把数与几何等同起来的。但不可公度比的存在打破了这种等同的看法。他们并不因此不再在几何里考察所有种类的长度、面积和比,但对于数的比则只限于考察可公度比。关于不可公度比以及一切量的比例,它们的理论是欧多克索斯提出的,这人的工作我们不久就要讲到。

有些几何结果也算是归功于毕达哥拉斯派的。最出名的是毕达哥拉斯定理本身,这是欧几里得几何的一个关键定理。人们认为我们所学的关于三角形、平行线、多边形、圆、球和正多面体的一些定理也是毕达哥拉斯派发现的。特别是他们知道三角形三角之和是 180°。关于相似形的一套有限的理论,以及平面可为等边三角形、正方形和正六边形所填满这一事实,都属于毕达哥拉斯派的研究结果。

毕达哥拉斯派开头研究的一类问题叫面积应用问题。其中最简单的一个问题是求作一多边形使其面积与一已给多边形相等而形状与另一已给多边形相似。另一个是求作一特定图形,使其面积超过或小于另一图形的面积,其差为一给定的数值。面积应用问题的最重要形式是:在一已知线段的一部分或其延长线上作一平行四边形,使其与一给定直线图形等面积,并使其小于(在第一种情况下)或超过(在第二种情况下)整个线段上的平行四边形的部分,与一已给的平行四边形相似。我们在研究欧几里得著作时将要讨论面积应用问题。

希腊人对数学的最重大贡献是坚持一切数学结果必须根据明白规定的公理用演绎法推出。这就要问毕达哥拉斯派是否证明了他们的几何结果。对此我们不能给出明确的回答,不过在毕达哥拉斯派数学的早期或中期,说已要求根据任何一种公理系统(明确规定的或蕴含的)来作演绎证明,这种说法是非常值得怀疑的。普

---

① 任一奇整数可表为 $2n+1$，于是 $(2n+1)^2=4n^2+4n+1$，这必然是奇数。

罗克洛斯确实说过他们证明了三角形内角之和的定理;但这证明可能是晚期毕达哥拉斯派学者作出的。至于他们是否证明了毕达哥拉斯定理这一问题,曾有许多人探讨过,而答案则是他们可能并未证明。如果用相似三角形,这是相当容易证明的,但毕达哥拉斯派并没有完整的相似形理论。欧几里得《原本》第一篇第 47 命题给出的证明(见第 4 章第 4 节)是难的,因它并未应用相似形理论,而普罗克洛斯是把这一证明归功于欧几里得本人的。关于毕达哥拉斯派几何里有没有证明这一问题,最合理的结论是:在该学派存在的大部分时间里,他们是根据一些特例来肯定所得的结果的。不过到了学派晚期即公元前 400 年左右,由于其他方面的发展,证明在数学中所处的地位改变了;所以学派晚期的成员可能作出了合法的证明。

6. 埃利亚学派

毕达哥拉斯派发现不可公度比这一事实突出了使所有希腊数学家迫切要想解决的一个难点——离散与连续的关系。整数代表离散的对象,可公度比代表两批离散对象间的关系,或代表有公共度量单位的两个长度间的关系,因这时每个长度都可看成度量单位的离散集合。不过,长度一般说并非度量单位的离散集合;这就是出现不可公度长度之比的原因。换言之,长度、面积、体积、时间和其他一些量是连续量。例如,我们说一根线段用某一单位来量可以有无理的或有理的长度。但希腊人没有获得这种观点。

芝诺把离散与连续的关系问题惹人注意地摆了出来。芝诺住在意大利南部埃利亚城,出生于公元前 495 年到前 480 年之间。他与其说是数学家不如说是哲学家。他同他的老师巴门尼德一样,据说原来也是毕达哥拉斯派学者。他提出一些悖论,其中四个是关于运动的。他提出这些悖论的目的何在并不清楚,因为如今对希腊哲学史还知道得不够。巴门尼德曾争论说运动或变动是不可能的,而据说芝诺为之辩护。芝诺攻击过毕达哥拉斯派,因他们相信几何上的点是有大小但不能分的单元。我们不确切知道芝诺所说的话,只能依靠亚里士多德的引述,而亚里士多德引他的话则是为了要批评他。此外我们还依据 6 世纪辛普利修斯的引述,但他的话又是根据亚里士多德的著作而来的。

关于运动的四个悖论是各不相关的,但四者总的用意可能是为提出同一个重要的论点。当时人们对空间和时间有两种对立的看法:一种认为空间和时间无限可分,那样的话运动是连续而又平顺的;另一种认为空间和时间是由不可分的小段组成的(像放映电影时那样),那样的话运动将是一连串的小跳动。芝诺的争论是针对这两种理论的,他那关于运动的头两个悖论是反对第一种学说的,而后两个悖论则是反对第二种学说的。这两对悖论中,每一对的头一个悖论考察单独一个物体的运动,其第二个则考察若干物体的相对运动。

亚里士多德在他的《物理》(*Physics*)中陈述了第一个悖论,叫做两分法悖论(Dichotomy),其说如下:"第一个悖论说运动不存在,理由是运动中的物体在到达目的地前必须到达半路上的点。"这话的意思是说为通过 AB(图 3.7),必须先到达 C,为到达 C 必须先到达 D 等。换言之,若设空间无限可分,从而有限长度含无限多的点,这就不可能在有限时间内通过有限长度。

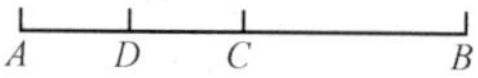

图 3.7

亚里士多德在驳斥芝诺时,说关于一个事物的无限性有两种意义:无限可分或无限宽广。在有限时间内可以接触从可分意义上是无限的东西,因为从这意义上讲时间也是无限的;所以在有限时间内可以通过有限的长度。另外有人把芝诺的悖论理解为:要通过有限长度就必须通过无穷多的点,这就意味着必须到达没有终点的某种东西的终点。

第二个悖论叫阿喀琉斯(Achilles,又译"阿基里斯",希腊的神行太保。——译者)和乌龟赛跑。据亚里士多德所述:"它说动得最慢的东西不能被动得最快的东西赶上,因为追赶者首先必须到达被追者出发之点,因而行动较慢的被追者必定总是跑在前头。这论点同两分法悖论中的一样,所不同者是不必再把所需通过的距离一再平分。"之后亚里士多德说,如果动得较慢的对象通过一段有限的距离,则根据他答复第一个悖论所述的那个理由,它是可以被追上的。

后两悖论是针对"影片式运动"而言的。第三个关于箭的悖论照亚里士多德所述是这样的:"他(芝诺)讲的第三个悖论是说飞矢不动。他是在假定了时间由瞬刻组成之后得出这结论来的。如果没有这假定也就不会有这结论。"据亚里士多德说,芝诺的意思是箭在运动的任一瞬刻必在一确定位置,因而是静止的。所以箭就不能处于运动状态。亚里士多德说如果我们不承认时间具有不可分的单元,这悖论就站不住脚了。

第四个悖论叫操场或游行队伍悖论,用亚里士多德的话来说是这样的:"第四个悖论是关于一组物体沿跑道挨着另一组个数相同的物体彼此相向移动,一组是从末端出发而另一组是从中间开始移动,两者移动速度一样;他(芝诺)就作出结论说由此可知一半的时间等于双倍的时间。错误在于假定了以相同速度移动的两物体,其一通过一个移动物体,而另一通过一个等长的静止物体,所需时间相等,而这个假定是错的。"

我们可把芝诺第四悖论中可能的要点陈述如下:设有 A, B, C 三队兵(图 3.8),并设在最小的时间单位内,B 往左移动一位而 C 则往右移动一位。于是相对于 B 而言 C 就移动了两位。因此必有一个使 C 向 B 的右方移动一位所需的较小时间单位,否则半个时间单位将等于一个时间单位。

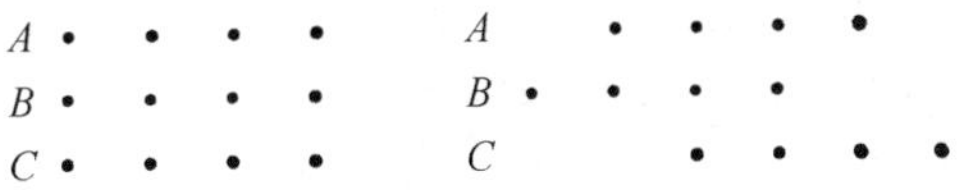

图 3.8

可能芝诺只是想指出速度是相对的。C 相对于 B 的速度并非 C 相对于 A 的速度。或者他的意思是说没有什么绝对空间可作为规定速度的依据。亚里士多德说芝诺的谬误在于假定以相同速度移动的两物体在通过一移动物体与通过一固定物体之际需要同样时间。芝诺的论点和亚里士多德的批驳都说得不清楚。但若把这悖论看作是为攻击时间和空间具有不可分的最小段落之说而作的(因芝诺当时在攻击此说)，那么他的论点就有了意义。

我们可把色雷斯地区阿布德拉(Abdera in Thrace)的德谟克利特(Democritus,约公元前 460—约前 370)也归入埃利亚学派。据说他很聪明,研究许多学问,其中包括天文。由于德谟克利特原属留基伯(Leucippus)学派而后者为芝诺的学生,故他所考察的许多数学问题必定是为芝诺的思想所启发的。他写出关于几何、关于数、关于连续的直线和立体的书。他的几何著作很可能是欧几里得《原本》问世以前的重要著作。

阿基米德说德谟克利特发现圆锥和棱锥的体积等于同底同高的圆柱和棱柱体积的三分之一,但证明是由欧多克索斯作出的。德谟克利特把圆锥看作是一系列不可分的薄层叠成的(图 3.9),但若设各层相等则得圆柱,而若设各层不等,则圆锥面不能光滑,因而这使他感到苦恼。

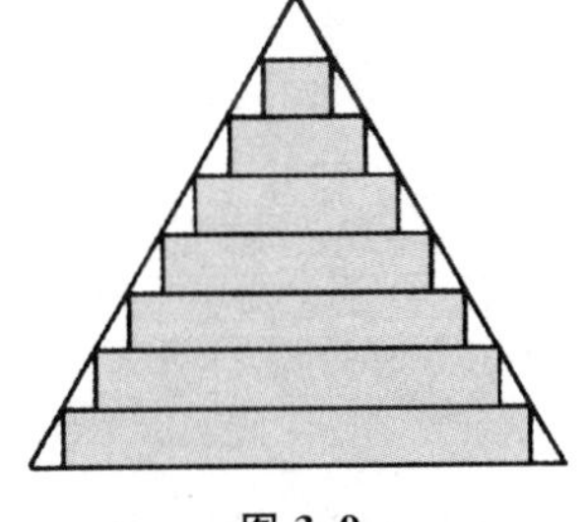
图 3.9

7. 诡辩学派

自公元前 479 年波斯人在迈开里(Mycale)地方最后战败之后,雅典便成为希腊城邦联盟中的主要城市和商业中心。从事贸易所得的财富使雅典成为当时最富庶的城市,他们的著名领袖伯里克利(Pericles)就利用这财富来修建和美化这一城市。爱奥尼亚派、毕达哥拉斯派以及其他的学者都被吸引到雅典来。这里人们的重点就放在抽象推理方面,并以使理性统治遍及整个自然界和人类作为其宗旨。

在雅典的第一个学派——诡辩派中包括各方面的学者大师,如文法、修辞、辩证法、演讲术、人伦,以及对本书有关的几何、天文和哲学方面的学者。他们研究的主要目标之一是用数学来了解宇宙是怎样运转着的。

有好些数学结果是为解决三个著名的作图问题而得出的副产品。这三个作图题是:作一正方形使其与给定的圆等面积;给定立方体的一边,求作另一立方体之边,使后者体积两倍于前者体积;用尺规三等分任意角。

这些著名作图题的起因有各种说法。例如关于倍立方问题起因,在埃拉托斯特尼(Eratosthenes,约公元前 284—前 192)的一本书中的一种说法是:得洛斯地方的人遭瘟疫求教于巫神,巫神告诉他们应把现有立方祭坛加倍。得洛斯人知道把祭坛一边加倍是不能把体积加倍的,就去找柏拉图解决。柏拉图告诉他们说巫神之意并不在于要双倍大的祭坛,而只是为借此谴责希腊人不重视数学并对几何不够尊崇。传记家普卢塔赫(Plutarch)也记载了这一故事。

实际上这些作图题是希腊人在解出了一些作图题之后的引申。因任意角可二等分,自然就想试三等分。因以正方形对角线为一边的正方形有两倍于前者的面积,就理所当然地提出相应的立方体问题。化圆为方问题是希腊人求作一定形状的图形使之与给定图形等面积这类问题中的典型问题。此外还有求作正七边形或更多边数的正多边形问题就不那么出名了。但这也是在作出正方形、正五边形、正六边形之后引申出来的问题。

作图之限于用尺规[①]一事也有各种解释。希腊人认为直线和圆是基本图形,而直尺和圆规是其具体化。所以用这两种工具比较好。有一种理由是说柏拉图反对用其他机械工具,因其过于依赖感觉境界而不甚依赖思想境界,而柏拉图认为后者是第一性的。但很可能在公元前 5 世纪时对这种限制不甚严格。不过我们以后可以看到作图题在希腊几何中起了重要作用,而欧几里得公理确实限制只许用尺规作图。自他以后这一限制就严格要求了。例如帕普斯说若图形能用尺规作出,那么用其他方法来解就不可取。

最早试图解这三大名题的是爱奥尼亚派学者阿那克萨哥拉,据说他在牢房里还研究化圆为方问题,但他的结果如何不得而知。研究得最出名的是伊利斯城[Elis,希腊伯罗奔尼撒(Peloponnesus)的城市]的希比亚斯(Hippias)。此人是诡辩学派的头面人物,生于公元前 460 年左右,是苏格拉底(Socrates)的同时代人。

希比亚斯在设法三等分一角时发明了一种新曲线叫割圆曲线,只可惜这曲线本身也是不能用尺规作出的。割圆曲线是这样形成的:设 AB(图 3.10)顺时针方向以匀速绕 A 转到 AD 的位置。同时让 BC 平行于其自身以匀速下移到 AD。设 AB 转到 AD'时 BC 移到 $B'C'$。令 E'为 AD'与 $B'C'$的交点。则此 E'便是割圆曲线$BE'G$上的一个典型点。G 是割圆曲线的终点[②]。

---

① “尺规”两字是按习惯说法译的,这里的“尺”实际应是“直边”,应理解为没有刻度的尺。——译者注

② 点 G 不能直接根据曲线的定义求得,因 AB 与 BC 在同一顷刻到达 AD 处,故旋转线和水平线在那里没有交点。不过只要把 G 看作割圆曲线上较早形成的一些点的极限就能定出 G。用微积分法可得 $AG = 2a/\pi$, 此处 $a = AB$。

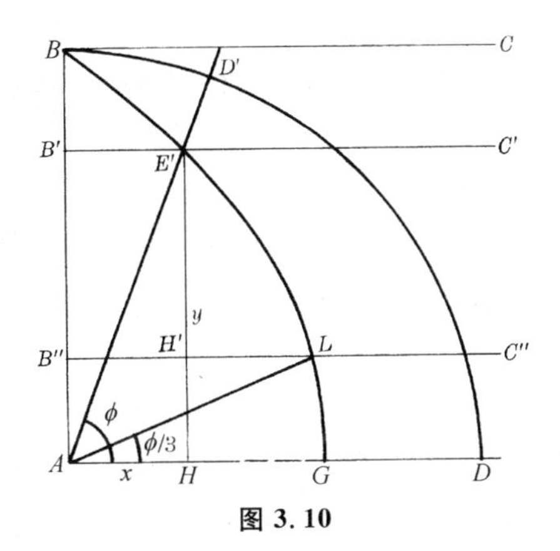

图 3.10

割圆曲线在笛卡儿直角坐标系中的方程可如下得出：设 AB 转到 AD 总共需要时间 T，令 AD' 到达 AD 所需的那部分时间是 t/T。因 AD' 与 $B'C'$ 都是匀速运动的，故 $B'C'$ 在移过 BA 中的 $E'H$ 这一段路时所需的那部分时间也是 t/T。所以

$$\frac{\phi}{\pi/2}=\frac{E'H}{BA}.$$

若以 y 记 $E'H$，以 a 记 BA，则有

(1) $$\frac{\phi}{\pi/2}=\frac{y}{a}$$

或 $$y=a\cdot\phi\cdot\frac{2}{\pi}.$$

但若 $AH=x$，则

$$\phi=\arctan\frac{y}{x}.$$

于是 $$y=\frac{2a}{\pi}\arctan\frac{y}{x}$$

或 $$y=x\tan\frac{\pi y}{2a}.$$

这曲线若能作出，就可三等分任一锐角。令 ϕ 是这个角。把 y 三等分使 $E'H'=2H'H$。过 H' 作 $B''C''$ 令其交割圆曲线于 L。作 AL。于是便有 $\angle LAD=\phi/3$。因根据得出(1)的那些理由，可知

$$\frac{\angle LAD}{\pi/2}=\frac{H'H}{a}$$

或 $$\frac{\angle LAD}{\pi/2}=\frac{y/3}{a}.$$

但据(1)有

$$\frac{\phi}{\pi/2}=\frac{y}{a},$$

故 $$\angle LAD=\frac{\phi}{3}.$$

由作图题而引出的另一著名发现是开奥斯(Chios)的希波克拉底(公元前5世纪)得出的。此人是他那个世纪中最出名的数学家,但读者不要把他和希腊医学祖师科斯(Cos)地方的希波克拉底混为一谈。数学家希波克拉底于该世纪下半叶谋生于雅典,他不属诡辩派,但很可能属毕达哥拉斯派。据说定理按其证明所需依据来排先后次序(这是大家在学习欧几里得著作时所熟悉的做法)是他最早想出来的。最早把间接证法引用到数学里的据说也是他。他所著的几何书叫《原本》(*Elements*),已经失传。

希波克拉底当然没有解决化圆为方问题,但确实解决了一个有关的问题。设 ABC 是一等腰直角三角形(图 3.11),并设它内接于中心为 O 的半圆。设 AEB 是以 AB 为直径的半圆。则有

$$\frac{\text{半圆 } ABC \text{ 的面积}}{\text{半圆 } AEB \text{ 的面积}}=\frac{AC^2}{AB^2}=\frac{2}{1}.$$

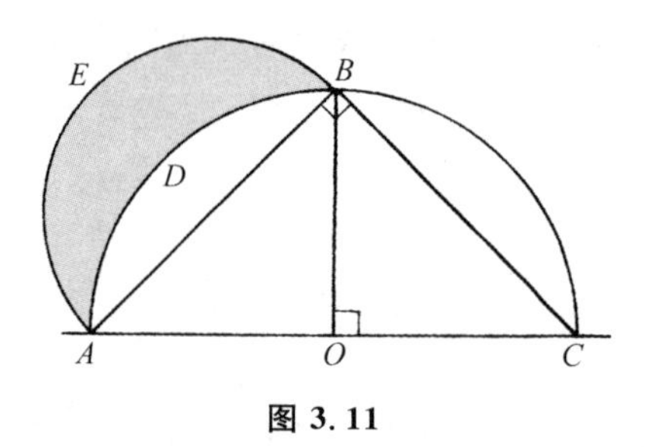

图 3.11

因此 $OADB$ 的面积等于半圆 AEB 的面积。现在把两者的公共面积 ADB 去掉,则知月牙形(阴影部分)的面积等于三角形 AOB 的面积。这样,一个以曲线弧为边的月牙形面积等于一个直边图形的面积;或者说把曲边图形化成了直边图形。这个结果叫做求积(quadrature);就是说曲边图形的面积求出来了,因为得出了与它等面积的直边形,而直边形的面积是能计算的。

希波克拉底在这个证明里应用了圆面积之比等于其直径平方之比这一事实。但希波克拉底是否确实能证明这一事实则令人怀疑,因为它的证明需要用到后日由欧多克索斯所发明的穷竭法。

希波克拉底还作出了另外三个月牙形的等积直边形。关于月牙形的这项工作我们是从辛普利修斯的著作中得知的,这也是古典希腊数学出现在希腊人原著中的唯一的较大片断。

希波克拉底又指出倍立方问题可化为在一线段与另一双倍长的线段之间求两个比例中项的问题。用我们的代数记法来写,令 x 与 y 是这样两个量,使得

$$\frac{a}{x}=\frac{x}{y}=\frac{y}{2a},$$

则
$$x^2 = ay,\ y^2 = 2ax.$$
因 $y = x^2/a$，故自第二式得
$$x^3 = 2a^3.$$
x 便是所要求的解答，但不能用尺规作出。当然希波克拉底必定是从几何上来进行推理的，这种推理方式我们在考察阿波罗尼斯的《圆锥曲线》时可以看得比较清楚。

还有一个很重要的想法是诡辩派学者安提芬(Antiphon，公元前 5 世纪)和布赖森(Bryson，约公元前 450 年)提出来的。安提芬在解化圆为方问题时想起用边数不断增加的内接多边形来接近圆面积。布赖森则又用外切多边形来丰富这一思想。安提芬进一步提出把圆看作是无穷多边的正多边形。以后可以看到(第 4 章第 9 节)欧多克索斯在穷竭法里是怎样采纳了这些想法的。

8. 柏拉图学派

继诡辩学派之后领导数学活动的是柏拉图派。这派学者的先驱者是北非昔勒尼(Cyrene)地方的特奥多鲁斯(Theodorus，生于公元前 470 年左右)和意大利南部太兰吐姆的阿基塔斯。他们是毕达哥拉斯派学者，并且都教过柏拉图。他们的教导可能使整个柏拉图学派受到毕达哥拉斯派的强烈影响。

特奥多鲁斯因证明我们今日记为$\sqrt{3}$，$\sqrt{5}$，$\sqrt{7}$，…，$\sqrt{17}$的这些比同 1 没有公度一事而闻名。阿基塔斯引入把曲线作为动点的轨迹，把曲面作为是由曲线移动而产生的看法。他还从求出两已给量之间的两个比例中项来解决倍立方问题。这两个比例中项他是用几何方法在求出三个曲面交点之后作出的。这三个曲面是圆绕其一切线旋转而生成的曲面、一个锥面、一个柱面。这种作法很麻烦，不值得在这里占篇幅。阿基塔斯还写了关于数学力学的书，设计过机器，研究过声学，对音阶作出过创造并制定出一些理论。

柏拉图学派的领袖是柏拉图，成员有梅内克缪斯(Menaechmus，公元前 4 世纪)、他的兄弟狄诺斯特拉德斯(Dinostratus，公元前 4 世纪)，以及特埃特图斯(Theaetetus，公元前约 415—约前 369)。其他许多成员我们只知道名字。

柏拉图出生于名门，早年就有政治抱负。但苏格拉底的命运使他深信有良心的人不能搞政治。他游历过埃及并在意大利南部交游于毕达哥拉斯派学者之间。毕达哥拉斯派对他的影响可能是通过这些接触得来的。公元前 387 年左右他在雅典成立学院，它在好多方面像现代的大学。学院有场地、房屋、学生，并有柏拉图及其助手讲授的正式课程。在古希腊时期，数学和哲学是学院里所喜爱的学科。数学的主要活动中心虽在公元前 300 年左右移到亚历山大，但在整个亚历山大时代

学院派仍旧领导哲学界。学院维持了九百年之久,直到529年因它传授“异端邪说”被信奉基督教的罗马王查士丁尼(Justinian)查封。

柏拉图是他那时代最有学问的人,但他不是数学家;不过他热心这门科学,并深信其对哲学和了解宇宙的重要作用,这就鼓励了数学家们钻研数学。值得指出的是,公元前4世纪时几乎所有重要的数学工作都是柏拉图的朋友和学生搞的。柏拉图本人则似乎更关心把已有的数学知识加以改进并使之完美。

虽然我们也许不能确定,在柏拉图之前数学概念的抽象化究竟搞到什么程度,但柏拉图和他的后继者无疑是把数学概念看作抽象物的。柏拉图说数同几何概念不含物质性,因而和具体事物不相同。数学概念不依赖于经验而自有其实在性。它们只能为人所发现,并非为人所发明或塑造。抽象事物同物质对象之间的这种区分可能得自苏格拉底。

我们引录柏拉图《理想国》(*Republic*)中的一段话,由此可以说明当时对数学概念的看法。苏格拉底对格劳孔(Glaucon)说:

> 整个算术和计算都要用到数。
>
> 是的……
>
> 因此这就是我们所追求的那种学问,它有双重用途——军事上的和哲学上的;因为打仗的人必须学习数的技巧,否则他就不知道如何布置他的部队,哲学家也要学,因为他必须跳出茫如大海的万变现象而抓住真正的实质,所以他必须是个算术家……因此这是可以在立法上适当规定的那种学问;而我们必须竭力奉劝我国未来的主人翁学习算术,不是像业余爱好者那样来学,而必须学到他们唯有靠心智才能认识数的性质那种程度;也不像商人和小贩那样,仅是为着做买卖去学,而是为了它在军事上的应用,为了灵魂本身去学的;而且又因为这是使灵魂从暂存过渡到真理和永存的捷径……我所说的意思是算术有很伟大和崇高的作用,它迫使灵魂用抽象的数来进行推理,而厌弃在辩论中引入可见和可捉摸的对象……①

另一段引文②是讨论几何概念的。柏拉图说:“你是否也知道,他们虽继续利用可见的形象并拿来进行推理,但他们想的并不是这些东西,而是类似于这些东西的理想形象……但他们力求看到事物本身,而这只有用心灵之目才能看到。”

---

① 乔伊特(B. Jowett)《柏拉图的对话》第Ⅶ篇,525节,Clarendon Press版,1953,共2卷(原文为卷2,疑误)。

② 《理想国》第Ⅵ篇,510节。

从这些引述显然可知柏拉图以及他所代表发言的其他希腊人重视抽象观念，并要把数学思想当作进入哲学的阶梯。数学家所处理的抽象观念跟其他的抽象观念，比如善良和公正，是同一类的，而了解这两者乃是柏拉图哲学的目标。数学是认识理想世界的准备工具。

为什么希腊人爱好并强调数学的抽象概念呢？我们不能回答这个问题，但应指出早期希腊数学家是哲学家，而哲学家普遍地对希腊数学的发展有着决定性的影响。哲学家喜欢搞观念，并在许多领域里显出他们偏于搞抽象的典型作风。希腊哲学家对于真理、善良、慈爱和智慧就是这样来思考的。他们设想理想的社会和完善的国家。晚期毕达哥拉斯派学者和柏拉图派学者把观念世界和实物世界严格区别开来。物质世界中的关系是会变的，因而并不代表终极真理，但理想世界中的关系是不变的，因而是绝对真理；而绝对真理才是哲学家应该关心的。

柏拉图这人特别相信唯有具体对象的完美理想才是实在。唯有理想世界以及理想间的关系才是永恒的，不受时代影响的，不朽的，而且是普遍的。物理世界是理想世界的不完善的体现，因而它是会枯朽的，所以只有理想世界才值得进行研究。只有在纯理性的形式上，才能获得绝对正确的知识。关于物理世界我们只能有人们的种种意见；因而物理科学陷落在感觉世界的糟粕之中了。

柏拉图学派是否对数学的演绎结构作出过贡献，我们不能肯定。他们关心证明，关心推理过程的方法论，普罗克洛斯和第欧根尼(Diogenes Laertius，3世纪)把两类方法论归功于柏拉图学派。第一类是分析方法，用这方法时，我们把待证的事项作为已知，然后由此推导出一些结论，直到得出一个已知的真理或得到矛盾。若得出矛盾，则待证的结论谬误。若得出一个已知真理，则(如若可能)便把推理步骤倒过来，于是就作出证明。第二类是*归谬法*或间接法。第一类方法对柏拉图来说也许并不新鲜，但可能他要强调其后有加以综合的必要。至于间接法，如前所说，则有人归功于希波克拉底。

演绎结构在柏拉图心目中的地位如何，最好用《理想国》[①]中的一段话来加以说明。他说：

> 你们知道几何、算术和有关科学的学生，在他们的各科分支里，假定奇数和偶数、图形以及三种类型的角等是已知的；这些是他们的假设，是大家认为他们以及所有人都知道的事，因而认为是无需向他们自己或向别人再作任何交代的；但他们是从这些事实出发的，并以前后一贯的方式往下推，直到得出结论。

① 第Ⅵ篇，510节。

如果这段话确实道出了当时数学的状况,那么他们肯定是作证明的,不过公理基础却不是明显的,或者可能随不同的数学家而稍有不同。

柏拉图确乎肯定知识有加以演绎整理的需要。科学的任务是发现(理想)自然界的结构,并把它在演绎系统里表述出来。柏拉图是第一个把严密推理法则加以系统化的人,而大家认为他的门人按逻辑次序整理了定理。我们还知道柏拉图的学院里曾提出过这样的疑问,即根据已知的事实和问题中给定的假设,所给问题究竟是否可解。不管柏拉图派有否根据明确的公理真正用演绎法整理过数学,有一点是毋庸置疑的,即至少从柏拉图时代起,数学上要求根据一些公认的原理作出演绎证明。由于坚持要有这种形式的证明,希腊人得以把此前几千年来数学里的所有法则、步骤和事实全部抛弃。

为什么希腊人坚持要作演绎证明呢?既然归纳、观察和实验一直是获得知识的重要来源,并且被各门科学用得很多很好,那为什么希腊人喜欢在数学里用演绎推理而排斥其他一切方法呢?我们知道希腊人(人们称之为有哲学思想的几何学家)喜欢搞推理和设想,这从他们对哲学、逻辑和理论科学所作出的巨大贡献可以得到证明。另外,哲学家是关心于获得真理的,而归纳、实验以及根据经验作出的一般结论只能给出可能正确的知识,而演绎法在前提正确的条件下则给出绝对肯定的结果。在古希腊社会中,数学是哲学家所追求的真理总体的一部分,因而认为必须是演绎性的。

希腊人喜欢演绎法的另一个原因可能是由于古希腊时期享受教育的阶级轻视实际事务。雅典虽是商业中心,但从事商业和医药之类行业的是奴隶阶级。柏拉图坚决主张自由民搞买卖应看作是犯罪而要受到惩罚,亚里士多德也说在完善的国家里公民(相对于奴隶而言)不应该搞任何机械行业,对于这种社会里的思想家来说,实验和观察就成为陌生的事。因此科学或数学上的结果都不会从这种来源得出。

顺便提起一点,有证据可以说明公元前 6 世纪和前 5 世纪时希腊人对工作、贸易和机械技巧的看法与此不同,并且他们曾把数学应用于实际技术。泰勒斯曾用他的数学知识来改进航海技术。公元前 6 世纪时的希腊统治者梭伦(Solon)给予各种匠人以荣誉并宠崇发明者。Sophia 这个希腊字通常用来表示明智和抽象思维,而在当时的意思却是专业技能。据普罗克洛斯说,把"数学变成自由学科"(即是说,教给自由民的学问而不是传给奴隶的技巧)的正是毕达哥拉斯派人。

普卢塔赫在所写马塞勒斯(Marcellus)的传记里具体说出了人们对机械工具这类东西的态度是怎样改变的:

欧多克索斯和阿基塔斯是这一闻名的、高度受人珍视的机械技能的首创人。他们用机械工具来巧妙地说明几何真理，并从实验上以此来证实那些用图形和言语证起来过于复杂的结论，使人看了一目了然便能信服。例如，给定两线求其两个比例中线的问题是许多作图题里常要碰到的，这两位数学家在解决这问题时都借助于仪器，使其适用于他们所需要的某些曲线和线段。但由于柏拉图对此表示愤慨，并由于他对此大加谴责，说它只不过是搞坏和消灭了几何学的一个优点，使其如此可耻地不顾纯理智的抽象对象，而回复到感性，并求助(这种帮助非得卑躬屈膝丧尽尊严才能获得)于物质。由于这种谴责，就产生了这样的情况，使机械学(力学)和数学分了家，并由于它被哲学家所蔑弃和忽视，它就只在军事技术上占有地位了。

这就可以说明为什么古希腊时代的实验科学和机械科学发展得那么差劲。

不管历史研究的结果有没有把希腊人何以偏爱演绎推理的有关因素一个个找出来，我们肯定知道他们最早坚持数学里必须用演绎推理作为求证的唯一方法。自此以后这便成为数学所特有的要求，并使数学区别于所有别的知识领域或研究领域。不过后代数学家对这一原则忠实恪守到什么程度，还有待于此后的考察。

就数学内容而论，柏拉图和他的学派改进了定义，并据说也证明了平面几何中的新定理。此外，他们推动了对立体几何的研究。柏拉图在《理想国》的第七篇528节中说，由于天文学是同运动着的立体打交道的，故在研究天文学以前需要懂得这种立体的科学。但是(他说)这种科学被人忽视了。他抱怨国家没有支持研究立体图形的人。柏拉图和他的同事着手研究立体几何，并据说证明了新的定理。他们研究了棱柱、棱锥、圆柱和圆锥；而且他们知道正多面体最多只有五种。毕达哥拉斯派无疑知道，他们可以用4，8，20个等边三角形做出其中的三种正多面体，用6个正方形做成立方体，并用12个正五边形做成正十二面体，但关于正多面体不能多于五种这一事实，则可能是由特埃特图斯所证明的。

柏拉图派的最重要发现是圆锥曲线。亚历山大时代的埃拉托斯特尼把这个发现归功于梅内克缪斯。此人是几何学家兼天文学家，他是欧多克索斯的学生，但系柏拉图学院中的一员。我们虽不能肯定发现圆锥曲线的起因，但一般相信这是由于解那几个著名的作图题而引起的。前面已经讲过开奥斯的希波克拉底解决了倍立方问题，其法是求出这样的 x 和 y，使

$$a : x = x : y = y : 2a.$$

但这些方程无异于

$$x^2 = ay,\ y^2 = 2ax,\ xy = 2a^2.$$

所以从坐标几何可知 x 和 y 就是两抛物线的交点或一抛物线和一双曲线的交点的

坐标。梅内克缪斯研究了这问题,并看出两种纯粹用几何方法的解法。根据数学史家诺伊格鲍尔(Otto Neugebauer,1899—1990)的意见,圆锥曲线可能是在制作日规的工作过程中搞出来的。

梅内克缪斯是这样引入圆锥曲线的:他利用三种圆锥(图 3.12)——直角的、锐角的和钝角的圆锥,再用垂直于锥面一母线的平面来割每个锥面。当时他们只知道双曲线的一个支。

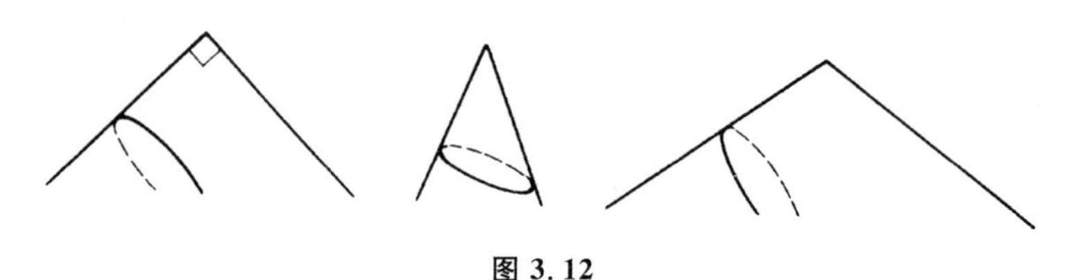

图 3.12

柏拉图学派的其他数学研究工作中还包括特埃特图斯对不可公度量的研究。在这之前,昔勒尼的特奥多鲁斯已证明(用我们的记法和语言)$\sqrt{3}$, $\sqrt{5}$, $\sqrt{7}$和其他一些平方根是无理数。特埃特图斯考察了其他一些而且属于更高类型的无理数并将其分类。以后在研究欧几里得《原本》第十篇时,我们将指出这些类型。我们从特埃特图斯的这一工作中看出数系是怎样推广到更多的无理数的,但他所研究的那些不可公度比只是在几何的想法中产生的,而且是能用几何方法作为长度画出的。另一柏拉图派学者狄诺斯特拉德斯指出怎样用希比亚斯的割圆曲线来化圆为方。据帕普斯说,老阿里斯塔俄斯(Aristaeus the Elder,约公元前 320 年) 写过一本包含五篇的书,叫《圆锥曲线述要》(*Elements of Conic Sections*)。

9. 欧多克索斯学派

欧多克索斯是古希腊时代最大的数学家,并且在整个古代仅次于阿基米德。埃拉托斯特尼说他是"神明似的"人。他在公元前 408 年左右生于小亚细亚的尼多斯(Cnidos),曾在太兰吐姆求学于阿基塔斯,去埃及游历过,在那里学了些天文知识,然后在小亚细亚北部的基齐库斯成立了一个学派。公元前 368 年左右他和他的门徒加入柏拉图学派。几年之后他回到尼多斯并于公元前 355 年左右死于该地。他是一位天文学家、医生、几何学家、立法家和地理学家。他最出名的工作是创立了天体运动的第一个天文学说(见第 7 章)。

他在数学上的第一个大贡献是关于比例的一个新理论。越来越多无理数(不可公度比)的发现迫使希腊人不得不研究这些数。它们确实是数吗? 它们出现于几何论证过程中,而整数和整数之比则既出现于几何也出现于一般的数量研究中。此外,用于可公度的长度、面积和体积的几何证明,怎样才能推广用之于不可公度的这些量呢？

欧多克索斯引入了变量(或简称为量)这个概念(第4章第5节)。它不是数，而是代表诸如线段、角、面积、体积、时间这些能够(用我们的语言来说)连续变动的东西。量跟数不同，数是从一个跳到另一个，例如从4跳到5。对于量是不指定数值的。然后欧多克索斯定义两个量之比并定义比例(即两个比相等的关系)，把可公度比与不可公度比都包括在内。但他仍不用数表达这种比。比和比例的概念是同几何学分不开的，这在我们研究欧几里得书中第五篇时可以看出来。

欧多克索斯所做的这项工作是为了避免把无理数当作数。实际上，他连线段长度、角的大小以及其他的量和量的比，都避免给予数值。欧多克索斯的这个理论诚然给不可公度比提供了逻辑依据，从而使希腊数学家大大推进了几何学，但也产生了一些不幸的后果。

这种后果之一是它硬把数同几何截然分开，因为只有几何能处理不可公度比。它也把数学家赶到几何学家的队伍里去，因为在此后两千年间几何学变成几乎是全部严密数学的基础。我们如今仍把 x^2 读作 x 平方，把 x^3 读作 x 立方，而不把它们读作 x 二次或 x 三次，因为对希腊人来说，x^2 和 x^3 这些量只有几何意义。

欧多克索斯处理不可公度长或无理数问题的办法实际上把以前希腊数学的重点颠倒了过来。早期毕达哥拉斯派肯定是重视数，把它当作基本概念的，并且欧多克索斯的老师、太兰吐姆的阿基塔斯也曾说过只有算术——而不是几何——能提供满意的证明。然而，古希腊数学家虽把几何搞得能够处理无理数，却因此放弃了真正的代数和无理数。当二次方程的解确实是无理数时他们对于解二次方程的事怎么办呢？当矩形的两边不可公度时，他们对于求矩形面积这样一个简单问题又怎么办呢？回答是他们把大部分代数都化成了几何，其办法我们在下一章里就要考察。用几何来表示无理数和无理数的运算当然是不合实用的，把 $\sqrt{2}\cdot\sqrt{3}$ 当作矩形面积来设想，这在逻辑上可能是足够令人满意的，但若为了想买地板漆布而需要知道乘积究竟等于多少，你就得不出结果。

虽然希腊人把他们在数学上的最大气力花在几何方面，但我们必须记住整数和整数之比仍是他们认为可以接受的概念。在下一章中可以看到，数学的这个领域在欧几里得书中第七至九篇里是用演绎法建立起来的。其内容基本上属于我们所说的数论(或整数性质论)。

问题又出来了：古希腊人在科学工作中以及在商业和其他实务中需要用到数的时候怎么办呢？我们以后能知道，古希腊时代的科学仅仅是定性的。至于数的实际应用，我们以前就说过，那个时期的知识分子只限于做哲学和科学工作，不去从事商业和贸易；有教养的人不关心实际问题，他们可以在几何学里考察所有的矩形而不去关心哪怕是一个矩形的实际大小。他们就这样把数学思维同实际需要割裂开来,而且数学家也没有感到有去改进算术方法和代数方法的压力。只有当有文化的阶级与奴隶阶级之间的壁垒在亚历山大时期(约公元前 300—约公元 600)被冲破而且有教养的人关心实际事务的时候,重点才转移到数量知识以及发展算术和代数方面。

现在言归正传再来谈欧多克索斯的贡献。希腊人确定曲边形面积和曲面体体积的得力方法——现今称作穷竭法,也属于欧多克索斯。我们以后将考察这方法以及欧几里得对它的用法。这确实是微积分的第一步,但并没有用明确的极限理论。举几个例子来说,欧多克索斯用这方法证明两圆面积之比等于其半径平方之比,两球体积之比等于其半径立方之比,棱锥体积是同底同高棱柱体积的三分之一,以及圆锥体积是其相应的圆柱体积的三分之一。

从泰勒斯起的每个学派,都曾被某个权威说成是用演绎法整理过数学的。但欧多克索斯的工作建立了数学上*以明确公理为依据的*演绎整理,这一点是无可怀疑的。对不可公度比进行了解和运算的需要,无疑是促使他做这步工作的原因。由于欧多克索斯要着手给这些比提供逻辑依据,他很可能就此认识到有必要列出公理,并逐一推出结果,以保证在处理这些不熟悉而麻烦的量时不致出错。处理不可公度比的这一需要,无疑又增强了此前只凭演绎推理来作证明的决心。

因希腊人要寻求真理并决心用演绎证明,就要找出一些其本身便是真理的公理。他们确乎找出了一些他们认为真实性是不言而喻的命题,但把公理接受下来作为无可置辩的真理一事,所根据的理由却因人而异。几乎所有希腊学者都相信心灵能够认识真理。柏拉图有一种前世追忆说(theory of anamnesis),认为灵魂在投生到世间以前能直接体验真理,他只要追忆这种体验就能认识到几何公理是包括在这些真理之内的。人世间的经验是不必要的。有些数学史家从柏拉图和普罗克洛斯所说的话里捉摸出这样一种意思,即公理带有一些随意性,只要在个别人的心眼里感到它是清楚而真实的就行。重要的事情是根据所选取的公理来按演绎法作推理。亚里士多德关于公理发表过许多意见,我们即将指出他的看法。

10. 亚里士多德及其学派

亚里士多德(公元前 384—前 322)生于马其顿的一个城市史太其拉(Stageira)。他是柏拉图的学生和同事,相处二十年之久,并从公元前 343 年到前 340 年当亚历山大大帝的老师。公元前 335 年他成立了自己的学派学园学派。学园里有个花园、一个课堂和一所艺神(Muses)的祭坛。

亚里士多德的著作涉及机械学(力学)、物理学、数学、逻辑、气象学、植物学、心理学、动物学、伦理学、文学、形而上学、经济学和其他许多领域。他没有专门写一本关于数学的书,但在许多地方讨论过数学,并用数学说明他的一些观点。

他认为科学可分三类:理论性的、生产性的和实务性的。理论性科学是探求真理的,包括数学、物理学(光学和声学以及天文学)以及形而上学,其中数学是最精确的科学;生产性科学是各项工艺;而实务性科学,例如伦理学和政治学,则是为了摆正人的行为动作。在理论科学中,逻辑是其中各门科学的先行学科,而形而上学家则要讨论并解释数学家和自然哲学家(科学家)认为是不言而喻的东西,例如研究对象的存在性或真实性问题以及公理的本性问题。

亚里士多德虽在发现新的数学结果上没有重要贡献(欧几里得书中有几个定理是属于他的),但他对数学的本性及其与物理世界的关系所发表的看法却影响很大。柏拉图相信有一个独立、永恒的观念世界,认为它就是宇宙的真实存在,而数学概念是这世界中的一部分东西;亚里士多德则不然,他把具体物质看成是更为可取的。不过他也有重视观念之处,例如,他认为物理对象有其一些普遍性的本质,诸如硬、软、重、轻、球状性、冷和暖。数及几何形状也是实物的属性;它们是通过抽象思维为人所认识的,但它们是从属于实物的。所以数学是研究抽象概念的,而抽象概念则来自实物的属性。

亚里士多德讨论定义。他对定义的想法是合乎现代精神的;他说定义只不过是给一批文字定个名。他又指出定义必须用先存在于所定义事项的某种东西来表述。因此他批评"点是没有部分的那种东西"这一定义,认为"那种东西"这几个字没有说出所指的究竟是什么,除非所指的可能就是"点",因而这定义并不合适。他承认未经定义的名词是需要的,因为在一系列的定义里总得有个开头,但其后的数学家漠视这一需要,直到 19 世纪末。

他又指出(据普卢塔赫说柏拉图较早指出过)一个定义只能告诉我们一件事物是什么,并不说明它一定存在。定义了的东西是否存在有待于证明,除非是少数几个第一性的东西诸如点和直线,它们的存在是同公理(第一性原理)一起事先为人们所接受的。例如我们可以定义一个正方形,而这种图形可能不存在;就是说,定义中所要求的诸属性可能无法并存。莱布尼茨(Gottfried Wilhelm Leibniz)就举出过正十面体这样一个例子;我们可以定义这样一个图形,但它并不存在。如果有人并未意识到这图形不存在就着手去证明有关这图形的定理,那他得出的结果将是胡说一气。亚里士多德和欧几里得所采取的用以证明存在性的方法是构造(construction)。欧几里得《原本》中头三个公理承认直线和圆的构造;所有其他数学概念则必须构造出来以证明其存在,例如角的三等分线虽可定义,但不能用直线和圆构造出来,所以在希腊几何学里不能加以考虑。

亚里士多德也讨论数学的基本原理。他把公理和公设加以区别,认为公理是一切科学所公有的真理,而公设则只是为某一门科学所接受的第一性原理。他把逻辑原理(诸如矛盾律、排中律、等量加减等量后结果相等的公理以及其他这类原理)都列为公理。公设无需是不言自明的,但其是否属真应受所推出结果的检验。所列出的一批公理或公设,数目应该愈少愈好,只要它们能用以证明所有结果。虽然欧几里得也采用亚里士多德之说,把公理和公设区别开来(从下章可知),但直到19世纪末为止的所有数学家都漠视这一区别,把公理和公设都当作是同样不言自明的。亚里士多德认为公理是从观察实物(物理对象)得出的。它们是直接为人们所理解的一般性认识。亚里士多德和他的门人给出了许多定义和公理,或是改进了前人的这些东西。亚里士多德的有些定义和公理是被欧几里得所采纳的。

亚里士多德讨论了怎样能把点同线联系起来这个基本问题。他说点不可分,然而占有位置。但那样的话,不论聚集起多少点来,还总是聚不成能分的东西,而线段则肯定是能分的量。因此点不能形成像线这类连续的东西,因为点与点不能自己连续在一起。他说一点好比是时间中的"此刻"(现在)。此刻不可分,因而并非时间的一部分。一点可能是一线的末端、开端或其上的分界处,但它不能是线的一部分,也不成其为量。一点只有通过*运动*才能产生一线从而成其为量的本原。他又论证说点没有长度,因此若一线由点组成,它将没有长度。同样,如果时间由瞬刻组成,那就没有整个的时段了。关于线所具有的连续性,他是这样定义的:如果一件东西的任何两个相继部分在其接触处的两个界限合而为一,这东西就是连续的。实际上亚里士多德讲过许多次关于连续量的话,讲法都不一致。但他那个主张的实质是:点和数是离散量,必须同几何上的连续量区别开来。在算术上没有连续集合(连续统)。至于就两门学科的关系来说,他认为算术(即数论)是更准确的,因为数比几何概念更易于抽象化。他又认为算术要先行于几何,因为在考察三角形之前先需要有三这个数。

在讨论到无穷(大)这个概念的问题时,他提出要把潜在的无穷(大)和真实的无穷(大)加以区别(这在今日有重要意义)。地球如果有个突然的开始,那么它的年龄是潜在无穷(大),但在任何一刻都不是真实无穷(大)。亚里士多德认为只存在潜在的无穷(大)。他承认正整数是潜在无穷的,因给任何数加上1后总能得一新数,但无穷集合这类集合是不存在的。其次,大多数的量甚至不能是潜在无穷的,因它们若不断增加,就会超出宇宙范围。但空间是潜在无穷的,因它能反复往下细分,而时间则在两个方向上都是潜在无穷的。

亚里士多德的一个重大贡献是创立逻辑学。希腊人在研究出正确的数学推理规律时就已奠定了逻辑的基础,但要等到有亚里士多德这样的学者才能把这些规律典范化和系统化,使之形成一门独立学科。从亚里士多德的著作中,可以十分清楚地看出,他是从数学得出逻辑来的。他的基本逻辑原理——矛盾律,指出一个命题不能既是真的又是假的;排中律,指出一个命题必然是真的或者是假的——就是数学里间接证法的核心。亚里士多德用当时课本中的数学例子来说明他的推理原则。亚里士多德的逻辑一直到 19 世纪无人能挑出它的毛病。

逻辑这门科学虽来自数学,但其后却被人们认为是独立于并且先行于数学的,而且能应用于一切推理过程。如前所述,甚至亚里士多德自己也认为逻辑先行于科学和哲学。在数学里他强调演绎证明,认为这是确定事实的唯一基础。就柏拉图而论,他相信数学真理早先存在于或独立于物质的世界,故认为推理不足以保证定理正确;他认为逻辑的作用是第二位的。逻辑无非是把我们已知其为真的命题明白说出来罢了。

亚里士多德学派中有一人特别值得一提,这就是罗得斯的欧德摩斯。此人生活于公元前 4 世纪后期,是为普罗克洛斯和辛普利修斯所引述过的那本书(欧德摩斯的总结)的作者。前面指出过,欧德摩斯写过算术、几何及天文学方面的历史。他是有案可查的第一位科学史家。但更重要的一点是,只有当一门科学在他那个时代的知识足够丰富广博,才值得为之写出历史。

本书所要提到的古典时期那些人里的最后一人是皮坦尼(Pitane)的奥托吕科斯(Autolycus),他是个天文学家兼几何学家,生活于公元前 310 年前后。他不是柏拉图或亚里士多德学派的人,虽然他曾教过柏拉图之后的一位学派领袖。他所写的三本书中,有两本流传到今天;这是保存完整的最早的希腊书,虽然流传下来的只是奥托吕科斯原书的抄写手稿。这两本书的书名叫《论运动的球》(*On the Moving Sphere*)和《论升和落》(*On Risings and Settings*),其后被人编入《小天文》(*Little Astronomy*)文集中[以别于日后托勒玫的《大汇编》(*Great Collection* 或 *Almagest*)]。《论运动的球》中研究了球面上的子午圈、一般的大圆,以及我们今日称之为纬度线的圆,并论述一远处光源照到一旋转球上(如同太阳照射地球那样)时的受光区域与黑暗区域。书中内容需要一些球面几何的定理,由此可以知道这些定理必是当时希腊人已经知道的。奥托吕科斯的第二本书谈恒星的升和落,是关于观测天文学方面的著作。

《论运动的球》那本书的形式是很有意义的。图上的点是用字母来代表的。命题是按逻辑次序排列的。每个命题先作一般性的陈述,然后再重复,但重复陈述时明确参照附图,到最后给出证明。这是欧几里得著述中所采用的风格。

参考书目

Apostle, H. G.: *Aristotle's Philosophy of Mathematics*, University of Chicago Press, 1952.

Ball, W. W. Rouse: *A Short Account of the History of Mathematics*, Dover (reprint), 1960, Chaps. 2 - 3.

Boyer, Carl B.: *A History of Mathematics*, John Wiley and Sons, 1968, Chaps. 4 - 6.

Brumbaugh, Robert S.: *Plato's Mathematical Imagination*, Indiana University Press, 1954.

Gomperz, Theodor: *Greek Thinkers*, 4 vols., John Murray, 1920.

Guthrie, W. K. C.: *A History of Greek Philosophy*, Cambridge University Press, 1962 and 1965, Vols. 1 and 2.

Hamilton, Edith: *The Greek Way to Western Civilization*, New American Library, 1948.

Heath, Thomas L.: *A History of Greek Mathematics*, Oxford University Press, 1921, Vol. 1.

Heath, Thomas L.: *A Manual of Greek Mathematics*, Dover (reprint), 1963, Chaps. 4 - 9.

Heath, Thomas L.: *Mathematics in Aristotle*, Oxford University Press, 1949.

Jaeger, Werner: *Paideia*, 3 vols., Oxford University Press, 1939 - 1944.

Lasserre François: *The Birth of Mathematics in the Age of Plato*, American Research Council, 1964.

Maziarz, Edward A., and Thomas Greenwood: *Greek Mathematical Philosophy*, F. Unger, 1968.

Sarton, George: *A History of Science*, Harvard University Press, 1952, Vol. 1, Chaps. 7, 11, 16, 17, and 20.

Scott, J. F.: *A History of Mathematics*, Taylor and Francis, 1958, Chap. 2.

Smith, David Eugene: *History of Mathematics*, Dover (reprint), 1958, Vol. 1, Chap. 3.

van der Waerden, B. L.: *Science Awakening*, P. Noordhoff, 1954, Chaps. 4 - 6.

Wedberg, Anders: *Plato's Philosophy of Mathematics*, Almqvist and Wiksell, 1955.

第4章

欧几里得和阿波罗尼斯

这门科学的先驱者本人的教导使我们懂得：在碰到要不要把推理列入我们的几何原理时，不要对那些仅仅是颇为可信的设想稍有顾惜。

普罗克洛斯

1. 引　　言

古典时期学者们的数学工作的精华，幸运地在欧几里得和阿波罗尼斯两个人的著作中流传到今天。从生活年代来说，两人都属于希腊历史上第二个大分期，即亚历山大时期(见第3章第1节)。欧几里得在公元前300年左右生活在亚历山大城并在该处授徒，这一点是很肯定的，虽然他本人的教育可能得自柏拉图的学院。我们对欧几里得个人的生平几乎就只知道这点情况，而且连这点情况也还是从普罗克洛斯《评述》的一段文字中得来的。阿波罗尼斯死于公元前190年，所以他也是生活在亚历山大时代的人。但通常把欧几里得的工作归到古典时期，因为他书里的内容是讲解古典时代所发展的数学。欧几里得的著作实际是古希腊时期一些个别发现的整理，这只要把他书里的内容和我们所知道的较早的数学工作比较一下就可以清楚。特别是《原本》一书，不仅是对这门学科作逻辑讲解的书，同样也是刚过去的那个时代的一本数学史。阿波罗尼斯的工作一般归入亚历山大时期，但其主要著作《圆锥曲线》的内容和精神是属于古典时期的。事实上，阿波罗尼斯承认在他那本有八篇的书中，前四篇只是欧几里得所写关于圆锥曲线的那本失传了的著作的修订本。帕普斯提到阿波罗尼斯曾在亚历山大城同欧几里得的门徒相处很久，这就立即可以说明他同欧几里得的学术关系。当我们懂得亚历山大时期数学工作的特点之后，把阿波罗尼斯列为古典时期作者的理由就更加明显了。

2. 欧几里得《原本》的背景

欧几里得最出名的著作是《原本》。书中材料的主要来源一般都能查到，尽管我们对古典时期所知甚少。他的大部分材料无疑得自同他一起学习的柏拉图派。此外,据普罗克洛斯说,欧几里得把欧多克索斯的许多定理收入《原本》中,完善了特埃特图斯的定理,并对前人只有马虎证明的结果给予无懈可击的论证。

对公理的特定的选择,把定理排列起来以及一些定理的证明,这些是属于他的,正如论证之精彩和严密应归功于他一样。不过陈述证明的那种形式在奥托吕科斯的著作里已可看出,并且相当肯定地已为欧几里得以前的其他人所采用。尽管他从前人书里或从其他来源取用许多材料,但欧几里得无疑是个大数学家。他的其他著作也可以证明这个判断不错,尽管有人疑问《原本》中究竟有多少材料是他所独创的。普罗克洛斯明白说过希腊人对《原本》评价甚高,并引述许多评语以作佐证。这些人中最重要的有赫伦(公元前约 100—公元约 100),波菲利(Porphyry, 3 世纪)和帕普斯(3 世纪末)。或许因欧几里得的书写得那么好,所以它才取代了相传开奥斯的希波克拉底和柏拉图派学者利昂(Leon)及托伊迪乌斯(Theudius)所写的书。

欧几里得本人写的手稿现已无存。所以他的著作只能参考其他作者的许多修订本、评注本和简评,重新整理出来。欧几里得《原本》的所有英文版和拉丁文版都来源于希腊人的手稿。这些来源是亚历山大城的泰奥恩(4 世纪末)对欧几里得《原本》的修订本,泰奥恩修订本的抄本,泰奥恩讲课的记录,以及佩拉尔(François Peyrard,1760—1822)在梵蒂冈图书馆里发现的一本希腊手稿。这本 10 世纪的手稿是泰奥恩以前出版的一本欧几里得著作的抄本。因此数学史家海伯格(J. L. Heiberg)和希思(Thomas L. Heath)在研究欧几里得时主要利用这手稿,当然同时也跟现有的其他手稿和评注本加以比较。此外还有希腊著作的阿拉伯文译本以及阿拉伯文评注,这些可能是根据业已失传的希腊手稿译出的。这些书当然也用来决定欧几里得《原本》的确切内容,但阿拉伯文译本和修订本总的说来不如希腊手稿。由于有这么多的材料来源,所以重新整理出来的东西自然留有一些存疑之处。欧几里得写《原本》的目的也成问题。有人说是写给数学家看的学术论著,有人说是写给学生用的课本。普罗克洛斯比较相信于后一种说法。

由于这一著作较长且有其无与伦比的历史意义,我们要在本章里用几节篇幅来回顾和评述它的内容。因今日还在学欧几里得几何,所以我们看了《原本》的内容后可能会感到有点奇怪。今天广泛流传的中学课本里的写法是仿照勒让德(Adrien-Marie Legendre)对欧几里得著作的改写本的。勒让德所用的一些代数在《原本》里没有,不过相应的几何材料是有的。

3. 《原本》里的定义和公理

《原本》共含十三篇。有些版本里还附加两篇,但那肯定是后人写的。第一篇先给出书中第一部分所用概念的定义。我们只指出其最重要的;定义的编号按照希思的版本①。

定义

1. 点是没有部分的那种东西。
2. 线是没有宽度的长度。
   线这个字指曲线。
3. 一线的两端是点。

这定义明确指出一线或一曲线总是有限长度的。《原本》里没有伸展到无穷远的一根曲线。

4. 直线是同其中各点看齐的线。

与定义3的精神一致,欧几里得的直线是我们所说的线段。这定义据信是从泥水匠的水准器或从一只眼睛沿着线往前看的结果得到启发而作出的。

5. 面是只有长度和宽度的那种东西。
6. 面的边缘是线。
   所以面也是有界的图形。
7. 平面是与其上直线看齐的那种面。

15. 圆是包含在一(曲)线里的那种平面图形,使从其内某一点连到该线的所有直线都彼此相等。
16. 于是那个点便叫圆的中心(简称圆心)。
17. 圆的一直径是通过圆心且两端终于圆周[没有明确定义]的任一直线,而且这样的直线也把圆平分。
23. 平行直线是这样的一些直线,它们在同一平面内,而且往两个方向无限延长后在两个方向上都不会相交。

开头几个定义是用未经定义的概念来讲的,因而不起什么逻辑作用。欧几里得可能没有认识到开头一些概念必然是未经定义的,因而就不自觉地用物理概念来解释它们。有些评注者说他认识到这些定义在逻辑上没有作用,但想解释一下他所用名词的直观意义,以使读者相信公理和公设是能应用到这些概念上去的。

接着欧几里得就列出五个公设和五个公理。他采纳亚里士多德对公设和公理的区别,即公理是适用于一切科学的真理,而公设则只应用于几何。前已指出,亚里士多德曾说公设无需一望便知其为真,但应从其所推出的结果是否符合实际而检验其是否为真。普罗克洛斯甚至把全部数学都说成是假设性的;就是说,它只是推导根据假定所必然得出的结论,而不管假定是否为真。欧几里得很可能接受了

① 希思:《欧几里得原本十三篇》,Dover(重印本),1956,共三卷。

亚里士多德关于公设正确性的观点。然而在其后的数学史上(至少在出现非欧几何以前),公设和公理都被人当作不成问题的真理加以接受。

欧几里得举出如下的公设:

公设

1. 从任一点到任一点作直线[是可能的]。
2. 把有限直线不断循直线延长[是可能的]。
3. 以任一点为中心和任一距离[为半径]作一圆[是可能的]。
4. 所有直角彼此相等。
5. 若一直线与两直线相交,且若同侧所交两内角之和小于两直角,则两直线无限延长后必相交于该侧的一点。

公理

1. 跟同一件东西相等的一些东西,它们彼此也是相等的。
2. 等量加等量,总量仍相等。
3. 等量减等量,余量仍相等。
4. 彼此重合的东西是相等的。
5. 整体大于部分。

欧几里得并没有幼稚地假定所定义的概念存在或彼此相容;正如亚里士多德指出的,我们可以定义具有矛盾性质的某一东西。头三个公设说的是可以构造线和圆,所以它们是对两件东西存在性的声明,在第一篇里的讲述过程中,欧几里得通过构造证明了其他一些东西的存在,但平面是例外。

欧几里得事先假定公设 1 中的线是唯一的;这假定在第一篇的命题 4 中是隐含的。不过若能明确提出当然更好。同样,欧几里得在公设 2 中也假定延长线是唯一的。他在第十篇命题 1 中明目张胆地用了这个唯一性,而实际在第一篇的一开头就已经不自觉地把它用上了。

公设 5 是欧几里得自己得出的;他能认识其需要,足以显出他的天才。许多希腊人反对这一公设,因它不那么一望而知,从而不像别的公设那样容易被人一下子接受。想用其他公理和公设来证明它的种种尝试(据普罗克洛斯说在欧几里得时代就已开始),结果都归失败。这些努力的全部历史我们将在讨论非欧几何时加以叙述。

至于公理,究竟哪些是欧几里得原著中就有的呢?意见各有分歧。公理 4 是以重叠法作证明的依据,具有几何性质,本应列为公设。欧几里得在第一篇命题 4 和 8 里用了重叠法,但他显然对这方法不太满意;他可以用这方法来证命题 26($a.s.a. = a.s.a.$ 及 $s.a.a. = s.a.a.$,即角、边、角 = 角、边、角及边、角、角 = 边、角、角),但却用了较长的证明。也许他看前辈几何学家用了那个方法,又不知道怎样才能避开它。其后帕普斯和别的人发现欧几里得的一组公理不够，又增加了几个公理。

4. 《原本》的第一篇到第四篇

第一篇到第四篇讲直边形和圆的基本性质。第一篇的内容是关于全等形的一些熟知的定理，平行线、毕达哥拉斯定理、初等作图法、等价形(有等面积的图形)和平行四边形。所有图形都是直边的，就是说，都是由直线段组成的。特别值得指出的是以下几个定理(措辞不是逐字逐句译的)：

命题 1. 在给定直线上作一等边三角形。

证明是简单的。以 A 为中心(图 4.1)以 AB 为半径作圆。以 B 为中心以 BA 为半径作一圆。设 C 是一个交点。ABC 便是所求的三角形。

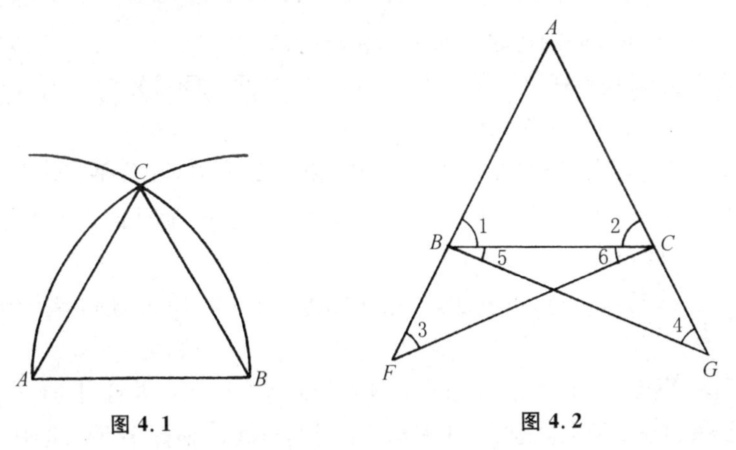

图 4.1　　　　图 4.2

命题 2. 过一已知点(作为一个端点)作一直线(段)使之等于一已给直线(段)。

也许你以为这只要用公设 3 就可以立即作出。但那样做就需要圆规在取了给定一段长度后移到指定点处时，圆规两脚间的给定距离能保持不变。但欧几里得假定用的是个不能固定两脚的圆规，所以给出了一个比较复杂的作法。当然，在以给定点为中心，以给定距离为半径画圆时(即只要圆规两脚尖都在纸面上时)，欧几里得假定圆规两脚是能固定的。

命题 4. 若两个三角形的两边和夹角对应相等，它们就全等。

证法是把一个三角形放到另一三角形上，指明它们必然重合。

命题 5. 等腰三角形两底角相等。

书中证法比目前许多初级课本中的要好，因后者在这一阶段就假定了角 A 存在角平分线。但这个存在性的证明要依靠命题 5。欧几里得把 AB 延长到 F(图 4.2)，把 AC 延长到 G，使 $BF = CG$。于是 $\triangle AFC \cong \triangle AGB$。因而 $FC = GB$，$\angle ACF =$

$\angle ABG$，及 $\angle 3 = \angle 4$。现有 $\triangle CBF \cong \triangle BCG$，故 $\angle 5 = \angle 6$，所以 $\angle 1 = \angle 2$。帕普斯证这定理时是把所给三角形看作$\triangle ABC$ 和$\triangle ACB$。然后应用命题 4，便知两底角相等。

命题 16. 三角形一角的外角大于其他两角中的任一角。

证明需要有一根能任意延长的直线(图 4.3)，因这里需要把 AE 延长一倍到 F，而这必须假定头一步能做到才行。

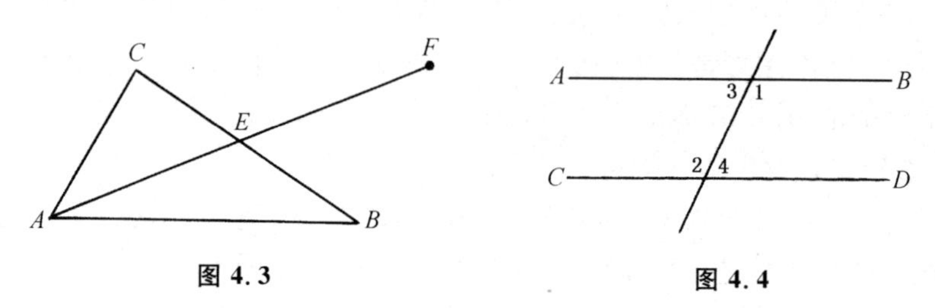

图 4.3　　图 4.4

命题 20. 任何三角形的两边之和必大于第三边。

这定理就如同我们在欧几里得几何里碰到的“两点间最短距离为直线”这一事实一样。

命题 27. 若一直线与两直线相交并使内错角相等，则该两直线平行。

证法是利用关于三角形外角的定理用归谬法。这定理确证了过给定直线外一点至少可作一直线与之平行。

命题 29. 一直线与两平行线相交时内错角相等，同位角相等，且同旁内角之和等于两直角。

证明里先假定 $\angle 1 \neq \angle 2$ (图 4.4)。设$\angle 2$ 较大，两者都加上$\angle 4$，则有 $\angle 2 + \angle 4 > \angle 1 + \angle 4$。这表明 $\angle 1 + \angle 4$ 小于两直角。根据平行线公设(在这里第一次用到)，AB 与 CD 两给定直线就将相交，而题中则已假定它们平行。

命题 44. 在给定直线上作一平行四边形，使其一角等于已给角，而其面积等于已知三角形。

这命题(图 4.5)说给定一三角形 C，一角 D 及一线段 AB。要以 AB 为一边作平行四边形含一角 D 并与 C 等面积。欧几里得是用以上一些命题来证的，这里就

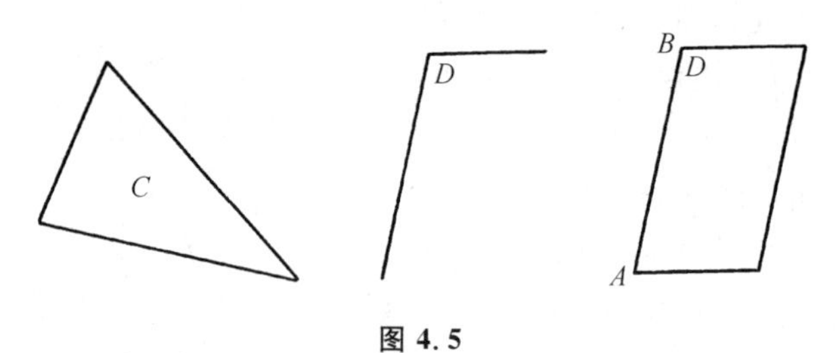

图 4.5

不讲了。应该指出的主要一点是:这是包括在面积应用理论下的第一个问题,而欧德摩斯把那个理论(据普罗克洛斯书上所载)归功于毕达哥拉斯派。在这题中,我们把一块面积(准确地)应用于 AB。其次是,这是把一块面积变换为另一块的一个例子。其三是,在 D 为直角的特殊情形下,平行四边形必为矩形。那样便可把所给三角形和 AB 看成是给定的量了。于是矩形的另一边可看成是所给面积 C 和 AB 的商。这样我们就作出了几何上的除法。这定理是几何代数法的一例。

命题 47. 直角三角形斜边上的正方形等于两直角边上的两个正方形之和。

这当然就是毕达哥拉斯定理。证明是用面积来作的,像许多中学课本里一样。我们证出(图 4.6) $\triangle ABD \cong \triangle FBC$, 矩形 $BL = 2\triangle ABD$, 正方形 $GB = 2\triangle FBC$。于是矩形 $BL =$ 正方形 GB。同样有矩形 $CL =$ 正方形 AK。

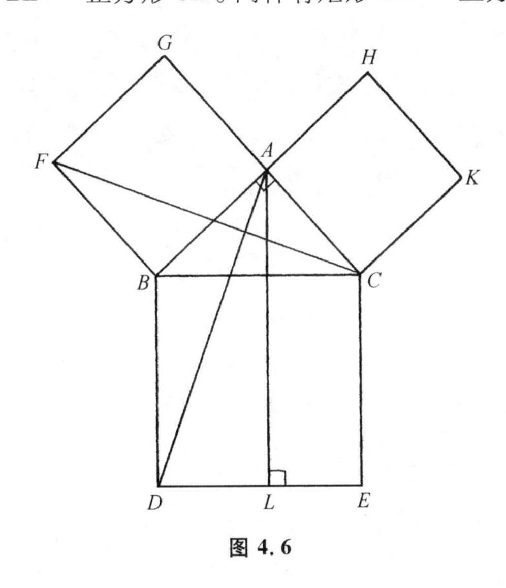

图 4.6

这定理又告诉我们怎样作出一正方形使其面积为所给两正方形之和,即求 x 使 $x^2 = a^2 + b^2$。因此这是几何代数法的又一个例子。

命题 48. 若三角形一边上的正方形等于其他两边上的正方形之和,则其他两边的夹角是直角。

这命题是毕达哥拉斯定理的逆命题。欧几里得书中的证明(图 4.7)是作 AD 垂直于 AC 且等于 AB。由题设得

$$AB^2 + AC^2 = BC^2.$$

而由直角三角形 ADC 得

$$AD^2 + AC^2 = DC^2.$$

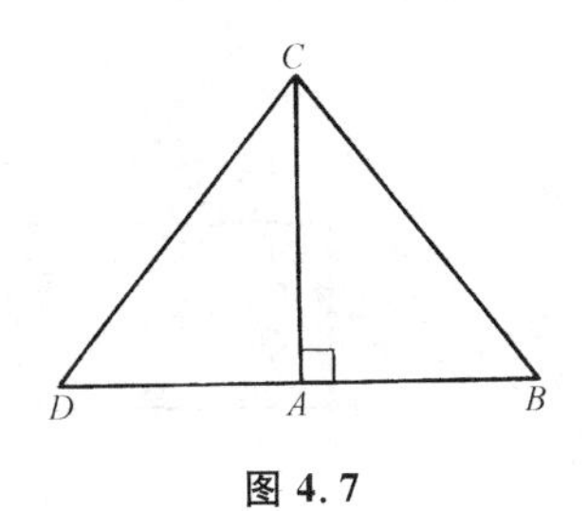

图 4.7

因 $AB = AD$，于是 $BC^2 = DC^2$，从而 $BC = DC$。因此由 s.s.s.(三边相等)知两个三角形全等，所以角 CAB 必为直角。

第二篇中的突出内容是对于几何代数法的贡献。前已指出希腊人不承认存在无理数，所以不能从数量上处理所有长度、面积、角度和体积。这样他们就用线段来代替数。两数的乘积变成两边长等于两数的矩形的面积。三数的乘积是一体积。两数相加被他们翻译成把一线段延长到使所增长的部分等于另一线段。减法被说成是从一线段割去另一线段之长。两数相除则仅用两线之比一语来表明，这是同其后在第五、第六篇里所引入的原则一致的。

[两数]乘积(一块面积)被第三数除是这样做的：以第三数(长)为边作一矩形，使其面积等于所给乘积。矩形的另一边当然就是商。作图时用面积应用理论，这是在第一篇的命题 44 里已经触及到了的。两个乘积的加减是两个矩形的加减。矩形的和与差则以面积应用法化成单独一个矩形。在这种几何代数法里，乘积开平方就是作一正方形与给定矩形等面积，这在命题 14 中作出。

第二篇的头十个命题从几何上处理了下述等价代数问题。其中有些用我们的记法是：

(1) $a(b+c+d+\cdots) = ab+ac+ad+\cdots$；

(2) $(a+b)a+(a+b)b = (a+b)^2$；

(3) $(a+b)a = ab+a^2$；

(4) $(a+b)^2 = a^2+2ab+b^2$；

(5) $ab+\left[\frac{1}{2}(a+b)-b\right]^2 = \left[\frac{1}{2}(a+b)\right]^2$；

(6) $(2a+b)b+a^2 = (a+b)^2$.

(1)的几何说法包含在：

命题 1. 若有两直线(图 4.8)，其中一线被割成任何多个段，则两直线所作矩形等于未割之线与各段所作出的各个矩形之和。

命题 2 和 3 实际上是命题 1 的特例，但仍为欧几里得单独陈述并加以证明。(4)的几何形式是众所周知的。欧几里得的说法是：

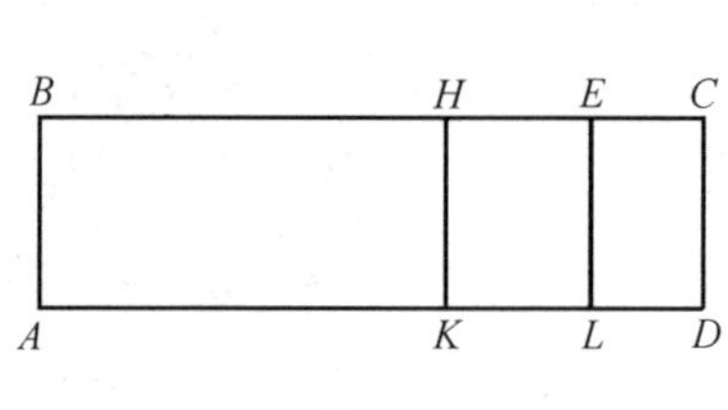

图 4.8

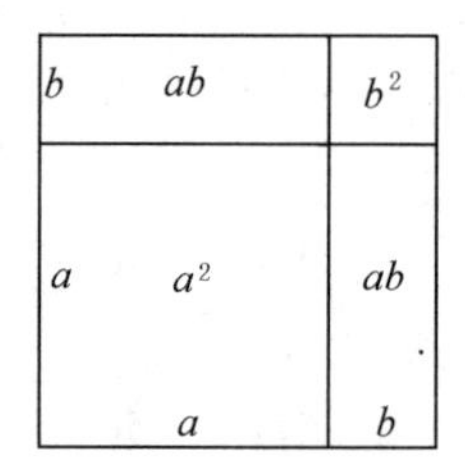

图 4.9

命题 4. 若把一线在任意一点割开(图 4.9),则在整个线上的正方形等于两段上的正方形加上以两段为边的矩形。

证明给出了图中所示的明显几何事实。

命题 11. 分割一已给直线,使整段与其中一分段所成矩形等于另一分段上的正方形。

这是要我们把 AB 分于某点 H(图 4.10)使 $AB \cdot BH = AH \cdot AH$。欧几里得的作法如下:设 AB 是所给线,作正方形 $ABDC$。令 E 是 AC 中点。作 BE。令 CA 延长线上的 F 适合 $EF = EB$。作正方形 $AFGH$。于是 H 就是 AB 上所需作的分点,就是说

$$AB \cdot BH = AH \cdot AH.$$

证明是通过面积得出的,所用的是前述一些定理,包括毕达哥拉斯定理,关键性的定理是命题 6。

定理的重要意义在于长为 a 的 AB 分成长为 x 及 $a - x$ 的两段,使

$$(a - x)a = x^2$$

或

$$x^2 + ax = a^2.$$

因此就有了解这二次方程的几何方法。还有,这又把 AB 分成了两部分,一部分是比例的外项,另一部分是比例的中项,就是说,从 $AB \cdot BH = AH \cdot AH$ 可得 $AB : AH = AH : BH$。第二篇中的其他命题相当于解二次方程 $ax - x^2 = b^2$ 及 $ax + x^2 = b^2$。

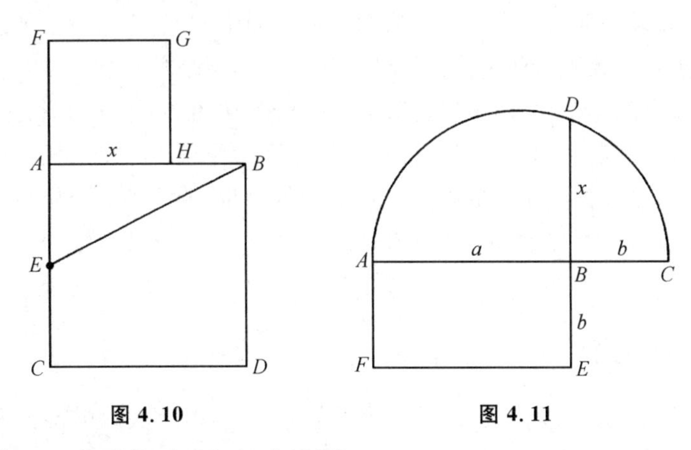

图 4.10　　　图 4.11

命题 14. 作一正方形等于已知的直边形。

所给直边形可以是任何多边形,但若所给的是矩形 $ABEF$(图 4.11),则欧几里得的方法相当于延长 AB 至 C 使 $BC = BE$。以 AC 为直径作圆。在 B 处作垂线 DB。所求的正方形就是 DB 上的正方形。欧几里得用面积作出证明。这定理解出了 $x^2 = ab$ 或者说求出了 ab 的平方根。我们将在第六篇里看到用几何方法解出

更复杂的二次方程。

第三篇含 37 个命题。它开头给出有关圆的一些几何定义,然后着手讨论弦、切线、割线、圆心角及圆周角等。这些定理大多是中学几何里所熟知的。下面几个定理值得特别提一下。

命题 16. 通过圆直径一端垂直于直径的直线全在圆外,且在这直线和圆周之间的空间内不能再插入另一直线;半圆和直径夹角大于而半圆和垂线夹角小于直线间的任何锐角。

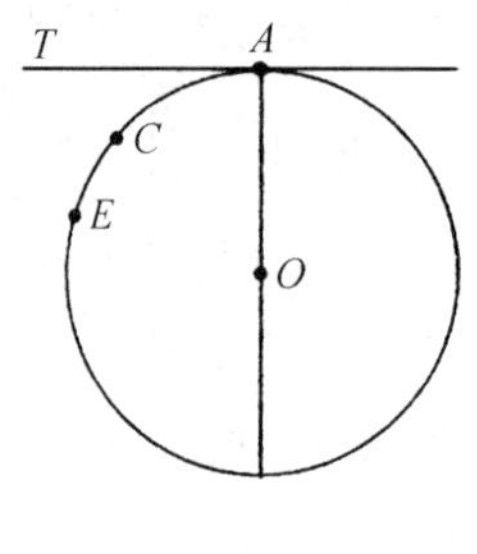

图 4.12

定理的新颖之处在于考察了切线 TA 与弧 ACE 之间的空间(图 4.12);它不仅说在这空间里不能作过 A 并全部在圆外的直线,而且考察了切线 TA 与弧 ACE 的夹角。这角希腊人叫牛头角,对它是否有确定的大小一事当时是有争议的。命题 16 说这角比直线间的任何锐角小,但没有说这个角的值是零。

普罗克洛斯把牛头角说成是真的角,在中世纪末和文艺复兴时代,卡丹(Jerome Cardan)、佩莱蒂耶(Jacques Peletier)、韦达(Francois Vieta)、伽利略(Galileo Galilei)、沃利斯(John Wallis)等人也辩论过牛头角的大小问题。牛头角之所以使后代欧几里得著作评注者特别感到头疼的地方是,可以作过 A 且与 TA 相切的一些直径愈来愈小的圆,并从直觉上似乎感到这牛头角显然会随之增大,而根据上述命题却并不如此。从另一方面说,如果任何两个牛头角的值都是零从而都相等,它们就应能重合。但它们却并不能重合。因此有些评注家下结论说牛头角不是角①。

第四篇在它的 16 个命题里论述圆的内接和外切图形,如三角形、正方形、正五边形和正六边形。最后的命题讲怎样在一给定圆内作正 15 边形,据说这是曾用于天文上的;因为在埃拉托斯特尼以前一直认为黄道角(地球赤道面与绕日公转轨道面的交角)之值是 24°,或即 360°的 1/15。

5. 第五篇:比例论

根据欧多克索斯的工作而写的这第五篇,被人认为是欧几里得几何的最大成就;同《原本》任何其他部分相比,它的内容被人讨论得最多,它的意义被人争论得最激烈。毕达哥拉斯派据说也有关于比例(两个比相等的关系)的理论,即关于可公度量(其比可用整数比表示的那种量)的比例理论。虽然我们不知道这一理论的

---

① 根据一般对两曲线夹角的定义,牛头角的值是零。

细节，但据说就是以后将要讲的第七篇中的内容，并据说曾用之于有关相似三角形的命题。在欧多克索斯以前应用比例关系的数学家，一般在用不可公度量时没有可靠的理论根据。第五篇把比例关系的理论推广到不可公度量而避免了无理数。

量这个概念原是被人作为包括可公度或不可公度的数量或实体的。如长、面积、体积、角、重量和时间都是量。长和面积是早就出现的，例如在第二篇中。但迄今为止欧几里得还没有机会讨论别种量或讨论量的比和比例。所以在这以前他没有引入量的一般性概念。现在这一篇里他特别要强调任何一种量的比。

尽管在这一篇里定义占重要地位，但没有真正提到关于量的定义。欧几里得开头是这样写的：

定义 1. 当一较小的量能够量尽较大的量时，它是较大量的部分。

这里所谓部分是指若干分之一，例如 2 是 6 的若干分之一，而 4 则不是 6 的若干分之一。

定义 2. 当较大量能被较小者量尽时，它是较小者的倍量。

这里所谓倍量是指整数倍量。

定义 3. 比是同类量在大小方面的一种关系。

这第三个定义的意义很难同下一定义分开来讲。

定义 4. 若能把两量中任一量倍增后超过另一量，便说此两量有一个比。

这定义的意思是说，量 a 和 b 有一个比，如果 a 的某个整数（包括 1）倍超过 b 且 b 的某个整数（包括 1）倍超过 a 的话。这定义排除往后要出现的概念，即那并非 0 的无穷小量。如若两量中有一量小到不能使其有限倍超过另一量，那么根据欧几里得这个定义是不许它们之间有一个比的。这定义也排除无穷大量，因那时取较小量的任何有限倍都不会超过那个较大量的。下一个定义是关键性的定义。

定义 5. 四个量形成第一个量与第二个量之比以及第三个量与第四个量之比。我们说这两个比是相同的，如果取第一、第三两个量的任何相同的倍数，取第二、第四两个量的任何相同的[另一个]倍数后，从头两个量的倍数之间的小于、等于或大于的关系，便有后两个量的倍数之间的相应关系。

定义里说的是，我们有

$$\frac{a}{b}=\frac{c}{d},$$

如果 a 及 c 都乘以任一整数 m，b 及 d 都乘以任一整数 n 后，对于所有这样选取的 m 及 n，

$$\text{从}\quad ma<nb\quad\text{推知}\quad mc<nd,$$

$$\text{从}\quad ma=nb\quad\text{推知}\quad mc=nd,$$

以及

$$\text{从}\quad ma>nb\quad\text{推知}\quad mc>nd.$$

我们用现代的数来说明这定义的意思。为检验

$$\frac{\sqrt{2}}{1}=\frac{\sqrt{6}}{\sqrt{3}}$$

这关系是否成立,我们应该(至少从理论上说)查明,对于任何整数 m 和另一任何整数 n,是否能

从 $m\sqrt{2}<n\cdot 1$ 推知 $m\sqrt{6}<n\sqrt{3}$,

从 $m\sqrt{2}=n\cdot 1$ 推知 $m\sqrt{6}=n\sqrt{3}$,

以及 从 $m\sqrt{2}>n\cdot 1$ 推知 $m\sqrt{6}>n\sqrt{3}$.

当然在眼前这个例子里相等的情况不会出现,因 m 和 n 是整数,而$\sqrt{2}$是无理数,这意味着 $m\sqrt{6}=n\sqrt{3}$ 不会出现。定义只是说如果左边三种可能情况之一出现,那么右边的相应情况必然出现。定义 5 的另一种说法是,使 $ma<nb$ 的整数 m 和 n,同使 $m'c<n'd$ 的整数 m' 和 n' 是一样的。

读者可能马上想知道欧几里得拿上面这个定义干什么用。当我们要证"若 $a/b=c/d$,则 $(a+b)/b=(c+d)/d$"时,我们是把这里的比和比例都看作数的(即使比是不可公度的),然后用代数来证明这个结果。我们知道无理数也可按代数法则进行运算。但欧几里得不能这样做也没有这样做。在那个时候希腊人还没有证明对不可公度量的比能够加以运算;因此欧几里得就要用他所给出的那些定义特别是定义 5 来证明这个定理。事实上,他这些定义是为了给量的代数打下基础。

定义 6. 有相同比的量称为成比例的量。

定义 7. 四个量的第一个量和第三个量取相同倍数,其第二个量和第四个量又取另一相同的倍数时,若第一个倍数量大于第二个倍数量而第三个倍数量却并不大于第四个倍数量,则说第一量与第二量之比大于第三量与第四量之比。

定义说的是,只要有那么一个 m 和那么一个 n,能使 $ma>nb$ 而 mc 却并不大于 nd,则 $a/b>c/d$。因此,对于给定的一个不可公度比 a/b,我们是可以把它放在所有别的这类比(就是说那些小于它和大于它的比)之间的。

定义 8. 一个比例至少要有三项。

在只有三项的情形下是 $a/b=b/c$。

定义 9. 当三个量成比例时,我们说第一量与第三量之比是第一量与第二量的二次比。

例如,若 $A/B=B/C$,则 A 与 C 之比是 A 与 B 的二次比。这意思是说 $A/C=A^2/B^2$,因 $A=B^2/C$,故有 $A/C=B^2/C^2=A^2/B^2$。

定义 10. 当四个量成连比例时,我们说第一量与第四量之比是第一量与第二量的三次比,其余不管有几个量的连比都依次类推。

例如,若 $A/B = B/C = C/D$, 则 A 与 D 之比是 A 与 B 的三次比。这就是说 $A/D = A^3/B^3$, 因为 $A = B^2/C$, 所以 $A/D = B^2/CD = (B^2/C^2)(C/D) = A^3/B^3$。

定义 11 到 18 规定相应的一些量:更比、逆比、合比、分比、换比等。这些指的是从 a/b 形成的 $(a+b)/b$, $(a-b)/b$ 以及其他的比。

第五篇接着就证明关于量和量之比的 25 个定理。证明是用文字叙述的,并且只根据定义和公理(如等量减等量其差相等)。公设没有用到。欧几里得用线段来说明量,以帮助读者理解定理和证明的意义,但这些定理是适用于所有各种量的。

下面我们用近世的代数语言来叙述其中一些命题,用 m, n 和 p 表整数,用 a, b 和 c 表量。不过,为让大家看看欧几里得所用的语言,我们在第一个命题里基本上照原文译出以作示范。

命题 1. 任意多个量,分别是同样多个量的相同倍数,那么不管那些个别量的倍数是多少,它们总的也有那么多倍数。

用代数语言来表示,这就是

$$ma + mb + mc + \cdots = m(a + b + c + \cdots).$$

命题 4. 若 $a/b = c/d$, 则 $ma/nb = mc/nd$.

命题 11. 若 $a/b = c/d$, 而 $c/d = e/f$, 则 $a/b = e/f$.

注意,比的相等是依据比例定义而来的,所以欧几里得要细心证明相等的关系是可传递的。

命题 12. 若 $a/b = c/d = e/f$, 则 $a/b = (a+c+e)/(b+d+f)$.

命题 17. 若 $a/b = c/d$, 则 $(a-b)/b = (c-d)/d$.

命题 18. 若 $a/b = c/d$, 则 $(a+b)/b = (c+d)/d$.

有些命题似乎同第二篇中的命题重复。但该篇中的那些命题只是对线段陈述并予以证明,而第五篇则给出对所有各类量都适用的理论。

第五篇对其后数学发展的历史有重大关系。古典希腊人不引用无理数,部分地想靠几何方法来避免它们(如同在回顾第一篇到第四篇内容时所指出的)。不过这种几何方法并没有照顾到所有各类不可公度的量,而第五篇则补足了这个欠缺,它是从量的一般理论重新开始的。这样就使处理量的全部希腊几何有了可靠的基础。但仍存在迫切需要解决的问题,即量的理论究竟能不能作为实数(当然包括无理数)理论的逻辑基础。

至于后代数学家怎样来理解欧几里得关于量的理论,那是不成问题的。他们认为这只能用于几何,从而觉得只有几何才是严格的。所以当文艺复兴时代和其后几个世纪里重又用起无理数来的时候,许多数学家就反对,因为这些数没有逻辑根据。

用批判的眼光考察第五篇的内容后,似可肯定它们是正确的。不错,欧几里得在第五篇里给出的定义和证明没有利用几何。正如前已指出的,他在讲述命题和证明时之所以利用线段只不过是出于教学上的需要。但若说欧几里得在他关于量的理论里确实提供了关于无理数的理论,那么这只能出于两种可能的理解。其一是量本身可以看作就是无理数,其二是把两量之比看成是无理数。

我们假定量本身可以看成是无理数。那么,即使不管那些按现代标准对欧几里得严格性方面的批评,仍有下面一些说不通的地方。欧几里得从未说明他所用的量或量的相等或等价指的是什么意思。此外,欧几里得所处理的并不是量本身而是量的比例关系。两量 a 和 b 只有在它们是长度时才有乘积,才能使欧几里得把乘积看成面积。于是乘积 ab 就不能看作是个数,因为在欧几里得书里乘积没有一般性的意义。其次,欧几里得在第五篇里证明的一些关于比例的定理,其本身实际上可(如我们在上面所做的那样)重新陈述为代数定理。但他为了证第五篇的命题 18 需要对三个已给量作出第四比例量,而他只能对直线段才作得出这样的量(第六篇命题 12)。所以不仅他那个一般量的理论不完全(甚至就他自己在第十二篇里所作的证明而论),而且他以线段作出的证明是依靠几何的。更有甚者,欧几里得在定义 3 里坚持只有同类的量才能形成比。很明显,如果说量就是数,那么这种限制就毫无意义。他其后所用的量的概念都是遵照定义的,因而是同几何分不开的。另一个说不通的地方是他没有提出一个有理数系使他得以添上他的无理数理论。他的书里虽有整数之比,但只是作为比例中的比而出现,而且甚至并不把这些比看作是分数。最后一点是,他那里没有 a/b 和 c/d 的乘积,甚至当 a, b, c 和 d 都是整数时也没有这种乘积,更谈不上当它们是量的时候了。

现在我们来考察把欧几里得的两量之比理解为数的情况如何。这样,我们把不可公度比看作无理数,把可公度比看作有理数。如果这些比是数,那就至少应该能够把它们相加相乘。但我们在欧几里得的书中怎么也找不出说明 $(a/b)+(c/d)$ 的意义之处,其中 a, b, c 和 d 都是量。在欧几里得书中,比只是作为比例的一部分而出现的,因而并无一般性的意义。最后,正如上段所指出的,欧几里得没有有理数概念可供他建立无理数的理论。

因此,1800 年以前数学史实际上所走的道路——完全依据几何来严格处理连续量,就成为不可避免的事。就欧几里得《原本》而论,那里并没有无理数的理论基础。

6. 第六篇:相似形

第六篇里利用第五篇的比例理论讨论相似形。它是从定义开始的,我们只举出几个:

定义1. 相似直线图形是对应角相等且对应边成比例的那些图形。

定义3. 当一线段被分成两段,且整段与较大分段之比等于较大段与较小段之比时,就说此直线被分为外项与中项比。

定义4. 任一图形之高是从其顶点到底边的垂线。

这定义肯定是含糊的,但欧几里得没有用它。

在证明本篇中的定理时,欧几里得用他的比例理论而没有把可公度和不可公度的情形分别讨论。这种分开来进行讨论的做法是勒让德第一个采用的,他用比例的代数定义,但只限于可公度的量,然后再用别的推理如*归谬法*之类来处理不可公度的情形。

我们只打算从33个定理中举出几个来。这里我们仍然可以看到他用几何来处理现代代数里的几个基本结果。

命题1. 等高的三角形和等高的平行四边形[的面积]之比等于它们的底边之比。

这里欧几里得所用比例的四个量中有两个量是面积。

命题4. 在各角对应相等的两个三角形里,夹等角的边以及等角所对的相应边都成比例。

命题5. 若两三角形的边成比例,则两三角形有同样的角且此两三角形对应边所对之角相等。

命题12. 从三根已给直线求其比例第四项。

命题13. 求两根已给直线的比例中项。

这方法是大家熟知的(图4.13)。这从代数上讲就是,给定 a 和 b,可求得 $\sqrt{ab}$。

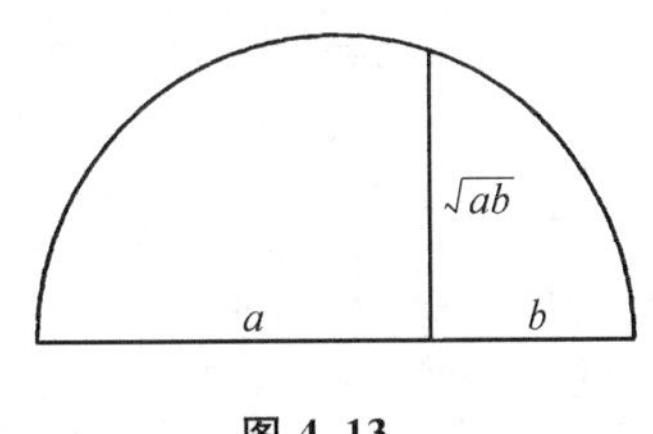

图4.13

命题19. 相似三角形[面积]之比等于其对应边的二次比。

这定理现在的说法是:两相似三角形面积之比等于其两对应边的平方之比。

命题27. 同一直线[一分段]上所作的所有平行四边形,其[在整个直线段上平行四边形所余部分形成的]亏形与半直线段上一平行四边形相似者,以该半直线段上所作且相似于亏形的那个平行四边形(的面积)为最大。

这命题的意思如下:先从所给线段 AB 的一半 AC 上的所给平行四边形 AD 开始(图4.14)。然后考察 AB 的另一段 AK 上的一个平行四边形 AF,它的亏形

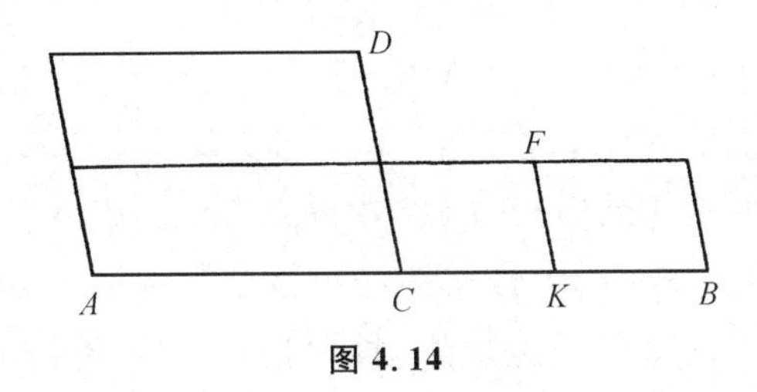

图4.14

(即 FB)是相似于 AD 的一个平行四边形。适合 AF 这种条件的平行四边形当然可以作出许多来。欧几里得这个定理说,在所有这样的平行四边形中,作在 AB 之半 AC 上的那个面积最大。

这命题有一个重要的代数意义。设所给平行四边形 AD 是个矩形(图 4.15),并设其两边之比为 c 比 b($b = AC$)。现考察矩形 AF,要使它的亏形(矩形 FB)满足相似于 AD 的条件。若记 FK 为 x,则 KB 为 bx/c。令 AB 之长为 a,则 $AK = a-(bx/c)$。因此 AF 的面积 S 是

(1) $$S = x\left(a-\frac{bx}{c}\right).$$

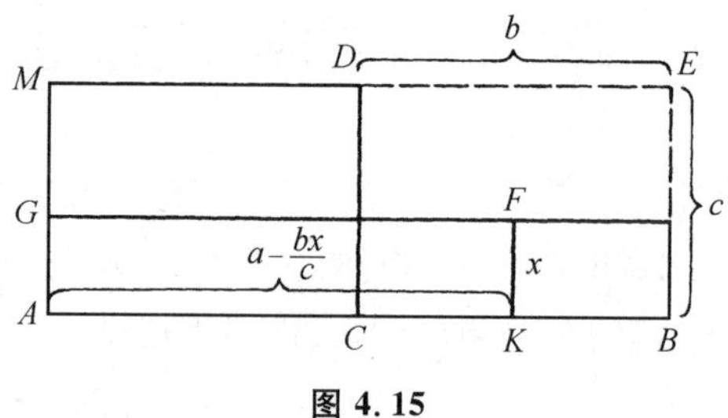

图 4.15

命题 27 说当 AF 为 AD 时面积最大。但 $AC = a/2$, 于是 $CD = ac/2b$, 因此

$$S \leqslant \frac{a^2 c}{4b}.$$

另一方面,(1)作为 x 的二次方程,它有一个实根的条件是它的判别式大于或等于零,即

$$a^2 - 4\frac{b}{c}S \geqslant 0$$

或 $$S \leqslant \frac{a^2 c}{4b}.$$

所以这命题不仅告诉我们 S 可能有的最大值是什么,并且告诉我们对一切可能的 S 值能有一个 x 满足(1),从几何上讲它给出了矩形 AF 的一边 KF。这结果在下面的命题中要用到。

在讲下一命题之前,我们来指出命题 27 的一个有趣的特殊情形。设所给平行四边形 AD(图 4.15)是个正方形,则 AB 上所有矩形其亏形为相似于 AD 的正方形,当以 AC 上的正方形为最大。但 AB(一部分)上矩形 AF 的面积是 $AK \cdot KF$,而由于 $KF = KB$, 故此矩形的周长等于正方形 DB 或正方形 AD 的周长。但 AD 的面积大于 AF。故知有相同周长的矩形中以正方形面积最大。

命题 28. 在所给直线[一部分]上作一平行四边形与所给直边形[S]等面积,且使其[不足于整段直线上的平行四边形的]亏形相似于所给平行四边形[D]。因此

[根据命题 27]所给直边形[S的面积]必不能大于半段直线上相似于亏形的那个平行四边形。

这定理是解一个二次方程 $ax-(b/c)x^2=S$ 的几何上的等价说法,这里 S 是所给直边形面积,但须满足 S 不得大于 $a^2c/4b$ 这个条件才有实解。为指明这一点,设(为方便起见)平行四边形是矩形(图 4.16),S 是所给直边形,D 是另一以 c 及 b 为边的矩形,a 是 AB,x 是所要求的那个矩形的一边。欧几里得所作出的是那么一个矩形 $AKFG$,其面积为 S,其亏形 D' 相似于 D。但 $AKFG=ABHG-D'$。因 D' 相似于 D 而面积为 bx^2/c。因此

$$S=ax-\frac{b}{c}x^2. \tag{2}$$

所以求作 $AKFG$ 一事就是求 AK 和满足方程(2)的 x。

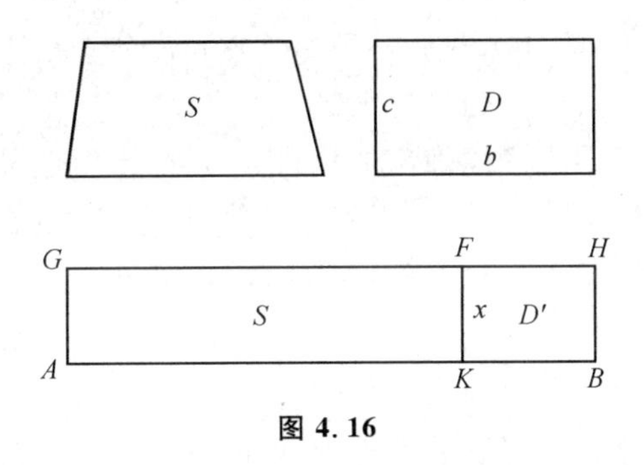

图 4.16

命题 29. 在一所给直线上作一平行四边形,使其面积等于所给一直边形[S](的面积),并使其超出整段直线上的那部分平行四边形与一给定的平行四边形[D]相似。

用代数语言来说,这定理解出了

$$ax+\frac{b}{c}x^2=S,$$

其中 a, b, c 和 S 是给定的。这里 S 不受限制,因对于一切正的 S 方程都有实解。欧几里得用命题 28 及 29 所指出的,用现代语言来说,就是怎样求解任一(当其具有一个或两个正的根时)二次方程的问题。他的作法以长度的形式给出了方程的根。

在命题 28 里,所作平行四边形未占满 AB 全线,而在命题 29 里,所作平行四边形超出所给的 AB 线。这两类平行四边形在希腊文里分别叫 *elleipsis* 和 *hyperbolè*(亏的和超的)。在整个线段上所作具有规定面积的平行四边形(如第一篇命题 44 中所述者)叫 *parabolè*(齐的)。这些名词以后就移用到圆锥曲线上去,其理由在讨论阿波罗尼斯的工作时将看得很明显。

命题 31. 直角三角形斜边上的一直边形,其面积为两直角边上两个与之相似的直边形面积之和。

这是毕达哥拉斯定理的一个推广。

7. 第七、八、九篇:数论

第七、八、九篇讲述数论,即讲述关于整数和整数之比的性质。这三篇是《原本》中纯粹讨论算术的唯一篇章。在这里欧几里得把数看成线段,把两数乘积看成矩形,但其论证并不依赖于几何。定理的陈述和证明都用文字,与现今用记号形式表示不同。

许多定义和定理,特别是关于比例的那些,重复了第五篇中的内容。因此数学史家考虑了这样的问题:为什么欧几里得要把关于数的命题都重新证一遍,而不让读者参阅第五篇中所已证明了的那些命题。

答案因人而异。亚里士多德确曾把数列为量之一,但他又强调离散量与连续量之间的鸿沟,所以我们不知道欧几里得在这个问题上有没有受亚里士多德两种观点之一的影响。我们也无法根据第五篇中含糊其词的定义来判断他那个量的概念是否包括整数。如果根据他单独讨论数这一事实来判断,我们可下结论说他的量并不包括数。但他之所以单独讨论数还有另一种解释,即关于数和可公度比的理论是欧多克索斯的工作出现以前就有的,而欧几里得不过是按传统方式来介绍两种独立发展的数学理论:在欧多克索斯以前的主要是毕达哥拉斯派的理论和欧多克索斯的理论。也许这又是因为他觉得,由于数论可以建立在更简单的理论基础上,所以最好是把它分开来单独处理。我们在现代的数学著述中也发现有这种做法,而且也是出于同样的原因——因为那样做简便些。欧几里得虽把数和量分开来讨论,但他确有几个把它们联系在一起的定理。例如第十篇命题 5 说可公度量之比为一数与一数之比。

也如在其他各篇中一样,欧几里得在这三篇中假定了他未曾明白说出的一些事实。例如他未经声明就假定若 A 除尽 B 而 B 除尽 C,则 A 除尽 C。又,若 A 除尽 B 且除尽 C,则 A 除尽 $B+C$ 及 $B-C$。

定义 3. 一较小数为一较大数的一部分,若它能量尽较大者。[一数除尽另一数时为另一数的若干分之一。]

定义 5. 较大数若能为较小数量尽,则它为较小数的倍数。

定义 11. 质数是只能为单位[1]所量尽者。

定义 12. 互质之数是只能为单位所公共量尽的数。

定义 13. 复合数是能为[异于 1 的]某数所量尽者。

定义16. 两数相乘得出之数称为面,其两边即相乘之两数。

定义17. 三数相乘得出之数称为体,其三边即相乘之三数。

定义20. 若第一数为第二数的某个倍数、某个部分或若干个部分,与第三数为第四数的某个倍数、某个部分或若干个部分者相同,则此四数成比例。

定义22. 完全数等于其因数[之和]。

命题1与2给出了求两数最大公度(公因子)的步骤。欧几里得描述这个步骤的说法是:若A与B是两数且$B<A$,从A减去足够多次的B一直到余数C小于B。然后再从B减去足够多次的C直到余数小于C。这样一直做下去。若A与B互质,最后余数是1。那样1就是它们最大公因数。若A与B不互质,就会在某一阶段有最后一数量尽前一个数的情况。这最后的数便是A与B的最大公因数。这种步骤现今称作欧几里得算法。

接着是关于数的一些简单定理。举例说,若$a=b/n$, $c=d/n$,则$a\pm c=(b\pm d)/n$。有些只不过是以前对于量已经证明了的关于比例的定理而现在又对于数重新证明一次。如同,若$a/b=c/d$,则$(a-c)/(b-d)=a/b$。又,在定义15里定义$a\cdot b$为b自身相加a次。因此欧几里得证明$ab=ba$。

命题30. 若两数相乘得一乘积,并有一质数量尽该乘积,则此质数也量尽两数之一。

这结果在今日数论里是基本的。现今的说法是:若一质数p整除两整数的乘积,则它至少必能整除两因子之一。

命题31. 任一复合数能为某质数量尽。

欧几里得的证明中说,若A为复合数,则依定义它必能为某数B所量尽。若B非质数从而又是个复合数,B将为C所量尽。于是C能量尽A。若C非质数,则照此类推下去。于是他说:"若继续这样推究,就会得出一个能量尽其前面一数的质数,而此质数也量尽A。如果不能得出这样一个质数,那就会有无穷多的一系列愈来愈小的数量尽A。这对于整数来说是不可能的。"这里他提出了[正]整数的任何集合都有最小数这一假定。

第八篇继续讲数论;那里无需新的定义。这一篇实质上是讨论几何数列的。欧几里得的几何数列是成连比例$a/b=b/c=c/d=d/e=\cdots$的一组数。这连比例满足我们对几何数列的定义,因若a, b, c, d, e, …成几何数列,则任一项与次一项之比为常数。

第九篇结束对数论的讲述。其中有关于平方数和立方数、平面数和立体数的问题,还有另外一些关于连比例的定理。值得指出的是以下的命题:

命题14. 若一数是能为一些质数所量尽的最小的数,则除了原来能量尽它的这些质数以外不能再为别的质数所量尽。

这命题的意思是说:若 a 是质数 p, q, …的乘积,则 a 分解为质数乘积的形式是唯一的。

命题 20. 质数的数目比任何指定数目都要多。

换言之,质数的个数是无穷的。欧几里得对这命题的证法是经典性的。他假定只有有限个质数 p_1, p_2, …, p_n。然后他做出 $p_1 \cdot p_2 \cdot \cdots \cdot p_n + 1$, 并论证这新的数是个质数,从而引出矛盾,因为这质数大于所设 n 个质数中的任何一个,这就有了多于 n 个的质数。另一方面,如果这新数是个复合数,它必能被一质数整除。但此质因数不能是 p_1, p_2, …,或 p_n,因为新复合数被这些质数除会有余数 1。于是就必然又有另一个质数;我们又引出了与所设只有 n 个质数相矛盾的结果。

第九篇的命题 35 给出了对几何数列之和的一个漂亮的证明。命题 36 给出了关于完全数的一个著名定理,即若几何级数(从 1 开始的)一些项之和

$$1 + 2 + 2^2 + \cdots + 2^{n-1}$$

是质数,那么这个和同最末一项的乘积是完全数,就是说

$$(1 + 2 + \cdots + 2^{n-1})2^{n-1} \text{ 或} (2^n - 1)2^{n-1}$$

是完全数。头四个完全数 6, 28, 496 和 8 128,也许还有第五个完全数是希腊人已经知道了的。

8. 第十篇:不可公度量的分类

《原本》第十篇着手对无理量(与给定量不可公度的量)进行分类。德摩根(Augustus De Morgan)用下面的话来描述这一篇的总内容:"欧几里得考察了可能表为[今日代数里的] $\sqrt{\sqrt{a} \pm \sqrt{b}}$ 的所有线段,a 与 b 则为两有理线段。"当然并不是所有无理量都能这样表示的,所以欧几里得只涉及了在他的几何代数法里所出现的无理量。

第十篇的第一个命题对《原本》其后几篇的讲解是重要的。

命题 1. 对于两个不相等的量,若从较大量减去一个比它的一半还要大的量,再从所余量减去大于其半的量,并继续重复执行这一步骤,就能使所余的一个量小于原来那个较小的量。

欧几里得在证明的末了说,若定理中所减去的是一半的量,这也能证明。他的证明里有一步用了一个没有被他自觉意识到的公理:在两个不等的量中,较小者可自己相加有限倍而使其和超过较大者。欧几里得把有问题的这一步建立在两个量之比的定义上(第五篇定义 4)。但此定义并不足以说明这一步是对的。这定义说当两个量之中的任一量自身相加足够多次后便能超过另一量,则此两量有一个比;

因此欧几里得应该证明这一点对他所说的量是可以做到的。但他却假定他的量可以相比,并利用了较小量自身相加足够多次后可以超过较大量的事实。据阿基米德所说,欧多克索斯是用过这个公理(严格地说是其等价说法)的,他是把它作为一个引理建立起来的。阿基米德用了这一引理而未加证明,所以他实际上也是把它作为公理来用的。现今把这称为阿基米德-欧多克索斯公理。

第十篇共 115 个命题,但有些版本有 116 个或 117 个命题。后者给出了第 3 章所述关于 $\sqrt{2}$ 为无理数的证明。

9. 第十一、十二、十三篇:立体几何及穷竭法

第十一篇开始讲立体几何,但仍有一些平面几何的重要定理。这一篇开始是定义。

定义 1. 立体是有长、宽、高的(那种东西)。

定义 2. 立体的边界之一是一个面。

定义 3. 若一直线垂直于一平面上所有与其相交的直线,则直线与平面相垂直。

定义 4. 两平面相交,若在其中一平面内向交线所作的垂线垂直于另一平面,则两平面垂直。

定义 6. 平面与平面的夹角是每一平面内过公共交线上一点的垂线所夹的锐角。

我们称这锐角为两面角的平面角。

此外还定义了平行平面、相似立体形、立体角、棱锥、棱柱、球、圆锥、圆柱、立方体、正八面体、正十二面体及其他立体形。球定义为半圆绕直径旋转而得出的立体形。圆锥定义为直角三角形绕一直角边旋转而得出的图形。然后就按作为轴的那条直角边小于、等于或大于另一直角边,而分别把圆锥分为钝角的、直角的和锐角的。圆柱是由矩形绕其一边旋转产生的图形。最后这三个定义的意义在于,除正多面体外,书中立体图形都是从平面图形绕一轴旋转而得出的。

定义都叙述得不严密不清楚并且常常假定一些定理。举例说,在定义 6 里假定了两平面交线上任一点处的那个锐角都相等。又如欧几里得打算考察的仅限于凸的立体形,而在定义正多面体时没有特别提出。

这一篇只考虑平面元素所形成的立体形。所含 39 个定理中的头 19 个讲直角和平面的性质,例如关于垂直于平面和平行于平面的直线这方面的定理。本篇中头几个定理的证明是有缺点的,而关于多面体的许多一般性定理只对特殊情形加以证明。

命题 20. 若三个平面角夹成一立体角,则其中任何两个平面角之和都大于剩下的一个平面角。

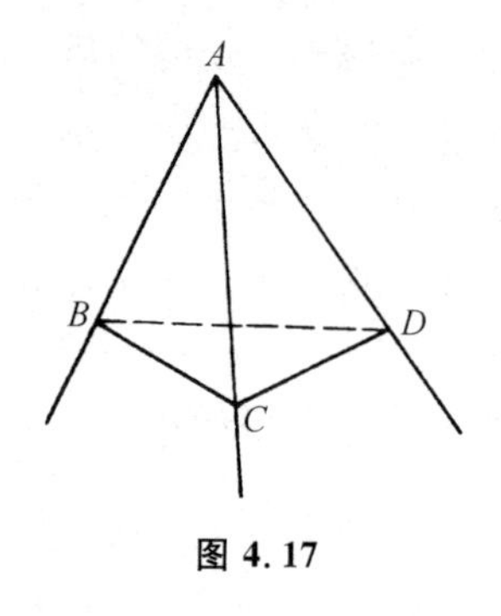

图 4.17

就是说,在 CAB, CAD 和 BAD 三平面角中,任意两角之和大于第三角(图 4.17)。

命题 21. 由平面角夹成的任何立体角,其平面角之和小于四直角。

命题 31. 底面相等且高相等的平行六面体彼此(的体积)相等[等价]。

命题 32. 同高的平行六面体(的体积)之比等于其底面(积)之比。

第十二篇含 18 个关于面积和体积的定理,特别是关于曲线和曲面所围形体的面积和体积。本篇的主要思想是穷竭法,这是得自欧多克索斯的,表述在第十篇定理 1 中。举例说,为证明两圆面积之比等于其直径平方之比,此法就以内接正多边形愈益密切地接近两圆,而因定理对正多边形成立,故证明了它对圆也成立。穷竭一词起因于相继作正内接多边形"穷竭"了圆的面积。希腊人未用这个名称,这是 17 世纪人起的名称。这个名称和这种描述,也许会使读者觉得这方法只是大致近似,仅仅是走向严格极限概念的某一步。但我们将会看到这方法是严格的。它不含明确的极限步骤;它依赖于间接证法,这样就避免了用极限。实际上欧几里得在面积和体积方面的工作比牛顿(Isaac Newton)和莱布尼茨在这方面的工作严密可靠,因后者试图建立代数方法和数系并且想用极限概念。

为更好地理解穷竭法,我们来比较详细地考察一个例子。(下章在谈到阿基米德的工作时还要考察几个例子。)第十二篇的开头是:

命题 1. 圆内接相似多边形之比等于圆直径平方之比。

我们不给出证明了,因它没有什么特色。现在来讲那个关键的命题。

命题 2. 圆与圆之比等于其直径平方之比。

底下是欧几里得证明的主要精神:他先证明圆可被多边形所"穷竭"。在圆里面内接一个正方形(图 4.18)。正方形面积大于圆面积的 1/2,这是因为它等于外切正方形面积的 1/2,而外切正方形面积又大于圆。今设 AB 是内接正方形的一边。平分弧 AB 于点 C 处并连接 AC 与 CB。作 C 处的切线,然后作 AD 及 BE 垂直于切线。$\angle 1 = \angle 2$, 因两者都是弧 CB 的 1/2。于是 DE 平行于 AB,故 $ABED$ 为一矩形,其面积大于弓形 $ABFCG$。因此等于矩形面积一半的三角形 ABC 大于弓形 $ABFCG$ 的 1/2。对正方形的每边都这样作,便得一正八边

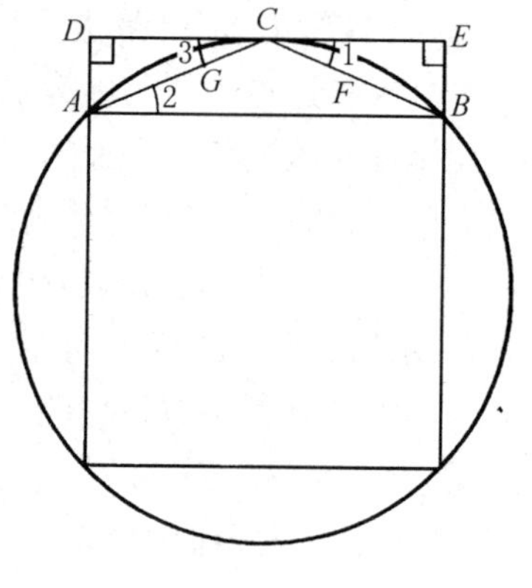

图 4.18

形,它不仅包含正方形而且包含圆与正方形面积之差的一半以上。在八边形的每边上也可以完全按照在 AB 上作三角形 ACB 那样地作一三角形。这就得一正十六边形,它不仅包含八边形,而且还包含圆与八边形面积差的一半以上。这种作法你想作多少次就可以作多少次。然后欧几里得用第十篇的命题 1 肯定圆和某一边数足够多的正多边形面积之差可以弄得比任何给定的量还要小。

现设 S 与 S' 是两圆面积(图 4.19),并设 d 和 d' 是其直径。欧几里得要证

(3) $$S:S'=d^2:d'^2.$$

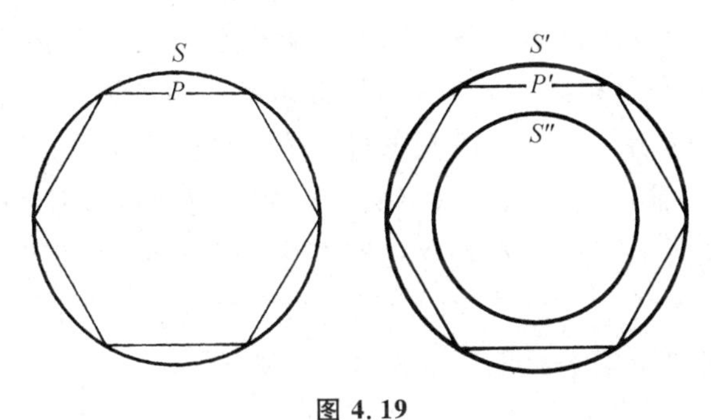

图 4.19

假设这等式不成立,而有

(4) $$S:S''=d^2:d'^2,$$

其中 S'' 是大于或小于 S' 的某一面积。(作为面积的那个比例第四项的存在,在此处及第十二篇其余部分都是默认的。)今设 $S''<S'$。我们在 S' 里作边数愈来愈多的正多边形,一直作到一个 P'(比方那么说),使它和 S' 的面积之差小于 $S'-S''$。这多边形是可以作出的,因上面已证明可使圆 S' 和内接正多边形[面积]之差小于任意给定的量,从而小于 $S'-S''$。于是有

(5) $$S'>P'>S''.$$

在 S 中作相似于 P' 的内接多边形 P。据命题 1,有

$$P:P'=d^2:d'^2.$$

而据(4)我们也有

$$P:P'=S:S''$$

或

$$P:S=P':S''.$$

但因 $P<S$,于是

$$P'<S'',$$

而这与(5)矛盾。

同样可证 S'' 不能大于 S'。因此 $S''=S'$,而由于(4)这就证明了比例(3)。

这方法用之于证明下面那样重要而难证的定理如:

命题 5. 底为三角形而高相等的棱锥之比等于其底之比。

命题 10. 任一[正]圆锥是与其同底等高圆柱的三分之一。

命题 11. 同高的圆锥[与圆锥]以及同高的圆柱[与圆柱]之比等于其底之比。

命题 12. 相似的圆锥之间以及圆柱之间的比,等于其底直径的三次比[立方之比]。

命题 18. 球之比等于其直径的三次比。

第十三篇讲正多边形本身的性质及其内接在圆内时的性质,并论述怎样把五种正多面体内接于一个球的问题。它又证明(凸的)正多面体不能多于五种。最后这一结果是该篇中最末一个命题(命题 18)的推论。

关于正多面体不能多于五种的证明要依赖于前面的一个定理(第十一篇命题 21),即立体角各面角之和必小于 360°。因此若把一些等边三角形拼起来,就可在正多面体的每个顶点用三个等边三角形拼合成一个正四面体;可以每次用四个等边三角形拼合成一个正八面体;可以每次用五个等边三角形拼合成一个正二十面体。六个等边三角形在一个顶点处合成 360°所以就不能用。我们可以在每一顶点用三个正方形构成一个立方体。我们可以在每个顶点用三个正五边形构成一个正十二面体。此外不能再构成别的正多面体了,因为即令只用三个其他多边形拼在一顶点就要等于或超过 360°。注意欧几里得假定正多面体都是凸的。但其他非凸的正多面体还是有的。

《原本》十三篇中共含 467 个命题。有些老版本里还多两篇,其中有关于正多面体的更多的结果,但第十五篇写得不清楚不准确。但那两篇都是欧几里得以后的人写的。第十四篇是许普西克尔斯(Hypsicles,约公元前 150 年)写的,而第十五篇的有些部分可能是在公元 6 世纪这样晚的时候写的。

10. 《原本》的优缺点

因《原本》是最早一本内容丰富的数学书,而且为所有后代人所使用,所以它对数学发展的影响超过任何别的书。读了这本书之后,可以对数学本身的看法、对证明的想法、对定理按逻辑次序的排法,都学到一些东西,而且它的内容也决定了其后的思想发展。因此我们应该指出它有哪些特点能如此深刻地影响日后的数学。

虽然,正如前面已指出过的,个别命题的陈述方式并非欧几里得所独创,但整部书的陈述方式——一开头就摆出所有的公理,明确提出所有的定义,和有条不紊的一系列定理——这是欧几里得所独创的。此外,定理的编排也是从简单的到愈来愈复杂的。

欧几里得把他认为是头等重要的定理选入这本书里。例如他没有在书中列入三角形三个高交于一点的定理。还有一些欧几里得其他著作中的定理(这些我们不久就要讲到),他也认为是不值得包括在《原本》中的。

虽然在欧几里得以前就有人提出要先证明图形存在才能把这图形作为逻辑对象来处理，但在他手里终于把这一步前提工作做得巧妙周密。根据公设1，2和3，作图只许作出直线和圆。这实际就是只许用直尺和圆规。正由于欧几里得不能作出角的三等分线，所以他没有证明关于三等分角的定理。

尽管证明里有些遗漏和错误（我们不久就要指出），欧几里得对公理的选择是做得很出色的。他能用一小批公理证出几百个定理，其中好多是深奥的。其次，他的选择是费了心机的。他对平行公理的处理显得特别聪明。他无疑知道，任何这样的公理都不免或明或暗地要提到在无限远空间所必然出现的事，而关于在无限远空间所必然成立的事项的任何说法，它的具体意义总是含糊不清的，因为人的经验是有限的。然而他也认识到这样的公理不能省掉。于是就采取了这样一种说法，提出二直线能交于有限远处的条件。更有甚者，他在求助于这一公理以前先证明了所有无需它来证的定理。

欧几里得虽用图形的重合来证全等（这是根据公理4的一个方法），但他显然对这方法是否完善无缺有点不放心。这方法有两点值得怀疑：第一，它用了运动的概念，而这是没有逻辑依据的；第二，重合法默认图形从一处移动到另一处时所有性质保持不变。你诚然证明了移过去的图形与第二个图形全等，但在原位置处的第一个图形可能不全等于第二个图形。要假定移动图形而不致改变它的性质，那就要对物理空间假定很多的条件。确实，欧几里得几何的整个目的正是为了比较不同位置的图形。欧几里得对这方法不甚放心的证据是：凡他能用其他方法来证的地方，他总不用这方法，即使是重合法能给出更简单的证明。

虽然直到19世纪大半段时间以前，数学家一般都把欧几里得的著作看成是严格性方面的典范，但也有少数数学家看出了其中的严重缺点并设法纠正。第一是用了重合法。第二是有些定义含糊其词而另一些无关宏旨。开头关于点、线、面的定义没有明确数学的含义，而且（正如我们今日认识到的）不可能给出任何明确的含义，因为任何独立的数学讲解必然要用些未加定义的名词（参看第3节）。至于许多定义的含糊其词，那只要回头去看看第五篇里的那些定义就足以为例了。对定义的另一不满之处是有些定义，例如第一篇中的定义17，应用了未加定义的概念①。

利用今天的认识（那是理所当然的）来对欧几里得的著作进行批判研究的结果，可以发现他用了数十个他所从未提出而且无疑并未发觉的假定。有几个我们已在本书前面指出过。欧几里得和后代上百个最优秀的数学家所犯的错误，是利用了从图形看来是显然的事实，或在直观上是那么显然因而无意中用上了的事实。

① 原文为“事先假定了一个公理”。——译者注

在有些情形下,那些无意中用上了的假定可以去掉而可根据明确的假定另行证明,但一般说这是办不到的。

在那些不自觉作出的假定中,包括关于直线和圆的连续性的假定。在第一篇命题1的证明里假定了两圆有一公共点。每个圆是一个点集,很可能两圆彼此相交而在假定的点或所谓交点(一个或两个)处没有两圆的公共点。按照《原本》里的逻辑基础来说,两直线可能相交而没有一个公共点。

在一些实际给出的证明里也有缺点。有些是欧几里得搞错的地方可以纠正,但少数地方需要给出新的证明。另一类缺点是《原本》中通篇都有,那就是只用特例或所给数据(图形)的特定位置证明一般性的定理。

虽然我们赞扬了欧几里得《原本》内容在整体上的组织,但全书十三篇并未呵成一气,而在某种程度上是前人著作的堆砌。例如,我们已经指出过第七、八、九篇对整数重复证明了先前对量所给出的许多结果。第十三篇的第一部分重复了第二和第四篇中的结果。第十、十三篇可能在欧几里得以前是单独的一本著作,而且是属于特埃特图斯的。

这些缺点好多是由后代评注者指出的(第42章第1节),而且很可能也是直接继承欧几里得衣钵的数学家已经发现的。但尽管有这些缺点,《原本》一书是写得那么成功,使它取代了此前的所有几何课本。早在公元前3世纪尚有其他几何著作流传之时,甚至阿波罗尼斯和阿基米德在提到前人成就时也都参照《原本》。

11. 欧几里得的其他数学著作

欧几里得写了一些别的数学和物理著作,好些是对数学发展有重要意义的。对他的主要物理著作《光学》(*Optics*)和《镜面反射》(*Catoptrica*)我们留待在后一章里讨论。

欧几里得的著作《数据》(*Data*)被帕普斯收入他的《分析集锦》。帕普斯说它包含关于"代数问题"的补充几何材料。当给定或求出某些量后,定理就确定别的一些量。《数据》中的材料本质上同《原本》中的材料无异,但有些特殊定理不同。《数据》可能是打算作为供复习《原本》用的一批练习题,它的全部内容保存至今。

欧几里得著作中仅次于《原本》的是《二次曲线》(*Conics*),它在数学史上有最重要的作用。据帕普斯说这共含四篇的失传著作其后成为阿波罗尼斯《圆锥曲线》中头三篇的主体内容。欧几里得把二次曲线分为三类不同圆锥(直角的、锐角的和钝角的)的割线来处理。椭圆可由任一圆锥或任一圆柱的割线得出。但(以后可以看出)阿波罗尼斯改变了对圆锥曲线的观点。

欧几里得的《辨伪术》(*Pseudaria*)一书含有正确和错误的几何证明,目的是为训练学生之用，但已失传。

普罗克洛斯所提到的欧几里得著作《论[图形的]剖分》(*On Divisions* [of figures])是论述把所给图形剖分为其他图形的，例如把一个三角形剖分为一些较小的三角形或把一三角形剖分为三角形和四边形。这书有一本拉丁文译本，可能是克雷蒙那(Cremona)的杰拉尔德(Gerard，1114—1187)根据一本既不正确又不完整的阿拉伯文译本转译的。1851年沃普克(Franz Woepcke)发现另一本似属正确的阿拉伯文译本并将其译出。此书现有阿希巴尔德(R. C. Archibald)的英译本。

另一部失传的著作是《衍论》(*Porisms*)。此书的大部分内容甚至性质也无人知道。帕普斯在他的《数学汇编》中说《衍论》共三篇。根据帕普斯和普罗克洛斯所讲的话，一般认为《衍论》主要是关于实际绘制那些存在性已不成问题的几何对象的。所以这些问题是介于纯理论与证明存在性的作图题之间的。在某些给定条件下求出圆心的问题可能是《衍论》中的典型问题。

帕普斯在他的《汇编》中还提到《曲面-轨迹》(*Surface-Loci*)一书。此书现已无存，可能是讲形成曲面的一些轨迹的。

欧几里得的《现象》(*Phaenomena*)虽是天文学教本，但其中有关于球面几何的18个命题以及关于匀速旋转球的其他命题。他把地球看作旋转的球。这书现有几种译本。

12. 阿波罗尼斯的数学著作

古典时期的另一伟大希腊数学家(就其总结和创造古典时代数学研究的门类这两重意义而论)是阿波罗尼斯(约公元前262—前190)。阿波罗尼斯生于小亚细亚西北部的城市佩尔加(Perga)，该地区在他的一生中处于帕加蒙(Pergamum)的统治之下。他青年时代去亚历山大城，从欧几里得的门人那里学习数学。据目前所知道的材料，他嗣后卜居亚历山大城和当地的大数学家合作研究。他的主要著作是关于圆锥曲线的，但也写过其他方面的著作。他的数学才能是如此卓越，使他在当代及后世以“大几何学家”闻名。他作为天文学家的声誉也一样大。

我们知道在阿波罗尼斯时代以前早就有人研究圆锥曲线了。特别是老阿里斯塔俄斯和欧几里得都写过这方面的书。还有阿基米德的著作中(随后就要讨论)也包括这方面的一些结果。但阿波罗尼斯做了去粗取精和使之系统化的工作。他的《圆锥曲线》(*Conic Sections*)除了综合前人的成就之外，还含有非常独到的创见材料，而且写得巧妙、灵活，组织得很出色。按成就来说，它是这样一个巍然屹立的丰碑，以至后代学者至少从几何上几乎不能再对这个问题有新的发言权。这确实可以看成是古典希腊几何的登峰造极之作。

《圆锥曲线》一书分八篇共含 487 个命题。这几篇著作中,前四篇是从 12、13 世纪的希腊手稿复制出来的,其后三篇是从 1290 年的阿拉伯译本转译的。第八篇已失传,但 17 世纪哈雷(Edmond Halley)根据帕普斯书中的启示搞出一个整理本。

欧几里得的前人、欧几里得本人和阿基米德,都像柏拉图派学者梅内克缪斯最早所提出的那样,把圆锥曲线看成是从三种正圆锥割出的曲线。欧几里得和阿基米德都知道从其他两种圆锥也能割出椭圆,并且阿基米德还知道跟斜圆锥上所有母线相交的平面能在其上割出椭圆。他也许认识到在斜圆锥上能割出其他圆锥曲线。

但阿波罗尼斯是第一个依据同一个(正的或斜的)圆锥的截面来研究圆锥曲线理论的人。他也是第一个发现双曲线有两支的人。阿波罗尼斯的前人梅内克缪斯和其他人之所以要用三类直圆锥垂直于其一母线的截面,后人的一种猜测是,并不是因为他们不知道每种圆锥上也可以有别的圆锥曲线,而是因为他们要处理关于这种曲线的逆问题。对于给定的曲线,如果它们具有圆锥曲线的几何性质,在证明它们可以由圆锥上的截面得出时,对截面垂直于一根母线的情形是比较容易证明的。

我们先来考察第一篇中所述的关于圆锥曲线的定义和性质。给定一圆 BC 及圆所在平面外一点 A(图 4.20),则过 A 且沿圆周移动的一根直线便生成一双锥面。这圆叫圆锥的底。A 到圆心的直线叫圆锥的轴(未画出)。若轴垂直于底,这是正圆锥;否则便是斜圆锥。设锥的一个截面与底平面交于直线 DE。取底圆的垂直于 DE 的一条直径 BC。于是 ABC 就是含有圆锥轴的一个三角形,叫做轴三角

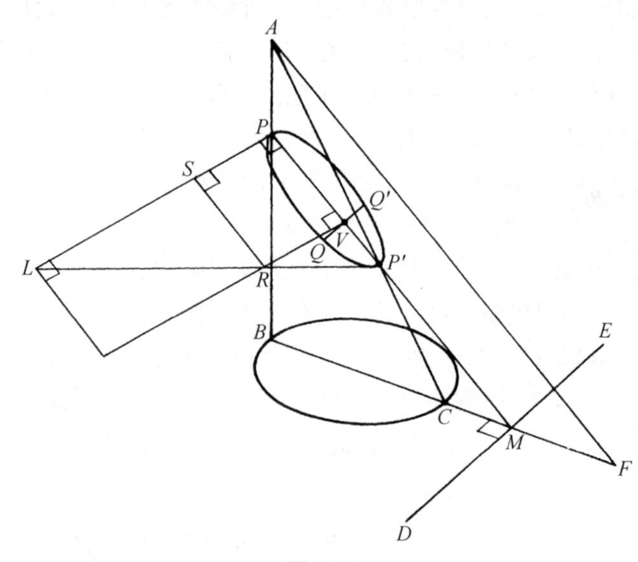

图 4.20

形。设这三角形与圆锥曲线交于 P 及 P'（原文为交于 PP'，似系笔误。——译者）。（PP'不一定是圆锥曲线的轴。）$PP'M$ 是由截面和轴三角形相交而定的直线①。设 QQ'是圆锥曲线的平行于 DE 的一弦。因此 QQ'未必垂直于 PP'。阿波罗尼斯随即证明 QQ'为 PP'所平分，从而 $VQ=\frac{1}{2}QQ'$。

现作 AF 平行于 PM 并交 BM 于 F。再在截面上作 PL 垂直于 PM。对椭圆和双曲线，取 L 使适合条件

$$\frac{PL}{PP'}=\frac{BF\cdot FC}{AF^2}.$$

对抛物线，取 L 使适合

$$\frac{PL}{PA}=\frac{BC^2}{BA\cdot AC}.$$

在椭圆和双曲线的情形下，我们作 $P'L$。从 V 作 VR 平行于 PL 交 $P'L$ 于 R。（在双曲线的情形下，P'在双曲线的另一支上，须延长 $P'L$ 才能定出 R。）

阿波罗尼斯在作出一些辅助线之后（这里不细讲），证明对于椭圆和双曲线有

$$QV^2=PV\cdot VR. \tag{6}$$

阿波罗尼斯把 QV 称作圆锥曲线的一个纵坐标线，所得结果(6)便说明纵坐标线的平方等于作在 PL 上的一个矩形 $PV\cdot VR$。他又证明在椭圆的情形下，这矩形未填足整个矩形 $PV\cdot PL$，而亏缺一个相似于矩形 $PL\cdot PP'$ 的矩形 LR。因此椭圆的原名就叫“亏曲线”(ellipse)（第 6 节）。

在双曲线的情形下，(6)还是成立的，但作图的结果是 VR 大于 PL，所以矩形 $PV\cdot VR$ 超出作在 PL 上的矩形 $PL\cdot PV$，而所超出的那个矩形 LR 相似于矩形 $PL\cdot PV$。因此双曲线的原名就叫“超曲线”(hyperbola)。在抛物线的情形下，(6)不成立，而有

$$QV^2=PV\cdot PL. \tag{7}$$

所以等于 QV^2的那个矩形恰好是与 PL 相齐的矩形 $PV\cdot PL$。因此抛物线的原名就叫“齐曲线”(parabola)。

抛物线（齐曲线）、椭圆（亏曲线）和双曲线（超曲线）之称是阿波罗尼斯引入的，它们取代了以前梅内克缪斯所用的直角圆锥曲线、锐角圆锥曲线和钝角圆锥曲线之称。阿基米德书里出现抛物线和椭圆之称的地方[如在他的《抛物线的求积》(*Quadrature of the Parabola*)中，见第 5 章第 3 节]，是后人抄录时改过来的。

方程(6)和(7)是圆锥曲线的基本平面性质。阿波罗尼斯推出这两个性质之后

---

① 阿波罗尼斯指出，在斜圆锥的情形下，PM 未必垂直于 DE，只有在正圆锥或在 ABC 平面垂直于斜圆锥的底平面时，才有 PM 垂直于 DE 的关系。

就不再利用圆锥而直接从这两个方程推出曲线的其他性质。阿波罗尼斯用 PV、纵坐标线或半弦 QV,以及几何等式(6)和(7)推出性质的做法,实际上就相当于我们今天用横坐标、纵坐标和圆锥曲线方程推出曲线性质的做法。当然在阿波罗尼斯的做法里没有用到代数。

我们很容易把阿波罗尼斯得出的基本性质翻译成近世坐标几何中的语言。记 PL(阿波罗尼斯称它为正焦弦或纵线参量)之长为 $2p$,记直径 PP'之长为 d,若 x 是从 P 点量起的距离 PV,y 是距离 QV(这相当于应用斜坐标),则从(7)立即可以看出抛物线的方程是

$$y^2 = 2px.$$

对于椭圆,我们先从定义它的方程(6)得出

$$y^2 = PV \cdot VR.$$

但 $PV \cdot VR = x(2p - LS)$。又因矩形 LR 相似于矩形 $PL \cdot PP'$, 所以

$$\frac{LS}{PL} = \frac{x}{d}.$$

故 $LS = 2px/d$。于是

$$y^2 = x\left(2p - \frac{2px}{d}\right) = 2px - \frac{2px^2}{d}.$$

对于双曲线,我们有

$$y^2 = 2px + \frac{2px^2}{d}.$$

在阿波罗尼斯的做法里,抛物线的 d 是无穷大,由此可以看出怎样把抛物线作为椭圆或双曲线的一种极限情形来处理。

为往下叙述阿波罗尼斯怎样处理圆锥曲线,需要讲一些概念的定义,它们在近世的几何学里也仍然是重要的。考察椭圆的一组平行的弦,例如图 4.21 中平行于 PQ 的一组弦。阿波罗尼斯证明这批弦的中点都在一直线 AB 上,而称 AB 为圆锥曲线的直径。(图 4.20 这个基本图形里的线段 PP'便是一直径。)然后他证明,若过 AB 的中点 C 作直线 DE 平行于原来的那组弦, 这 DE 将平分所有平行于 AB 的弦。DE 叫做 AB 的共轭直径。在双曲线的情形下(图 4.22),弦可能在每个分

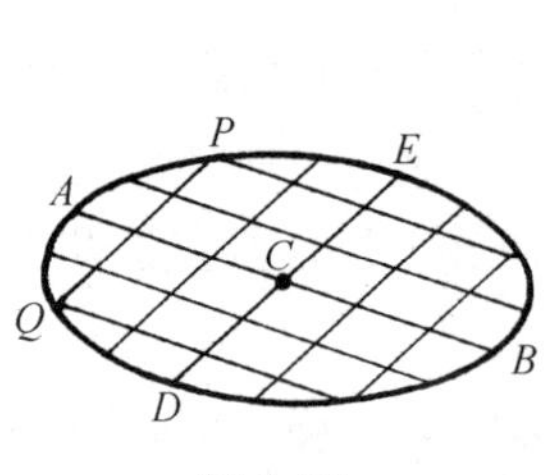

图 4.21

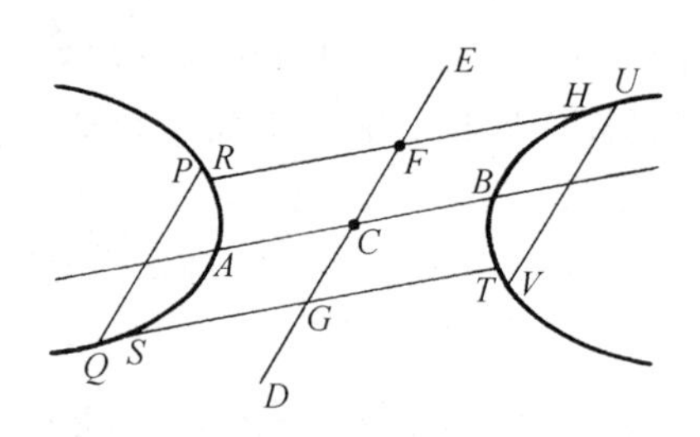

图 4.22

支之内，如 PQ，直径是两个分支间所截的那一段（如果它被两个分支所截的话），如图中的 AB。于是平行于 AB 的弦，如 RH，就在两个分支之间。AB 的共轭直径，如 DE，则定义为 AB 与双曲线的正焦弦的比例中项，它并不与双曲线相交。抛物线的任一直径（即通过一组平行弦中点的直线）总是平行于对称轴的，但对于给定直径并没有共轭直径，因为平行于给定直径的每根弦都是无限长。椭圆或双曲线的轴是彼此互相垂直的两直径。抛物线的轴（图 4.23）则是与相应弦相垂直的那个直径。

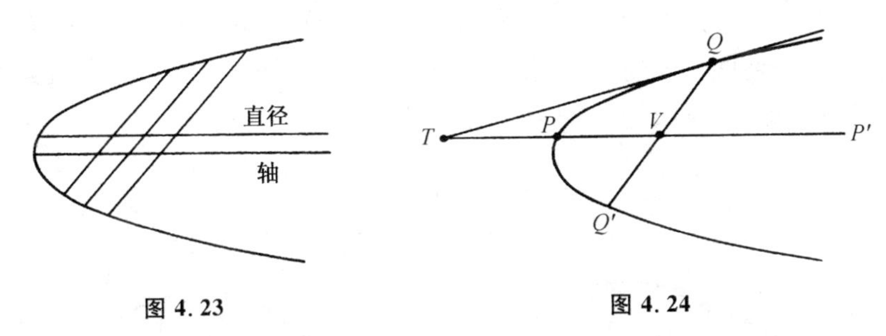

图 4.23　　图 4.24

阿波罗尼斯介绍了圆锥曲线的基本性质之后，就证明关于共轭直径的一些简单事实。第一篇中也论述圆锥曲线的切线。阿波罗尼斯把这切线看成是与圆锥曲线只有一个公共点且全部在圆锥曲线之外的直线。然后他证明过直径一端点（基本图 4.20 中的点 P）所作平行于其相应弦（平行于该图中的 QQ'）的直线将在圆锥曲线之外，且该直线与圆锥曲线之间不可能再有别的直线（见《原本》第三篇，命题 16）。因此所论直线与圆锥曲线接触于一点，就是说，它是圆锥曲线在 P 处的切线。

另一个关于切线的定理指出下列事实：设 PP' 是抛物线的一直径（图 4.24），而 QV 是它的一根相应弦。于是若在直径延长到曲线外的那部分上取一点 T 使 $TP = PV$，而 V 则是该直径与其相应弦 QQ' 的交点［原文为"从 Q 到直径 PP' 上的纵坐标线（弦）的足"］，则直线 TQ 与抛物线切于 Q 处。对椭圆和双曲线也有类似的定理。

阿波罗尼斯然后证明，若在基本图 4.20 中取圆锥曲线的其他直径而不取 PP'，定义圆锥曲线性质的方程(6)及(7)仍照旧；但那时方程里的 QV 当然是指所取直径的相应弦了。他所做的，用我们的话来说，就相当于从一种斜坐标系变换到另一种斜坐标系。关于这一点，他还证明，从所取的任一直径和纵坐标线，可以变换到直径（轴）和纵坐标线相垂直的情形。这用我们的话来说就是变到直角坐标系。阿波罗尼斯还指出怎样从给定的某些数据（例如给定一直径、正焦弦、纵坐标线与直径的交角）来作出圆锥曲线。他是先作出有关的圆锥后获得所需圆锥曲线的。

第二篇一开头讲双曲线渐近线的作法和性质。例如他不仅指出双曲线的渐近线存在,而且指出在曲线上的足够远处,曲线上一点与渐近线的距离小于任意给定的长度。然后他引入所给双曲线的共轭双曲线,并证明它同所给双曲线具有相同的渐近线。

第二篇的其余定理说明如何求一圆锥曲线的直径,求有心圆锥曲线的中心,求抛物线和有心圆锥曲线的轴。例如,若 T 是圆锥曲线外一点(图 4.25),TQ 与 TQ' 是圆锥曲线上在 Q 与 Q' 处的切线,V 是弦 QQ' 的中点,则 TV 是直径。求圆锥曲线直径的另一方法是作两根平行弦;连接两弦中点的那根直线便是一直径。有心圆锥曲线的任何两直径的交点便是它的中心。这一篇最后讲怎样作圆锥曲线的切线,使其满足给定条件,例如,过给定的一点。

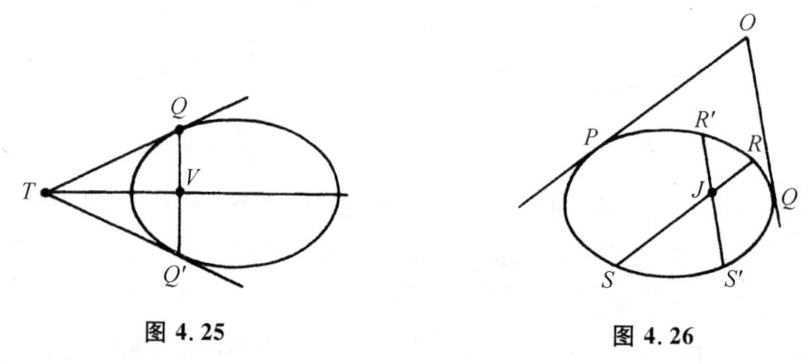

图 4.25　　**图 4.26**

第三篇开头论述关于切线与直径所成图形的面积的定理。那里的一个主要结果是(图 4.26):若 OP 与 OQ 是圆锥曲线的切线,且若 RS 是平行于 OP 的任一弦,$R'S'$ 是平行于 OQ 的任一弦,又若 RS 与 $R'S'$ 交于 J(在圆锥曲线内部或外部),则有

$$\frac{RJ \cdot JS}{R'J \cdot JS'} = \frac{OP^2}{OQ^2}.$$

这定理是初等几何里一个熟知定理的推广:圆内两弦相交,每根弦被交点所分两段的乘积相等,因在圆的情形下,上式右边的 $OP^2/OQ^2 = 1$。

第三篇后一部分论述极点和极线的所谓调和性质。如在图 4.27 中,若 TP 与 TQ 是圆锥曲线的切线,TRS 是过 T 并交圆锥曲线于 R 及 S,交 PQ 于 I 的任一直线,则

$$\frac{TR}{TS} = \frac{IR}{IS}.$$

就是说,T 外分 RS 的比等于 I 内分 RS 的比。PQ 线叫点 P 处的极线, T, R, I, S 可说是形成一组调和点。又若通过 PQ 中点 V(图 4.28)的任一直线交圆锥曲线于 R 及 S,交过 T 且平行于 PQ 的直线于 O,则有

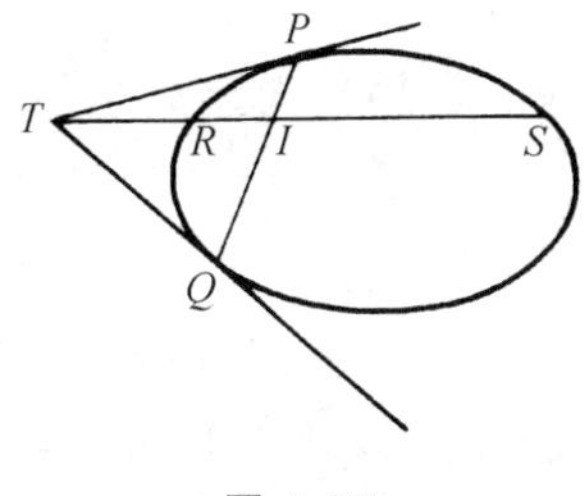

图 4.27

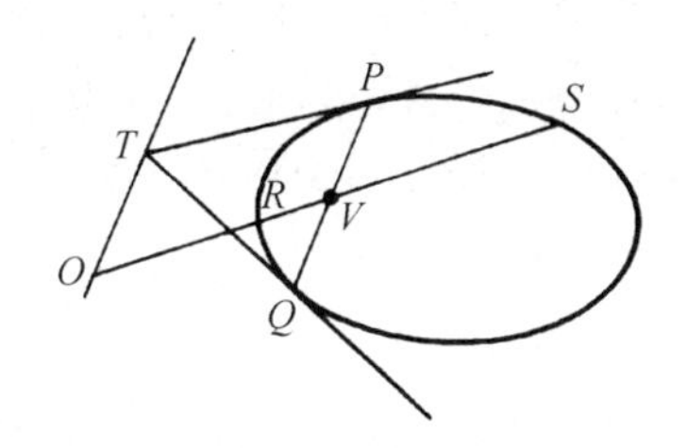

图 4.28

$$\frac{OR}{OS}=\frac{VR}{VS}.$$

过 T 的那根直线是 V 的极线，而 O, R, V 及 S 是一组调和点。

书中接着讲有心圆锥曲线的焦点的性质；但那里没有提到抛物线的性质。椭圆和双曲线的焦点(阿波罗尼斯没有焦点这个词)定义为(长)轴 AA' 上那样的两点 F 及 F'，它们使 $AF\cdot FA'=AF'\cdot F'A'=2p\cdot AA'/4$ (图 4.29)。阿波罗尼斯对椭圆和双曲线证明：圆锥线上一点 P 与焦点相连的两线 PF 及 PF' 与 P 处的切线交于等角，且焦距 PF 与 PF' 之和(对椭圆的情形)等于 AA'，焦距之差(对双曲线的情形)等于 AA'。

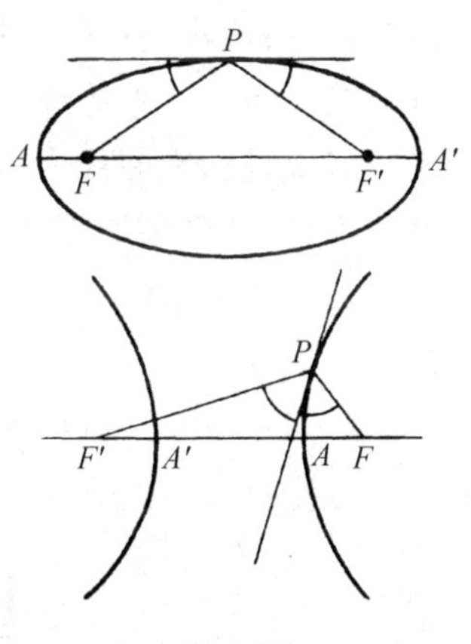

图 4.29

书中没有谈准线，但圆锥曲线为到定点(焦点)距离与到定直线(准线)的距离之比为常数的点的轨迹，欧几里得是知道的，并由帕普斯述及且给出证明(第 5 章第 7 节)。

欧几里得曾部分地解决了一个著名的问题：设动点与四根固定直线的距离 p, q, r, s 满足条件 $pq=\alpha rs$，其中 α 为已知，求该动点的轨迹。阿波罗尼斯在其《圆锥曲线》的序言中说这问题可用第三篇中的命题解决。这确实是能做到的；帕普斯也早知道这轨迹是一圆锥曲线。

第四篇讲极和极线的其他性质。例如，有一个命题给出了从圆锥曲线外一点 T 向其作两切线的方法(图 4.30)。作 TQR 及 $TQ'R'$。令 O 是 QR 上对于 T 的第四个调和点，即 $TQ:TR=OQ:OR$；又令 O' 是 $Q'R'$ 上对于 T 的第四个调和点。作 OO'。于是 P 与 P' 是切点。

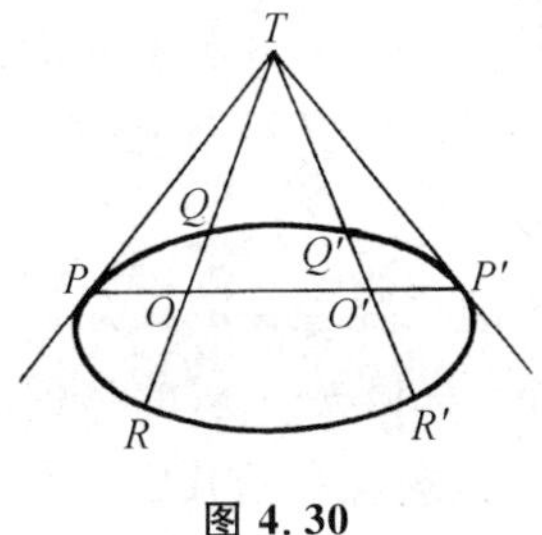

图 4.30

该篇其余部分讲各种位置的圆锥曲线可能有的交点数目。阿波罗尼斯证明两圆锥曲线至多相交于四点。

第五篇在其新颖和独到之处最为出色。它论述从一特定点到圆锥曲线所能作的最长和最短的线。阿波罗尼斯先从有心圆锥线长轴上或抛物线轴上的特殊点讲起,求出从这些点到曲线的最大距离与最小距离。然后他取椭圆短轴上的点来照样做。他又证明,若 O 是任一圆锥曲线内的任一点,且若 OP 是从 O 到圆锥曲线的一极小或极大距离,则 P 处垂直于 OP 的直线是 P 处的切线;又若 O' 是 OP 延长线上在圆锥曲线外面的任一点,则 $O'P$ 是从 O' 到圆锥曲线的极小线。切线在切点处的垂线如今叫法线,所以极大和极小线都是法线。阿波罗尼斯其次考察任一圆锥曲线的法线的性质。例如,在抛物线或椭圆任一点处的法线还与曲线交于另一点。然后他指出怎样从圆锥曲线内部或外部的给定点作该曲线的法线。

在考察从一点作向任一圆锥曲线的(相对)极大和极小线时,阿波罗尼斯定出了那些能作出两、三和四根这种线的点的位置。他对每种圆锥曲线定出了那样一些点的轨迹:从轨迹这一边的点能作一定数目的法线,而从轨迹另一边的点能作另一数目的法线。这轨迹现今叫圆锥曲线的渐屈线(但对它本身阿波罗尼斯未加讨论),或者说是圆锥曲线上"邻近"法线交点的轨迹,或者说是圆锥曲线上法线族的包络。例如,从椭圆渐屈线内部任一点可向椭圆作四根法线(图 4.31),而从其外部任一点可作两根法线。(有例外的点。)在抛物线的情形,渐屈线叫半立方抛物线[最早为尼尔(William Neile,1637—1670)所研究](图 4.32)。从半立方抛物线上方平面的任一点能作抛物线的三根法线,从其下方平面的任一点只能作一根法线。从半立方抛物线上的点可以作两根。

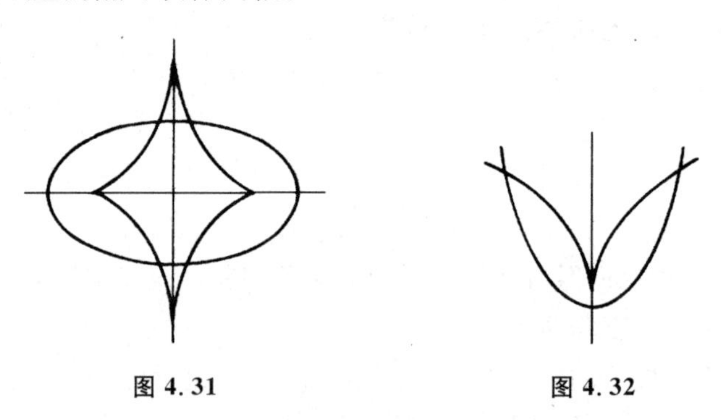

图 4.31　　**图 4.32**

第六篇讲述全等圆锥曲线、相似圆锥曲线及圆锥曲线弓形。这弓形也像圆的弓形那样就是由圆锥曲线的弦所割出的一部分面积。阿波罗尼斯又指出怎样在一给定的直角圆锥上作出与一已给圆锥曲线相等的圆锥曲线。

第七篇里没有什么突出的命题。它讲述有心圆锥曲线两共轭直径的性质。阿波罗尼斯把这些性质和轴的相应性质加以比较。例如,若一椭圆或一双曲线的轴是 a 及 b,而 a' 及 b' 是其两共轭直径,则 $a+b<a'+b'$。又,椭圆任意两共轭直径上的正方形之和等于其两轴上的正方形之和。对双曲线也有相应的命题,不过上面

命题中的“和”要换成“差”。又,对于任一椭圆或双曲线,其任何两共轭直径与其夹角所定的平行四边形的面积,等于其两轴所定矩形的面积。

第八篇已失传。它所含命题,也许是关于怎样定出(有心)圆锥曲线的共轭直径,使其长度的某些函数具有给定的值。

帕普斯提到了阿波罗尼斯的其他六部数学著作。其中一部叫《论切触》(*On Contacts*),它的内容由韦达重新整理出来。该书中含有著名的阿波罗尼斯问题:任给三点、三线或三圆,或三者的任意组合,求作一圆过给定的点并切于所给直线或圆。许多数学家,包括韦达和牛顿都给出了这问题的解。

欧几里得和阿波罗尼斯的严格演绎式的数学论著,使人感到似乎数学家是用演绎推理搞出发明创造来的。但我们回顾欧几里得之前300年间的数学活动,就应该看到证明之前必先有猜想,综合之前必先有分析。事实上,希腊人对于从简单演绎法得出的命题是不很看得起的。希腊人把那些能从定理直接推出的结果称作系或衍论。普罗克洛斯把这种无需费多大力气得出的结果称作横财或红利。

我们还没有讲完希腊天才学者对数学的贡献。我们迄今所讲的是属于古典希腊时代的内容;我们还要讲公元前300年左右到公元600年那一段辉煌的时期。但在翻过这一页之前让我们提醒读者,古典时期的贡献有比数学内容更重要之处;它创造了我们今日所理解的那种数学。它坚持用演绎法来作证明,重视抽象而不重视具体,这些都决定了数学的性质。至于它选择一组最富于成果而又非常易于为人接受的公理的这种做法,它对几百个定理的猜测和证明,则又大大推动了这门科学的向前发展。

参考书目

Ball, W. W. Rouse: *A Short Account of the History of Mathematics*, Dover (reprint), 1960, Chaps. 2-3.

Boyer, Carl B.: *A History of Mathematics*, John Wiley and Sons, 1968, Chaps. 7 and 9.

Coolidge, Julian L.: *A History of Geometrical Methods*, Dover (reprint), 1963, Book 1, Chaps. 2-3.

Heath, Thomas L.: *A Manual of Greek Mathematics*, Dover (reprint), 1963, Chaps. 3-9 and 12.

Heath, Thomas L.: *A History of Greek Mathematics*, Oxford University Press, 1921, Vol. 1, Chaps. 3-11; Vol. 2, Chap. 14.

Heath, Thomas L.: *The Thirteen Books of Euclid's* Elements, 3 vols., Dover (reprint), 1956.

Heath, Thomas L.: *Apollonius of Perga*, Barnes and Noble (reprint), 1961.

Neugebauer, Otto: *The Exact Sciences in Antiquity*, Princeton University Press, 1952, Chap. 6.

Proclus: *A Commentary on the First Book of Euclid's* Elements, Princeton University Press, 1970.

Sarton ,George: *A History of Science*, Harvard University Press, 1952 and 1959, Vol. 1, Chaps. 8,10,11,17,20; Vol. 2, Chap. 3.

Scott, J. F. : *A History of Mathematics*, Taylor and Francis, 1958, Chap. 2.

Smith, David Eugene: *History of Mathematics*, Dover (reprint), 1958, Vol. 1, Chap. 3; Vol. 2, Chap. 5.

Struik, Dirk J. : *A Concise History of Mathematics*, 3rd ed. , Dover, 1967, Chap. 3.

van der Waerden, B. L. : *Science Awakening*, P. Noordhoff, 1954, Chaps. 4 - 6.

第5章

希腊亚历山大时期：几何与三角

如果不知道远溯古希腊各代前辈所建立和发展的概念、方法和结果，我们就不可能理解近50年来数学的目标，也不可能理解它的成就。

外尔(Hermann Weyl)

1. 亚历山大城的建立

数学的进程在很大程度上取决于历史的进程。居于希腊本土北部的一族希腊人、马其顿人的征略战果，使古典希腊文明归于沦亡，而为另一种基本上属于希腊式但性质很不相同的文明开辟了道路。征战是在公元前352年由马其顿的菲利普(Philip)二世开始的。公元前338年雅典被击败。公元前336年菲利普的儿子亚历山大大帝挂帅后征服了希腊、埃及和近东，往东远及印度，往南远达尼罗河的上游。他足迹所至遍筑新城，既作为征略堡垒，又作为商业中心。位于亚历山大帝国中央并原拟作为其首都的主要新城亚历山大(Alexandria)，是在公元前332年建立于埃及的。亚历山大亲自选定地址并制定该城的房屋修建与移民计划，但这项工作在其后多年迄未完成。

亚历山大打算让他的新帝国具有世界性的文化。由于当时[他所知道的]另外一个唯一的主要文明是波斯文明，亚历山大就蓄意要把这两种文明融合起来。公元前325年他自己同波斯统治者大流士(Darius)的女儿斯塔蒂拉(Statira)结婚，并强迫他的几百名部将和一万名战士娶波斯人为妻。他把两万名波斯兵编入他的军队，和马其顿人混在同一战阵里。他又把各族移民送到他所建立的城市中去。在他死后发现有他的手诏要把大批欧洲人迁到亚洲，把大批亚洲人迁到欧洲。

公元前323年亚历山大在征战之际死去，未能建完他的首都。他死后部下将领彼此争权。经过几十年的政局动荡，帝国终于分裂为三个独立的部分。欧洲部分变成安提哥那帝国[由希腊将领安提哥那(Antigonus)得名]；亚洲部分变成塞琉西帝国(由希腊将领塞琉古得名)；埃及归希腊托勒玫王朝统治，成为第三个帝国。

安提哥那统治下的希腊和马其顿渐次为罗马兼并,在数学发展上变得无足轻重。塞琉西帝国里的数学主要是巴比伦数学的延续,但也受本章内所讲一些发展的影响。继古典希腊时代之后的重要数学创造是在托勒玫帝国里——主要是在亚历山大城作出的。

托勒玫帝国之所以成为古典希腊数学的后继者并非偶然的事。该帝国的君王都是贤明的希腊人,他们继续执行了亚历山大在亚历山大建立文化中心的计划。执政于公元前 323 年到前 285 年间的托勒玫一世(Ptolemy Soter),公元前 285 年到前 247 年间的托勒玫二世(索特的直接后任,被人誉为菲拉德尔弗斯(Philadelphus)——意即"仁君"),公元前 247 年到前 222 年间的托勒玫三世(Ptolemy Euergetes),他们都懂得希腊毕达哥拉斯、柏拉图和亚里士多德这些大学派所遗文化的重要意义。所以这几位统治者把当时所有文化中心的学者都请到亚历山大,用国家经费供养。约在公元前 290 年之际,托勒玫一世修建一个供学者从事研究和教学的学术中心。这所建筑是奉献给艺术之神(muses)的,此后以艺术宫(Museum,艺神之宫,其后转义为"博物馆"、"陈列馆")之称闻名于世。这里面住着当时的诗人、哲学家、语言学家、天文学家、地理学家、医生、历史学家、艺术家,以及当代大多数著名的希腊数学家。

在艺术宫邻近,托勒玫修建了一个图书馆,不仅保存重要文件,而且供公众使用。据说这图书馆里的藏书一度达 750 000 卷,其中包括亚里士多德和他的继承人特奥夫拉斯图斯的私人藏书。此外,因为埃及草片纸供应方便,使亚历山大时期比在古典希腊时代更容易得到图书。事实上,亚历山大城成为古代抄书业的中心。

托勒玫诸王继续执行亚历山大鼓励民族融合的政策,因此希腊人、波斯人、犹太人、埃塞俄比亚人、阿拉伯人、罗马人、印度人和黑种人可以毫无阻碍地进入亚历山大自由混居。贵族、平民和奴隶摩肩接踵,古代希腊社会的阶级差别崩溃了。又因经商者所带来的以及学者为更多地了解外部世界而专门组织的远征考察队所带来的知识,使埃及文明受了更多外界的影响。于是人们的思想眼界开阔了。亚历山大人的远程海道航行,需要他们有更好的地理知识,更好的报时方法和航海技术,同时商业竞争使人注重物质材料、生产效能和改进技术。古典时期为人所鄙弃的工艺又以新的热情为人所重视,训练工艺的学校也办起来了。纯粹科学仍有人钻研,但也注重了应用。

亚历山大人所创造的机械设备即使是按现代标准来说也是惊人的。从井槽里抽水的水泵、滑车、尖劈、渔具、联动齿轮,同现代汽车中所用者差不多的里程计,在当时普遍采用。每年的宗教游行节日都有用蒸汽推动的车通过该城街道。庙宇祭坛里用秘藏在器皿里的火加热水和空气使神像活动。虔诚的善男信女惊讶地看到神像举手向他们祝福,看到神像淌泪,并给他们倒出圣水。水力被人用来弹奏乐器,并使泉头的人像自行移动,而且又用压缩空气来放枪。人们发明新的机械仪器——包括改进了的日规——来作更精密的天文测量。

亚历山大人对声和光这类现象有高深的知识。他们知道光的反射定律,对折射定律也有经验体会(第 7 章第 7 节),他们利用这些知识来设计镜子和透镜。在这一时期里首次出现一本关于冶金的著作,其所含化学比早期埃及和希腊学者所懂得的少量经验事实丰富得多。毒药是一种专门的学问。医学也兴旺发达,部分是因为古典希腊时代所禁止的人体解剖这时可以进行了,医疗术在盖伦(Galen,129—约 201)的工作中到达登峰造极的地步,不过盖伦主要住在帕加蒙和罗马。流体静力学,即关于浸在水内物体的平衡性质的科学,受到深刻的研究,而且确实奠定了有系统的基础。他们最大的科学贡献是第一次建立了真正定量的天文理论(第 7 章第 4 节)。

2. 亚历山大希腊数学的特性

艺术宫里学者们的工作分成四大部门——文学、数学、天文和医学。由于其中两门主要是数学,而医学通过占星术也包含一些数学,可见数学在亚历山大学术界里占有主导地位。数学的性质受新文明和新文化的影响非常之大。不管数学家自己认为他们这个学科多么清高,说他们怎么与世无争和鄙视俗世,这新的希腊文明确实产生了与古典时期性质全然不同的数学。

欧几里得和阿波罗尼斯当然是亚历山大人;但如前所说,欧几里得整理了古典时期的工作,阿波罗尼斯在他整理和发扬古典希腊数学这方面也是个特殊人物,虽然在他的天文和关于无理数的著作(两者在以后几章里都要讲到)方面颇受亚历山大文化的影响。亚历山大的其他几位大数学家如阿基米德、埃拉托斯特尼、希帕恰斯、尼科梅德斯(Nicomedes)、赫伦、梅内劳斯(Menelaus)、托勒玫、丢番图和帕普斯肯定仍在理论和抽象的数学上显露希腊人的天才,但性质与前大不相同。亚历山大的几何主要专攻那些对于计算长度、面积和体积有用的结果。这类定理诚然也出现在欧几里得的《原本》里,如第十二卷的命题 10 说任何圆锥是与其同底等高圆柱的三分之一,因而若知圆柱体积便可算出圆锥体积等。然而相对地说来,这类定理在欧几里得书中是少见的,但它们对于亚历山大的几何学家却是主要的研究对象。因此欧几里得在证明了两圆面积之比等于其直径平方之比以后就心满意足(它使我们知道圆面积 $A=kd^2$,但不知 k 值),而阿基米德却要得出 π 的准确近似值,以便算出圆面积来。

其次,由于古典希腊数学家不愿把无理数当作数来对待,所以他们搞出了纯粹定性的几何学。亚历山大数学家则沿袭巴比伦人的做法,毫不犹豫地使用无理数,而且实际上就把数自由应用于长度、面积和体积。这项工作的高峰是三角术的发展。

更重要的一件事是亚历山大数学家唤起了算术和代数的新生,把它们发扬光大并使之成为独立的学科。如果要从几何结果或从代数的直接应用获得定量的知识,发展关于数的科学当然成为必要之事。

亚历山大数学家也积极参与力学方面的工作。他们算出了各种形体的重心;他们研究力、斜面、滑车和联动齿轮;他们往往也是发明家。他们又是当代在光学、数学、地理和天文学研究方面的主要工作者。

古典时期的数学包括算术(只是研究整数的)、几何、音乐和天文。在亚历山大时期,数学的范围扩大得无法限制。普罗克洛斯根据罗得斯的杰米努斯(Geminus,公元前1世纪)的材料,引述后者对数学的分类(可能就是杰米努斯时代的分法):算术(今日的数论)、几何、力学、天文学、光学、测地学和声学以及实用算术。据普罗克洛斯的引述,杰米努斯说:"整个数学分为两大部分,其不同之点在于,一部分是研究心智性概念的,而另一部分是研究物质性概念的。"算术和几何是心智方面的,其余部分是物质方面的。但这种分法(虽然在公元前1世纪末尚受重视)以后就慢慢没人注意了。我们大致上可以这样说,亚历山大的数学家同哲学断了交,同工程结了盟。

我们先讲他们在几何与三角方面的工作,下章要讨论算术和代数。

3. 阿基米德关于面积和体积的工作

若要拿一个人的工作成就来代表亚历山大时期的数学特性,谁也不能比阿基米德(公元前287—前212)更合适的了。这位古代最伟大的数学家是一位天文学家的儿子,生于叙拉古(Syracuse),当时西西里岛的一个希腊殖民城市。他青年时代去亚历山大受教育。虽然他以后回到叙拉古并在那里度过其余年,但他始终与亚历山大保持联系。他在希腊学术界很有名,很受同时代人的钦佩与尊崇。

阿基米德才智高超,兴趣广泛(无论是实用方面和理论方面的),并具有非凡的机械技巧。他的数学工作包括用穷竭法求面积和体积,计算π(在这过程中他算出了平方根的不足近似值和过剩近似值),并提出用语言表示过剩近似值的一种新方案。在力学方面,他算出许多平面形和立体形的重心并给出杠杆定理。论述水中浮体平衡问题的流体静力学的基础是他奠定的。他也以一个优秀的天文学者闻名于世。

他的发明创造超出当时技术水平如此之远,以至后代流传了无数关于他的传说和故事。在一般人的心目中,他的发明比他的数学还重要,虽然他和牛顿、高斯

(Carl Friedrich Gauss)并列为三个最大的数学家。他在年轻时造了一个天象仪(planetarium)，那是一个用水力推动的模仿太阳、月球和行星运动的机构。他发明一种从河上提水的水泵(阿基米德螺旋提水器)；他说明怎样用杠杆挪动重物；他给叙拉古的国王赫农(Hieron)造了一组复杂的滑车把船吊到河里。他在叙拉古遭罗马人攻击时发明军器和投石炮来防守。他利用抛物镜面的聚焦性质，把集中的阳光照到攻城的罗马船上把它们焚毁。

关于阿基米德的最有名的故事也许要算他发明测出金王冠掺假的方法。叙拉古王定做了一顶王冠，交货后他怀疑其中掺杂贱金属，就让阿基米德测定王冠所含材料，而不得把金冠弄毁。一天他在洗澡时看到他的部分身体被水浮起，就突然发现了解决这一问题的原理。他为此非常兴奋，竟然光着身子跑到街上高喊“有啦！”(Eureka!)他发现浸在水里的物体所受的浮力等于其所排出的那部分水的重量，而用这原理便可测定金冠的成分(见第 7 章第 6 节)。

虽然阿基米德的发明搞得异常巧妙和成功，但传记家普卢塔赫却说这些发明只不过是“研究几何之余供消遣的玩意”。据普卢塔赫所说，阿基米德“志气如此之高，心灵如此之幽深，科学知识如此之丰富，以至虽然他的这些发明使人们把他看得神乎其神，他却不屑把这些东西写成书流传后世，把所有直接为了使用和谋利的机械和技巧都看作是鄙贱之事，而一心追求那美妙的、不夹杂俗世需求的学问”。但是普卢塔赫在编写故事方面的声誉远远超过作为历史学家的声誉。阿基米德的的确确写过一些力学机械方面的书，我们知道他有一本书的书名叫《论浮体》(*On Floating Bodies*)，另一本叫《论平板的平衡》(*On the Equilibrium of Planes*)；其他两本《论杠杆》(*On Levers*)和《论重心》(*On Centers of Gravity*)已失传。他还写过光学方面的失传了的著作，他并非不屑于写书记载他的发明；还有一本书虽也失传但我们知道他是确实写了的，那就是《论制作球》(*On Sphere-making*)，这是讲他怎样发明一个仪器模仿日、月和五个行星绕(固定的)地球运动的。

阿基米德的死预告了整个希腊世界将要遭受的命运。在迦太基(Carthage)和罗马的第二次布匿战争(Punic war)期间，叙拉古于公元前 216 年和迦太基结盟。公元前 212 年罗马人攻入叙拉古。当阿基米德在沙地上画数学图形时，一个刚攻进城的罗马士兵向他喝问。据传说，阿基米德是那样出神地在搞他的数学以至没有听到那罗马兵的喝问，于是那个士兵就杀死了他，尽管罗马主将马塞勒斯曾有令不许杀害阿基米德。当时阿基米德 75 岁，仍是精力充沛之时。为示“补偿”，罗马人给他造了一个费工很多的陵墓，墓碑上铭刻了阿基米德的一个著名定理。

阿基米德的著作都以小册子的形式出现而不是大部头巨著。我们对这些著作的知识都来自希腊文手稿和自 13 世纪起从希腊文翻译的拉丁文手稿。有些著作现只存拉丁文译本。1543 年塔尔塔利亚(Niccolò Tartaglia)确曾把阿基米德的一些著作译成拉丁文。

阿基米德的几何著作是希腊数学的顶峰。他在他的数学推导里应用欧几里得和阿里斯塔俄斯的一些定理以及其他一些他说是显然可知的结论——即是说可以很快从已知结果推出的事实。因此他的证明是有切实根据的但不易被我们看懂,因我们不熟悉希腊几何学家的许多方法和结论。

阿基米德在他的《论球和圆柱》(*On the Sphere and Cylinder*)一书中先讲述定义和假定。第一个假定(或公理)说相同两端点间的所有(曲)线之中以直线段为最短。其他公理谈到凹曲线的长度和曲面。例如,图 5.1 中的 ADB 是假定为小于 ACB 的。阿基米德用这些公理就可把圆周长和内接、外切正多边形的周长进行比较。

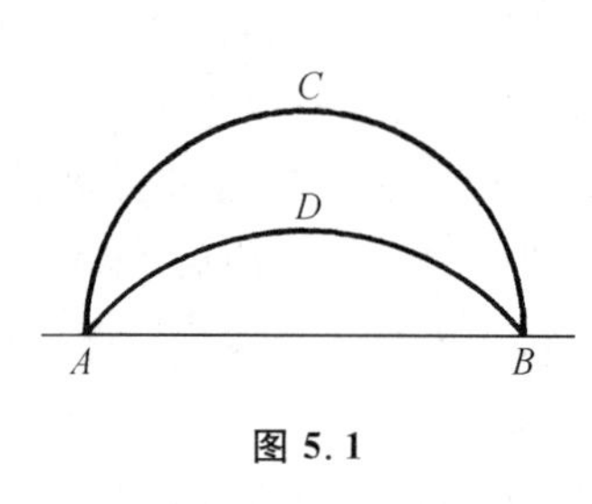

图 5.1

他在第一篇中论述几个预备性的命题后,证明了:

命题 13. 任一正圆柱(不计其上下底)的表面积等于一圆的面积,该圆半径是圆柱高与底直径的比例中项。

接着讲许多关于圆锥体积的定理。很值得指出的是

命题 33. 任一球面积等于其大圆面积的四倍。

命题 34 的推论。以球的大圆为底、以球直径为高的圆柱,其体积是球体积的 3/2,其包括上下底在内的表面积是球面积的 3/2。

这里他把球的面积和体积同外切球的圆柱的面积和体积进行比较。这就是那个根据他的遗愿铭刻在他墓碑上的著名定理。

然后他在命题 42 和 43 里证明球缺 $ALMNP$ 的表面积等于以 AL 为半径的圆的面积(图 5.2)。球缺小于或大于半球都行。

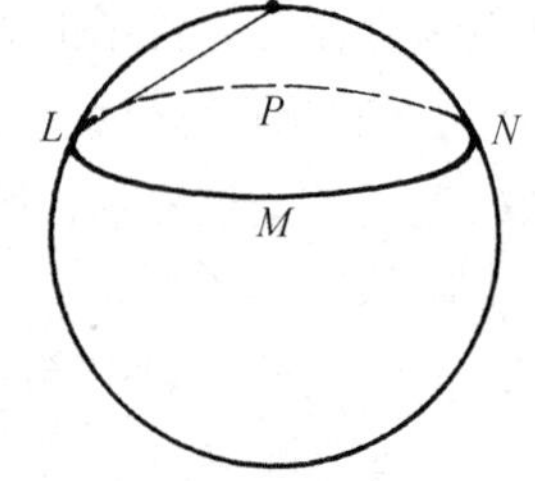

图 5.2

关于曲面形面积和体积的定理是用穷竭法证明的。阿基米德用内接和外切的直边形来"穷竭"那个面积或体积,然后也同欧几里得一样用间接证法来完成论述。

《论球和圆柱》的第二篇内容主要是关于球缺的,其中有些定理值得指出,因它们含有新的几何代数内容。例如他给出:

命题 4. 用平面割球为两段,使其体积之比等于所给之比。

这个问题从代数上讲相当于解三次方程

$$(a-x):c=b^2:x^2.$$

阿基米德通过求一抛物线与一等轴双曲线的交点,用几何方法解出这一方程。

《论劈锥曲面体与球体》(*On Conoids and Spheroids*)一书论述圆锥曲线旋转

形体的性质。阿基米德所说的直角劈锥曲面体是指一旋转抛物面。(在阿基米德之时仍把抛物线看作是直角圆锥的截面。)钝角劈锥曲面体是指旋转双曲面的一支。阿基米德的所谓球体是我们今天所说的椭球(扁球体或橄榄球体),也就是椭圆旋转体。这书的主要目的是求这三种形体为平面所割一部分的体积。书中还含有阿基米德在圆锥曲线方面的研究(在讨论阿波罗尼斯著作时已提及)。正如在他所写的别的书中一样,他假定了一些他认为易于证明或可用他过去所讲方法证明的定理。许多证明是用穷竭法的。其内容可举下列几个命题为例:

命题5. 若AA'和BB'分别是一椭圆的长、短轴,d是任一圆的半径,则椭圆与圆的面积之比等于$AA' \cdot BB'$与d^2之比。

这定理说:若$2a$是长轴,$2b$是短轴,而S和S'是椭圆和圆的面积,则$S/S' = 4ab/d^2$。由于$S' = (\pi/4)d^2$,故$S = \pi ab$。

命题7. 给定中心为C的一椭圆,以及垂直于椭圆所在平面的一根直线CO,可作一以O为顶点的圆锥,使所给椭圆为其一截面。

阿基米德显然知道从同一圆锥至少可得出几种圆锥曲线中的某些种。这是阿波罗尼斯用过的事实。

命题11. 若一旋转抛物体为一通过轴或平行于轴的平面所截,则截面为原来生成那旋转体的抛物线所围平面……若以垂直于轴的平面截,则截面是中心在轴上的圆。

对旋转双曲体和(椭)球体也有类似的结果。

这书的主要结果还有:

命题21. 旋转抛物体任一截段的体积是同底同轴圆锥或锥台体积的两倍(原文是"一半"。——译者)。

底是决定截段的那个平面从旋转抛物体所截得的平面图形(椭圆或圆)的面积(图5.3)。抛物线BAC及底面上的BC是由过旋转轴且垂直于原截面的那个平面截出的。EF是抛物线上平行于BC的一根切线,A是切点。过A作平行于旋转轴的直线AD,这是截段的轴。可以证明D是CB的中点。又,若底是椭圆,则CB是长轴;若底是圆,则CB是其直径。圆锥与截段有相同的底,其顶点为A,其轴为AD。

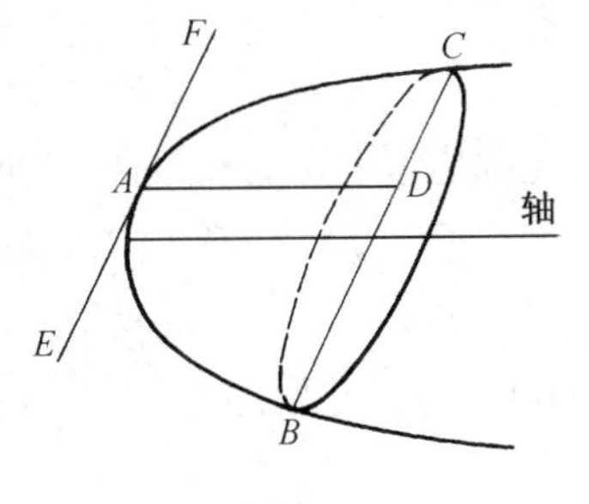

图 5.3

命题24. 若以任意两平面从旋转抛物体截出两段,这两截段(体积)之比等于其轴的平方之比。

为举例说明这定理,设两平面是垂直于旋转抛物体之轴的(图5.4),则此两体积之比等于AN^2比AN'^2。对旋转双曲体和椭球体也有类似定理。

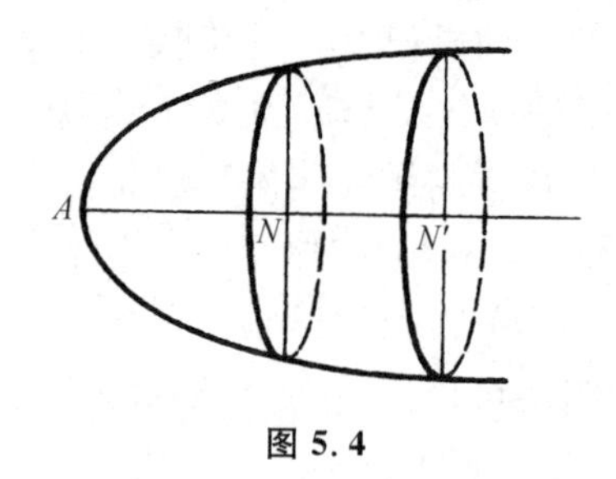

图 5.4

阿基米德有一些思想新颖的著作,其中之一是题为《方法》(*The Method*)的短篇论文,在那里他指出怎样用力学的思想得出正确的数学定理。这作品是直到 1906 年这样晚近的年代才在君士坦丁堡的一个图书馆里发现的。手稿是 10 世纪抄写的羊皮纸本,包括早从其他来源业已知悉的阿基米德的其他作品。

阿基米德以求抛物线弓形 CBA 的面积为例,来说明他发现数学定理的方法(图 5.5)。在这个基本上属于物理性质的推理过程中,他利用了在别处得到的关于重心的一些定理。

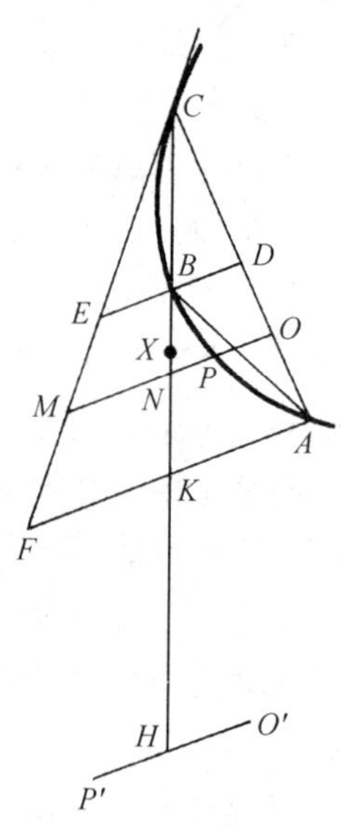

图 5.5

ABC 是直线 AC 和弧 ABC 所围的任一弓形。设 CE 是抛物线在 C 处的切线;D 是 CA 的中点;又设 DBE 是通过 D 的一直径(平行于抛物线轴的直线)。于是阿基米德提出欧几里得《二次曲线》中的结果

$$EB = BD, \tag{1}$$

但欧几里得对这一事实的证明于今未知。现作 AF 平行于 ED,并设 CB 交 AF 于 K。于是根据(1)和相似三角形的关系,可证 $FK = KA$。把 CK 延长到 H,使 $CK = KH$。其次,令 $MNPO$ 是抛物线的任一直径。于是根据(1)及相似三角形之理得 $MN = NO$。

现在阿基米德把弓形和三角形 CFA 的面积一起进行比较。他把弓形面积看作是由 PO 这种线段积成的,把三角形面积看作是由 MO 这种线段积成的。然后他证明

$$HK \cdot OP = KN \cdot MO.$$

上式从物理上讲的意思是:若把 KH 和 KN 看作杠杆的两臂,其中 K 是支点,则若把 OP 看作是放在 H 处的重物,它就会与放在 N 处的重物 MO 相平衡。因此,把所有像 PO 这样的线段放在 H 处,将与所有像 MO 这样的线段各自(把质量)集中于其中点(该线段的重心)后放在 H 处的重量相平衡。但把所有线段 MO(的质量)集中于其重心处"相当"于把三角形 CAF(的质量)集中于其重心处。阿基米德在其《论平板的平衡》一书中证明这重心是 CK 上的点 X,这里有 $KX = (1/3)CK$。根据杠杆定律,KX · 三角形 CFA 的面积 = HK · 抛物线弓形的面积,或即

$$\frac{\triangle CFA}{\text{弓形}\,CBA} = \frac{HK}{KX} = \frac{3}{1}. \tag{2}$$

阿基米德还想找出弓形和三角形 ABC 的面积关系。他指出这三角形(的面积)是三角形 CKA 的一半，这是因为两者有公共的底边 CA，而前者的高很易于证明是后者高的一半。而三角形 CKA(的面积)又是三角形 CFA(的面积)的一半(因为 KA 是 FA 的一半)。因此三角形 ABC 是三角形 CFA 的四分之一，于是根据(2)他就得出弓形 ABC 与三角形 ABC 的面积之比是 $4:3$。

在这种力学方法里，阿基米德把抛物线弓形和三角形 CFA 的面积看成是无穷多线段之和。他说这种方法是用于发现定理的方法而不是严格的几何证明。他在这篇论著中用这方法发现关于球段(或球缺)、圆柱段、椭球段和旋转抛物段的一些定理，以说明这种方法是多么用之有效。

阿基米德在他的《抛物线的求积》(*Quadrature of the Parabola*)一书中给出求抛物线弓形面积的两种方法。第一种方法同刚才讲过的力学方法类似，即仍用杠杆原理论述面积之间的平衡，但面积的选取法不同。他的结论当然同上面的(2)一样。这是在命题16中给出的。阿基米德得知这一结果后就想证明它，并着手依靠一系列定理(命题18～24)作出严格的数学证明。

第一步是证明抛物线弓形可为一系列三角形所"穷竭"。设 QPq[图5.6(a)]是抛物线弓形，并设 PV 是直径，它平分弓形中所有平行于底边 Qq 的弦，因而 V 是 Qq 的中点。从直观上显然可以看出并在命题18中证明：P 处的切线平行于 Qq。其次作 QR 及 qS 平行于 PV。于是三角形 QPq 是平行四边形 $QRSq$ 的一半，所以三角形 QPq 大于抛物线弓形的一半。

作为这定理的一个推论，阿基米德证明抛物线弓形可用一个多边形任意接近，因若在 PQ 所割出的弓形里(其中 P_1V_1 是该弓形的直径)作一三角形后，可用简单的几何(命题21)证明：三角形 PP_1Q 的面积 $=(1/8)$ 三角形 PQq 的面积[图5.6(b)]。因此三角形 PP_1Q 和作在 Pq 上的三角形 $PP_1'q$(它也有三角形 PP_1Q 那样的性质)合在一起是三角形 PQq 的 $1/4$；而且根据上一段的结果，这两个较小的三角形填满

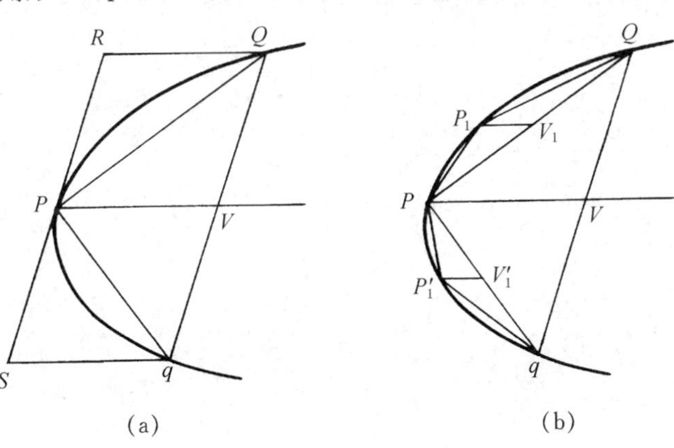

图5.6

所在的抛物线弓形的一半以上。在新弦 QP_1, P_1P, PP_1'和 $P_1'q$ 上作三角形的过程可以继续下去。这部分证明同相应的欧几里得关于两圆面积定理部分的证明完全类似。

因此我们就有了足够的条件,可以应用欧几里得《原本》第十篇的命题 1。就是说,现在可以说抛物线弓形可用这样的多边形面积来逼近,它是在原来的三角形 PQq 上加添一系列三角形而得出的,即可用面积

$$\triangle PQq+(1/4)\triangle PQq+(1/16)\triangle PQq+\cdots \tag{3}$$

中取有限项来逼近;换言之,弓形面积与(3)中取有限项之和的差可以弄得比任何预先指定的量小。

然后阿基米德用间接证法来完成穷竭法所作的证明。他先证明,对于公比为 1/4 的几何数列的头 n 项有

$$A_1+A_2+\cdots+A_n+(1/3)A_n=(4/3)A_1. \tag{4}$$

这可用多种方式立即证明;我们可以用几何级数头 n 项之和的公式来作。在应用(4)时,A_1 就是三角形 PQq。

然后阿基米德证明抛物线弓形的面积 A 不能大于或等于$(4/3)A_1$。他的证明无非就是:若面积 A 大于$(4/3)A_1$,那他可以取一组(有限个)三角形,使其和与弓形面积之差小于任一给定的量,因此可使和 S 大于$(4/3)A_1$,即

$$A>S>(4/3)A_1.$$

但据(4),若 S 有 m 项(比方说),则

$$S+(1/3)A_m=(4/3)A_1,$$

或

$$S<(4/3)A_1.$$

于是就得出一个矛盾。

同样,若设抛物线弓形面积 A 小于$(4/3)A_1$,则 $(4/3)A_1-A$ 是一确定的数。由于阿基米德所作的三角形是愈来愈小的,所以他可得出这样一系列内接三角形,使

$$(4/3)A_1-A>A_m. \tag{5}$$

这里 A_m 是序列中的第 m 项,它在几何上代表 2^{m-1} 个三角形之和。但因据(4)有

$$A_1+A_2+\cdots+A_m+\frac{1}{3}A_m=\frac{4}{3}A_1, \tag{6}$$

于是

$$\frac{4}{3}A_1-(A_1+A_2+\cdots+A_m)=\frac{1}{3}A_m,$$

或

$$\frac{4}{3}A_1-(A_1+A_2+\cdots+A_m)<A_m. \tag{7}$$

于是从(5)及(7)得

(8) $$A_1 + A_2 + \cdots + A_m > A.$$

但内接三角形之和总小于弓形面积。因此(8)是不可能的。

当然,阿基米德实际上求出了无穷几何级数的和,因当(4)中的 n 变为无穷时 A_n 趋于0,于是无穷级数之和为 $4A_1/3$。

阿基米德用力学方法和数学方法求抛物线弓形面积的著作说明他对物理论证和数学论证分得何等清楚。他的严格性比牛顿和莱布尼茨著作中的高明得多。

阿基米德在他的著作《论螺线》(*On Spirals*)中是按下述方式来定义螺线的。设有一直线(射线)保持在一平面内绕其一端匀速转动,而同时从固定端起有一点沿该直线匀速移动;这时动点就会描出一螺线。用我们的极坐标,这螺线的方程是 $\rho = a\theta$。图5.7所画的那个曲线,θ 是以顺时针方向作为正方向的。著作中最深刻的结果是

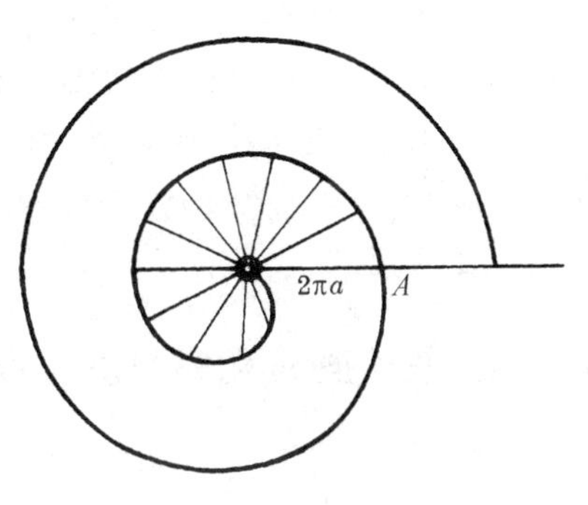

图 5.7

命题24. 螺线第一圈与初始线所围的面积[图中有阴影线部分的面积]等于第一个圆的三分之一。

第一个圆是半径为 OA 的圆,这半径等于 $2\pi a$,因此阴影线部分的面积是 $\pi(2\pi a)^2/3$。

证明是用穷竭法作出的。在为这作准备的前几个定理中,他把螺线的一段弧 $BPQRC$(图5.8)和两根径矢 OB 及 OC 所围的面积夹在两组扇形中。如 Bp', Pq', Qr', …是以 O 为心的圆弧,同样 Pb, Qp, Rq, …也是圆弧。内接的一组扇形是 OBp', OPq', OQr', …而外接的一组扇形是 OPb, OQp, ORq, …于是这里就用扇形代替穷竭法中作为近似形的内接和外切多边形。(我们在微积分里确定极坐标图形的面积时也用这种近似图形。)这种穷竭法的新颖之处是阿基米德选取了愈来愈小的扇形,使螺线弧下面的面积与有限个"内接"扇形之和(还有有限个"外接"扇形之和)的差比任意给定的量还要小。这样来穷竭所求面积的方法,同靠增添愈来愈多的直边形来"穷竭"的方法是不一样的。不过在最后的一部分证明里,阿基米德也像他在证抛物线面积时一样,和欧几里得在用穷竭法的证明里一样,采用间接证法。这里没有明确的极限步骤。

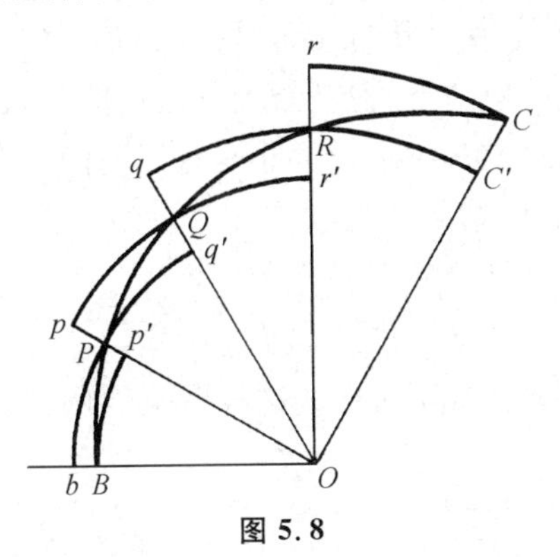

图 5.8

阿基米德也给出径矢绕 O 转完两圈后螺线弧所围的面积;此外还有面积方面的有关结果。附带指出,后代数学家曾用螺线来三等分(而实际上也是任意等分)一个角。

阅读阿基米德的几何著作后,立即可以看出他所关心的是要得出关于面积和体积的有用结果。他在这方面的工作以及一般数学工作,从所得结论说没有什么了不起,其方法和对象也没有什么特别新颖之处,不过他处理了很难的而且是前人所没有处理过的问题。他常说他是读了前人著作后得到启发想起处理这些问题的。例如,欧多克索斯关于棱锥、圆锥和圆柱的著作(欧几里得《原本》中所载)启发阿基米德研究球和圆柱、化圆为方的问题启发他研究抛物线弓形的求积问题。但阿基米德在流体静力学方面的工作完全是独创的;他在力学方面工作的新颖之处是他给出了数学证明(第 7 章第 6 节)。他的文字是优美、有条理、周密和有针对性的。

4. 赫伦关于面积和体积的工作

赫伦生活在公元前 100 年到公元 100 年之间的某段时期,此人不仅从数学史的角度看非常值得注意,而且也可显出亚历山大时期的数学特色。普罗克洛斯称赫伦为 *mechanicus*,这 mechanicus 的意思可能相当于今天的机械工程师,并把他和他的老师发明家克泰西比乌斯(Ctesibius)放在一起讨论。赫伦又是个优秀的测绘人员。

赫伦工作的突出之点是他把严密的数学同埃及人的近似方法和公式融合在一起。一方面他写过欧几里得著作的一本评注,采用阿基米德(他确乎常常提到他)的准确结果,并在他自己的创作中证明欧几里得几何的一些新定理。另一方面他关心应用几何与力学,毫无顾虑地给出各种各样近似结果。他大胆使用埃及人的公式而且他的许多几何在性质上也有埃及人的风格。

在他的《量度》(*Metrica*)与《几何》(*Geometrica*)(后者我们只是通过别人根据他著作而写的一本书获知的)中,赫伦给出了求许多图形的平面面积、曲面面积和体积的定理。这些书里的定理并不是新的。关于曲边形,他利用阿基米德的结果。此外他还写了《测地术》(*Geodesy*)和《体积求法》(*Stereometry*),也是论述前两书中那些内容的。在所有这些著作中,他主要关心数值结果。

在他讲测地术的《经纬仪》(*Dioptra*)一书中,赫伦指出怎样求一点到一不可到达点的距离以及可望而不可及的两点间的距离。他又指出怎样从一给定点向一不可达直线作垂线,以及怎样无需进入一块土地而求出其面积。这种做法的例子是三角形的面积公式

$$\sqrt{s(s-a)(s-b)(s-c)},$$

这里 a, b, c 是三边,s 是周边的一半。这公式人们归功于他,但实际是属于阿基米德的。公式出现在他的《测地术》中并在《经纬仪》和《量度》两书中有一个证明。在《经纬仪》一书中他指出怎样同时从山的两头开挖直的隧道。

虽然赫伦的许多公式是证明了的,但也有许多是未加证明的,而且也有许多近似公式。例如他在给出上述准确的三角形面积公式的同时又给出一个不准确的公式。赫伦之所以用许多埃及人的公式,原因之一是准确公式里有平方根和立方根,而测绘人员不能作这些运算。事实上,纯几何同测地术或测量术是有区别的。面积和体积的算法属于测地术,而测地术并不是普通高等教育的一部分。它是教给测绘人员、泥瓦匠、木匠和其他工匠的。赫伦继承和丰富了埃及人的测地科学这一点是毋庸置疑的;他关于测地术的著作几百年间一直被人们使用。

赫伦把他的许多定理与法则用于设计戏院、宴会厅和浴堂。他在应用方面的著述有《机械学》(*Mechanics*),《投石炮》(*The Construction of Catapults*),《度量》(*Measurements*),《枪炮设计》(*The Design of Guns*),《压缩空气的理论和应用》(*Pneumatica*)以及《制造自动机的技术》(*On the Art of Construction of Automata*)。他作出了水钟、测量仪器、自动机、起重机和作战武器的设计。

5. 一些特殊曲线

古典希腊数学家虽也引进并研究过一些不常见的曲线如割圆曲线,但几何上只许研究用尺规所能作的图形这一禁令把那些曲线打入冷宫。亚历山大时代的人则比较能够冲破这种限制,所以阿基米德可以毫无顾虑地引入螺线。在这一时期里还引入了一些别的曲线。

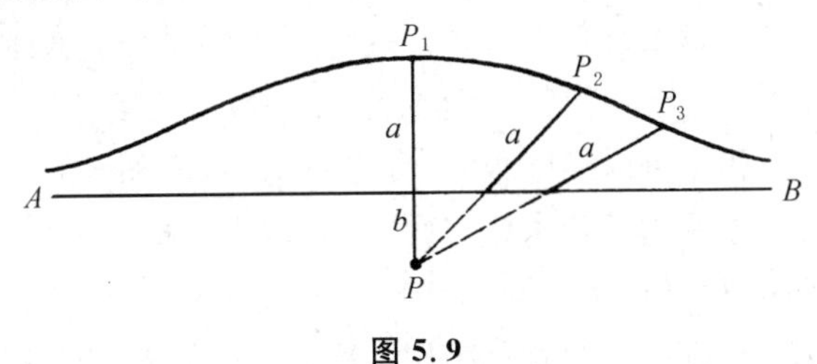

图 5.9

尼科梅德斯(公元前约 200 年)以他所定义的蚌线出名。他先取一点 P 及一直线 AB(图 5.9)。然后选定一长度 a,并在从 P 出发穿过 AB 的所有射线上,从交点起往前截取长度 a。这样定出的端点便是蚌线上的点。例如图中的 P_1, P_2 及 P_3,便是蚌线上的点。

若 b 是从 P 到 AB 的垂直距离,且若射线上从其与 AB 交点处量取的长度 a 是朝向 P 侧的,则依 $a > b$, $a = b$,及 $a < b$ 三种情形而得其他三种曲线。因此蚌

线共有四种,都是尼科梅德斯所定义的。这曲线的极坐标方程是 $r=a+b\sec\theta$。尼科梅德斯利用这曲线来三等分角和作出倍立方体①。

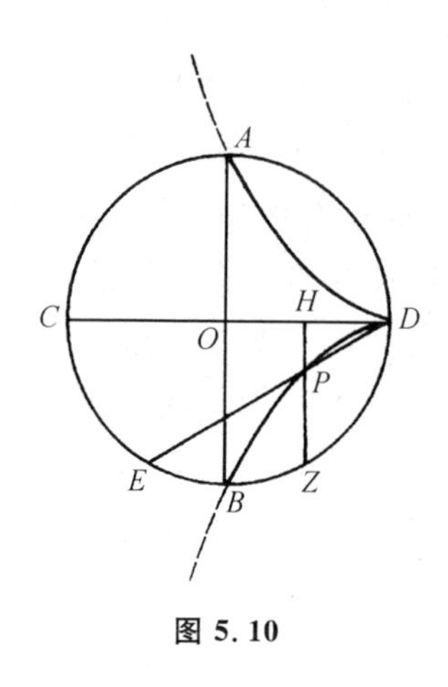

图 5.10

据说尼科梅德斯发明了绘蚌线的仪器。仪器本身的性质远不如当时的数学家热衷于制作仪器一事重要。尼科梅德斯蚌线和直线及圆是最早能用仪器绘出的曲线,也是最早比较为人们所熟知的。

狄奥克莱斯(Diocles,公元前 2 世纪末)在其《论点火玻璃》(*On Burning - glasses*)一书中引用所谓蔓叶线解决了倍立方问题。这曲线的定义如下:设 AB 及 CD 是圆的互相垂直的直径(图 5.10),EB 及 BZ 是相等的弧段。作 ZH 垂直于 CD,再作 ED。ZH 与 ED 的交点便给出蔓叶线上一点 P。狄奥克莱斯把 BC 弧上所有的 E 及 BD 弧上所有的 Z(弧 BE = 弧 BZ)所定出的一切点 P 的轨迹叫做蔓叶线。我们可以证明

$$CH:HZ=HZ:HD=HD:HP.$$

所以 HZ 和 HD 是 CH 和 HP 之间的两个比例中项。这就解决了倍立方问题。若取 O 为原点,a 为半径,OD 及 OA 为坐标轴,则蔓叶线的直角坐标方程是 $y^2(a+x)=(a-x)^3$。这方程所表示的曲线包括图中曲线的弯折部分,而这一部分是狄奥克莱斯所未曾考虑的。

6. 三角术的创立

亚历山大时期希腊定量几何学中一门完全新的学科是三角术,这是希帕恰斯、梅内劳斯和托勒玫所创立的。这学科是由于人们想建立定量的天文学,以便用来预报天体的运行路线和位置以帮助报时、计算日历、航海和研究地理而产生的。

亚历山大时期希腊人的三角术是球面三角,但也包括了平面三角的基本内容。球面三角需要先懂球面几何,例如大圆和球面三角形的许多知识是他们早就知道的;这是在毕达哥拉斯派晚期用数学来研究天文学后就有人研究了的。欧几里得的《现象》一书(它本身是根据前人著作写的)就含有一些球面几何。它的许多定理是用来探究恒星的表观运动的。特奥多修斯(Theodosius,公元前约 20 年)在他的《球面学》(*Sphaericae*)中搜集了当时的球面几何知识,但这著作不讲定量知识,所以不能用来处理希腊天文学的基本问题——夜间根据恒星位置来测定时间。

---

① 三等分角法在希思的《欧几里得原本十三篇》一书中给出。1956 年 Dover(重印)版,卷 1,266 页。

三角术的奠基人是希帕恰斯,他生活于罗得斯和亚历山大,死于公元前125年左右。我们对他所知颇少,而且大部分材料来自托勒玫,他把三角术和天文学中的一些概念归功于希帕恰斯。他留给我们天文上的许多观测资料和发现,古代最有影响的天文学说(第7章第4节)以及地理学方面的著作。现存的希帕恰斯的著作只有他的《对欧多克索斯和亚拉图斯(Aratus)所著〈现象〉一书的评注》(*Commentary on the Phaenomena of Eudoxus and Aratus*)。我们确能看到的是罗得斯的杰米努斯写的一本天文入门书,其中有一些地方叙述希帕恰斯研究太阳的工作。

按照托勒玫的说法和用法,希帕恰斯是这样论述三角术的:他照着亚历山大的许普西克尔斯(公元前约150年)在其《论恒星的升起》(*On the Risings of the Stars*)一书中和公元前最后几个世纪的巴比伦人所做的那样,把圆周分为$360°$,把它的一直径分为120等份。圆周和直径的每一分度再分成60份,每一小份再继续照巴比伦人的60进制往下分成60等份。于是对于有一定度数的给定的弧AB,希帕恰斯(在其一本论述圆的弦的书中,现已失传)给出了相应弦的长度数。关于他究竟是怎样算出这些来的,我们要在讨论托勒玫的著作时讲到(那里讲述了他们两人的思想和成果)。

给定度数的弧所对应的弦的长度数目相当于今日的正弦函数。若弧AB的圆心角是2α(图5.11),则按我们的说法有$\sin\alpha = AC/OA$,希帕恰斯给出的则不是$\sin\alpha$而是当OA分成60份时$2\cdot AC$所含的长度数。例如,若2α的弦含40份,则照我们的说法有$\sin\alpha = 20/60$,或更为一般的形式

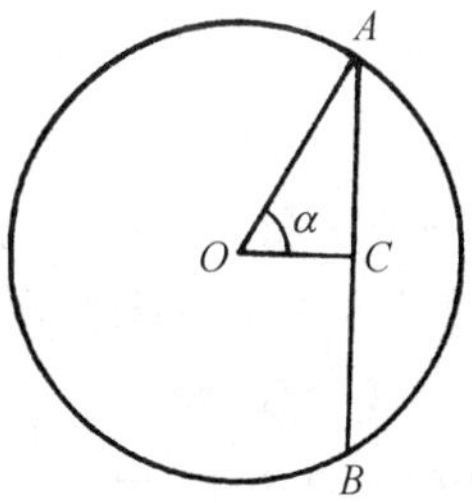

$$(9)\quad \sin\alpha = \frac{1}{60}\cdot\frac{1}{2}(2\alpha\text{ 所对弦}) = \frac{1}{120}(2\alpha\text{ 所对弦}).$$

A O α C B

图5.11

希腊三角术在梅内劳斯(约98年)时到达顶点。他的主要著作是《球面学》(*Sphaerica*),但显然也写了含六篇的《圆上的弦》(*Chords in a Circle*)和关于黄道带弧的下沉(或升起)的著作。阿拉伯人还把别的一些著作归之于他。

现尚存阿拉伯译本的《球面学》,此书分为三篇。第一篇是研究球面三角的,其中有球面三角形的概念,即是球面上由小于半圆的三个大圆弧所构成的图形。书的目的是对球面三角形证明那些相当于欧几里得对平面三角形所证的定理。如,球面三角形两边之和大于第三边,球面三角形内角之和大于两直角,球面三角形的等边对等角。梅内劳斯然后证明平面三角形里所不能类比的一个定理:若两球面三角形的三个角彼此对应相等,则此两球面三角形全等。他还列出别的全等形定理和等腰三角形定理。

梅内劳斯的《球面学》的第二篇主要讲天文学,只是间接地涉及球面几何。第三篇含有一些球面三角的内容,并把它建立在该篇第一个定理的基础上。在那个定理里他假定有一个球面三角形 ABC(图 5.12),以及与三角形的边相交的任一大圆弧(必要时得延长)。为陈述这定理,我们用现代的正弦记号,但在梅内劳斯的书里,AB 这样一个弧的正弦(或球心处相应圆心角的正弦)却用 AB 弧的双倍弦来替代。因此梅内劳斯的定理用我们的正弦来写就是

$$\sin P_1A\cdot\sin P_2B\cdot\sin P_3C=\sin P_1C\cdot\sin P_2A\cdot\sin P_3B.$$

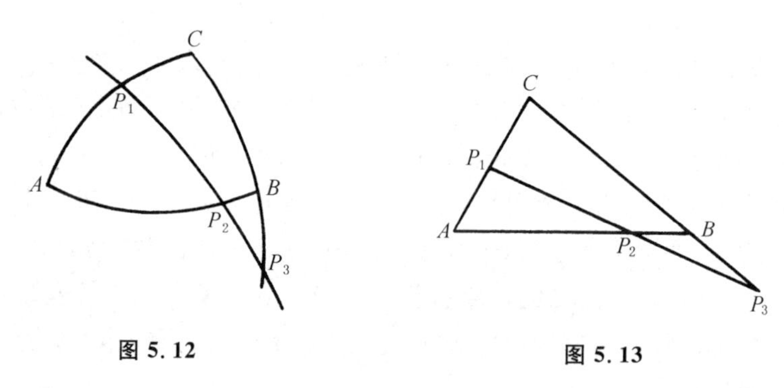

图 5.12　　　　图 5.13

这定理的证明要依据平面三角形的相应定理(现仍叫梅内劳斯定理)。对于平面三角形,定理是(图 5.13)

$$P_1A\cdot P_2B\cdot P_3C=P_1C\cdot P_2A\cdot P_3B.$$

梅内劳斯没有证明关于平面三角形的这个定理。我们可以认为这证明他早已知道,或已在他先前的著作中证明过。

第三篇的第二个定理(若记三角形 ABC 的角 A 所对弧为 a)可表述为:若 ABC 及 $A'B'C'$为两球面三角形,且若 $A=A'$, $C=C'$ (或 C 与 C'互补),则

$$\frac{\sin c}{\sin a}=\frac{\sin c'}{\sin a'}.$$

第三篇的定理 5 里利用了弧的一个性质,它被认为是梅内劳斯时代已经知道的。这性质是:若有四个大圆弧从一点 O(图 5.14)发出,而 $ABCD$ 与 $A'B'C'D'$是与四者相交的大圆弧,则有

$$\frac{\sin AD}{\sin DC}\cdot\frac{\sin BC}{\sin AB}=\frac{\sin A'D'}{\sin D'C'}\cdot\frac{\sin B'C'}{\sin A'B'}.$$

以后我们可以看到,在帕普斯著作中的非调和比(或交比)概念里以及在后人射影几何的著作里重新出现了相应于上式左边或右边的表达式。球面三角里还有其他许多定理是属于梅内劳斯的。

希腊三角术的发展及其在天文上的应用在埃及人托勒玫(Claudius Ptolemy,死于 168 年)的著作里达到了顶点。托勒玫至少是属于这一姓的数学家族中的人,

虽然他并非属于这一姓的王族。托勒玫生活在亚历山大，并在艺术宫里工作。

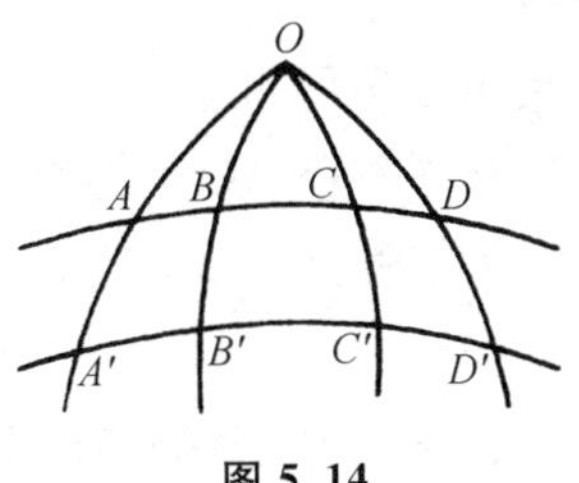

图 5.14

托勒玫在他的《数学汇编》[*Syntaxis Mathematica* 或 *Mathematical Collection*，这著作阿拉伯人称之为《大汇编》(*Megale Syntaxis*，*Megiste*，最后称为 *Almagest*)]中继承了希帕恰斯和梅内劳斯在三角和天文方面的工作。《大汇编》的十三篇中天文和三角是混在一起的，虽然第一篇主要讲球面三角而其他各篇主要讲天文。关于这点我们将在第7章中加以讨论。

托勒玫的《大汇编》里全部是数学性质的内容，只是在驳斥阿利斯塔克(Aristarchus)所提出的太阳中心说时他应用了亚里士多德的物理学。他说，只有以虚心求知的态度获得的数学知识才能给人以可靠的知识，因此他要尽其力之所能来培育这门理论学科。托勒玫又说他想把他的天文学建立在"不容置辩的算术和几何方法"的基础之上。

托勒玫在第一篇第9章里一开头就计算圆弧的一些弦的长，从而充实了希帕恰斯和梅内劳斯的工作。如前所说，圆周是被分为360份或360个单位的(他没有用"度"这个字)，直径是被分为120份的。然后他提出：给定一弧为360份中的若干份，求相应弦之长(用直径所含120份中的份数表示)。

他先计算36°弧和72°弧的对应弦。在图5.15中，ADC 是以 D 为中心的圆的直径，BD 垂直于 ADC。E 是 DC 的中点，并取 F 使 $EF = BE$。托勒玫用几何方法证明 FD 等于圆内接正十边形的一边，BF 等于圆内接正五边形的一边。但 ED 含30份，BD 含60份。由于 $EB^2 = ED^2 + BD^2$，$EB^2 = 4\,500$，于是 $EB = 67\,4'55''$(这表示 $67 + 4/60 + 55/60^2$ 份)。现因 $EF = EB$，于是他就得到 EF。于是 $FD = EF - DE = 67\,4'55'' - 30 = 37\,4'55''$。由于 FD 等于正十边形的一边，它是36°弧的对应弦。因此他得出这个弧的弦长。但从 FD 及直角三角形 FDB 可算出 BF，得 $70\,32'3''$。但 BF 是正五边形的一边。所以它是72°弧的弦。

由于正六边形的边长等于半径，所以他立即得出60°弧的弦长是60份。又因

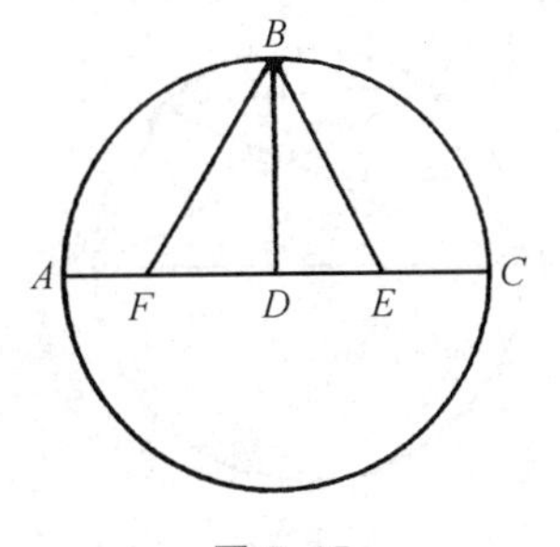

图 5.15

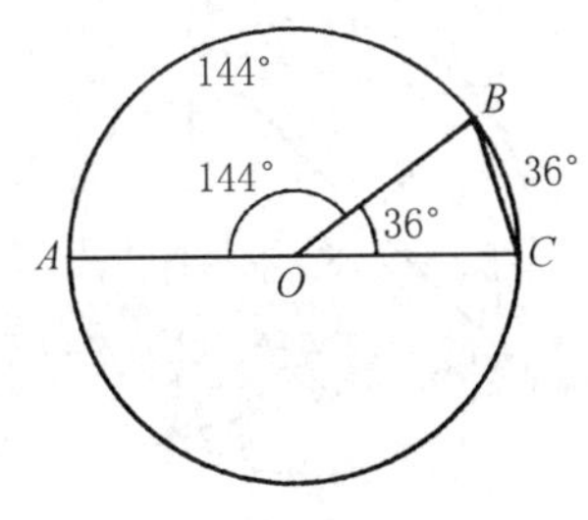

图 5.16

内接正方形的边可用半径算出,他就得到 90°弧的弦长,它等于 84 51′10″。其次,因内接正三角形的边也可从半径算出,故得 120°弧的弦为 103 55′23″。

利用直径 AC 上的直角三角形 ABC(图 5.16),则若知 BC 弧的弦,便能立即得出其相补弧 AB 的弦。例如,因托勒玫已知 36°弧的弦,他便得 144°弧的弦为 114 7′37″。

当 A 为任一锐角时,上面得出的关系就相当于 $\sin^2 A+\cos^2 A=1$。这可从以下所讲的方式看出来。托勒玫证明若 S 是小于 180°的任一弧,则

$$(S\text{ 的弦})^2+(180-S\text{ 的弦})^2=(120)^2.$$

但根据(9)有

$$(S\text{ 的弦})^2=(120)^2\sin^2\frac{S}{2}.$$

因此

$$(120)^2\sin^2\frac{S}{2}+(120)^2\sin^2\left(\frac{180-S}{2}\right)=120^2,$$

或即

$$\sin^2\frac{S}{2}+\sin^2\left(90-\frac{S}{2}\right)=1;$$

也就是

$$\sin^2\frac{S}{2}+\cos^2\frac{S}{2}=1.$$

接着托勒玫证明一引理(现叫托勒玫定理)。给定圆的任一内接四边形(图 5.17),他证明 $AC\cdot BD=AB\cdot DC+AD\cdot BC$。证明是直截了当的。他取 AD 为一直径时的那种特殊四边形 $ABCD$(图 5.18)。设已知 AB 及 AC,托勒玫然后指出怎样求 BC。BD 是 AB 弧补弧的弦,CD 是 AC 弧补弧的弦。现在应用引理,则可看出六个长度中的五个为已知,故这里的第六个长度 BC 可以算出。但 BC 弧 $=$ AC 弧 $-$ AB 弧。故若两弧的弦为已知,便可算出两弧之差的弦。用现代术语来表达,这就是说,若已知 $\sin A$ 及 $\sin B$,就可算出 $\sin(A-B)$。托勒玫指出,由于他已知 72°弧的弦和 60°弧的弦,所以他能算出 12°弧的弦。

其次,指出怎样从圆的任一给定弦,求出相应半弧的所对弦。用现代术语,这

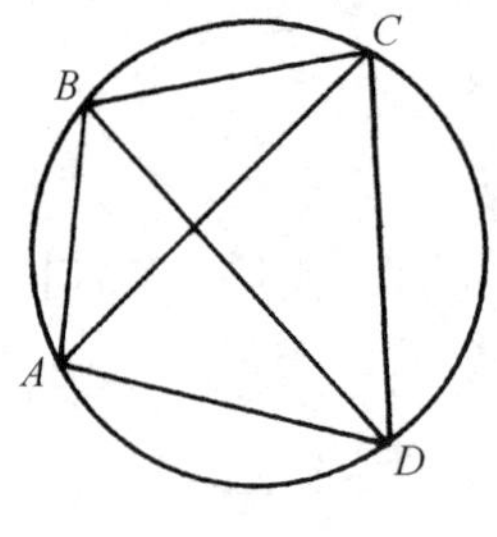

图 5.17

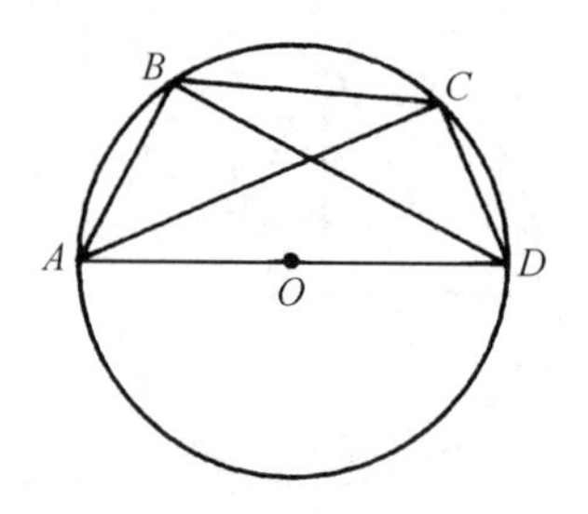

图 5.18

就是从 $\sin A$ 求 $\sin \frac{A}{2}$。托勒玫指出这结果是很有用的,因我们可从弦为已知的任一弧出发,不断取其半而求出其相应弦。他又指出若已知 AB 弧的弦和 BC 弧的弦,则可得 AC 弧的弦。用现代术语讲,这结果就是 $\sin(A+B)$ 的公式。作为特例,他指出相当于现代术语所表达的从 $\sin A$ 求 $\sin 2A$ 的结果。

由于托勒玫能从 12°的弦平分数次得出(3/4)°弦,故他能给任一已知弦所对的弧加上或减去(3/4)°弧;并且能用上述定理来算这样的两段弧之和或差所对应的弦。这样他就能算每两个相差(3/4)°的所有的弧。但他还想得出每步相差为(1/2)°的弧所对应的弦。这里他聪明地想起用不等式来作推理。他得出(1/2)°的弦的近似结果是 0 31′25″。

于是他能把 0°到 180°间所有相差为(1/2)°的弧所对应的弦都算出并列成表。这是第一个三角函数表。

然后托勒玫着手(在第一篇第 11 章里)解决需要求出球面大圆上一些弧的天文问题。这些弧是球面三角形的边,其中有些边是通过观测或先前的计算已经得出的。为定出这些弧,托勒玫证明了球面三角定理中的一些关系式,其中有些是梅内劳斯在其《球面学》的第三篇里已经证明了的。于是他证明(用我们的记号)在 C 为直角的球面三角形里(图 5.19),记 a 为角 A 的对边,有

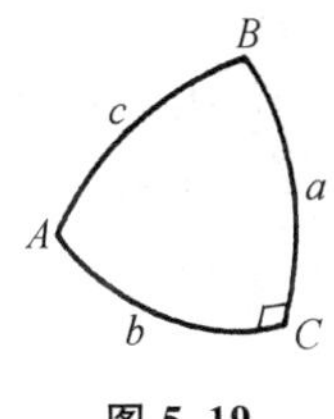

图 5.19

$$\sin a = \sin c \sin A,$$
$$\tan a = \sin b \tan A,$$
$$\cos c = \cos a \cos b,$$
$$\tan b = \tan c \cos A.$$

当然,我们这里的各种三角函数在托勒玫的书里都是弧的相应弦。计算斜球面三角形时,他把它分成有直角的球面三角形。书里没有系统讲解球面三角;他只是证明了为解特定天文问题所需用的那些定理。

《大汇编》里把三角术定了型,并于此后一千多年保持不变。我们常说他的三角术是球面三角,实际在评价托勒玫的材料时球面三角和平面三角之分是没有多大意义的。托勒玫研究的肯定是球面三角形,但他算出弧的弦时实际就奠定了平面三角的理论基础。因若已经知道从 0°到 90°的 A 所对应的 $\sin A$(实际上还有 $\cos A$),那就能够解平面三角形了。

应该指出,三角术是为天文学上的应用而产生的;又因球面三角对此更有用,所以球面三角是先研究出来的。平面三角用于间接测量和测绘工作,对于希腊数学是无缘的。这看来可能有些奇怪,但从历史上来看是不难理解的,因为天文是希

腊数学所主要关心的事。测绘工作到了亚历山大时期诚然变得重要起来;像赫伦这样有志于搞测绘工作的数学家本来是能够发展平面三角的,但他觉得用欧几里得几何已经蛮可以了。至于那些未受教育的测绘人员则对于产生所需的三角术这项工作是无能为力的。

7. 亚历山大后期的几何工作

大约从公元1世纪初起,亚历山大的数学工作特别是几何工作开始衰落。我们将在第8章里探讨这衰落的原因。我们所知道的关于公元1世纪初的几何工作是由一些较大的评注家——帕普斯、亚历山大的泰奥恩(公元4世纪末)和普罗克洛斯传下来的。

总的说来,这时期内很少发现新的定理。当时的几何学者似乎忙于研究和阐释前代大数学家的著作。他们增补前人著作里的一些证明,这些证明或是因为原作者认为太容易可由读者自证,或是因为在其他失传的论文里证过而付阙如。附带说明,按照当时的老说法,这些证明都称作引理。

泰奥恩和帕普斯两人都提到芝诺多罗斯(Zenodorus)的工作。此人生活在公元前200年到公元100年之间。据说他写过一本关于等周形(具有相等周边的一些图形)的书,其中证明了以下的定理:

1. 周长相等的 n 边形中,正 n 边形的面积最大。
2. 周长相等的正多边形中,边数愈多的正多边形面积愈大。
3. 圆的面积比同样周长的正多边形的面积大。
4. 表面积相等的所有立体中,以球的体积为最大。

这些定理的主题就是今天所谓的极大极小问题,它在希腊数学里是新颖的。

在亚历山大晚期出现的帕普斯对几何学的工作是高潮后的一种低潮。他那含八篇的《数学汇编》(*Mathematical Collection*)中有些新的材料。帕普斯的新著作水平不是最高,但有些内容值得指出。

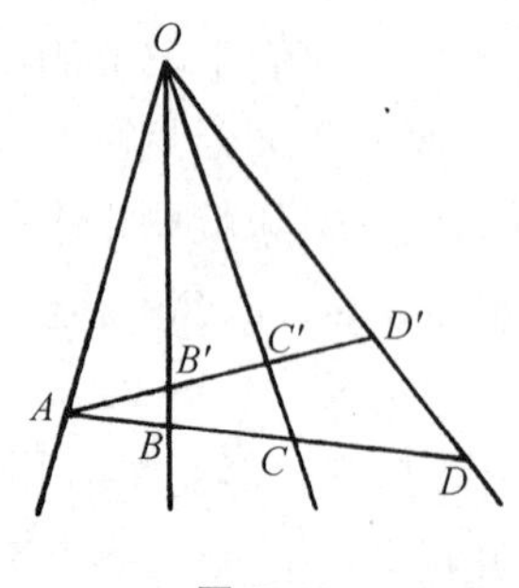

图 5.20

书的第五篇里给出芝诺多罗斯关于等周曲边形问题的证明、结果和推广。帕普斯增添了一个定理:周长相等的所有弓形中以半圆的面积为最大。他又证明球的体积比表面积与其相等的任何圆锥、圆柱或正多面体都大。

第七篇的命题129是下述定理的特例:设有四线交于一点 O(图5.20),则对任何与此四线相交的横跨线来说,交比

$$\frac{AB}{AD}\Big/\frac{BC}{CD}$$

都相等。帕普斯则要求所有的横跨线都通过 A。

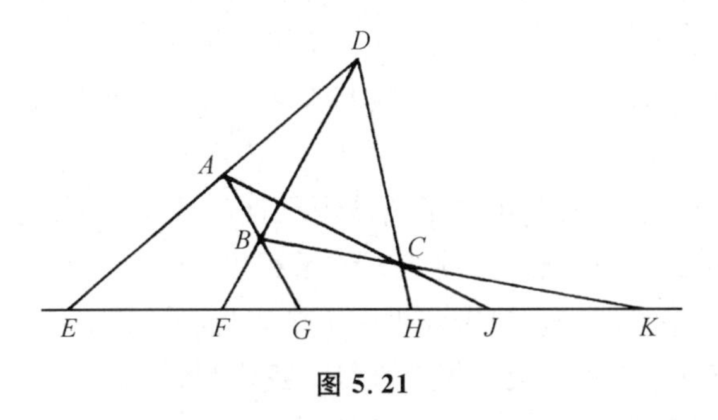

图 5.21

命题 130 所叙述的结论用我们的话来说就是:若一完全四边形的六边(四边及两对角线)与一直线相交的点有五点固定,则第六点也固定。例如,若 $ABCD$(图 5.21)是这四边形,它的六边与任一直线 EK 相交的六点是 E, F, G, H, J 和 K。如果其中五点固定,则第六点也固定。帕普斯指出这六点满足条件

$$\frac{EK}{EH}\Big/\frac{JK}{JH}=\frac{EK}{EF}\Big/\frac{GK}{GF}.$$

这条件说由 E, K, J, H 所定的交比等于由 E, K, G, F 所定的交比。这条件等价于以后将要讲的德萨格(Girard Desargues)所引入的条件,他把这样的六个点叫做"对合点"。

第七篇的命题 131 相当于这样一个定理,即在每个四边形中,一根对角线被另一对角线以及被其两组对边交点的连线分割成调和比。例如,若 $ABCD$ 是一四边形(图 5.22);CA 是一对角线;CA 被另一对角线 BD 并被 FH(AD 与 BC 交点及 AB 与 CD 交点的连线)所割。则图中的 C, E, A, G 形成一组调和点;就是说,E 内分 AC 之比等于 G 外分 AC 之比。

第七篇的命题 139 给出今日仍以帕普斯命名的定理。若 A, B, C(图 5.23)是

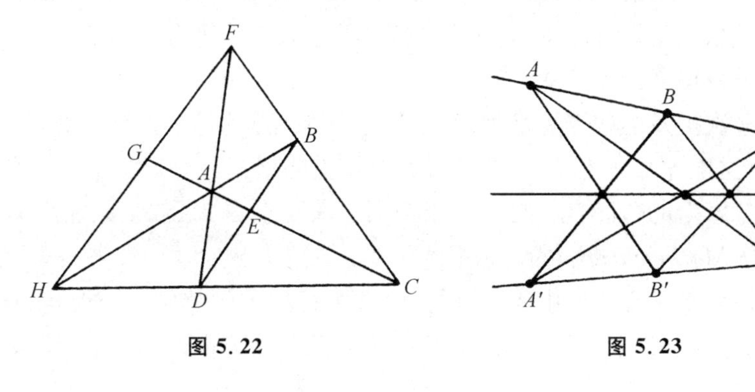

图 5.22　　图 5.23

一直线上三点,而 A', B', C'是另一直线上三点,则 AB'与 $A'B$, BC'与 $B'C$ 以及 AC'与 $A'C$ 相交的三点共线。

最后一批引理中的命题 238 证明了所有圆锥曲线的一个基本性质:与定点(焦点)及定直线(准线)的距离成一定比例的一切点的轨迹是一圆锥曲线。圆锥曲线的这一基本性质并未载入阿波罗尼斯的《圆锥曲线》一书,但上章已指出,欧几里得可能是知道这一性质的。

帕普斯在第七篇的前言里重复了阿波罗尼斯的断言,即用他的方法可以求出这样一个动点的轨迹:它与两定直线距离的乘积等于它与其他两定直线距离的乘积乘以一个常数。帕普斯知道但未证明这个轨迹是一圆锥曲线。他还指出这一问题可推广到包含五根、六根或更多根的直线。我们在讨论笛卡儿(René Descartes)的工作时还要更多地谈到这一问题。

第八篇之所以特别有意义是因为它主要研讨力学,而按亚历山大数学家的看法,力学是数学的一部分。事实上,帕普斯在此书序言中就竭力维护这一主张。他推崇阿基米德、赫伦和一些不甚知名的人为数学力学方面的领袖人物。他把物体的重心定义为物体内(并不一定属于物体)的一点,若在那一点把它吊起来,就能使它静止,而不管吊放的位置如何。然后他说明用什么样的数学方法来确定这个点。他又讨论物体沿斜面移动的问题,并设法比较沿水平面推动物体与沿斜面将其朝上推动所需要的力。

第七篇也包含一个有名的定理,它有时叫帕普斯定理,有时叫古尔丁定理,因古尔丁(Paul Guldin,1577—1643)重新独立发现了这一定理。这定理说,若一平面闭曲线图形绕曲线之外但在同一平面内的一轴转动一周,则转出来的形体的体积等于曲面面积乘以其重心所转过的圆周。这是个很有普遍意义的结果,帕普斯也知道这一点。他没有给出定理的证明,很可能他以前就有人知道这个定理及其证明。

就几何来说,亚历山大时期是以一批评注的作品宣告结束的。亚历山大的泰奥恩写了关于托勒玫的《大汇编》、欧几里得的《原本》及《光学》的新版本的一本评注。他的女儿希帕蒂娅(Hypatia,死于 415 年)是个有学问的数学家,她写了关于丢番图和阿波罗尼斯的评注本。

我们曾多次提及的普罗克洛斯对欧几里得《原本》的第一篇曾写过评注(第 3 章第 2 节)。这本评注之所以重要,是因为普罗克洛斯提到今已失传的一些著作,其中包括欧德摩斯的《几何学史》和杰米努斯所著可能题为《数学原理》(*Doctrine* 或 *Theory of Mathematics*)的一本书。

普罗克洛斯求学于亚历山大,然后去雅典主持柏拉图的学院。他是新柏拉图派的头面人物,写了许多关于柏拉图的著作和一般哲学方面的书;他不仅喜爱数学而且也爱写诗。他也像柏拉图那样认为数学是哲学的婢女。它是一门预备课程，因它能澄清心灵，涤荡妨碍认识宇宙整体的感觉思虑。

普罗克洛斯思想中有非数学的另一方面。他承认许多迷信和宗教神秘学说，虔诚信奉希腊和东方的神明。他拒绝托勒玫的天文学说，因有一位加尔底亚(Chaldean)神巫不这样认为，而“怀疑那理论是不合法的”。有人说普罗克洛斯还算运气，因为那位加尔底亚神巫并不反对或拒绝欧几里得。

这许多评注家之中我们只略提几人。亚里士多德著作的一个评注家辛普利修斯曾在亚历山大和柏拉图的学院里求过学，公元529年罗马王查士丁尼封闭学院后他去波斯。他重述了欧德摩斯的《几何学史》上的一些材料，包括关于安提芬试图解决化圆为方的长篇叙述和希波克拉底对月牙形的求积工作。米利都的伊西多鲁斯(Isidorus，6世纪)似曾在君士坦丁堡(当时成为东罗马帝国首都并成为一部分数学活动的中心)成立一个学派，写过一些评注，并可能撰写了欧几里得《原本》第十五篇的一部分。欧托修斯(Eutocius，6世纪)可能是伊西多鲁斯的学生，他写过阿基米德著作的评注。

参考书目

Aaboe, Asger: *Episodes from the Early History of Mathematics*, Random House, 1964, Chaps. 3-4.

Ball, W. W. R.: *A Short Account of the History of Mathematics*, Dover (reprint), 1960, Chaps. 4-6.

Cajori, Florian: *A History of Mathematics*, Macmillan, 1919, pp. 29-52.

Dijksterhuis, E. J.: *Archimedes* (English trans.), Ejnar Munksgaard, 1956.

Heath, Thomas L.: *A History of Greek Mathematics*, Oxford University Press, 1921, Vol. 2, Chaps. 13, 15, 17-19, 21.

Heath, Thomas L.: *The Works of Archimedes*, Dover (reprint), 1953.

Pappus d'Alexandrie: *La Collection mathématique*, ed. Paul Ver Eecke, 2 vols., Albert Blanchard, 1933.

Parsons, Edward Alexander: *The Alexandrian Library*, The Elsevier Press, 1952.

Sarton, George: *A History of Science*, Harvard University Press, 1959, Vol. 2, Chaps. 1-3, 5, 18.

Scott, J. F.: *A History of Mathematics*, Taylor and Francis, 1958, Chaps. 3-4.

Smith, David Eugene: *History of Mathematics*, Dover (reprint), 1958, Vol. 1, Chap. 4; Vol. 2, Chaps. 8 and 10.

van der Waerden, B. L.: *Science Awakening*, P. Noordhoff, 1954, Chaps. 7-8.

第6章

亚历山大时期：算术和代数的复兴

哪里有数，哪里就有美。

普罗克洛斯

1. 希腊算术的记号和运算

我们暂时回头再从古典时期的算术谈起。古典希腊人把计算技术叫 logistica，而他们的算术(arithmetica)则指数论。古典数学家蔑视计算技术，因它只谈商业贸易的实际计算。但我们却要把**计算技术**和**算术**一起加以考虑，看看亚历山大的希腊人在这方面所掌握的知识究竟有多少。

古典希腊人记数和运用数的技术并不继承和发展巴比伦人的遗产。在**计算技术**方面他们似乎是自己从头另搞的。在克里特岛上曾发现比古典时期约早 500 年的希腊数字。这数字系统没有什么有价值的特点，只不过用一些特别的数字符号来代表 1, 2, 3, 4, 10, 200, 1 000 等。在古典时期之初，他们引用了别的一些特殊记号表示数，并用一种算盘之类的东西进行计算。其后在大约公元前 500 年他们用了希腊数字系统，最早出现这种数字的是公元前 450 年的一块碑文。在这个数字系统里，从 1 到 4 的数用直杠来记；希腊文五(*penta*)的第一个字母 Π(以后用 Γ)代表 5；希腊文十(*deka*)的第一个字母 Δ 表 10；百(*hekaton*)的头一个字母 H 代表 100；千(*chilioi*)的头一个字母 X 表示 1 000；万(*myrioi*)的头一个字母 M 表示 10 000。这些特殊符号组合起来便形成中间的数字。如 Γ| = 6, ΓΔ = 50, ΓH = 500, ΔΓ||| = 18。

但我们不知道早期古典数学家如毕达哥拉斯学派是怎样写数的。他们也许是用石子来作计算的，因“calculus”(计算)这个字的原意是“石子”。“abacus”(算盘)的希腊文原意是“沙”，这说明在引用算盘以前(可能以后亦然)，他们是在沙地上画点来记数的。从泰勒斯到欧几里得的 300 年间，数学家并不重视计算，这门技术也就没有进展。书本里没有提到算术的应用这一事实是足以说明问题的。

古典希腊人以后又不知为什么把他们的记数制改成爱奥尼亚(或亚历山大)

制,那是完全用字母记数的。字母记数制是亚历山大希腊数学里最通用的,我们可以在托勒玫的《大汇编》一书中看到这种用法。古代叙利亚人和以色列人也是用它的。

希腊记数制的内容如下:

α	β	γ	δ	ϵ	ς	ζ	η	θ
1	2	3	4	5	6	7	8	9

ι	κ	λ	μ	ν	ξ	o	π	ϙ
10	20	30	40	50	60	70	80	90

ρ	σ	τ	υ	ϕ	χ	ψ	ω	ϡ
100	200	300	400	500	600	700	800	900

中间的数用上述符号组合而成。如 $\iota\alpha = 11$, $\iota\beta = 12$, $\kappa\alpha = 21$, $\rho\nu\gamma = 153$。希腊数系中表示 6, 90 和 900 的符号以及符号 M 是当时通行的希腊字母里所没有的;头三个符号现今读做 stigma(或 digamma), koppa 和 sampi,是希腊人早先借用腓尼基人较老字母表中的字母(不过腓尼基人并未用字母表示数)。从记数制中使用这些老字母一事可知这套写法早在公元前 800 年就有,而且可能是从小亚细亚的米利都传去的。

对大于 1 000 的数,字母重复写,但在其前方记一直杠以免混淆。又在数上画一横线以区别于文字。如

$$|\overline{\alpha\tau\epsilon} = 1\,305.$$

好些希腊作家采用和上述及下面要提到的数制稍有不同的写法。

亚历山大前期(公元前头三个世纪)的希腊草片纸手稿里有零的记号如$\overline{0\cdot 0}$, $\bar{0}$, $\overset{\frown}{0}$ 和 $\overline{0}$。希腊亚历山大时期的零也像巴比伦塞琉西时期的零那样用于指明缺数的地方。根据我们手头仅有的托勒玫著作的拜占庭手稿可知,他在一数的中间和末尾都用 0 表示零。

阿基米德的《数沙法》(*Sand-Reckoner*)给出了写大数的一套方案。他想说明他能写出像宇宙间沙子数目那样大的数。他取当时希腊数字里最大的数万万,即 10^8,然后拿它作为出发点得出一系列新的大数,一直到 $10^8 \times 10^8 = 10^{16}$。然后又用 10^{16} 作为新出发点得出从 10^{16} 到 10^{24} 的一系列数,这样不断增大。然后他估计世间的沙粒数,说明这数目小于他所能写出的最大数。阿基米德这一著作的重要之点并不在于实际给出写任何大数的一套方案,而是发表了可以把数写得大到不受限制的思想。阿波罗尼斯也有类似的一套记法。

对于用上述方式写出的整数的算术运算,同我们今天的一样。例如做加法时,

希腊人把一数写在另一数之下,按个位、十位等分列,各列数字相加并把数字从一列进位到前一列。这同埃及人的方法比较前进了一大步。但埃及人的方法也是亚历山大希腊人教的。

至于分数,他们有特殊记号 L'' 表示 $\frac{1}{2}$。如(有时加重音号) $\alpha L''=1\frac{1}{2}$, $\beta L''=2\frac{1}{2}$, $\gamma L''=3\frac{1}{2}$。写小的分数时在分子上加一重音符号,然后把分母写一次或两次,每次加两个重音符号。例如, $\iota\gamma'\kappa\theta''\kappa\theta''=13/29$。丢番图则常把分母写在分子上面。

当分子大于 1 时,埃及人是把这种分数写成单位分数之和的。这套写法在希腊人那里也可以看得到。例如,赫伦把 $\frac{163}{224}$ 写成 $\frac{1}{2}\,\frac{1}{7}\,\frac{1}{14}\,\frac{1}{112}\,\frac{1}{224}$,但也用 $\frac{1}{2}\,\frac{1}{8}\,\frac{1}{16}\,\frac{1}{32}\,\frac{1}{112}$ 及其他式子表示同一分数。他也用以上所讲的希腊字母的表示方式。托勒玫也用埃及人的方式写**有些**分数,例如把 $\frac{23}{25}$ 写成 $\frac{1}{2}\,\frac{1}{3}\,\frac{1}{15}\,\frac{1}{50}$。加号是不写出来由读者自己体会的,而一般整数则当然是用希腊字母来表示的。

用希腊人或埃及人那套办法写出来的普通分数很不便于作天文计算。因此亚历山大的希腊天文学家采用巴比伦人的 60 进制分数。我们不知道这种写法究竟何时开始,但在托勒玫的《大汇编》里就已采用了。因此托勒玫书中所写的 31 25 应理解为 $\frac{31}{60}+\frac{25}{60^2}$。他说他用 60 进制分数是为了避免用普通分数所引起的麻烦。他用以 10 为底的方法写**整数**,但并不用进位制记法。由于他的天文计算中很少出现大的整数,因此可以说他采用了 60 进制的记数法。用 60 进制记法来写分数而用非进位制的字母数字来记整数,这看来有些古怪而且不合理。但我们还是用 $130°15'17''.5$ 这种写法。

从上面所讲,可知亚历山大人已把分数本身当作数来看待,而古典时代的数学家则只提到整数之比,不提整数的部分,而且只在比例里用到比。但即使在古典时期,商业上就已采用真正的分数,即本身就当作数来看待的分数。在亚历山大时期,阿基米德、赫伦、丢番图和其他人都随意应用分数并拿来进行运算。不过从文字记载看来,他们并没有讲过分数概念,可能是认为这些分数在直观上很明显,可以接受并加以应用。

开平方的运算虽在古典希腊时代被人考虑过,但当时实际上对此是回避的。从柏拉图的著作里可以发现,毕达哥拉斯派在用近似数表达 $\sqrt{2}$ 时是先用 49/25 代替 2, 然后得出 7/5 的。同样,特奥多鲁斯对于 $\sqrt{3}$ 可能是用 49/16 代替 3 而得其近似数为 7/4 的。至于无理数本身在古典希腊时代的数学里则根本没有地位。

关于希腊人怎样处理根的情况，我们从阿基米德的著作里得到第二方面的材料。他在《圆的量度》(*Measurement of a Circle*)一书中主要是想求出 π(圆周长与直径之比)的较好的近似值；在这过程中，他对大的整数和分数进行运算。他还得出$\sqrt{3}$的很好的近似值

$$\frac{1\,351}{780}>\sqrt{3}>\frac{265}{153},$$

但没有说明他是怎样得出这个结果来的。历史文献中对于如何推出这结果的许多猜测之中，下面的说法似乎颇有道理。给定一数 A，若把它写为 $a^2\pm b$，其中 a^2 是最接近于 A 的一个有理数的平方(大于或小于 A)，b 是 a^2 与 A 相差之数，则

$$a\pm\frac{b}{2a}>\sqrt{a^2\pm b}>a\pm\frac{b}{2a\pm 1}.$$

照这样做几步之后，确实得出阿基米德的结果。至于为求 π 的近似值，阿基米德先在命题1里证明圆面积等于一直角三角形的面积，该直角三角形的底等于圆周长，而高等于半径。现在他要求出圆周长。这个他用边数愈来愈多的内接和外切正多边形来逼近，并计算这些正多边形的周边。他所得 π 的结果是

$$3\,\frac{10}{71}<\pi<3\,\frac{1}{7}.$$

阿波罗尼斯也写了一本关于求圆面积的书，名叫《快速算出法》(*Okytokion*)，他在那里自认为用较好的算术方法改进了阿基米德定出的 π 近似值。这是阿波罗尼斯脱离古典希腊数学风格的唯一著作。

赫伦在求平方根的近似值时常用

$$\sqrt{A}=\sqrt{a^2\pm b}\sim a\pm\frac{b}{2a},$$

其中 a 及 b 的意义同前述一样。他得出这近似式的过程是，先取近似值为 $\alpha=(c+A/c)/2$，其中 c 是作为$\sqrt{A}$的任一猜测数；若把 A 写为 a^2+b 而取 $c=a$，则 $\alpha=a+b/2a$。赫伦又从 α 求出 $\alpha_1=(\alpha+A/\alpha)/2$ 来改进 α。显然，α 愈接近于$\sqrt{A}$，α_1 这近似值就愈好。赫伦对 α 的基本表示式也曾由巴比伦人使用过。

在亚历山大时期的后期，平方根的求法也像今天那样应用 $(a+b)^2=a^2+2ab+b^2$ 的原理。逐次近似值是凑试出来的，不过总使近似值的平方小于要求根的那个数。泰奥恩在解释托勒玫所用的这一方法时，指出他用一个几何图形来帮助思考。这图形欧几里得用在《原本》第二篇的命题4里，表达 $(a+b)^2$ 的几何图形。托勒玫给出的$\sqrt{3}$是

$$\frac{103}{60}(+)\frac{55}{60^2}(+)\frac{23}{60^3},$$

这相当于1.732 050 9，准确到小数点后六位数字。

2. 算术和代数作为一门独立学科的发展

以上回顾了希腊人在两个时期里做算术的方法,特别是在几何与三角成为定量学科时的亚历山大时期。但本章所要讲的主要发展是算术和代数脱离几何而成为独立的学科。阿基米德、阿波罗尼斯和托勒玫的算术工作是走往这方向的一步,但他们是用算术来计算几何量的。我们可能由此认为他们之所以注重数只是因为数能代表几何的量,而数的运算的逻辑基础是由几何代数法来保证的。但赫伦、尼科马修斯(Nichomachus,约公元 100 年)[他可能是来自犹太格拉撒(Gerasa in Judea)的阿拉伯人]和亚历山大的希腊人丢番图(约公元 250 年)则确实把算术和代数问题本身作为问题来处理,既不依靠几何引出,也不用它来作逻辑依据。

比赫伦在算术方面求平方根或立方根的工作更重要的是他用纯粹算术方法提出和解决了代数问题。他没有采用特别的符号;他是用文字来陈述的。例如他处理这样一个问题:给定一正方形,知其面积与周长之和为 896 尺(原文如此。——译者),求其一边。这问题用我们的记法是,求满足 $x^2+4x=896$ 的 x。赫伦在方程两边加上 4 配成完全平方然后开方。他并不进行证明而只说出做哪些运算。在他的著作里有许多这类问题。当然,这正好是古代埃及人和巴比伦人提出问题和解决问题的方式,而且赫伦无疑从古代埃及和巴比伦书里抄取不少材料。在那些书里,我们可能记得,代数是独立于几何的,而对于赫伦来说,代数则是算术的推广。

赫伦在他的《几何》一书中提到加一块面积、一个周长和一个直径。他用这些话所表示的意思当然是指要加上它们的数值。同样,当他说他用一个正方形乘一个正方形,意思是要求两个数值的乘积。赫伦又把不少希腊的几何代数法翻译成算术和代数步骤。

赫伦在这方面的工作(以及他利用埃及人算面积和体积的近似公式)有时被人估计为希腊几何学衰落的开始。但更妥当的看法是把它作为巴比伦和埃及数学在希腊人手里的一个改进。当赫伦把面积与线段相加时,他并不是在胡乱应用古典希腊几何,而只是沿袭巴比伦人的习惯,因他们所说的面积和长度只不过是代表算术上某些未知量的用语。

从算术以一门独立学科重新出现这一角度来讲,尼科马修斯的著作是更为重要的。他撰写了包含两篇的《算术入门》(*Introductio Arithmetica*)一书。这是第一本篇幅颇为可观的完全脱离几何讲法的算术(意即数论)书。从历史意义上讲,它对于算术的重要性可以和欧几里得的《原本》对于几何的重要性相比。这书不仅为后世几十名作者所自学、参考和抄袭,并且是同时代别的作家所著许多书的典范,因而反映了当时人的兴趣所在。那里的数代表对象的数量而不再像欧几里得书中那样用线段来把它形象化。尼科马修斯提到数的时候通篇都用文字,而欧几里得则用一个字母如 A 或两个字母如 BC(在这第二种情形下指线段)来代表数。因此尼科马修斯的讲法是啰唆些。他只论述整数和整数的比。

尼科马修斯是个毕达哥拉斯派人;虽然毕达哥拉斯的传统并未死亡,但他使这一传统重新活跃起来。在柏拉图所强调指出的四门学科——算术、几何、音乐和天文中,尼科马修斯说算术是其他各科之母。他认为,这

> 不仅是因为我们说它在造物主的心中先于其他一切而存在,被创世主作为一种普天下适用的至高方案来使用,以使他所创造的物质世界秩序井然并使之达到应有的目标;而且也因为它本来就是出生较早的……

他接着说算术对其他各门科学至为重要,因为没有它别的科学就不能存在。而若其他科学被取消,算术却仍能存在。

《算术入门》的主要内容是早期毕达哥拉斯派在算术方面的工作。尼科马修斯讲述了偶数、奇数、正方形数、矩形数和多角形数。他也论述了质数和复合数以及六面体数[形式为 $n^2(n+1)$ 的数],此外又定义了别的许多种数。他给出了 1 到 9 的乘法表,和今日学习的九九表一模一样。

尼科马修斯重复给出了毕达哥拉斯派的一些定理,如相继两个三角形数之和是正方形数而反之亦然等。他比毕达哥拉斯派更进一步能看出(虽然并未证明)一般性的关系。例如他说第 $(n-1)$ 个三角形数加上第 n 个 k 角形数会得出第 n 个 $k+1$ 角形数。又如,第 $(n-1)$ 个三角形数加上第 n 个正方形数得出第 n 个五角形数。用我们的记号就是

$$\frac{n(n-1)}{2}+n^2=\frac{n}{2}(3n-1).$$

再如,第 n 个三角形数,第 n 个正方形数,第 n 个五角形数等,形成一个递进算术数列,其公差为第 $(n-1)$ 个三角形数。

他发现以下的命题:若把奇数写出

$$1,3,5,7,9,11,13,15,17,\cdots$$

则第一数是 1 的立方,其后两数之和是 2 的立方,再往下的三个数之和是 3 的立方等。关于递进数列他还有别的一些命题。

尼科马修斯给出四个完全数 6, 28, 496 和 8 128,并重复给出欧几里得关于完全数的公式。他把各种各样的比加以分类,并给它们起名,其中包括 $(m+1):m$, $(2m+n):(m+n)$ 以及 $(mn+1):n$。这些比在音乐上是重要的。

他也研究比例,并说这对"自然科学、音乐、球面三角和平面几何,尤其是对于研究古代数学家"非常必要。他给出好多类比例,其中有音乐比例

$$a:\frac{a+b}{2}=\frac{2ab}{a+b}:b.$$

在《算术入门》中他又给出埃拉托斯特尼筛(这在第 7 章里还要细谈);这是较快得出质数的方法。我们先把 3 以后的奇数尽量写下来,然后划掉 3 的倍数,即划掉 3 以后的每第三个数。其次我们去掉所有 5 的倍数(或者 5 以后的每第五个数,但数的时候以前可能划掉了的仍要算上)。然后去掉 7 以后的每第 7 个数等。已被划掉的数没有一个能作为这一筛划步骤的出发点。把 2 同那些没有划掉的数放在一起。这些数就是质数。

尼科马修斯常用一些特殊的数来讨论数的各种分类和比例。他举的例子能说明和解释他所提出的定理,但除举例外就没有做别的事来证明任何一般结论。他并不用演绎证明。

《算术入门》一书之所以有价值,是因为他对整数及整数之比的算术,作了有系统、有条理、清楚而内容丰富的叙述,而且完全不依赖于几何。从思想内容上讲它并无独到之处,但它是一本很有用的汇编。它里面还收集了关于数的思辨方面的、美学上的、神秘性的道德性的臆说,但没有谈实际应用。《算术入门》在此后 1 000 年间成为一本标准课本。自尼科马修斯以后,算术而不是几何成为风行于亚历山大时期的学问。

这时代数也开始占重要地位。用代数技巧解问题的书也问世了。有些问题则正是公元前 2000 年巴比伦书本里或莱因德草片纸上所载的。希腊代数著作是纯粹用文字形式写出的;没有采用一套符号。此外,对所作运算步骤也未给予证明。自尼科马修斯以后,人们拿那些导出方程的代数题作为一般消遣的难题。这种题目约有 50 个到 60 个还保留在 10 世纪的一本书里(*Palatine Codex of Greek Epigrams*)。这里面至少有 30 题被认为是梅特罗多鲁斯(Metrodorus,约公元 500 年)所提出的,但肯定以前就有。其中之一是阿基米德牛群问题,要求根据给定的一些条件求出不同颜色的公牛和母牛的头数。另一个是欧几里得提出的关于骡子和驴驮运粮食的问题。再一个是求桶里注满水所需时间的问题。此外还有我们代数课本中的那种年龄问题。

亚历山大时期的希腊代数到丢番图时臻于最高点。关于此人的出身和生平我们几乎一无所知;但他可能是希腊人。在一本希腊问题集里有一个问题给出了他生平的下列事实:他的童年时代占一生的 1/6;过(一生的)1/12 后他开始长胡子;再过(一生的)1/7 后他结婚;婚后 5 年生了个孩子。孩子活到他爹一半的年纪,而孩子死后 4 年他爹也死了。这问题是要求出丢番图究竟活了多大年纪。答案 84

岁是容易求出的。他的著作远远超出他的同时代人;但可惜出来得太晚而不能对他那个时代起太大影响,因为一股吞噬文明的毁灭性浪潮正在掀起。

丢番图写过几本现已全部失传的书。他的《论多角数》(*On Polygonal Numbers*)有部分内容为今人所知,其中他按《原本》第七、八、九篇的演绎方式给出定理并予以证明;但那些定理中没有什么了不起的东西。他的一部巨著是《算术》(*Arithmetica*),据他自己说共十三篇。现尚存六篇,得自 13 世纪希腊手抄稿和其后的一些译本。

《算术》也像莱因德的草片纸本一样是个别问题的汇集。作者在题词中说这是为帮助学生学习这门课而写的一些练习题。丢番图作出的一步重大的进展是在代数中采用一套符号。由于我们没有他的亲笔手稿而只看到很久以后的本子,所以不能确切知道他引入了哪些符号。据说他用来表示未知量的记号是 s,就像我们的 x 一样。这 s 可能同用在希腊字末尾的那个希腊字母 σ 是一样的[例如在ἀριθμός(算术)之末],而丢番图之所以用它来表示未知量,可能就是因为用字母表示数的希腊记数制中只有这个字母没有被用来表示数。丢番图把未知量称作"题中的数"。我们的 x^2 丢番图记为 Δ^Y,而 Δ 是希腊字 δύναμις(dynamis,幂)的第一个字母。x^3 是 K^Y;这 K 是从 κύβος(cubos,立方)而来的。x^4 是 $\Delta^Y\Delta$;x^5 是 ΔK^Y;x^6 是 K^YK。在这套符号里,K^Y 没有清楚地表明是 s 的立方,而我们的 x^3 则明白表示出它是 x 的立方。丢番图的 $s^\chi = 1/x$。他又用一些名词称呼这些乘幂,例如称 x 为数,称 x^2 为平方,称 x^3 为立方,称 x^4 为平方平方(dynamodynamis),称 x^5 为平方-立方,称 x^6 为立方立方①。

出现这一套符号当然是了不起的,但他使用三次以上的高次乘幂更是件了不起的事。古典希腊数学家不能也不愿考虑含三个以上因子的乘积,因为这种乘积没有几何意义。但在纯算术中,这种乘积却确有其意义;而这正是丢番图所采取的观点。

丢番图写加法时把相加的各项并列在一起。例如

$$\Delta^Y \bar{\gamma} \mathring{M} \iota \bar{\beta} \text{ 表示 } x^2 \cdot 3 + 12.$$

这 $\mathring{M}$ 是个单位元素符号,它表示其后是个不含未知量的纯数。又如

$$\Delta^Y \bar{\alpha} s \ \bar{\beta} \mathring{M} \bar{\gamma} \text{ 表示 } x^2 + x \cdot 2 + 3.$$

他的减号是⋀。例如他把 $x^6 - 5x^4 + x^2 - 3x - 2$ 写成

$$K^Y \kappa \bar{\alpha} \Delta^Y \bar{\alpha} \pitchfork \Delta^Y \Delta \ \bar{\varepsilon} s \bar{\gamma} \mathring{M} \bar{\beta},$$

把所有负项都写在正项之后。加法、乘法和除法的运算记号是没有的。符号 ι^σ(至少在《算术》一书的现存译本里)用来表示相等。代数式的系数都是特定的数;他不

① 有些近代作家用 $\delta, K, \bar{\nu}$ 代替 Δ, K, Y。

用表示一般系数的符号。因他确实用了一套记号，所以后人把丢番图的代数称作缩写代数，而把埃及、巴比伦、赫伦和尼科马修斯的代数称作文字叙述代数。

丢番图的解题步骤是像我们写散文那样一个字接着一个字写的。他做的运算是纯算术性的，不求助于几何直观来作具体说明。例如，$(x-1)(x-2)$ 就像我们今天做的那样用代数方法算出。他也在以 p 代 $x+2$ 和以 q 代 $x+3$ 之类的式子里应用

$$\left(\frac{p+q}{2}\right)^2-\left(\frac{p-q}{2}\right)^2=pq$$

之类的恒等式。就是说，他采取了应用恒等式的步骤，但并未明确提到恒等式本身。

《算术》第一篇的内容主要是那些引出确定的一元或多元一次方程的问题。其余五篇的内容主要是论述二次不定方程。不过内容的划分并不拘泥于这一标准。在含多于一个未知量的确定方程(得出唯一解的方程)的场合下，他利用题中所给定的情况，把除一个未知量以外的所有未知量消掉，而在最不利的场合下最后得出形如 $ax^2=b$ 的二次方程。例如，第一篇的题 27 说：求两数使其和为 20 而乘积为 96。丢番图是这样解的：给定和 20，给定乘积 96，$2x$ 为所求两数之差。于是两数是 $10+x$ 与 $10-x$。因此有 $100-x^2=96$。于是 $x=2$，而所求的数是 12 与 8。

丢番图代数的最突出之点是他对不定方程的解法。这种方程以前也有人考察过，例如在毕达哥拉斯派解 $x^2+y^2=z^2$ 的著作中。在阿基米德的牛群问题里(它引出含八个未知量的七个方程，外加两个补充条件)，以及在其他一些零星的著作里都见过。但丢番图则对此作了广泛的研究，并且是这门代数的创立人，而这门代数如今确实就称作丢番图分析。

他解出了含两个未知量的一次方程，如

$$x+y-5=0.$$

对这种方程，他给一个未知量指定一值，然后解出另一未知量的正有理值。他认识到指定给第一个未知量的值仅仅是代表性的。(在现代丢番图分析里只求整数解。)解这类方程不费什么劲，所做的工作也不值得一提，因为正有理数解很容易求出。

然后他解含有两个未知量的二次方程，其最一般的形式是(用我们的记号)：

$$y^2=Ax^2+Bx+C. \tag{1}$$

丢番图并未写出 y^2，但他说这二次式必须等于一平方数(有理数的平方)，他对于特定的 A, B 和 C 值考察(1)并分成不同的情形来处理。例如当方程中无 C 时，他设 $y=mx/n$ (其中 m 及 n 是特定整数)而得出

$$Ax^2+Bx=\frac{m^2}{n^2}x^2,$$

然后消去 x 而解出方程。当 A 与 C 不等于零而 $A = a^2$ 时,他设 $y = ax - m$。若 $C = c^2$,他设 $y = (mx - c)$。在所有这些情形下,m 是特定的数。

他也论述联立二次方程的情形,如

$$y^2 = Ax^2 + Bx + C. \tag{2}$$

$$z^2 = Dx^2 + Ex + F. \tag{3}$$

这里他也只讨论特殊情形,即当 A, B, …, F 是些特定的数或满足特定条件时的情形,他所用的方法是假定 y 和 z 是用 x 表示的一些式子,然后解出 x。

实际上他是在解一个未知量的确定方程。但他知道在(2)和(3)中给 y 和 z 以及在(1)中给 y 选定了表达式,他只不过是给出了代表性的解,而且指定给 y 和 z 的值是颇为任意的。

他又提出 x 的三次或高次式必须等于一数的平方的那种问题,即

$$Ax^3 + Bx^2 + Cx + d^2 = y^2.$$

这里他设 $y = mx + d$,并选定 m,使 x 的系数等于零。由于两边的 d^2 项消掉了,故可用 x^2 遍除两边,而得 x 的一次方程。此外他还考虑 x 的二次式等于 y^3 的特殊情形。

他所用的所有 x 的二次式归结为如下几类:

$$ax^2 = bx,\ ax^2 = b,\ ax^2 + bx = c,\ ax^2 + c = bx,\ ax^2 = bx + c,$$

并解出每一类的这种方程。对 x 的三次式,他只解出过一个并不重要的情形。

上述方程说明丢番图所解问题的类型。至于问题的实际措词,可举下面几个例子来说明:

第一篇,问题 8. 把一给定平方数分成两个平方数。

这里他取 16 作为给定的平方数,得出 256/25 和 144/25。这个问题经费马(Pierre de Fermat)加以推广,使他提出 $x^m + y^m = z^m$ 当 $m > 2$ 时就无解。

第二篇,问题 9. 已给一数为两个平方数之和,把它分为另外两个平方数之和。

他取 $13 = 4 + 9$ 作为所给的数,得出结果是 324/25 及 1/25。

第三篇,问题 6. 求三个数,使它们的和以及它们之中任两数的和都是平方数。

丢番图给出 80,320 和 41 作为这样的三个数。

第四篇,问题 1. 把一给定的数分为两个立方数,并使其每边之和为给定的数。

他以 370 为给定的数,以 10 为给定的两边之和,他得出 343 及 27。所谓边是指立方数的立方根。

第四篇,问题 29. 把一给定的数表示为四个平方数与其各边之和。

以 12 为给定的数,他得出四平方数为 121/100, 49/100, 361/100, 169/100,它们的边是每个平方数的平方根。

丢番图在第六篇中解出了一些关于直角三角形边长(有理数)的问题。虽然出

现面积的字样,但几何用语只是偶然的。例如他的第一个问题是求一(有理边)直角三角形,使斜边减去每直角边后得出一立方数。这里他凑巧得出整数解 40,96,104。但他一般得出的是有理数解答。

丢番图在把各类方程化成他能解的形式方面很有才能。我们不知道他是怎么得出他的方法来的。由于他并不依靠几何,很可能他是把欧几里得解二次方程的(几何)方法翻译成代数的。此外,欧几里得那里没有不定方程,而对丢番图来说这也是一类新的方程。由于我们对于亚历山大后期数学思想的连贯性缺乏资料,所以不能从丢番图前人的著作中找出他的工作的线索。据我们所知,他在纯代数学方面的工作和过去是显然不同的。

他只接受正有理根而忽略所有其他根。甚至当二次方程有两正根时,他也只给出较大的一个。当一个方程在求解过程中明显看出要有两个负根或虚根时,他就放弃这个方程,说它是不可解的。在出现无理根的情况下,他就倒算回去,指出怎样改变一下方程,就能使新方程具有有理根。这方面丢番图和阿基米德以及赫伦不同。赫伦是个测绘人员,他所要求的几何量可以是无理数。因此他接受无理数,但为得出有用的数值便取近似值。阿基米德也是想求准确解的,但当解是无理数时他就用不等式来限定它的范围。丢番图是个纯代数学家;由于他那个时代的代数不承认无理数、负数和复数,他就放弃具有这种解的方程。但值得指出的是,丢番图承认分数是数,而不仅仅把它看成是整数之比。

他没有**一般性的方法**。《算术》里的 189 个问题每个都用不同的方法解。他的问题共有 50 多种类型,但他没有试图进行分类。他的方法接近于巴比伦人的程度甚于接近他的希腊前辈,并且有些地方可以看出他受巴比伦人的影响。事实上,他确曾完全照巴比伦人那样解过一些问题。但迄今并无证据能说明丢番图的工作和巴比伦人的代数有直接联系。他在代数上超过巴比伦人的地方是引用了一套符号并且解了不定方程。对于确定的方程,他不比巴比伦人先进,但他的《算术》里吸收了计算技巧,而这种技巧和其他一些东西是被柏拉图排斥于数学之外的。

丢番图解个别问题所用方法之多使人目不暇给,但未能击节叹赏。他是个巧妙而聪明的解题能手,但显然不够深刻,未能看出他所用方法的实质而加以概括。(现今的丢番图分析仍然是由个别孤立问题组成的一团乱麻。)他不像一个探求普遍概念的深邃思想家,而只为了寻求正确的解答。他只有很少数的结果可说是具有一般性的意义——如形式为 $4n+3$ 的质数不能表为两平方之和等。欧拉(Leonhard Euler)确曾认为丢番图是用特例来说明一般方法的,因为那时候未能用字母来代表系数。还有别的人相信丢番图认识到他的材料是属于抽象的基本科学的。但这种观点并未为一切人所接受。不过整个说来他的工作在代数上是永垂不朽的。

今日数学里非常重要的一件事却在希腊代数里遗漏了,这就是用字母来代表一类数,例如方程中的系数。亚里士多德确曾在讨论运动时用希腊字母表示任一时间或任一距离,比如他说过“B 的一半”这类话。欧几里得也在《原本》第七到九篇中用字母表示一类数,而且帕普斯也沿用这种做法。但他们都没有认识到字母表示法在增进代数方法的功效与其普遍性方面作用是何等巨大。

亚历山大时期代数的另一特色是缺乏任何明晰的演绎结构,整数、分数和无理数等各种类型的数肯定是未经定义的。他们也没有什么一套公理来建立演绎结构。赫伦、尼科马修斯和丢番图的著作以及阿基米德在算术方面的著作,读起来就像埃及人和巴比伦人的那种药方单子式的著作,只告诉你该怎么做。欧几里得和阿波罗尼斯著作里以及阿基米德几何里那种演绎的、条理井然的证明全然不见了。所解的问题都是归纳性质的,就是说它们所指明的解具体问题的方法虽然能应用于一般性的一类问题,但并未规定应用的范围能有多广。由于古典希腊学者所做的工作,使人觉得数学结果好像都是依据一组明文规定的公理用演绎法推出来似的,因此出现独立的一门算术和代数而竟无其自身的逻辑结构这种情况,就成为数学史上的一大问题。对算术和代数的这种研究方法最清楚不过地指明了埃及和巴比伦在亚历山大学术界里的影响。虽然亚历山大的希腊代数学家似乎一点不在乎这一缺陷,但以后可以看到这确使欧洲数学家深感不安。

参考书目

Ball, W. W. R.: *A Short Account of the History of Mathematics*, Dover (reprint), 1960, Chaps. 5 and 7.

Cajori, Florian: *A History of Mathematics*, Macmillan, 1919, pp. 52-62.

Heath, Thomas L.: *Diophantus of Alexandria*, Dover (reprint), 1964.

Heath, Thomas L.: *The Works of Archimedes*, Dover (reprint), 1953, Chaps. 4 and 6 of the Introduction, pp. 91-98, 319-326.

Heath, Thomas L.: *A History of Greek Mathematics*, Oxford University Press, 1921, Vol. 1, Chaps. 1-3; Vol. 2, Chap. 20.

Heath, Thomas L.: *A Manual of Greek Mathematics*, Dover (reprint), 1963, Chaps. 2-3, and 17.

D'Ooge, Martin Luther: *Nichomachus of Gerasa*, University of Michigan Press, 1938.

van der Waerden, B. L.: *Science Awakening*, P. Noordhoff, 1954, pp. 278-286.

第7章

希腊人对自然形成理性观点的过程

数学是科学的大门和钥匙。

罗吉尔·培根(Roger Bacon)

1. 希腊数学受到的启发

除了偶尔一些提示外,希腊经典著作如欧几里得的《原本》,阿波罗尼斯的《圆锥曲线》和阿基米德的几何著作都没有说到这些作家为什么要讲究这些材料。他们只给出了形式的、尽可能完善的演绎数学。就这一点而论,希腊的数学书与现代数学课本和论著没有什么差别。这些书只想把已取得的数学成就整理讲解,而闭口不谈搞数学的目的何在,定理是怎样启发和怎样摸索出来的,数学知识又是怎样应用的。

要了解为什么希腊人能创造出那么多重要的数学,就必须研究他们的目的何在。希腊人对了解自然界有那么一股迫切而不可遏制的愿望,推动他们创造和看重数学。数学是对自然界进行研究的主力军,是了解宇宙的钥匙,因为数学规律是宇宙布局的精髓。

有什么证据可以说明数学在他们那里有这样的地位呢?很难具体指出某个定理或某一批定理是为某一特定目的而产生的,因为我们对希腊数学家所知的材料不多。只有托勒玫直接声明他是为研究天文而创立三角术的。但当我们知道欧多克索斯主要是个天文学家,而欧几里得不仅只写《原本》而且还有《现象》(用于研究恒星天球运动的球面几何著作)、《光学》、《镜面反射》、《音乐原理》(*Elements of Music*)和其他力学方面的短篇著作(这些都是数学性著作),那就不能不得出结论说数学并非一门孤立的学科。知道了人的心智活动是怎样进行的,而且详细知道了欧拉和高斯是怎样进行工作的,就可以相当肯定地说,那些天文、光学和音乐方面的研究必定启发他们提出数学问题,因此搞数学的目的很可能是为了用之于这些领域。球面几何(希腊时代称之为 sphaeric)很可能正是在天文学数学化(这甚至在欧多克索斯以前就出现的事)之际进行研究的。毕达哥拉斯派所说的“sphaeric”是指“天文学”。

我们从数学家著作中推出的这些猜测虽有足够理由，但幸而也能从希腊哲学家的著作中获得无可否认的证据来加以肯定，而那些哲学家本人也是杰出的数学家或科学家。数学的范围并不限于数学本身。在古典时代数学包括算术、几何、天文和音乐；而在亚历山大时期（如同第5章中所指出的），数学这门科学分成算术（数论）、几何、力学、天文学、光学、测地学、声学与应用算术。

2. 关于自然界的理性观点的开始

在早于希腊时代或与之同期并存的古代文明中，自然界被认为是混乱、神秘、变化无常和可怖的。自然界的现象是天神所操纵的。祈祷和巫术可以让天神发慈悲免降灾祸甚至创造奇迹赐福于人，但人的生命和命运是完全听凭于他们的。

从我们对希腊文明和文化开始有相当确凿而具体知识的时代（约公元前600年）起，我们发现他们的知识分子对自然界采取一种完全新的态度：合理的、批判的和世俗性的。神话被抛弃了，也没人相信天神的喜怒哀乐能操纵人和世界了。新的信念认为自然界是有秩序的并始终照一定的方案运行。更有甚者，他们深信人的智慧是强有力的甚至是至高无上的，人不仅可以探索自然界的道理甚至还能预知它将会出现的事态。

持这种理性观点的诚然只有知识分子，只有古典时期和亚历山大时期的一小群人。尽管这些人反对鬼神操纵自然之说，但一般的人则深信宗教并相信天神掌管世间一切事务。他们也像埃及人和巴比伦人那样愚诚地相信神秘教条和崇奉迷信。事实上希腊神话是流传广泛、信徒众多的。

爱奥尼亚学派是最早断定自然界实质的人。我不打算细讲泰勒斯、阿那克萨哥拉和他们同僚的种种学说，他们都肯定在一切表面现象的千变万化之中有一种始终不变的东西。这一原始物质的内蕴本质是守恒的，而所有的物质形态都可用它来解释。爱奥尼亚学派的这种自然哲学来自一系列大胆的思索、巧妙的猜测和聪敏的直观，而并非广泛的、细致的科学研究的结果。也许他们有点太急于想认识全貌，所以就幼稚地断然作出广泛的结论。但他们确实从物质的和客观的方面来解释宇宙的结构和设计布局，而抛弃老的神话故事。他们用合理化的解释来代替诗人的想象和不加分析的传说，并且他们用理性来辩护他们的主张。这些人至少敢于凭他们的理智来面对宇宙，而不肯依赖于神、灵、鬼、怪、天使以及其他神秘的力量。

3. 数学设计信念的发展

把对自然作用力的神秘、玄想和随意性去掉，并把似属混乱的现象归结为一种井然有序的可以理解的格局,走向这方面的有决定意义的一步是数学的应用。第一批提出这种合理化的和数理哲学性自然观的人是毕达哥拉斯学派。他们诚然也从希腊宗教的神秘方面吸取一些灵感;但他们的宗教信条主要是净化灵魂,使之从肉体的污浊与桎梏中解脱出来。这一派人生活朴素,潜心研究哲学、科学和数学。新加入的人要宣誓至少在宗教信仰方面保守秘密并终身参加这一派。社会上的男人和女人都可参加。

毕达哥拉斯派的宗教思想肯定是带神秘色彩的,但他们的自然哲学却无疑是理性化的。有些现象在性质上完全不同,但表现出相同的数学性质,这给他们以深刻印象。于是他们认为数学性质必定是这些现象的本质所在。更具体地说,毕达哥拉斯派从数和数的关系上找到了这一本质。数是他们解释自然的第一原则。所有物体都由点或"存在单元"按照相应的各种几何形象组合而成。由于他们把数看作既是点又是物质的元粒,所以他们认为数是宇宙的实质和形式,是一切现象的根源。因此毕达哥拉斯派的信条是:"万物皆数也。"第 5 世纪的一个著名毕达哥拉斯派菲洛劳斯说:"如果没有数和数的性质,世界上任何事物本身或其与别的事物的关系都不能为人所清楚了解……你不仅可以在鬼神的事务上,而且在人间的一切行动和思想上乃至在一切行业和音乐上看到数的力量。"

例如,毕达哥拉斯派之所以能把音乐归结为数与数之间的简单关系,乃是因为他们发现了下列两个事实:第一,弹弦所发出的声音取决于弦的长度;第二,绷得一样紧的弦若其长度成整数比,就会发出谐音。例如,两根绷得一样紧的弦,若一根是另一根长的两倍,就会产生谐音。换言之两个音相差八度。如两弦长为 3 比 2,则发出另一谐音;这时短弦发出的音比长弦发出的音高五度。确实,产生每一种谐音的各根弦的长度都成整数比。毕达哥拉斯派也搞出了一个著名的希腊音阶(musical scale)。我们虽然不打算讲许多希腊时代的音乐,但要指出许多希腊数学家,包括欧几里得和托勒玫,都写过这方面的著作,特别是关于谐音的配合,而且还制定过音阶。

毕达哥拉斯派把行星运动归结为数的关系。他们相信物体在空间运动时发出声音;也许是从绳端吊一东西挥动时发出声音这一点而引起的猜测。他们又相信动得快的物体比动得慢的物体发出更高的音。根据他们的天文学,离地球越远的行星动得越快。因此行星发出的声音(我们因为从出世之日起就听惯了,所以觉察不出来)因其离地球的距离而异而且都配成谐音。但因这"球体的音乐"也像所有谐音一样都可归结为数的关系,所以行星运动也是这样。

毕达哥拉斯派,也许毕达哥拉斯本人,不仅要观察和描述天体运动而且要找出它们的规律。就月球和太阳来说,认为它们作匀速圆周运动的想法是很自然的,因而就猜想所有行星运动都能用匀速圆周运动来解释。晚期的毕达哥拉斯派干了一件更显然与传统决裂的事;他们最早相信地球是个球。又因为他们认为10是理想的数,所以他们肯定移动的天体必定有10个。第一个是中心火球,所有天体包括地球都绕它转动。除地球外他们知道有5个行星。这6个天体,加上日、月以及恒星所附着的天球,总共只有9个运动的天体。因此他们提出存在第10个天体,叫反地球(counter-earth),也是绕中心火球转的。这个反地球我们看不见,因为它在中心火球的另一侧以恰好相同于地球的速度运动,又因为住人的那部分地球是背朝中心火球的。这里我们看到了第一个地动学说。但毕达哥拉斯派并不提出地球有自转;他们只是认为恒星天球是绕宇宙中心转动的。

还有一种信念,认为天体是永恒的、神圣的、完美并且不变的,而尘世物体,即地球和彗星(按希腊人的说法),则要变化、分解、腐朽和死灭,这据说也是从毕达哥拉斯派来的。匀速圆周运动的信念以及天体和尘世物体之分已深入希腊人的思想之中。

自然的其他形形色色特性也可"归结"为数。1,2,3,4这四个数,叫四象(tetractys),是特别受重视的,因它们相加成10。据说毕达哥拉斯派的誓言是:"谨以赋予我们灵魂的四象之名宣誓。长流不息的自然的根源包含于其中。"毕达哥拉斯派认为自然是由四元性组成的;例如,点、线、面和立体,以及土、气、火、水四种元素。四种元素也在柏拉图的自然哲学中占中心地位。因为10是理想的,故10代表宇宙。10的理想性就需要使整个宇宙能用10种对立的范畴来描述:奇与偶,有界与无界,善与恶,右与左,一与多,雄与雌,直与曲,正方与长方,亮与暗,静与动。

毕达哥拉斯哲学显然把严谨的思想同那些被我们今日看作是虚构、无用和不科学的信条混在一起。他们迷信数的重要意义,使他们的自然哲学肯定和自然很少相符之处。但他们确实强调要了解自然,并且不是像爱奥尼亚学派那样通过单独一种物质而是通过数的关系这种形式结构来了解的。此外,他们和爱奥尼亚学派都认识到在单纯感觉材料下面必然潜藏着自然的和谐关系。

现在我们可以认识到何以不可公度长的发现对毕达哥拉斯派哲学是那么可悲的打击:不可公度长之比竟然不能用整数之比来表示。此外,他们相信一直线是由有限个点(他们把它和物理质点视为等同)组成的;但对$\sqrt{2}$那样的长就不可能是如此。如果他们把无理数当作数来接受,他们那个视整数为至上的哲学就要垮台。

由于毕达哥拉斯派把天文和音乐"归结"为数,这两门学科就同算术和几何发生了联系;这四门学科都被人看成是数学学科。甚至一直到中世纪,这仍包括在学校课程中,当时号称"四大科"。如前所说,毕达哥拉斯派注重算术(数论)并不在于该学科的纯美学价值,而是为了要用数来探究自然现象的意义;这就使他们重视一些特殊的比例,重视三角形数、正方形数、五角形数和其他能排成更复杂形体的数。

其次,正是毕达哥拉斯派的这种以数为中心的自然哲学,才使尼科马修斯那样的人重视数。事实上,现代科学也遵循毕达哥拉斯派重视数的传统——不过(以后可以看到)形式远为深奥,而纯为追求美的现代数论则直接从毕达哥拉斯派的算术脱胎而来。

生长在毕达哥拉斯与柏拉图之间那些年代里的哲学家同样关心现实的本质,但没有直接把数学加进去。像巴门尼德(公元前5世纪)、芝诺(公元前5世纪)、恩培多克勒(Empedocles,公元前约484—约前424)、留基伯(Leucippus,约公元前440年)和德谟克利特(公元前约460—前约370)这些人的论点和观点,也像他们的爱奥尼亚前辈一样,是不涉及数量问题的。他们对现实世界的笼统的结论说得最好也不过是从单纯观察而来的提示。但他们都肯定自然界是可以理解的,现实世界是可以用思想来掌握的。他们每个人都是那引向以数学研究自然这根链条上的一个环节。留基伯和德谟克利特特别值得注意,因为他们最明确地提出了原子论。他们的共同哲学观点是:世界是由无穷多个简单的、永恒的原子组成的。这些原子的形状、大小、次序和位置各有差异,但每个物体都是由这些原子以某种方式组合而成的。虽然几何上的量是无限可分的,但原子则是终极的、不可分的质点(原子的希腊文atom 的意思是不可分)。硬度、形状和大小是原子的现实物理性质。其他性质如味、色、热则非原子所固有而来自观察者;所以感性知识不可靠,因它随观察者而异。原子论者也和毕达哥拉斯派一样,声言隐藏在自然界不断变化着的万象之下的真实性是可用数学来表示的,而且认为这个世界上所发生的一切是由数学规律严格确定了的。

柏拉图是仅次于毕达哥拉斯本人的最杰出的毕达哥拉斯派,他是传播这种主张的最有影响的一个人,即认为只有通过数学才能领悟物理世界的实质和精髓。对他来说,世界按照数学来设计一事是毫无疑问的,因为"神永远按几何规律办事"。感官所认识的世界是混乱和迷离的,在任何情况下都是不完美不持久的。物理方面的知识不重要,因为物质对象要变要腐朽;所以直接研究自然以及纯粹物理上的考察都是没有价值的。物理世界只不过是数学家和哲学家所研究的那个理想世界的不完美的抄件(拷贝)。那永恒不变的数学定律才是现实世界的真髓。

柏拉图比毕达哥拉斯派走得更远,他不仅想通过数学来了解自然,而且要用数学来取代自然界本身。他相信只要对物理世界作些洞察一切的鸟瞰而从中抽出基本真理,然后就可以单凭理性继续对此进行考察。从那以后就不存在自然界而只有数学,它可以取代物理研究,就像在几何学里所做的那样。

柏拉图对天文学的态度足以说明他对所追求的知识抱什么看法。他认为这门科学所要关心的不是可见天体的运动。天上星星的罗列和它们表观上的运动诚然奇异美妙,但仅仅对运动作些观察和解释远远不是真正的天文学。要知道真正的天文学，必须先“把天放在一边”，因为真正的天文学是研究数学天空里真星的运动规律的，而可见的天不过是那数学天空的不完美的表现形式。柏拉图鼓励人们去搞一种理论天文学，那里的问题能使人赏心但并不为了能使人悦目，那里的对象能为心智所领悟，但不能为肉眼所察觉。天空呈现在我们眼前的形形色色的图像只不过是帮助我们认识较高真理的一些图表材料。柏拉图是不管天文学在航海、历法和测时这些方面的应用的。

柏拉图对数学在天文学上的作用所持的观点，是他哲学的一个重要组成部分。他的哲学认为存在着一个由形式和观念组成的、客观而普遍可靠的实在世界。这实在世界中的事物是独立于人之外而存在的，它们是不变的、永恒的、无古无今的。我们是通过前世回忆而体会到这些概念的；它们虽存在于心灵之中，但须加以刺激才能将其唤起或将其从深潜之处提出。这些观念是唯一的实在。数学观念也包括在其中，但地位较低，它们介乎感性世界和较高观念如善、真、公正、美之间。在这一无所不包的哲学中，数学观念起两重作用；它们不仅是实在世界本身的一部分，而且(正如我们在第3章中所指出的)帮助训练心灵去认识永恒的观念。如柏拉图在《理想国》第七篇中所说的，学了几何就能更易于认识善这个观念：“几何会把灵魂引向真理，产生哲学精神……”

亚里士多德虽也从他老师柏拉图那里取得不少思想，但对现实世界的研究以及对数学和现实的关系问题，想法很不一样。他批评柏拉图追求彼岸世界的态度，批评柏拉图把科学归结为数学的想法。亚里士多德是个物理学家，他相信物质的东西是实在的主体和源泉。物理乃至一般的科学必须研究具体的世界以获得真理；真正的知识是从感性的经验通过直观和抽象而获得的。然后才能在这样获得的知识上应用理性给予加工。

只凭物质是无意义的。物质本身是不确定的，它只具有成为形式的潜在可能；当物质被组织成各种各样的形式时它才变得有了意义。形式以及引起新形式的物质内部的变化乃是实在世界的有意义之处，也是科学所应真正关心的。

亚里士多德认为物质并非(如早期一些希腊人所相信的)由一种原质组成。我们看到和接触到的物质是由四种基本元素——土、水、火和气组成的。每种元素又有其自身的特征性质。土是冷而干的；水是冷而湿的；气是热而湿的；火是热而干的。因此任一物件的性质取决于所含元素的比例；由此就决定了它的固体性、硬度、粗糙性以及其他品质。

四种元素还有其他一些品质。土和水有重性，气和火有浮性。重性使一元素趋向地心求得静止；浮性使它趋向天空。因此只要知道一给定物所含元素的比例，就可以决定它的运动情况。

亚里士多德把固体、液体、气体看成三类不同的物体，以其具有不同物性上的品质而互相区别。例如物体从固体变为液体说明它失去一种品质而代之以另一种品质。因此若要把水银变为硬的黄金就意味着需要从水银里去掉具有流动性的物质而代之以其他物质。

科学还必须考察变化的原因。亚里士多德认为原因有四类。第一类是物质的或内在的原因;对一个黄铜塑像来说,黄铜是内在原因。第二类是形式原因;对塑像来说,这就是它的设计和形状。谐音的形式原因是八音度里的 2 比 1 的格局。第三类原因是作用原因,是起作用的东西或人;艺术家和他的凿子是塑像的作用原因。第四个是终因,或现象所服务的目的;塑像是用来悦人心意,提供美感的。终因是四类原因中最重要的,因为它给出事件或现象的终极理由。每件东西都有一终因。

在事物的这种分类方案里把数学摆在什么地位呢?物理科学是研究自然的基本科学,数学则从描述形式上的性质(例如形状和数量)这方面来帮助研究。它也给物质现象上所观察到的事实提供解释。例如几何用以说明光学和天文所提供的事实,算术上的比例关系能说明产生谐音的理由。但数学肯定是从现实世界抽象而来的,因为数学对象不能独立于或先于经验而存在。它们是作为能够被感觉到的对象本身与对象的本质之间的一类观念而存在于人的心目中的。因它们是从物理世界抽象而来的,所以它们能应用于物理世界;但若脱离可见的或可感触的事物,它们便没有实在性。单靠数学是决不能充分确定物质的。质的差异,例如颜色间的差异,是不能归结为几何差异的。因此在研究原因时,数学至多只能提供形式原因方面的一些知识,就是说只能提供一种描述。它能描述物理世界中所发生的事,能把同时发生的变异联系起来,但对运动或变化的作用原因和终因却不能置一辞。所以亚里士多德是把数学和物理严格区别开的,并给予数学以次要的地位。他对预测未来是不感兴趣的。

综上所述可以看出那些塑造希腊学术界的所有哲学家对于自然界的研究强调要理解和领悟其内在实质。从毕达哥拉斯时代起,几乎所有学者都说自然界是依数学方式设计安排的。自然界依数学方式设计安排这种信念是在古典时期形成的,并在那时开始探索数学规律的。虽然不能说此后所产生的全部数学都是从贯彻这一信念而引起的,但一旦建立了这种信念,它就被极大多数的大数学家所接受并自觉地贯彻执行。这种信念直到 19 世纪末一直占优势,在那个时期探索自然界的数学设计方案被人认为就是探索真理。虽有少数希腊学者(如托勒玫)认识到数学理论只不过是为有系统地了解自然而作出的人为尝试,但对于数学规律为自然真理这种信念却吸引了一些最深刻最崇高的思想家去研究数学。

为了使读者更易于理解 17 世纪所出现的事情,我们还应该指出希腊人对心智力量的重视。因为希腊哲学家相信心智是掌握自然的最有力的因素,所以他们把心智所欣赏的原理作为第一原理。例如圆周运动为运动的基本类型这种信念就是从其形式的优美为心智所欣赏而来的，亚里士多德辩护此说的理由也是说圆是完整的而直线形因其是由许多线段所围成的，所以是不完整的，从而是次要的。至于天体只应作匀速的或等速的运动这种想法，它之所以能迎合心智也许因为这种运动比非匀速运动简单。匀速的圆周运动似乎是适合于天体的运动。至于世俗物体之所以异于行星、太阳和恒星也是有理可说的，因为天体外貌保持不变而地上事物变化明显。亚里士多德虽只强调那种有助于理解现实世界(人所能观测的世界)的抽象，但甚至他也说我们应该从心智所明了的原理出发，然后去分析自然界里发现的事物。他说我们应该从普遍到特殊，从个别的人到人们(原文如此，因与头一句矛盾，疑原书有误。——译者)，正如小孩起头把一切男人都叫爹而到后来才能区别那样。所以即使是从具体对象作出的抽象，事先也需要有源于心智的一些总原理。心智能产生第一性原理的这种信念到 17 世纪终于被推翻了。

4. 希腊的数理天文学

现在来考察希腊人在用数学描述自然的工作方面做出了什么成绩。希腊人所建立的几门科学只是从柏拉图时代起才搞出相当内容和定出方向的。这里虽然只打算回顾天文学但附带也涉及欧几里得几何的一个方面。我们已说过球面几何是为天文学而发展的。几何实际是宇宙学中的一部分。希腊人认为几何原理是体现在宇宙的整个结构中的，而空间是宇宙的主要组成部分。因此研究空间本身以及空间中的图形对于了解宇宙这个较大的目标甚为重要。换言之，几何本身就是一门科学，关于物理空间的科学。

柏拉图虽也充分认识到巴比伦人和埃及人的天文观察材料为数是很可观的，但正是他强调指出对于行星的不规则运动缺乏内在的或统一的理论或解释。欧多克索斯曾一度是柏拉图学院里的学生，他着手解决柏拉图所提出的“整理外观”的问题。他所做的答案是第一个比较完整的天文学说。他写过四本天文书——《镜》(*Mirror*)，《现象》(*Phenomena*)，《八年周期》(*Eight-Year Period*)和《论速率》(*On Speeds*)，但现今只知道其内容的片断。我们是从这些片断和其他作家所提及的材料知悉欧多克索斯学说的主要精神的。

从地上看到的日月的运动可以粗略地描述成匀速圆周运动。但它们偏离圆轨道的程度大到足以被人观测出来因而需要加以解释。至于从地上所看到的行星运动就更复杂，因在它们运动的任意一圈的过程中，会在短期内倒过来走一段回头路之后再往前走，而且它们在这些路上的速率也是变化着的。

为用几何上简单的圆周运动来说明这些实际的、颇为复杂而且似乎不遵守任何规律的运动,欧多克索斯提出了如下的方案:任一天体都有三四个以地球为中心的同心球,而各个球都绕一轴转动。最里面的一个球是带着那个天体的,而天体则沿着球的所谓赤道运动;就是说转轴垂直于运动天体的圆形路径。不过这最里面的球在绕轴运转之时被下一个同心球这样带动:设想第一球的两轴延长而两端固定在第二个球上,则第二球在绕其轴转动时就带动第一球的轴一起转动,同时第一个球仍绕它自己的轴转动。第二球的轴又随第三球绕其轴旋转而一起转动。欧多克索斯发现用三个球就足以复制出从地上看到的日、月的运动。对于每个行星就要用第四个球,而这第四个球是带着第三个球的轴一起旋转的。每个组合的最外面的球,每 24 小时内绕一根通过天极的轴旋转一次。欧多克索斯总共用了 27 个球。他精心选取这些球的旋转轴、旋转速度、球半径,使得他的理论尽量符合当时所有的观测数据。

欧多克索斯的方案在数学上很优美并在许多方面很了不起。用球的组合这个想法本身就很巧妙;而选取球轴、半径和转速,使天体的合成运动符合实际观测数据的工作,则需要在处理曲面和空间曲线(即行星运行路径)方面有极大的数学技巧。

特别值得指出的是,欧多克索斯的理论是纯数学的。他所说的一些球,除了恒星所在的那个天"球"之外,都不是实际观察到的球而只是数学的构想。他说有一些力使这些球转动,但他也并没有设法讲明那是些什么力,他的理论是彻底符合现代精神的,因为如今科学的目标是作出数学描述而不是寻求物理的解释。

欧多克索斯系统有严重的缺点。它不能说明太阳速度的变化,并对其实际路线的描述也稍有错误。他的理论同火星的实际运动根本不相符,同金星运动的符合程度也不能令人满意。欧多克索斯之所以容忍这样的缺点,可能是由于他手头没有足够的观测数据。他也许在埃及只学了一些关于驻点、逆行以及外行星(火星、木星和土星)的运行周期等主要事实。或许又由于这一原因,使他所算得的天体大小和距离的值很粗略。阿利斯塔克说欧多克索斯相信太阳直径是月球直径的 9 倍。

亚里士多德并不欣赏纯数学的方案,因此他并不满足于欧多克索斯的解决办法。他为设计出让一球推动另一球旋转的实际机构,又在欧多克索斯的球之间增加了 29 个球,使一球的转动能通过实际接触推动另一球,而使所有球的动力来自最外面的那个球。在亚里士多德的有些著作中把本身运动着的恒星天球作为推动其他各球的第一个动力。在另一些著作中则认为在天球背后有一个不动的推动者。他的 56 个球把这系统搞得如此复杂,使科学家不能置信,虽然它在中世纪有教养的世俗人士中间还是很风行的。亚里士多德也相信大地是球形的,因为从对称和平衡方面的理由来说需要如此,更因为月蚀时看到的地球在月球上的影子是圆的缘故。

从亚里士多德以后几乎不断有人写天文著作。在奥托吕科斯的著作(第3章第10节)和欧几里得的《现象》(第4章第11节)之后,下一批天文学巨著是亚历山大学者写的。巴比伦人在塞琉西时代所作的观测(叫加尔底亚观测)和亚历山大学者自己测出的数据使原有数据大为丰富和准确。

亚历山大的第一个大天文学者是阿利斯塔克(公元前约310—前230),他在几何、天文、音乐和其他科学分支上学问广博。他所著《论日月的体积和距离》(*On the Sizes and Distances of the Sun and Moon*)(现尚存希腊文和阿拉伯文手抄本)是第一个测量日月到地球距离和这些天体相对大小的重大尝试。这些计算同时又是说明亚历山大学派注重数量的另一个例子。阿利斯塔克没有三角知识也没有准确的 π 值(阿基米德的工作出现在他之后),但他把欧几里得的几何用得很得法。

他知道月光是反射光。当恰好半个月球被照亮时,M 处(图7.1)的角是直角。在 O 处的观察者可测出该处的角,于是至少可估算出 OM 与 OS 的相对距离。阿利斯塔克测出的角是87°;它的准确到分的值是89°52′。因此他估出太阳离开地球与月球离开地球的距离之比在18到20之间。正确的比是346。

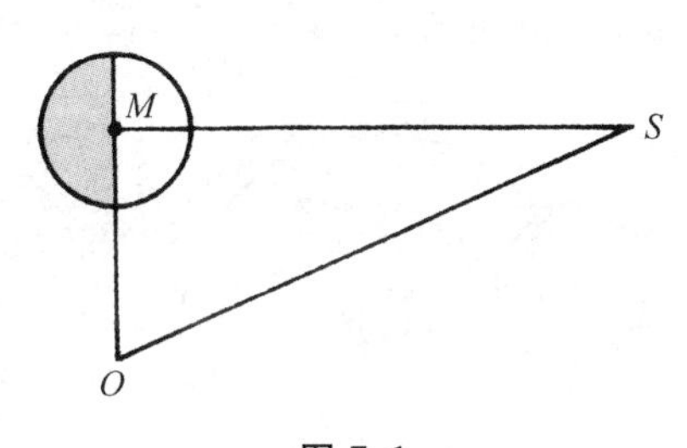

图7.1

求得了相对距离之后,阿利斯塔克就通过从地上看到的日轮和月轮的大小测定它们的相对大小。他得出的结论是太阳比月球大7 000倍。这里同实际差得很远;正确的数字是64 000 000倍。他又求得太阳直径和地球直径之比在19/3与43/6之间;但正确的比约为109。

阿利斯塔克在第一个提出日心说(即地球和行星都围绕固定的太阳作圆周运动)这方面也同样出名。恒星也是固定的,它们看上去好像在转动,实际上那是地球绕轴自转的结果。月球是绕地球转动的。我们今天虽然知道阿利斯塔克的思想是正确的,但它不能为当时的人所接受是有许多原因的。其一是按照亚里士多德所精心阐述的希腊力学(见下)不能说明在一个运动着的地球上能放得住东西。照亚里士多德的说法,重物趋向宇宙中心。只要你承认地球是宇宙的中心,这一原理就可用来说明物体落向地面的运动;但若地球也在运动,那么落体就会掉在后面。托勒玫曾用这个论点来反对阿利斯塔克,并且事实上后人也拿它来反对哥白尼(Nicholas Copernicus),因当时的力学仍是亚里士多德的那一套东西。托勒玫还说运动的地球会把天上的云抛在后头。其次,亚里士多德的力学需要有一种力来使地球上的东西保持运动而又看不出有什么力。但我们不知道阿利斯塔克是怎样回答这些论点的。

另一个反对阿利斯塔克的论点是:如果地球在动,那它同恒星的距离就会变,而看起来却并没有变。对此阿利斯塔克给予了正确的反驳;他说恒星天球的半径是如此之大以至地球轨道相形之下小得微不足道。阿利斯塔克的日心说之所以被许多人所摒弃是因为他把地上的朽物与天体的不朽之物视为等同。行星绕日作圆周运动之说当然是不能令人满意的,因为运动情况实际上要比这复杂得多。但日心说的思想是可以改进的,而哥白尼以后确实作了这种改进。但这对希腊人的思想来说未免太激进了。

定量的数理天文学的奠基人是阿波罗尼斯。人们称他为厄泼色隆(希腊字母 ε 的读音),因 ε 这个记号常被人用来表示月球,而阿波罗尼斯的大部分天文学是研究月球运动的。但在考察他的工作以及与之有密切关系的希帕恰斯和托勒玫的工作以前,我们先要考察一下希腊人在欧多克索斯和阿波罗尼斯所处时代之间搞出来的一套基本天文方案,即本轮(epicycle)和均轮(deferent)的方案。按照这套方案,一行星 P 在中心为 S 的一个圆周上作匀速运动(图 7.2),而 S 本身则在以地球 E 为中心的一个圆周上作匀速运动。S 所沿着运动的圆叫均轮;P 所沿着运动的圆叫本轮。对某些行星来说,点 S 就是太阳,但在其他情形下则只不过是数学上假设的一个点。P 与 S 的运动方向可能相符,也可能相反。太阳和月球的情况就属于后一种。

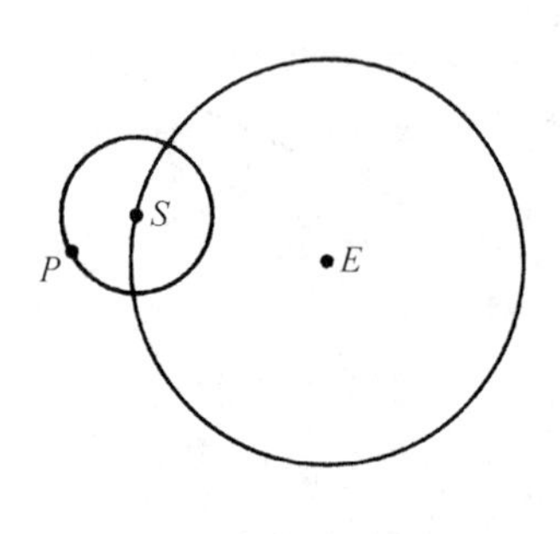

图 7.2

据认为阿波罗尼斯对本轮运动的这套方案以及用来表示行星和日、月运动的细节是彻底知悉的。托勒玫把行星在轨道上停下来并开始逆行的点的确定特别归功于阿波罗尼斯。

希腊天文学的顶点是希帕恰斯和托勒玫的工作。希帕恰斯(死于公元前约125年)沿袭了均轮和本轮的这一套方案,并将其应用于当时所知的五大行星以及日月和恒星的运动。我们是通过托勒玫的《大汇编》获悉希帕恰斯的著作的,但很难区别哪些是属于希帕恰斯的而哪些是属于托勒玫的。希帕恰斯在罗得斯观象台工作35年之后并应用巴比伦人的观测数据搞出了本轮运动理论的细节。他通过适当选取本轮和均轮的半径以及天体在本轮上的和本轮圆心在均轮上的运动速度,使他能把运动的描述加以改进。对太阳和月球的运动的描述他处理得很成功,但对行星的运动只能获得部分成功。自希帕恰斯时代之后,月蚀的时间能准确预报到一两个小时之内,但对日蚀的预报却不那么准。这一理论也可用以说明四季的来历。

希帕恰斯的独特贡献是他发现了岁差(precession of the equinoxes)。为说明这一现象，设地球的旋转轴远及恒星天球。它与恒星天球相交的点每隔 26 000 年转动一圈。换言之，地轴相对于恒星的方向是不断变化的，而且这一变化是周期性的。它在任一时候所指向的那个星叫北极星。上述那个圆圈的直径在地球上的张角是 45°。

希帕恰斯还在天文学上作出了其他许多贡献，如观测仪器的制作、黄道角的测定、月球运动不规则性的测量、太阳年日数的改进(他测到 365 天 5 小时 55 分 12 秒——比近代数字约长 6½分)以及大约一千个恒星星表的编制等。他求得月地距离与地球半径之比为 67.74，而现代的数值是 60.3；他算出月球半径是地球半径的 1/3，而现代的数字是 27/100。

托勒玫推广希帕恰斯的工作，进一步对所有天体的数学描述加以改进。他在《大汇编》里所论述的那个推广了的理论，把周转圆和均轮这一套地心说理论作了完整阐释，故后人称之为托勒玫理论。

为使这套几何说法符合观测数据，托勒玫还对周转圆上的运动加上一种变动叫做均匀平化运动(uniform equant motion)。根据这一方案(图 7.3)，行星沿中心为 Q 的一周转圆运动，而 Q 沿以 C 为圆心的圆周运动，不过这里的 C 不是地球而是稍偏离一点。为确定 Q 的速度，他引入一点 R 使 $EC = CR$，并使 $\angle QRT$ 匀速增大。这样 Q 就以匀角速度运动，但不是以匀线速度运动。

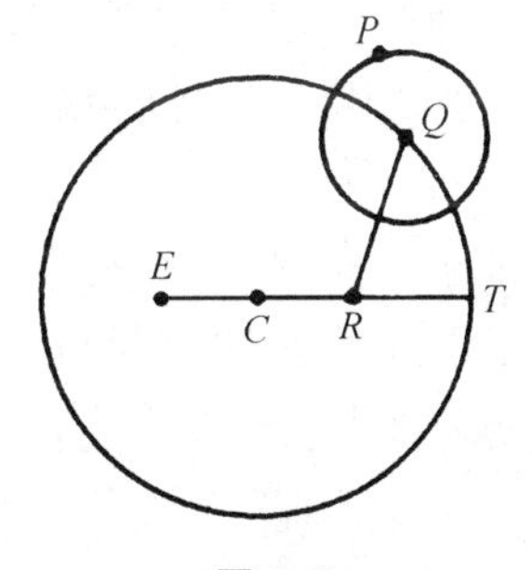

图 7.3

希腊天文学家所采取的方法和所获得的理解是有彻底现代精神的。亚历山大的希腊天文学家如希帕恰斯和托勒玫都亲自作观测；事实上希帕恰斯并不信赖古代埃及人和(巴比伦)加尔底亚人的观测数据而重新进行观测。古典时代和亚历山大时代的天文学家不仅提出理论，并且也充分认识到这些理论并非真正的设计方案而只不过是能符合观测数据的一种描述。托勒玫在《大汇编》中说[①]，天文学里应力求使数学模型最为简单。这些人也像其他希腊学者一样，并不寻求关于运动的物理解释。关于这一点托勒玫说[②]："总之，一般说来第一性原理的终因若不是无关紧要便是很难说明其本质的。"不过他自己的数学模型以后却被基督教人士视为只字不可改的真理。

托勒玫的理论提供了第一个相当完整的证据，说明自然是一致的而且具有不变的规律，而且也是希腊人对柏拉图提出的合理解释表观天体运动这一问题的最

---

① 第八篇第 2 章末段。
② 《大汇编》第九篇。

后解答。在整个希腊时期没有任何一部著作能像《大汇编》那样对宇宙的看法有如此深远的影响,并且除了欧几里得的《原本》以外,没有任何别的著作能获得这样毋庸置疑的威信。

对希腊天文学的这一简短叙述,并未充分显示出即令只是在这里所提到的几位希腊学者工作的深度和广度,并且还略去了其他许多贡献。几乎每一位希腊数学家,包括阿基米德在内,都研究过天文学。希腊天文学是高明而又广博的,并且应用了大量的数学。

5. 地　理　学

另一门奠基于希腊时代的科学是地理。虽然有少数几个古典时代的希腊人如阿那克西曼德和米利都的赫卡托伊斯(Hecataeus,死于公元前约 475 年)曾绘制了当时所知地面的地图,但到了亚历山大时代地理学才有了大的进展。他们测量或计算了地面上的距离、山的高度、谷的深度、海的广度。由于希腊世界的范围扩大了,更促使希腊人去研究地理。

亚历山大时代的第一个大地理学家是昔勒尼的埃拉托斯特尼(公元前约 284—约前 192)。此人是亚历山大图书馆馆长、数学家、哲学家、诗人、历史学家、语言学家、年表学家,并以古代最有学问的人闻名于后世。他曾在雅典柏拉图的学校里求过学,后被托勒玫三世延请到亚历山大。埃拉托斯特尼在亚历山大一直工作到晚年失明时为止,他由于失明自己绝食而死。

埃拉托斯特尼搜集了当时所知道的地理知识,计算了地面上许多重要地点(如城市)之间的距离。他最出名的工作是计算了地球(大圆)的周长。在赛伊尼(Syene)即如今叫阿斯旺的那个地方,夏至那天中午的太阳几乎正在天顶(图 7.4),(这是从日光直射进该处一井内而得到证明的)。同时在亚历山大,该处在赛伊尼之北而几乎(1°之内)与它在同一子午线上,其天顶方向(图中的 OB)与太阳方向(图中的 AD)的夹角测得为 360°的 1/50。因太阳距地很远,故可把 SE 和 AD 看成是平行的。因此 $\angle SOA = \frac{1}{50} \times 360°$。这说明 SA 弧是地球周长的$\frac{1}{50}$。赛伊尼到亚历山大的距离埃拉托斯特尼是这样估算的。骆驼队一天走 100 个视距段(stadia),从亚历山大到赛伊尼须走 50 天。因此这段距离是 5 000 个视距段,从而地球周长是 250 000 个视距段。一般认为一个视距段等于 157 米,故埃拉托斯特尼所得结果是 24 662 英

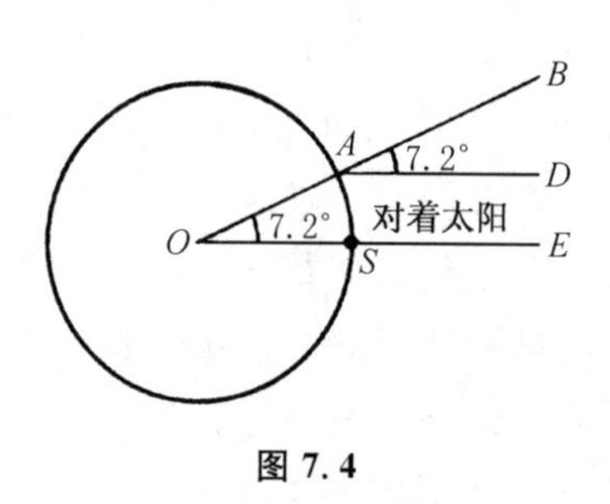

图 7.4

里。这个结果比以前一切估算的结果精确得多。

埃拉托斯特尼写过《地理学》(*Geography*)一书,其中载入了他所作测量和计算的方法和结果。他还在书中说明了地表变化的性质和原因。他还绘制过世界地图。

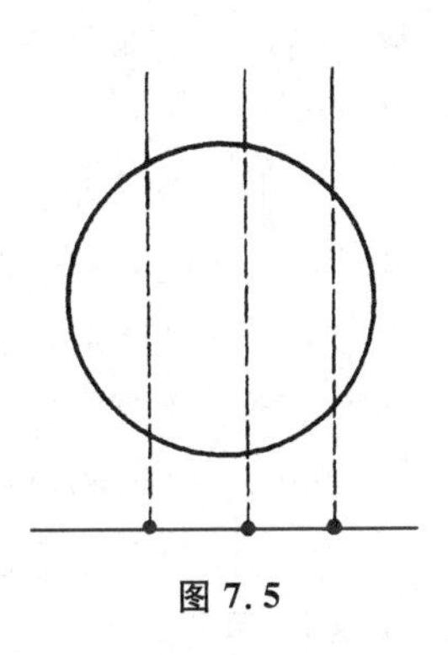

图 7.5

科学方法绘制地图成为当时地理工作的一部分。一般认为纬度和经度是希帕恰斯引入的,但这套办法在他之前就已经有人知道。用了经纬度当然就可以准确描述地球上的位置。希帕恰斯确曾发明了正交投射法,用无穷远处射来的“光线”把地球投射到一个平面上(图 7.5)。例如,我们看到的月球实际上就是它的正交投射图。他用这个方法就可把一部分地面画在一个平面上。

托勒玫在他的《平球法》(*Planisphaerium*)中用了球极平面投影法(在他之前希帕恰斯可能已经用过)。从 O 作一直线通过地球上一点 P 延长到赤道平面或另一极处的切平面(图 7.6)。据说希帕恰斯是利用切平面的,而托勒玫是利用赤道平面的。这样就把球面上的点映射到一个平面上。在这种投影图里,从图中央到图上所有点的方向是真实方向。局部性的角也是不变的(保角映射),但托勒玫并未提及这一点。因此子午线和纬线是成直角的。球面上的圆在图面上还是圆,但面积变了。托勒玫自己又发明了一种锥面投影法,这就是把地面上一块区域从地心投射到一个相切的锥面上(图 7.7)。

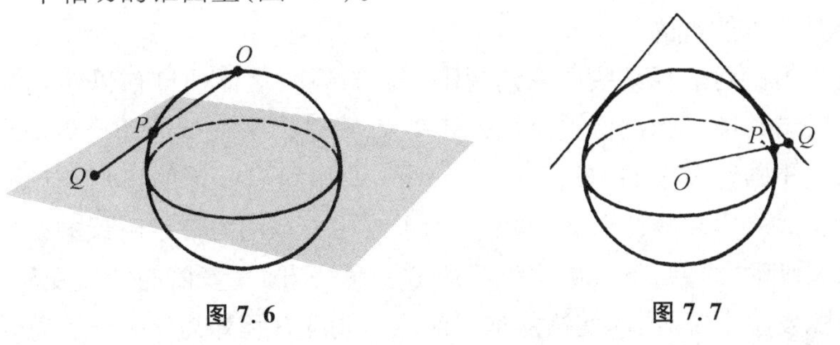

图 7.6　　图 7.7

托勒玫在他那部包含八篇的《地理学》(*Geographia*)中讲述了绘制地图的方法。第一篇第 24 章从章名和内容上看可知是专门论述把球面绘成平面的最古老的著作。全部《地理学》可说是第一本地图集和地名辞典。它给出了地球上 8 000 处地方的经纬度,在好几百年间是一本标准的参考书。

6. 力　学

希腊人开创了力学这门科学。亚里士多德在他的《物理学》(*Physics*)中编辑了一套运动的理论,成为希腊力学的最高成就。同他的全部物理学一样,他的力学是从一些理性的似乎是不言自明的原理出发讲述的,但这些原理仅仅得自观察或略经实验核证。

按亚里士多德的说法,运动有两类,一类是天然的,另一类是激发的或人为的。天体只有天然运动——圆周运动。至于地上的东西,他说它们能有天然运动(相对于把一物从一处投掷或拉曳到另一处的那种激发运动而言)乃是因为每件物体在宇宙中有其平衡于其他物体或获得静止的自然位置。重物以宇宙中心即地心为其自然位置。轻物(如气体)的自然位置在天上。当物体趋向它的自然位置时就引起天然运动。地上物体的天然运动是循直线上升或下落的。若地上一物不在它的天然位置上,它就要尽可能快地达到它的天然位置。激发运动(即人为运动)则是由圆周运动和直线运动组成的。例如把一块石子朝上直投,它就循直线往上并循直线下落。

运动中的任一物体都受到力和阻力。在天然运动的情况下,力就是物的重量,阻力则来自物运动所经过的媒质。在激发运动的情况下,力来自人的手或某种机构,阻力则来自物的重量。没有力就没有运动;没有阻力运动就会一下子完成。所以任何运动的速度取决于力和阻力。这些原理可以用现代写法总结成公式 $V \propto F/R$,即速度正比于力而反比于阻力。

因激发运动中的阻力来自物体的重量,故对较轻的物体而言,阻力 R 就较小。根据以上公式,运动速度 V 就会大一些;就是说,在同一力的作用下,较轻的物体运动得快一些。由于天然运动中的阻力来自媒质,所以在真空中的速度将为无穷大。因此真空是不可能有的。

亚里士多德对解释某些现象感到困难。为说明落体速度何以会增大,他说物体之所以随着其接近天然位置而增大其速度,乃是因为物体运动得更加欢乐;但这同速度取决于固定重量的说法不一致。对于弯弓射出一箭的情形,亚里士多德说箭之所以在离弓后能继续运动,乃是因为手或弓弦把动力传给附近的空气,而这附近的空气又把动力传给下一层空气等之故。另一方面,箭前的空气受压缩而奔绕到箭后以免发生空隙,因而使箭能推向前进。他没有解释为什么推动力会消衰。

希腊时代最大的数学物理学家是阿基米德。任何别的希腊学者都没有像他那样把几何与力学结合得如此紧密,并像他那样巧妙地善于用几何论点来作证明。他在力学方面写过《论平板的平衡》[或《平板的重心》(*The Centers of Gravity of Planes*)],这是一部共含两篇的著作。他所说的一个物体或一组固连物体的重心,也同我们今天所说一样,是指能使该物体或该组物体在只有重力作用时支于该处而获得平衡的点。他开头提出关于杠杆和重心的一些公设,例如(次序编号仍按阿基米德):

1. (离开杠杆支点)等距离处的相等重量处于平衡,不等距离处的相等重量不平衡而朝着距离较远处的那个重量倾斜。

2. 若在(离开杠杆支点)某两个距离处的两个重量处于平衡,而在其中一重量上加一物,它们就不再平衡,朝着加物的那个重量倾斜。
5. 面积不同而相似的图形,其重心也在相似的位置……
7. 凡周边凹向同侧的任一图形,其重心必在图形内部。

他在这些公设之后列举了一些命题,其中有些证明要依据其失传著作《论杠杆》中的结果:

命题 4. 若两个相等重量的重心不在同一个地方,则它们合在一起时的重心乃是其重心连线的中点。

命题 6 与 7. 两个量,不管其可公度与否,其到平衡处的距离与该两量成反比。

命题 10. 任一平行四边形的重心是其对角线的交点。

命题 14. 任一三角形的重心,是其任两顶点与其对边中点所作两根连线的交点。

第二篇论述一抛物线弓形的重心。其主要的定理中有:

命题 4. 为一直线所割出的任一抛物线弓形的重心位于该弓形的直径上。

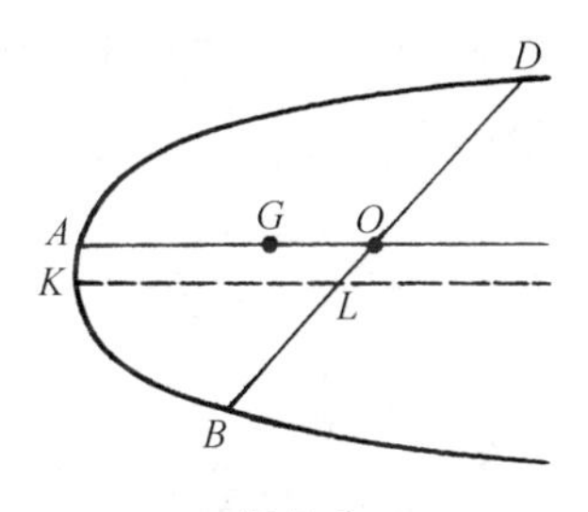

图 7.8

直径是 AO(图 7.8),这里 O 是 BD 的中点,而 AO 平行于抛物线的轴。证明要利用他在《抛物线的求积》一书中的结果。

命题 8. 若 AO 是抛物线弓形的直径,G 是它的重心,则 $AG=(3/2)GO$。

求重心的工作在亚历山大希腊时期的许多书里都有。例如赫伦的《力学》(*Mechanica*)和帕普斯的《数学汇编》的第八篇(第 5 章第 7 节)。

流体静力学(研究静止液体的液压)是阿基米德奠立的。在他的《论浮体》一书中,他论述了水施于浸入其中物体的压力,他提出两个公设。第一个是说液体任一部分施于液体的压力是朝下的。第二个公设说液体对置于其中一物的压力是沿着通过该物体重心的一根垂线朝上的。他在第一篇中证明的一些定理是:

命题 2. 任一静止液体的表面是中心在地心处的一个球的球面。

命题 3. 凡与等体积液体等重的固体,若置于液体内,必将浸没到使其表面不致露出液面,但不会浸得更深。

命题 5. 若将轻于液体的任一固体置于液体内,它将下沉到这样的程度,使该固体[在空气中]的重量等于其排开的液体的重量。

命题 7. 若将一重于液体之物置于液内,它将下沉到液底,且若在液体内衡其重量,则其轻于原重之数等于其所排液体的重量。

最后这个命题一般认为是阿基米德据以确定那个王冠成分的(第 5 章第 3 节)。他必定是照着下面这样来论证的:设 W 是王冠的重量。拿一块重量为 W 的纯金放在水里称,它就要减轻 F_1——所排去水的重量。同样,一块重量为 W 的纯银所排去水的重量 F_2 可由纯银在水中称出重量后求得。于是若原来那个王冠含重 w_1 的金和重 w_2 的银,则原王冠所排去的水重应等于

$$\frac{w_1}{W}F_1+\frac{w_2}{W}F_2.$$

今设 F 是王冠所排水的实际重量。则

$$\frac{w_1}{W}F_1+\frac{w_2}{W}F_2=F,$$

或即

$$w_1F_1+w_2F_2=(w_1+w_2)F,$$

或

$$\frac{w_1}{w_2}=\frac{F_2-F}{F-F_1}.$$

于是阿基米德可以定出王冠里的金银含量之比而无需弄毁王冠。在维脱鲁维(又译"维特鲁威",Vitruvius)讲的这个故事里,阿基米德是用所排水的体积而没有用重量。这时 F, F_1, F_2 分别是王冠,重量为 W 的纯金,重量为 W 的纯银所排去水的体积。代数演算的结果仍一样,但没有用到命题 7。阿基米德确实找出金冠里掺了银。

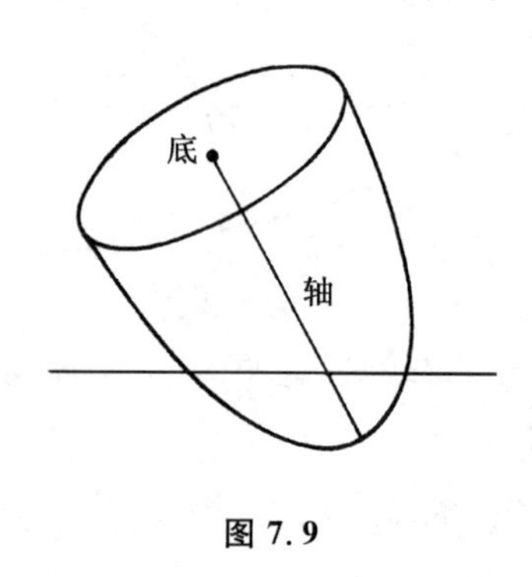

图 7.9

为使读者对阿基米德著作中所处理的问题在数学上和物理上的复杂程度有些印象,我们摘录第二篇中一个简单的命题。

命题 2. 有一旋转抛物体的正截段,其轴不超过 $3p/4$[p 是其生成抛物线的正焦弦或主参量],其比重小于液体。若将它浸入液体中使它的轴与垂直方向成任一角但不让截段的底接触水面(图 7.9),则该抛物体截段不会停留在那个位置而要回复到使它的轴处于垂直方向的位置。

阿基米德所处理的是物体在水里的稳定性问题。他说明物体放到水里后在什么条件下能转向或保持平衡位置。这些问题显然是对船舶在水里受倾侧后所出现情况的理想化描述。

7. 光　学

除天文学外,数学里搞得最经久最成功的要算是光学了。光学是希腊人创立的。从毕达哥拉斯以后的几乎所有希腊哲学家都探讨过光的性质、视像和光色。但我们关心的是数学方面的成就。第一项成就是西西里岛阿格里根(Agrigentum)的恩培多克勒(约前 490 年)先验地提出的光以有限速度行进的说法。

光学方面的第一批系统性的著作是欧几里得的《光学》和《镜面反射》。《光学》

研究视象问题以及怎样从视象确定物体的大小。欧几里得先摆出定义(其实是公设),他的第一个定义(正如柏拉图那样)说人之所以能看到东西(产生视象),乃是因为从眼睛里发出的光循直线行进照射到所见的物体上的缘故。第二个定义说视线成一锥体,其顶点在眼睛处,其底面在所见物体的最远端。定义 4 说两物中若一物所定视线锥的顶角较大,该物看起来就显得较大些。然后在命题 8 中欧几里得证明两个相等而平行的物体(图 7.10 中的 AB 和 CD)的视观大小并不和它们到眼睛的距离成比例。命题 23 到 27 证明眼睛看球实际所见的不到球的一半,而所见部分的外廓是个圆。命题 32 到 37 指出看一个圆,只有当眼睛在圆平面圆心处的垂线上时,所见的才是一个圆。欧几里得又指出怎样从平面镜里所见的镜像来算出实物的大小。书里共有 58 个命题。

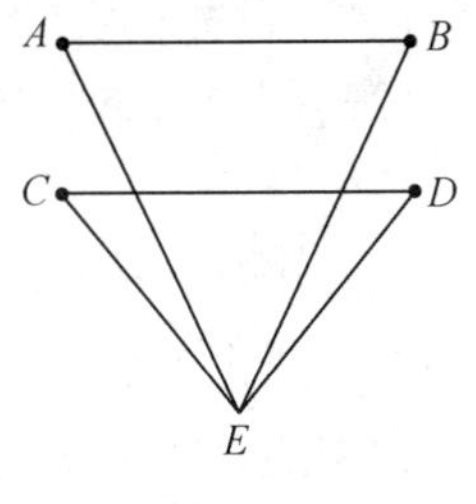

图 7.10

《镜面反射》描述从平面镜、凹面镜和凸面镜反射出来的光的习性以及它对我们视觉的影响。这书也像《光学》一样是从实际上就是公设的一些定义出发的。定理 1 讲反射律,这是现今所谓几何光学的一个基本定律。这定理说入射线与镜面所成角 A(图 7.11)等于反射线与镜面所成角 B。现今更普遍的说法是 $\angle C = \angle D$,而把$\angle C$ 称为入射角,把$\angle D$ 称为反射角。欧几里得还证明了光线照射在凸或凹镜面上的规律,他是以光线照射镜面处的切平面代替镜面来证明的。

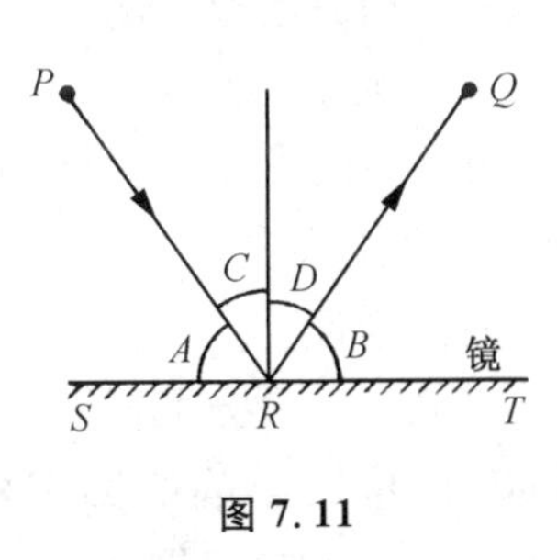

图 7.11

赫伦从反射律推出了一个重要的结论。若 P 及 Q 是在直线 ST 同侧的任意两点(图 7.11),则从点 P 到直线再到点 Q 的一切路径中,以通过直线上点 R 使线段 PR 及 QR 与 ST 的夹角相等的那个路径为最短,而这恰好就是光线所要经过的路径。所以光线从 P 出发照过镜面再到 Q 是采取最短路程的。很明显,自然界是很了解几何,而且是运用自如的。这命题出现在赫伦的《镜面反射》一书中,那也是讲述凹镜、凸镜和复合反射镜的。

有不少著作是论述光线在各种形状镜面上的反射的。其中有阿基米德所著而现已失传的《镜面反射》(*Catoptrica*)以及狄奥克莱斯和阿波罗尼斯所写书名同为《论点火镜》(*On Burning-Mirrors*)的两部著作。点火镜肯定是呈球面形、旋转抛物面形和旋转椭球面的凹面镜,而旋转椭球面是指椭圆绕其长轴旋转而生成的形体。阿波罗尼斯肯定知道抛物镜面能把焦点处发出的光反射成平行于镜面轴的光束。反之,若照射的光线平行于轴,则反射后就聚集在焦点处。这样就可把太阳光聚集在焦点处产生高温,从而有点火镜之名。据说阿基米德就利用抛物镜面的这一性质把日光集中到罗马船上使它们起火的。阿波罗尼斯也知道其他圆锥曲线的反射性质,例如,从椭球面镜一焦点发出的光经反射后会集中到另一焦点上。他在所著《圆锥曲线》第三篇里讲述了椭圆和双曲线的有关几何性质(第 4 章第 12 节)。他以后的希腊人,特别是帕普斯,肯定是知道抛物面的聚焦性质的。

光的折射现象,即光在一个性质处处不同的媒质内通过时弯曲的现象,或光线从一个媒质进入另一媒质(例如从空气进入水)而突然改变方向的现象,曾为亚历山大时期的希腊人所研究。托勒玫注意到来自太阳和星星的光线受大气折射的影响,并打算(没有取得成功)找出光线从空气进入水或从空气进入玻璃时发生折射的规律。他所著关于镜面和折射的书《光学》(*Optics*)流传到今天。

8. 占 星 术

虽然今天已不把占星术当作科学,但在早期文明社会中确曾被人当作科学看待。公元前 2 世纪左右亚历山大希腊人搞的那套占星术和亚述时期巴比伦人的占星术不同。后者只是从观察行星的位置来推出关于君王和国家大事的结论。他们不搞计算,人出生时刻的星象是不起作用的。但希腊或亚历山大的占星术是牵涉到个人的,它根据所算出的黄道带里的日、月和五大行星在出生时刻的位置,可知其人的未来和命运。希腊人为计算这些数据就搞出了一大套的道理。

亚历山大希腊人对这门科学肯定是研究得很认真的。托勒玫在这方面写了一本出名的书,叫《四书》(*Quadripartite* 或 *Tetrabiblos*)或《论星辰影响的四书》(*Four Books Concerning the Influence of the Stars*),其中指出了如何根据星象来预卜未来的规则。这书被人使用了一千年。

占星术在科学史上的意义在于其促进了天文学的研究,这不仅在希腊,而且在印度、阿拉伯和中世纪的欧洲都是如此。占星术培育了天文正如炼金术培育化学一样。奇怪的是,人们把占星术预言的错误归咎于天文计算的错误,而并不归咎于占星术说法的不可靠。

在亚历山大希腊人那里数学开始被应用于医学,特别是通过占星术的媒介而应用于医学。他们有的医生就叫医道数学家,是根据占星术的征象来决定医疗办法的。希腊时代的大医生盖伦是坚信占星术的,这也许情有可原,因最闻名的天文学家托勒玫也信占星术。数学和医药的这一联系在中世纪变得更加密切了。

由于我们所关心的是数学,所以对希腊科学的叙述是有关数学方面的。希腊人也在其他(至少在当时)与数学无关的领域里进行过研究。他们也作了实验和观测,特别是天文观测。但他们的主要成就是在科学工作中确立了数学的重要作用。柏拉图写的对话《爱好者》(*Philebus*)发表了这样的思想,说每门科学只有当它含有数学时才成其为科学;这一原则从希腊人所取得的重大成就得到最有力的支持。此外,希腊人的研究提供了充分证据说明自然是有其数学设计的。他们对自然的见解以及他们开创用数学方法研究自然,在希腊时代及其后各个世纪里激起了数学的创造发明。

参考书目

Apostle, H. G.: *Aristotle's Philosophy of Mathematics*, University of Chicago Press, 1952.

Berry, Arthur: *A Short History of Astronomy*, Dover (reprint), 1961, Chaps. 1 - 2.

Clagett, Marshall: *Greek Science in Antiquity*, Abelard-Schuman, 1955.

Dreyer, J. L. E.: *A History of Astronomy from Thales to Kepler*, Dover (reprint), 1953, Chaps. 1 - 9.

Farrington, Benjamin: *Greek Science*, 2 vols., Penguin Books, 1944 and 1949.

Gomperz, Theodor: *Greek Thinkers*, 4 vols., John Murray, 1920.

Heath, Thomas L.: *Greek Astronomy*, J. M. Dent and Sons, 1932.

Heath, Thomas L.: *Aristarchus of Samos*, Oxford University Press, 1913.

Heath, Thomas L.: *The Works of Archimedes*, Dover (reprint), 1953, pp. 189 - 220 and 253 - 300.

Jaeger, Werner: *Paideia*, 3 vols., Oxford University Press, 1939 - 1944.

Pannekoek, A.: *A History of Astronomy*, John Wiley and Sons, 1961.

Sambursky, S.: *The Physical World of the Greeks*, Routledge and Kegan Paul, 1956.

Santillana, G. de: *The Origins of Scientific Thought from Anaximander to Proclus, 600 B. C. to 300 A. D.*, University of Chicago Press, 1961.

Sarton, George: *A History of Science*, Harvard University Press, 1952 and 1959, Vols. 1 and 2.

Ver Eecke, Paul: *Euclide, L'Optique et la catoptrique*, Albert Blanchard, 1959.

Wedberg, Anders: *Plato's Philosophy of Mathematics*, Almqvist and Wiksell, 1955.

第8章

希腊世界的衰替

了解阿基米德与阿波罗尼斯的人，对后代杰出人物的成就不会再那么钦佩了。

莱布尼茨

1. 对希腊人成就的回顾

亚历山大希腊文明虽持续到公元640年最终被回教徒摧毁时为止，但由于其创造的成就越来越少，所以这个文明在公元头几个世纪里显然已开始衰落了。在考察这衰落的原因以前，我们要总结一下希腊数学的成就和缺点，并指出它留传给后代的问题。希腊人作出了那么多的成绩，并且其后(经印度和阿拉伯人插入小量贡献后)欧洲人继而研究数学的道路全然由希腊留下的遗产所决定，所以有必要搞清楚当时数学所达到的高度。

人们把数学成为抽象化科学归功于希腊人。这一重大贡献有其不可估量的意义和价值，因为同一个抽象的三角形或代数方程能应用于几百种不同的自然现象一事，正是数学的力量和奥秘之所在。

希腊人坚持要演绎证明。这也确是了不起的一步。在世界上的几百种文明里，有的的确也搞出了一种粗陋的算术和几何。但只有希腊人才想到要完全用演绎推理来证明结论。需要用演绎推理的这种决心是同人类在其他一切领域里的习惯做法完全违背的；它实际上几乎像件不合理的事，因为人类凭经验、归纳、类比和实验已经获得了那么多高度可靠的知识。但希腊人需要真理，并觉得只有用毋庸置疑的演绎推理法才能获得真理。他们又认识到要获得真理就必须从真理出发，并且要保证不把靠不住的事实当作已知。因此他们把所有公理明确说出，并且在他们的著作中采取一开头就陈述公理的做法，使之能马上进行批判考察。

除了想出用这种非凡的方案来证实可靠的知识以外，希腊人还表现出一种为创新者所少见的细致精神。他们认识到概念必须彼此没有矛盾，以及不能用不存在的图形(如正十面体)来搞出前后一致的逻辑结构，这一切显出他们几乎有超人的并且肯定是空前的思想深度。现在我们知道他们在研究一个概念以前证明其存在的做法,是靠演示它能够用直尺圆规构作出来。

希腊人在发现定理与作出证明方面的能力之强,从欧几里得《原本》含 467 个命题以及阿波罗尼斯《圆锥曲线》含 487 个命题,而且所有这一切都是从《原本》里的 10 个公理推出这一事实,可以得到证明。至于其逻辑结构浑然成为一体,则就其重要性并且也许从作者的意图来说肯定还是次要的事。如果同样这些结果是从许多组不同的(虽然是同样可靠的)公理中获得的,那么它们就远远不如现在这批知识那样易于处理和易于为人所接受。

希腊人在数学内容上的贡献——平面与立体几何、平面与球面三角、数论萌芽、巴比伦和埃及的算术与代数的推广——是巨大的,特别是鉴于当时从事这项工作的人数不多而且广泛活动的时间也不过几个世纪。在这些贡献之外还必须加上几何代数法,他们的这项工作只要能承认无理数并把内容翻译成符号式子,就可以变成相当一部分初等代数的基础。他们用穷竭法来处理曲边图形的工作虽仅属几何的一部分,但也值得特别提及,因为这是微积分的萌芽。

希腊人对自然界的看法也是对后世人同样重要的一种贡献与启发。希腊人把数学等同于物理世界的实质,并在数学里看到关于宇宙结构和设计的最终真理。他们建立了数学和研究自然真理之间的联盟,这在以后便成为现代科学的基础本身。其次,他们把对自然的合理化认识推进到足够深远的程度,使他们能牢固树立一种信念,感到宇宙确实是按数学规律设计的,是有条理、有规律并且能被人所认识的。

他们也并不忽视数学在美学上的意义。这学科在希腊时代被人珍视为一门艺术,他们在其中认识到美、和谐、简单、明确以及秩序。算术、几何与天文被人看作是心智的艺术与灵魂的音乐。柏拉图喜爱几何;亚里士多德不愿把数学和美学分开,因他认为秩序和对称是美的重要因素,而这两者他能在数学里找到。事实上,在希腊人的思想里,对合理的、美的乃至对道德上的关心都是分不开的。他们反复说过球是一切形体中最美的,因而是神圣的,是善的。圆也和球一样从美学观点上为人所喜爱,因此那些代表天上万劫不变的永恒秩序的天体,自然要以圆为它们的运动路径,而在不完善的地上,则以直线运动居多。无疑是由于这门学科在美学上的吸引力,才使得希腊数学家把有些项目探索到超出为理解自然所必需的程度。

2. 希腊数学的局限性

尽管有了不起的成就,希腊数学是有缺点的。从它的局限性可以看出尚待开辟的前进道路。

第一个局限性是他们不能掌握无理数概念。这不仅限制了算术和代数,而且使他们转向而且强调几何,因为几何思想可以免于明确碰到无理数是否为数这个问题。如果希腊人能正视无理数,他们也许能使算术和代数推进一步;并且即使他们自己没有这样做,他们也不致阻碍后代在算术和代数方面取得进展,因后代人受了他们的影响,总觉得在处理那些可能取无理值的量时,只有几何才有可靠的基础。阿基米德、赫伦和托勒玫曾开始把无理数当作数来处理,但未能改变希腊数学的进程或希腊思想对后代的影响。希腊人专注于几何迷糊了后世好几代人的视界,看不出几何与算术在概念上与运算上的相应之处。由于他们未能把无理数定义、接受并且在思想上搞通它是数,他们就硬把数和量区别开来,结果就把代数和几何看成是不相干的学科。

如果希腊人不那么关心逻辑和严密性,他们也许会像巴比伦人或后继文明中的人那样无意中承认并运用无理数。但这种认识在直观上没有明确基础,而处理一个逻辑结构又非他们力所能及。希腊人坚持要有准确的概念和证明这个美德,从数学的创造发明来说却是个缺点。

把结构严密的数学(除数论之外)限于几何一事又产生另一不利之处。随着数学范围的扩大,用几何方法就使证明越来越复杂,特别是在立体几何方面。而且即使在比较简单的证明里也缺乏一般性的方法,而这在我们有了解析几何与微积分后是很清楚的事。我们只要看看阿基米德求抛物线弓形面积或求他的螺线弧所含面积时搞得多么艰难,并把它同现代用微积分的做法比较一下,就可以体会到微积分的功效。

希腊人不仅把数学主要限制于几何;他们甚至把几何只限于那些能用直线和圆作出的图形。于是曲面只许是那些从直线和圆绕一轴产生的,例如由一矩形、三角形和圆绕一直线旋转而生成的圆柱、圆锥和球。也有少数例外:平面类似于直线;棱柱是一种特殊圆柱;棱锥是剖开棱柱而得出的。圆锥曲线是用平面截锥面而得出的。此外像希比亚斯的割圆曲线,尼科梅德斯的蚌线和狄奥克莱斯的蔓叶线则在几何的边缘;它们叫机械曲线而不算几何曲线。

帕普斯对曲线的分类说明希腊人要把曲线限制在一定范围内。据帕普斯说希腊人是这样区分曲线的:平面曲线是从直线和圆作出的那些曲线;圆锥曲线被他们称为立体曲线,因它们是从圆锥产生的;割圆线、蚌线、蔓叶线和螺线这些曲线形成第三类。同样,他们把问题分为平面的、立体的和曲线的三类。平面问题是能用直线和圆解决的问题;立体问题是能用一个或多个圆锥曲线解决的问题。不能用直线、圆或圆锥曲线解决的问题叫曲线问题,因为它们要用到更复杂而不那么自然的曲线。帕普斯强调用平面或立体轨迹解问题的重要性,因在那种情形下就可给出存在实解的准则。

为什么希腊人要把他们的几何限于直线和圆以及那些易于从两者得出的曲线呢？一个理由是这样可以解决证明一个几何图形的存在问题。我们知道，希腊人特别是亚里士多德曾指出必须保证所引用的概念不自相矛盾，就是说必须证明它们存在。为解决这问题，希腊人至少从原则上只承认那些可以作图的概念是存在的。直线和圆是在公设里承认它们是可作的，但其他图形则必须从圆和直线来作出。

不过用作图来证明存在的做法并未推行到三维图形上。这里希腊人只是承认了直观上看来清楚的事实，例如球、圆柱和圆锥等旋转形体的存在。用平面截割这些图形产生圆锥曲线这种曲线，因此甚至尚未证明其存在的平面图形也获得承认——不过颇为勉强。这一点笛卡儿在其《几何》(*La Géométrie*)第二篇的开头处曾指出："诚然，圆锥曲线在古代几何里从没有正式获得承认……"

之所以限于直线、圆以及那些能从两者得出的图形，其第二个原因来自柏拉图，他认为观念要清楚才能加以接受。希腊人虽未明确定义整数但觉得整数观念本身可以当作一个清楚的概念来接受，而几何图形则应该搞得明确些。直线、圆以及由它们得出的图形是清楚的，而用机械工具(除直尺和圆规以外)作出的图形则不然，所以是不容许的。把图形只限于那种清楚的，这就产生出简单、次序井然、和谐与美妙的几何学。

由于坚持要把他们的几何学搞得统一、完整和简单，由于把抽象思维同实用分开，所以古典希腊几何成为一门成就有限的学科。它狭隘了人们的视界，使他们的头脑接受不到新思想和新方法。它的内部存在着使它自己死亡的种子。如果没有亚历山大文化开阔了希腊数学家的眼界，那么它那狭隘的活动领域、局促的观点、在美学上的限制，很可能使它的发展受到遏制。

希腊人的哲学思想又从另一方面限制了希腊数学的发展。在整个古典时期，他们相信数学事实不是人创造的，而是先于人而存在的。人只要肯定这些事实并记录下来就行了。柏拉图在其《特埃特图斯篇》(*Theaetetus*)一书中把探索知识比作在一个鸟族馆里捕鸟。那些鸟是已经被人网起来的，人只要进去抓就是了。但对数学性质的这种信念并没有为人们所赞同。

希腊人未能领悟无穷大、无穷小和无穷步骤。他们"对无穷的空间望而生畏"。毕达哥拉斯派把善与恶同有限与无限联系起来。亚里士多德说无穷是不完美的、未完成的，因而是不可思议的；它是不成形的、混乱的。只有那些限定而分明的东西才有其本性可言。

为避免提出直线可无穷延伸，欧几里得说一线段(他书中的"直线"就是指线段)可按需要加以延伸。从欧几里得对平行公理的叙述也可看出他不愿涉及无穷大。他并不谈伸向无穷远的两根直线也不直接给出两平行直线存在的条件，而只是在他的平行公理中提出两直线相交于某有限点处的条件。

在点与直线的关系以及离散与连续的关系里要涉及无穷小概念,而芝诺的悖论很可能使希腊人不敢触及这一概念。点和线的概念曾使希腊人伤脑筋并使亚里士多德硬把它们分开来。他虽承认点是在线上的,但说线不是由点生成的,并说连续不能由离散生成(第 3 章第 10 节)。这一区别又使他们感到有必要把数同几何分开,因为希腊人认为数是离散的,而几何则处理连续的量。

由于他们怕无穷步骤,所以他们也与极限步骤失之交臂。他们用一正多边形来接近圆时满足于使其相差小于任一给定的量,但总留下一些量。因此这一步骤在直观上仍很清楚,而极限步骤则要用无穷小。

3. 希腊人留给后代的问题

希腊数学思想的局限性几乎不言而喻地说明他们遗留给后代的是哪些问题。由于他们未能把无理量接受为数,于是不可公度比是否可指定其为一数而用算术方法来处理就成为问题。如果有无理数,代数范围也能扩大。在解那些可能有无理根的二次方程或其他方程时,就不必用几何方法而可以通过数来处理这些问题,代数就可以从埃及和巴比伦人或丢番图(他不愿考虑无理数)所达到的阶段进一步向前发展。

希腊人甚至对整数和整数之比都没有奠立逻辑基础。他们只提供颇为含糊的定义,如在欧几里得《原本》第七到第九篇中所陈述的那样。由于亚历山大人随意使用数,其中包括无理数,所以对于数系的逻辑基础就更加显得迫切需要;而亚历山大人的这种做法只不过继承了埃及和巴比伦人的实用传统。这样希腊人就留下了两门截然不同的、发展得不平衡的数学。一门是严格的、演绎式的、有系统的几何学,一门是凭直观的、经验的算术及其到代数的推广。

由于他们未能建成演绎式的代数,这就表明严格的数学只限于几何。事实上,直到 17 和 18 世纪情形依然如此,而那时代数和微积分已经广为流行了。然而即使在那时,所谓严格数学仍然是指几何。

欧几里得几何限于考虑能用尺规作出的概念,使数学有待完成两项任务。第一项任务是特殊的,即是要证明能用尺规化圆为方,三等分任意角,和作出倍立方体。这三个问题引起很大兴趣,甚至今日还使一些人着迷,虽然(我们以后可以看到)这在 19 世纪就已经处理完毕了。

第二项任务是把存在性问题的准则放宽。以作图作为证明存在性的一种方法,对于那些应该(并且在以后确实)为数学所考虑的概念来说是限制太严了。更有甚者,由于某些长度是作不出来的,所以欧几里得直线是不完整的;就是说,严格地讲它不包含那些不可作出的长度。为使其内部臻于完整而对研究具体世界更为有用,数学必须在证明存在性的问题上不受狭隘的几何方法的束缚。

上面已经说过,为避免直接肯定有无穷长的平行直线,欧几里得就把平行公理讲得比较复杂。他认识到这种讲法使那个公理不像其他九个公理那样不言自明,并且我们有充分理由相信欧几里得在非万不得已时是尽量避免用这个公理的。许多希腊人想用其他公理来代替平行公理,或根据其余九个公理来证明它。托勒玫曾对此写了一篇论文;普罗克洛斯在评注欧几里得著作时提到了托勒玫证明平行公设的尝试,并且他自己也想作出证明。辛普利修斯提到另外一些研究过这一问题的人,并进一步指出"古代"人们反对使用平行公设。

同平行公设问题密切相关的是物理空间是否为无限的问题。欧几里得在公设 2 中假定一直线段可按需要随意延长,他用了这一事实,但只为得出一个较大的长度——如第一篇中的命题 11, 16 和 20 那样。赫伦对这些定理给出新的证明,避免了延长直线的做法,以堵反对者否认有足够空间可供延长的口实。亚里士多德考虑过空间是否为无限的问题,并列举六点非数学上的理由来论证其为有限;他预料到这个问题是难处理的。

留给后代的另一个问题是计算曲边形所围面积和曲面所包容的体积。希腊人,特别是欧多克索斯和阿基米德,不仅处理过这类问题,而且用穷竭法作出了相当大的进展。但这方法至少在两方面是有缺点的。第一是对每个问题都需要想出一种巧妙的方案来逼近所论的面积或体积;但对于以后所要计算的那些面积和体积来说,光用这种方法使人感到有智穷虑竭之时。其次是,希腊人所取得的结果通常仅仅是指出所要求的面积或体积等于某一较简图形的面积和体积,而后者的数值仍是未知的。但在应用上所需要的恰恰是数量上的知识。

4. 希腊文明的衰替

大约从公元的年代开始,希腊数学的活动能力逐渐衰退了。在这新时代里,托勒玫和丢番图的工作是唯一重要的贡献。帕普斯和普罗克洛斯这两大评注家是值得注意的,但他们只不过是写了这个时代最后的一页。这个文明曾在 5 个到 6 个世纪之间作出了远远超过其他文明那么多那么精彩的贡献,它的衰落需要人们来找出其原因。

不幸的是数学家也像最普通的农民一样要受历史条件的影响.只要稍稍懂得一点公元后亚历山大希腊人的政治历史,就能认识到不仅是数学而且所有文化活动都注定要遭灾殃。当亚历山大的希腊文明处于托勒玫王朝的统治下时,它是繁荣昌盛的。第一次灾殃是罗马人的来临,它们在数学史上的全部作用是一种破坏因素。

在论述罗马人对亚历山大希腊文明的冲击以前,先指出几件事实来说明罗马人的数学和罗马文明的性质。罗马的数学不值一提。罗马人活跃于历史舞台上的时期大约是从公元前750年到公元476年,差不多和希腊文明昌盛时期一样。而且(如以后就要讲到的)至少从公元前200年起罗马人就同希腊人有密切接触。但在这整个1100年之间没有出现过一个罗马数学家,所以除了少数细节外,这一事实本身就足以说明罗马数学史的整个情况了。

罗马人确有点粗浅的算术和一些近似的几何公式,其后又从亚历山大希腊人那里补充了一些知识。他们记整数的记号是大家熟悉的。为用整数进行计算,他们应用各种形式的算盘。此外他们也用手指和借助于特别编制的数表来计算。

罗马人分数的底是12。他们用特别的符号和文字来代表1/12, 2/12, …, 11/12, 1/24, 1/36, 1/48, 1/96, …之所以用12为底数,可能是从一年中的月数而来的。附带说起,他们的重量单位叫as;这as的十二分之一叫uncia,英文里的盎司(ounce,英两)和英寸(inch)都是从uncia一字演变而来的。

罗马人的算术和几何主要用在测量上,用于划定城市边界,以及住宅和庙宇的范围。测量人员只要用简单仪器和全等三角形的知识就可以算出他们所需要的大部分数量。

罗马人的确给我们改进了日历。到凯撒(公元前100—前44)时代为止,罗马的基本年有12个月共355天。每隔一年加上22天或23天的一个闰月,这样平均每年有$366\frac{1}{4}$天。为改进这个日历,凯撒聘请了亚历山大的索西琴尼(Sosigenes),他建议定每年为365天并每四年有一闰年。凯撒所定的这个儒略历(从凯撒的名字Julius而来)是在公元前45年正式采用的。

从公元前50年左右起罗马人编写他们自己的技术书籍,但其基本内容都取自希腊。这些技术书中最出名的是维脱鲁维关于建筑方面的十本书,大约撰写于公元前14年。这里的材料也是来自希腊的。颇为奇怪的是,维脱鲁维竟说数学上的三大发现是边长为3, 4, 5的直角三角形,单位长正方形对角线为无理量,以及阿基米德所解决的金冠问题。他确也提到另外一些数学方面的事实,如理想人体的各部分的比例,一些和谐的算术关系,以及关于算弩炮功效的算术方法。

“数学”一词在罗马人那里的名声是不好的,因为他们称占星术士为**数学家**,而占星术是罗马君王所严禁的。罗马王戴克里先(Diocletian,245—316)把几何区别于数学。前者是要学习并应用于公众事务的;但“数学方术”(意即占星术)则被视为不法而完全禁止。禁止占星术的罗马法律“数学和恶行禁典”在中世纪的欧洲仍被援用。但罗马皇帝和其后信奉基督教的罗马皇帝还是在宫廷里供养占星术士,以期万一他们的预言能够灵验。“数学家”与“几何学家”的区分一直到文艺复兴之后好久还保持着。甚至在 17 世纪和 18 世纪，人们用“几何学家”来称呼我们今日心目中的数学家。

罗马人是务实的，他们也夸耀他们的讲究实际。他们兴建起并完成了大量的工程项目——高架引水渠道，甚至一直存留到今天的宽广大路、桥梁、公共建筑以及大地测量——但若超出他们当前所急需的特定的具体应用，则任何别的思想是他们所摒弃的。罗马人对数学的态度可用西塞罗(Cicero)的话来表明：“希腊人对几何学家尊崇备至，所以他们的哪一项工作都没有像数学那样获得出色的进展。但我们把这项方术限定在对度量和计算有用的范围内。”

罗马君王并不像埃及的托勒玫朝诸王那样支持数学，而罗马人也并不懂得纯粹科学。他们竟然不想发展数学一事是令人惊讶的，因为他们统治了一个世界范围的帝国并且确乎需要解决一些实际问题。我们从罗马人的历史里所获得的教训是，凡鄙视数学家及科学家高度理论性工作并斥其为无用的人民，他们对重要实际成果如何产生是盲目无知的。

现在我们来考察罗马人在希腊政治和军事史上所起的作用。他们在稳占意大利中部和北部之后，接着就征服了南部意大利和西西里的希腊城市(前已提到，阿基米德在罗马人攻叙拉古时曾对该城的防守作出贡献，并为一罗马士兵所杀害)。公元前 146 年罗马人征服了希腊本土，他们又在公元前 64 年征服美索不达米亚。凯撒在托勒玫王朝的最后统治者克娄巴特拉(Cleopatra)女皇和她的兄弟间的内讧中进行干涉，设法在埃及获得插足之地。公元前 47 年，凯撒纵火焚毁停泊在亚历山大港的埃及舰队，大火延及该城，烧掉了图书馆。两个半世纪以来收集的藏书和 50 万份手稿这一古代文明的代表作竟被一扫而光。所幸的是藏书过挤的图书馆里有许多书容纳不下存放在塞拉皮斯(Serapis)神庙里，所以那些书免于被焚。此外，死于公元前 133 年的帕加蒙的阿塔卢斯(Attalus)三世曾把他的大量藏书留在罗马。安东尼(Mark Anthony)把这批藏书赠送给克娄巴特拉女皇，使神庙里又增添了这些图书。总的藏书量仍是很巨大的。

罗马人在公元前 31 年克娄巴特拉女皇去世时回到埃及并从此以后控制该处。他们热衷于扩张他们的政治势力，但并不热心传播他们的文化。被征服的地区成为殖民地，通过没收和征税榨取大量财富。由于大多数罗马君王是私欲之徒，他们把所控制的每个国家都搞得民穷财尽。一旦有人举起义旗，例如在亚历山大发生起义，罗马人就毫不犹豫地封锁饿死该地居民，并在镇压成功后屠戮成千人。

罗马帝国的后期历史也需要提一下。狄奥多西(Theodosius)王(379—395 在位)把广大帝国划分给他的两个儿子，一个叫霍诺里乌斯(Honorius)的统治意大利和西欧，另一个叫阿卡狄奥斯(Arcadius)的统治希腊、埃及和近东。西部帝国在公元 5 世纪被哥特人所征服，这之后就是中世纪欧洲的历史。东部包括埃及(一度)、希腊以及今日土耳其的地方,它的独立一直保持到1453年被土耳其人征服时为止。由于东罗马帝国(又称拜占庭帝国)包括希腊本土,所以希腊文化和著作在某种程度上得以保存。

从数学史的观点说,基督教兴起所产生的后果是不幸的。虽然基督教领袖们采纳了希腊人和东方的许多无稽之谈和迷信习惯,以使基督教易于为新改宗的人所接受,但他们却反对异教徒的学问,嘲笑数学、天文和物理科学;基督徒是不许沾染希腊学术这个脏东西的。基督教虽然受到罗马人的残酷迫害,但它仍广为传播并且势力大到这种程度,使君士坦丁(Constantine)王(272—337)不得不奉它为罗马帝国的国教。从此以后基督徒就更有力量来摧毁希腊文化了。狄奥多西王禁止人民信奉异教,并在392年下令拆毁希腊神庙。许多希腊神庙被改成教堂,但其中仍多保留希腊的雕塑饰像。在整个帝国内异教徒受人袭击和屠杀。亚历山大时期著名女数学家希帕蒂娅(Hypatia,数学家泰奥恩的女儿)的命运标志着这一时代的终结。因为她不肯放弃希腊宗教,狂热的基督徒在亚历山大的街道上抓住了她,把她撕得粉碎。

希腊书籍成千本地被焚毁。在狄奥多西宣布取缔异教的那一年,基督徒焚毁了当时唯一尚存大量希腊图书的塞拉皮斯神庙。据估计有30万种手稿被焚。其他许多写在羊皮纸上的著作被基督徒洗刷掉用来写他们自己的著作。529年东罗马王贾斯蒂尼安封闭所有希腊哲学学校,包括柏拉图的学院在内。许多希腊学者离开东罗马,其中有些人如辛普利修斯迁居波斯。

新崛起的回教徒在640年征服埃及,给予亚历山大以最后的打击.残留的书籍被阿拉伯征服者奥马尔(Omar)下令焚毁,其理由是:"这些书的内容或者是可兰经里已有的,那样的话我们不需要读它们;或者它们的内容是违反可兰经的,那样的话我们不该去读它们。"因此在亚历山大的浴堂里接连有六个月用羊皮纸来烧水。

在回教徒攻占亚历山大之后,大部分学者迁居到当时的东罗马首都君士坦丁堡。虽然在拜占庭不友好的基督教气氛中不能按希腊思想的轨道充分活动,但学者及其著作汇集到一个比较安全的地方,却增加了800年后流传给欧洲的那个知识宝库。

揣测情况可能如何演变也许是件无聊的事情。但我们不得不指出,亚历山大时期的希腊文明是在其行将跨进现代文明之际中止了它活跃的科学生命的。它具有难得的理论与实践志趣上的结合,而这在其后1 000年证明是多么富于成果。一直到它存在期间的最后几个世纪,它始终享有思想自由,这是文化能繁荣昌盛所不可或缺的条件。它在其后文艺复兴时代成为非常重要的几个领域里展开研究并作出了大的进展:定量的平面和立体几何、三角、代数、微积分和天文学。

常言道谋事在人而成事在天。对希腊人而言更准确的说法是天谋其事而人自弃之。希腊数学家被消灭了，但他们工作的成果终于传给了欧洲，至于怎样传法，且看下文所讲。

参考书目

Cajori, Florian: *A History of Mathematics*, Macmillan, 1919, pp. 63 – 68.

Gibbon, Edward: *The Decline and Fall of the Roman Empire* (many editions), Chaps. 20, 21, 28, 29, 32, 34.

Parsons, Edward Alexander: *The Alexandrian Library*, The Elsevier Press, 1952.

第9章

印度和阿拉伯的数学

正如太阳之以其光芒使众星失色，学者也以其能提出代数问题而使满座高朋逊色，若其能给予解答则将使侪辈更为相形见绌。

婆罗摩笈多(Brahmagupta)

1. 早期印度数学

在数学史上，希腊人的后继者是印度人。虽然印度的数学只是在受到希腊数学成就的影响后才颇为可观，但他们也有早期具有本地风光的数学值得一提。

印度文明可远溯到公元前2000年，但据今日所知，他们在公元前800年以前是没有数学的。在公元前800年到公元200年的绳法经(Śulvasūtra)时期，印度人确也创造出一些原始数学。他们没有专门记载数学的文件，但我们可以从其他著述中，从钱币和铭文中，掇拾出少量有关数学的事实。

大约在公元前3世纪以后，出现了数的记号，但每个世纪都有相当大的变动。典型的是婆罗米(Brahmi)式记号：

—	=	≡	¥	ץ	℘	7	ʕ	?	α	o	ℑ	ϰ	J	⊣
1	2	3	4	5	6	7	8	9	10	20	30	40	50	60

这一组记号的出色之处是它给1到9的每个数都有单独的记号。这里还没有零和进位记法。对当时这个数学上尚未开化的人民来说，他们肯定还没有看出单独的数字记号的好处；这种写法也许是由于以该数名称的第一个字母来代替它而产生的。

有一类宗教经文叫绳法经，内含修筑祭坛的法则。在公元前4或5世纪的一部绳法经里给出了$\sqrt{2}$的近似值，但看不出他们知悉这仅仅是个近似值。其他关于这时期的算术我们几乎就一无所知。

对这段古印度时期的几何我们知道得比较多一些。绳法经中所含的法则规定了祭坛形状和尺寸所应满足的条件。最常用的三种形状是方、圆和半圆,但不管用哪种形状,祭坛面积必须相等。因此印度人要作出与正方形等面积的圆,或两倍于正方形面积的圆以便采用半圆形的祭坛。另外一种形状是等腰梯形,并且这里可用相似形。因此在作相似形的时候会引起新的几何问题。

在设计这种规定形状的祭坛时,印度人必须懂得一些基本的几何事实,例如毕达哥拉斯定理,他们是这样说的:"矩形对角线生成的面积[正方形]等于矩形两边各自生成的两块面积之和。"一般说来,这段时期的几何只不过是一些不相连贯的用文字表达的求面积和体积的近似法则。公元前4或5世纪的阿帕斯塔姆巴(Āpastamba)给出一个作圆等于正方形面积的方法,他实际上是取 π 等于3.09,但他认为这作图法是准确的。在这早期的全部几何里没有证明,法则都是经验性的。

2. 公元200—1200年时期印度的算术和代数

印度数学的第二段时期(高潮时期)大致可以说是从公元200到1200年。这时期的第一阶段,亚历山大的文明肯定对印度人有影响。公元500年左右的一位印度天文学家瓦拉哈米希拉(Varāhamihira)说:"希腊人虽不纯正[凡信仰不同的人都是不纯正的]但必须受到崇敬,因他们对科学训练有素并在这方面超过他人。那么对于一个既纯正而又有科学高见的婆罗门又该怎么说呢?"印度人的几何肯定是从希腊来的,但他们在算术上确有特殊的才能。至于代数他们也许是从亚历山大袭取的,并且可能直接得自巴比伦;但在这方面他们也按自己的道路走得相当远。印度从中国方面也颇有借鉴之处。

第二阶段中最重要的数学家是阿里亚伯哈塔(Āryabhata,生于476年)、婆罗摩笈多(生于598年)、筏驮摩那(Mahāvīra,9世纪,又译"马哈维拉")和婆什迦罗(Bhāskara,生于1114年)。他们以及其他印度数学家的大部分工作一般是为了研究天文和占星术而产生的。事实上他们没有写专门的数学书,数学材料是夹在天文著作的篇章里讲述的。

迄公元600年为止,印度人写数的方法很多,有的甚至用字和音节来表示数。到600年他们又回到较老的婆罗米式记号,但这些记号的确切形式在整个时期内是不定的。以10为底的进位记法已经在有限范围内使用了约一百年,到这时就通用了。早先亚历山大希腊人只用0来表示哪一位上没有数,如今在印度人那里0被看成是一个完全的数了。筏驮摩那说一数乘以0得0,并说减去0并不使一数变小。但他又说一数除以0后不变。婆什迦罗在谈到分母为0的分数时,说不管加减多少,这个分数是不变的,正如万世不易的神不会因世界的创生和毁灭而有所改变。他又说一数除以0称为无穷量。

至于天文上的分数,印度人是用60进制记法的。其他方面的分数他们用整数之比来表示,但没有用横线,例如$\begin{matrix}3\\4\end{matrix}$。

印度人的算术运算同我们的很像。例如,筏驮摩那给出我们今日的除以分数的法则:把分数颠倒相乘。

印度人引用负数来表示欠债,在这种情况下,正数表示财产数。据今日所知,最早用负数的是628年左右的婆罗摩笈多,他又提出了负数的四种运算。婆什迦罗指出正数的平方根有两个,一正一负。他也提到负数的平方根的问题,但说负数没有平方根,因为负数不能是平方数。他们没有给出定义、公理或定理。

印度人并没有毫无保留地接受负数。甚至当婆什迦罗给出一个问题的两个解50与−5时,他说:“这里不要第二个数值,因为它不行;人们不赞成负数的解。”然而负数终于逐渐为人所接受。

印度人在算术上采取的另一重大步骤是正视了无理数问题;就是说他们开始按正确手续来运算这些数,这种做法虽未经一般的证明,但可使人由此获得有用的结论。例如,婆什迦罗说:“两个无理数之和叫做较大的无理数;而其乘积的两倍叫做较小的。它们的和与差是照整数那样来算的。”然后他指出怎样把无理数相加如下:设有无理数$\sqrt{3}$和$\sqrt{12}$,则

$$\sqrt{3}+\sqrt{12}=\sqrt{(3+12)+2\sqrt{3\cdot 12}}=\sqrt{27}=3\sqrt{3}.$$

其一般原理是(用我们的记号):

$$(1)\qquad \sqrt{a}+\sqrt{b}=\sqrt{(a+b)+2\sqrt{ab}}.$$

我们应注意上述引文中“照整数那样来算”的话。无理数是当作具有整数那种性质的数来对待。例如,若有整数c及d,则肯定可以写

$$(2)\qquad c+d=\sqrt{(c+d)^2}=\sqrt{c^2+d^2+2cd}.$$

今若$c=\sqrt{a}$而$d=\sqrt{b}$,则(2)正好就是(1)。

婆什迦罗又给出两个无理数相加的法则:“较大的无理数除以较小的,所得之商开方,再加1,和数取平方,然后乘以较小的无理数,其根即为两无理数之和。”举例来说,这就是

$$\sqrt{3}+\sqrt{12}=\sqrt{\left(\sqrt{\frac{12}{3}}+1\right)^2\cdot 3},$$

结果得$3\sqrt{3}$。他又给出无理式的乘、除以及开平方的法则。

印度人不像希腊人那样细致,因为他们看不出无理数概念所牵涉的逻辑难点。他们对计算的兴趣使他们忽视了哲学上的区别或希腊人认为属于基本的那些原理上的区别。他们随着兴致所至把适用于有理数的运算步骤用到无理数上去,

这样做却帮助数学取得进展。此外,他们的整个算术是完全独立于几何的。

印度人也在代数上获得一些进展。他们用缩写文字和一些记号来描述运算。像在丢番图的著作中一样,他们不用加法记号;被减数上面加个点表示减法;其他运算用主要文字或缩写表示;例如 *ka* 是从 karana 这个字来的,表示对其后的数开平方。当有一个以上的未知量时,他们用颜色的名称来代表。例如第一个叫未知量,其他的就叫黑的、蓝的、黄的等。每个字的头一个字母也被他们拿来作为记号。这套记号虽然不多,但足够使印度代数几乎称得上是符号性的代数,并且符号肯定比丢番图的缩写代数用得多。他们的问题和解答都是用这种半符号方式写出的,但只写出运算步骤,没有随即说明理由或证明。

印度人认识到二次方程有两个根,而且包括负根和无理根。丢番图分别处理的三类二次方程 $ax^2+bx=c$, $ax^2=bx+c$, $ax^2+c=bx$(a, b, c 为正数),在印度人那里作为 $px^2+qx+r=0$ 一种情形来处理,因为他们允许某些系数是负数。他们利用配方法,这当然不是他们首创的。由于并不承认负数有平方根,所以他们不能解所有的二次方程。筏驮摩那还解出过 $x/4+2\sqrt{x}+15=x$,这是从一个文字题得出的方程。

在不定方程方面印度人超过了丢番图。这种方程出现在天文问题里,它们的解就是某些星座出现于天空的时间。印度人要求出所有的整数解,而丢番图则只得出一个有理的解。求 $ax\pm by=c$(a, b, c 是正整数)的整数解的方法是阿里亚伯哈塔最先提出并由他的后继者加以改进的。它和现代方法一样。我们考察 $ax+by=c$。若 a 及 b 有公因子 m,而这 m 又不能除尽 c,那就不可能有整数解,因左边能为 m 整除而右边却不能。若 a, b 及 c 有一公因子,那就把它约去,由此,我们就只要考虑 a 与 b 互质的情形就行了。但在求 a 与 b 两整数的最大公因子时($a>b$),欧几里得算法要求先用 b 除 a 而有 $a=a_1b+r$,此处 a_1 为商而 r 为余数。因此 $a/b=a_1+r/b$。这又可写为

$$a/b=a_1+1/(b/r). \tag{3}$$

欧几里得算法第二步是以 r 除 b。于是 $b=a_2r+r_1$,或 $b/r=a_2+r_1/r$。若把这 b/r 值代入(3),便可写成

$$\frac{a}{b}=a_1+\cfrac{1}{a_2+\cfrac{1}{r/r_1}}. \tag{4}$$

继续做欧几里得算法的结果,得所谓连分数

$$\frac{a}{b}=a_1+\cfrac{1}{a_2+\cfrac{1}{a_3+\cdots}},$$

这也可写成

$$\frac{a}{b}=a_1+\frac{1}{a_2+}\frac{1}{a_3+}\cdots.$$

这个步骤在 $a<b$ 时也可用。这时 a_1 是零,而以后各步仍照以前那样往下做。若 a 及 b 是整数,连分数是有尽头的。

取到第一、第二、第三乃至一般第 n 个商为止的分数,分别叫第一、第二、第三和第 n 个收敛子。由于在 a 及 b 为整数的情形下连分数是有尽的,故有一收敛子正好在 a/b 的准确表达式的前面。若 p/q 是这收敛子的值,则可证

$$aq-bp=\pm 1.$$

我们来考察上式中取正值的情形。我们可以回到原来那个不定方程。由于 $aq-bp=1$,故可写

$$ax+by=c(aq-bp).$$

整理各项后,得

$$\frac{cq-x}{b}=\frac{y+cp}{a}.$$

若以 t 代表上述分数,得

$$x=cq-bt,\ y=at-cp. \tag{5}$$

现在就可给 t 指定整数值,于是由于其他所有的量都是整数,这样就可以得出 x 和 y 的整数值。$aq-bp=-1$ 的情形以及原方程是 $ax-by=c$ 的情形,只要对上法稍作改变,就可处理。婆罗摩笈多给出了(5)的解,但当然不是用一般字母 a, b, p 和 q 来表示的。

印度人也研究二次不定方程。他们解出了

$$y^2=ax^2+1(\text{其中 } a \text{ 不是平方数}),$$

这种类型的方程,并可看出这种类型对处理

$$cy^2=ax^2+b$$

很重要。所用的方法太特殊,不值得在这里介绍。

值得指出的是他们对许多数学问题兴趣很浓,常用故事或诗歌的形式提出来,或夹杂在历史读物中,来吸引人们。他们之所以要这样写,原来的目的可能是为帮助记忆,因为婆罗门的老习惯是把事情记在心上而尽可能避免写在纸上。

代数被应用在普通商业问题上——算利息、折扣、合股分红、财产划分,但主要的用途是在天文上。

3. 公元 200—1200 年时期印度的几何与三角

这段时期的几何没有什么出色的进展,它不过是些求面积和体积的公式(有的正确,有的不正确)。好些公式,如赫伦的三角形面积公式和托勒玫定理是从亚历

山大希腊人那里学来的。印度人有时认识到公式只是近似的，有时却没有认识到。他们的 π 值一般是不正确的；$\sqrt{10}$ 常常用来代替 π，但有时也出现较好的值3.141 6。他们给出任一四边形面积的公式为

$$\sqrt{(s-a)(s-b)(s-c)(s-d)}.$$

这里 s 是周长的一半，a, b, c, d 是四边长，但是这个公式只对圆内接四边形成立。他们没有给出几何证明，总的说来他们对几何是不大注意的。

印度人在三角术方面作出了一些推进。托勒玫曾用弧的弦，以直径的 120 等分为单位来作计算。瓦拉哈米希拉采用半径的 120 等分作为单位。因此托勒玫的弦长表变成他的半弦长表，但所对应的仍是全弧。阿里亚伯哈塔作了两项改革。第一，他把半弦与全弦所对弧的一半相对应；印度人对正弦的这种观点为以后所有印度数学家所采用。第二，他把半径的 3 438 等分作为单位。这个数来自：他把圆周的 360 · 60 等分定为单位(整个圆周所含的分)，然后用 $C=2\pi r$，而取 π 的近似值为 3.14。这样，在阿里亚伯哈塔的三角方案里，30°弧的正弦(即相应于 30°弧的半根弦之长)是1 719。印度人虽也用相当于我们今日的余弦，但较常用的是取其余弧的正弦。他们还采用正矢即 1—余弦。

由于他们的半径含 3 438 单位，托勒玫算得的弦值对他们不再适用，印度人就算出他们的半弦弦长表，计算的出发点是：90°弧的相应半弦为 3 438，30°弧的相应半弦为 1 719。然后他们应用像托勒玫推得的恒等式之类的公式，算出相差 $3°45'$ 的每个弧的半弦。这就要把每四分之一圆弧 90°分成 24 等分。值得注意的是他们用代数形式的恒等式而不像托勒玫那样用几何论证，并且是利用代数关系来作算术计算的。他们的做法在原则上同我们一样。

三角术的兴起是由于天文学，印度的所有三角术几乎全是天文学的副产品，他们的标准天文著作有 4 世纪时的《太阳系》(*Sûrya Siddhânta*)和 6 世纪阿里亚伯哈塔著的*Āryabhatiya*[①]。主要的著作是 1150 年婆什迦罗写的《天文系统极致》(*Siddhānta Siromani*)。这书有两章叫“论美”(*Līlāvatī*)和“论求根”(*Vīja-ganita*)，是讨论算术和代数的。

虽然公元 200 年后印度人的主要兴趣是在天文学方面，但他们没有取得什么了不起的进展。他们继续做古希腊人在算术天文上的小部分工作(源于巴比伦)，这就是通过观测数据的外推来预报行星和月球的位置。印度人甚至在圆心、分$\left(1\text{ 度的}\frac{1}{60}\right)$和其他用语上都是从希腊字直译过来的。印度人不太关心均轮和周转圆那一套理论，但他们确实提出了大地呈球形的学说。

---

① 以人名作书名，可能相当于我国庄周著的《庄子》之类。——译者注

到1200年左右印度科学活动衰落了,数学上的进展停止了。在18世纪英国人征服印度后,少数印度学者去英国留学并确曾在回国后进行一些研究工作。不过这种现代研究是欧洲数学的一部分。

综上所述可以看出,印度人注重数学的算术和计算方面,并在这方面作出了贡献,但不甚重视演绎结构。他们称数学为ganita,意思就是"(计)算(科)学"。他们有许多好方法和计算技巧,但未曾发现他们考虑过任何证明。他们有计算法则,但不管其在逻辑上是否合理。而且在数学的任何领域里他们没有得出过一般方法或提出过新的观点。

相当肯定的一件事是,印度人并不把他们自己的贡献放在眼里。他们的一些好想法,如给1到9的数单独设立记号,改用10为底的进位制,负数,都是偶然采用的,并不认为是什么有价值的创举。他们对数学上的价值是不敏感的。和他们自己提出的观念一起,他们还接纳了埃及人和巴比伦人的极粗浅的观念。波斯历史学家阿尔比鲁尼(al-Bîrûnî,973—1048)说过:"我只能把他们的数学和天文著作……比作宝贝和烂枣,或珍珠和粪土,或宝石和卵石的混合物。在他们眼里这些东西都是一样的,因为他们没有把自己提高到科学演绎法的高度。"

4. 阿拉伯人

迄今为止,阿拉伯人在数学上的作用是给予亚历山大的文明以最后一击。他们在开始征战各地以前是住在现今阿拉伯半岛的游牧民族。他们是在穆罕默德(Mohammed)的鼓舞下行动和统一起来的,并在他死(632年)后不到半个世纪内征服了从印度到西班牙的大片土地,包括北部非洲和南意大利。到755年,阿拉伯帝国分裂为两个独立王国,东部王国以巴格达为首都,西部王国以西班牙的科尔多瓦(Cordova)为首都。

征战完成之后这批早先的游牧者就定居下来创造他们的文明和文化了。他们相当快地关心起艺术和科学来。东西方的两个首府都吸引科学家并支持他们的工作,而巴格达是较大的文化中心;他们在那里设立了一个学院、一个图书馆和一个天文观察台。

阿拉伯人所能掌握的文化来源是相当丰富的。他们延请印度科学家住到巴格达。当罗马王查士丁尼于529年封闭柏拉图的学院时,许多希腊学者跑到波斯,在那里滋荣的希腊学术于1世纪后也成为阿拉伯世界的一部分文化,阿拉伯人也同独立的拜占庭(东罗马)帝国的希腊人建立了联系;事实上阿拉伯回教君王也从拜占庭收买过希腊手稿。亚历山大时期的希腊学术中心埃及被阿拉伯人征服后,留存在那里的学术成为阿拉伯帝国学术的一部分。叙利亚学派所在地安蒂奥克

(Antioch)、依米撒(Emesa)、大马士革,以及基督教景教派所在地以得撒(Edessa,自640年亚历山大城被毁后近东收藏希腊著作的主要地方),甚至于藏有这些著作的近东修道院都归阿拉伯人统治。于是阿拉伯人就能控制或取得拜占庭帝国、埃及、叙利亚、波斯以及往东远及印度诸国的人才和文化。

我们说到阿拉伯数学,主要因为这些著作的文字是阿拉伯文。但大多数学者却是希腊人、波斯人、犹太人和基督徒。不过阿拉伯人值得赞扬之处是在其充满宗教狂热的征服期之后,他们对别的种族和教派是宽大的,并容许异教徒自由活动。

从根本上说,阿拉伯人的学术是直接来自希腊手稿或叙利亚与希伯来文译本的。他们可以接触所有重要著作。他们在800年左右从拜占庭获得一部欧几里得《原本》抄件并把它译成阿拉伯文。托勒玫的《数学汇编》(*Mathematical Syntaxis*)是在827年译成阿拉伯文的,以后成了他们一本重要的几乎是神圣的书;这书以后称为《大汇编》(*Almagest*),意即最大的著作。他们又译出了托勒玫的《四书》,使这本占星术的著作在他们那里流行一时。在不多的时间内,亚里士多德、阿波罗尼斯、阿基米德、赫伦、丢番图和印度人的著作都有了阿拉伯译本。阿拉伯人其后又改进译文并加以评注。后来传给欧洲的就是这些译本(有的至今仍存),而希腊原著则已失传。阿拉伯文明直到1300年还充满活力,它的学术传播四方。

5. 阿拉伯的算术和代数

当阿拉伯人还是游牧民族时,他们有称呼数的文字但无记号。他们采用并改进了印度的数字记号和进位记法。他们把这些数字记号表示整数和普通分数(在印度方案上加一横线),用于数学课本上,把按照希腊格式的阿拉伯字母数字用于天文书上。在天文上他们仍仿效托勒玫用60进位制的分数。

阿拉伯人也像印度人那样随便使用无理数。事实上,海亚姆(Omar Khayyam,1048?—1122)和纳西尔丁(Nasîr-Eddin,1201—1274)明确地说,不管是可公度的或不可公度的量之比都可称之为数,这种说法牛顿1707年在他的《普遍的算术》(*Universal Arithmetic*)一书中仍感到有必要加以重申。阿拉伯人采纳了印度人对无理数的运算,像$\sqrt{a^2b}=a\sqrt{b}$以及$\sqrt{ab}=\sqrt{a}\sqrt{b}$这样的变换式子成为常见的东西。

在算术上阿拉伯人倒退了一步。他们虽然通过印度人的著作熟悉负数以及负数的运算,但他们摒弃了负数。

在代数方面阿拉伯人的第一个贡献是提供了这门学科的名称。西文"algebra"(代数)这个字来源于830年天文学者阿尔花拉子米(Mohammed ibn Musa al-Khowârizmî,约825年)所著的一本书 *Al-jabr w'al muqâbala*。al-jabr 的原意是"复原",根据那里上下文的意思是说在方程的一边去掉一项就必须在另一边加上这一项使之恢复平衡;例如若从 $x^2-7=3$ 把 -7 去掉,就必须写 $x^2=7+3$ 才能恢复平衡。al'muqâbala 意即"化简",例如把 $3x$ 与 $4x$ 并成 $7x$,或从方程两边消掉相同的项。al-jabr 这个字以后又有"接骨者"的意思,也就是指恢复骨折或脱臼的人。当摩尔人把这字传到西班牙去时,它就变成 algebrista,意思仍是"接骨者"。在西班牙曾一度常可在理发铺门口见到这样的招牌"Algebrista y Sangrador"(接骨兼放血医师),因在当时乃至在几个世纪以后理发师是兼做这些比较简单的医疗工作的。在 16 世纪的意大利,algebra 还是指接骨术。当阿尔花拉子米的书在 12 世纪译成拉丁文时,书名译为 *Ludus algebrae et almucgrabalaeque*,但也用过其他名称。这门学科以后简称为 algebra(汉译名为"代数"——译者)。

阿尔花拉子米的代数是根据婆罗摩笈多的著作写的,但也受了巴比伦人和希腊人的影响。阿尔花拉子米做的有些运算和丢番图做的完全一样。例如,碰到含有几个未知量的若干个方程时,就把它化到只含一个未知量然后求解。在方程中出现未知量 s 同时出现 s^2 时丢番图把他的 s 称作边;阿尔花拉子米也是这样做的。阿尔花拉子米把未知量的平方称为"乘幂"(power),这也是丢番图的用语。他也像丢番图那样给未知量的乘幂起特别的名称。他称未知量为"东西"或(植物的)"根",从而把解未知量叫求根。在 11 世纪初写过一本高超的阿拉伯代数书的巴格达的阿尔卡克西(al-Karkhî,死于 1029 年)肯定是模仿希腊人特别是模仿丢番图的。然而阿拉伯人没有采用成套的符号。他们的代数完全是用文字叙述的,从这方面讲比起印度人甚至比起丢番图来他们是后退了一步。

阿尔花拉子米在他的代数书里给出了 $(x\pm a)$ 与 $(y\pm b)$ 的乘积。他指出怎样从 ax^2+bx+c 这种形式的式子里减去或加上一些项。他解出了一次和二次方程,但保留六种不同的形式如 $ax^2=bx$, $ax^2=c$, $ax^2+c=bx$, $ax^2+bx=c$ 以及 $ax^2=bx+c$,而让 a, b, c 总是正数。这就避免了单独出现负数以及减数可能大于被减数的情形。在把二次方程分成不同形式这一点上,阿尔花拉子米也是照着丢番图那样做的。阿尔花拉子米认识到二次方程有两个根,但他只给出正的实根,并且可以是无理根。有些作者则既给出正根又给出负根。

阿尔花拉子米所论述的二次方程可举一例如下:"根的平方和十个根等于 39 个 dirhem(阿拉伯重量单位或钱币。——译者),就是说,你把十个根和一个根的平方相加,其和等于 39。"他给出的解法是这样的:"取根数目的一半,在这里就是 5,然后让它自乘得结果为 25。把这同 39 相加得 64;开平方得 8,再减掉根数的一半,就是说减掉 5,余 3。这就是根。"解法正好就是配方所该做的步骤。

阿拉伯人虽然给出二次方程的代数解法,但他们是从几何上来解释或确认他们的算法步骤的。他们无疑是受了希腊人依赖于几何代数法的影响;他们虽把解题步骤算术化了,但一定仍相信证明必得用几何方法。因此,在解 $x^2+10x=39$

这个方程时，阿尔花拉子米给出了如下的几何方法。设 AB（图 9.1）表示未知量 x 的值。作正方形 $ABCD$。延长 DA 到 H，延长 DC 到 F，使 $AH = CF = 5$，这是 x 系数的一半。分别作以 DH 及 DF 为边的正方形。于是 I，II 及 III 三块面积各为 x^2，$5x$ 及 $5x$。这三者之和就是方程的左边。现在把两边加上面积 IV 即 25。因此整个正方形是 $39+25$ 或 64，它的边必是 8。于是 AB 或 AD 等于 $8-5$ 或 3。这就是 x 的值。这几何论证是依据《原本》第二篇命题 4 而来的。

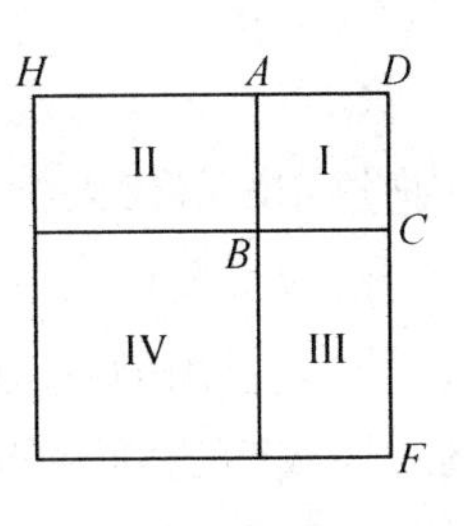

图 9.1

阿拉伯人也用代数方法解出一些三次方程，然后照上面对二次方程那样作出几何解释。例如，巴格达的异教徒塔比特 · 伊本 · 科拉（Tâbit ibn Qorra，836—901）就是这样做的（此人又是医生、哲学家和天文学家），还有埃及人 al-Hasan ibn al-Haitham——通常以阿尔哈森（Alhazen，约 965—1039）知名于世——也是这样做的。至于一般三次方程，则海亚姆认为只有从几何上用圆锥曲线才能解。我们来考察他所解的一个比较简单的情形 $x^3 + Bx = C$（B 与 C 都是正数）以说明他在他的《代数》（*Algebra*）（约 1079）中所用的方法。

海亚姆把这方程写成 $x^3 + b^2x = b^2c$，这里 $b^2 = B$，$b^2c = C$。然后他作一个正焦弦为 b 的抛物线（图 9.2）。这个值确能定出一个抛物线，并且虽然曲线本身不能用尺规作出，但曲线上的点需要多少就可以作出多少个来。然后他在长度为 c 的直径 QR 上作半圆。于是抛物线与半圆的交点 P 就定出垂线 PS，而 QS 便是三次方程的解。

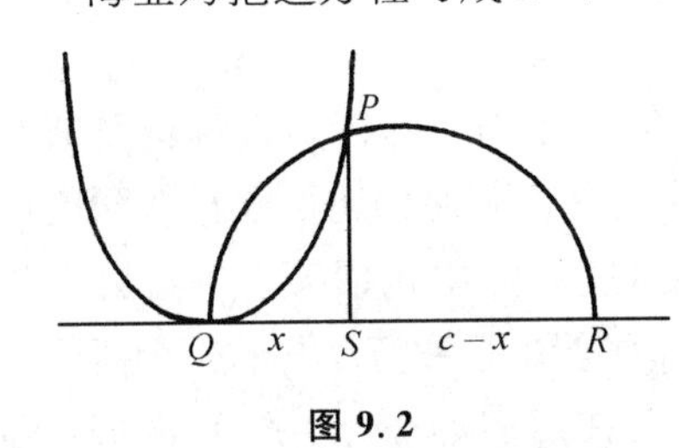

图 9.2

海亚姆的证明是纯综合性的。根据阿波罗尼斯所给出的抛物线的几何性质（或者从方程 $x^2 = by$ 可以看出）

(6)
$$x^2 = b \cdot PS,$$

或

(7)
$$\frac{b}{x} = \frac{x}{PS}.$$

现在来看直角三角形 QPR。高 PS 是 QS 与 SR 的比例中项。因此

(8)
$$\frac{x}{PS} = \frac{PS}{c-x}.$$

从(7)和(8)得

(9)
$$\frac{b}{x} = \frac{PS}{c-x}.$$

但由(7)，

$$PS = \frac{x^2}{b}.$$

若把这 PS 值代入(9),则知 x 满足方程 $x^3 + b^2x = b^2c$。

海亚姆又解出 $x^3 + ax^2 = c^3$ 这种类型的方程,它的根是用一双曲线和一抛物线的交点定出的;还解出了 $x^3 \pm ax^2 + b^2x = b^2c$ 这一类型的方程,它的根是用一椭圆和一双曲线的交点定出的。他还解出一个四次方程 $(100 - x^2)(10 - x)^2 = 8\,100$,它的根是用一双曲线和一圆的交点定出的。他只给出了正根。

用圆锥曲线相交来解三次方程是阿拉伯人在代数上推进的一大步。其数学原理恰同希腊人的代数几何法一样,不过这里用的是圆锥曲线。所要的本应是个算术答案,但阿拉伯人只能通过度量最后代表 x 的那个长度才能得出解。在这项工作中,希腊几何的影响是很明显的。

阿拉伯人也解出了二次和三次的不定方程。有几个作家陈述了并打算证明 $x^3 + y^3 = z^3$ 没有正整数解。他们也给出了头 n 个自然数的一次、二次、三次和四次幂之和。

6. 阿拉伯的几何与三角

阿拉伯几何主要受欧几里得、阿基米德和赫伦的影响。阿拉伯人确曾对欧几里得的《原本》作过评注,这是很使人惊异的事,因为这说明他们还是欣赏数学的严格性的,尽管他们在代数上通常是不管这个的。这些评注中包括关于平行公理的著述,那是我们以后还要讲到的(第 36 章)。它们的价值不在于给出了什么新的结果或新的证明,而多半在于提供了关于阿拉伯人所知道而如今已失传的希腊手稿的情况。波斯人阿布尔韦法(Abû'l-Wefâ)[或阿尔布加尼(Albuzjani,940—998)]探讨了一个新的问题:用直尺和固定圆(两脚固定的圆规)作图的问题(这在文艺复兴时期的欧洲又曾风行一时)。

阿拉伯人在三角术上没有作出什么进展。他们的三角术也像印度人那样是算术性质的,而不像希帕恰斯和托勒玫的那样是几何性质的。例如从正弦值算余弦值时他们是用 $\sin^2 A + \cos^2 A = 1$ 之类的恒等式和代数步骤来做的。他们也同印度人一样用弧的正弦而不用双倍弧的弦,虽然(像印度人的著作中那样)正弦(或半弦)的单位数取决于半径上的单位数。正弦的这种用法是塔比特和天文学家阿尔巴塔尼(al-Battânî,约 858—929)介绍到阿拉伯人中间去的。

阿拉伯天文学家引入了我们今天所说的正切和余切这两个比,不过他们把这看作是有一定单位数的线段,正如一弧的正弦被看作是有一定单位数的线段一样。这两个比可以在阿尔巴塔尼的著作中找到。阿布尔韦法在一本天文著作中引入了正割和余割。他又算出了相差10分的每个角的正弦和正切数字表。阿尔比鲁尼给出了平面三角形的正弦定律并作出一个证明。

平面三角和球面三角的系统化是由纳西尔丁在他的一本独立于天文的著作《论四边形》(*Treatise on the Quadrilateral*)中作出的。这书含有解球面直角三角形的六个基本公式,并指出如何用现今所谓的极三角形来解更一般的三角形。可惜欧洲人直到1450年左右才知道纳西尔丁的著作;直到那时为止,三角的讲述和应用仍和开始出现时一样保持为天文学的附属学科。

阿拉伯人的科学工作虽然没有首创精神但是所涉及范围很广;不过我们这里只能指出他们沿希腊人所开辟的道路而继续前进的那些工作。他们和印度人不同,确是继承了托勒玫的天文学。他们注重天文学,使他们能够知道祈祷的准确时间,使广大帝国内的阿拉伯人在祈祷时能面朝麦加(Mecca)。他们充实了天文数字表;改进了仪器;修造并启用观察台。和印度一样,几乎所有的数学家主要都是天文学家。占星术在刺激天文学从而刺激数学工作方面也起了很大作用。

阿拉伯人所研究的另一门科学是光学。物理学家兼数学家阿尔哈森写的一本巨著《光学集锦》(*Kitab al-manazer*)曾产生巨大的影响。他在这本书中陈述了完整的反射定律,包括入射线、反射线以及反射面的法线三者都在同一平面内的这个事实。但尽管他花了不少力气并作了不少试验,他也像托勒玫一样未能得出关于折射角的定律。他论述了球面和抛物面反射镜、透镜、暗箱和视像。光学是阿拉伯人所喜爱的一门学问,因它可提供玄奥和神秘的思想。不过阿拉伯人在这方面没有作出重要的独创贡献。

阿拉伯人对数学的用法也属于我们先前所讲过的那一类。这是因为天文学、占星术、光学和医学(通过占星术)需要它,虽然有些代数——正如一个阿拉伯数学家所说是在“分配、继承产业、合伙分红、土地测量上最为需要的……”。阿拉伯人钻研数学主要是为推进他们所从事的几门科学,而不是为了数学本身。他们也不搞为科学而研究科学的事。他们对希腊人为了弄懂自然界的数学设计或对中世纪欧洲人为了领悟上帝之道这种目标是不感兴趣的。阿拉伯人的目标在科学史上是与前不同的,他们是为要支配自然界而从事科学研究的。他们认为他们可以通过炼金术、魔术和占星术(这些都是他们科学工作的正式组成部分)获得这种支配权力的。这种目标其后也为那些能够分辨真假科学并在做法上更深刻更审慎的思想家所采纳。

阿拉伯人在数学上没有作出什么重要的推进。他们所做的是吸收了希腊和印度的数学,把它们保存下来,并终于(通过以后要叙述的事态发展)传给欧洲。阿拉伯人的工作在1000年之际达到顶点。在1100到1300年间,基督徒十字军的打击削弱了东部阿拉伯人。其后他们所居土地被蒙古人所蹂躏侵占;到1258年之后巴格达的回教国君已不复存在。在帖木儿(Tamerlane)率领下的鞑靼人的进一步破坏又把这阿拉伯文明摧毁殆尽,尽管鞑靼入侵后那里还做了一星半点数学工作。在西班牙的阿拉伯人经常遭到进攻并终于在 1492 年被基督徒所征服,这就使该地区的数学和科学活动告一终结。

7. 1300 年左右的数学

虽然印度人和阿拉伯人的数学工作并不出色,但他们对其后有关的数学的内容和性质确实作了一些变革。以 10 为底的进位制记数法(对 1 到 9 的量采用特别的数字记号,并把零作为一个数),负数的引入,以及无理数作为数的自由运用不仅大大推广了算术的范围而且为更有意义的代数(其中字母和运算能适用于范围广泛得多的一类数)开辟了道路。

这两个民族都从算术方面而不是从几何方面处理确定的或不确定的方程。代数虽在埃及人和巴比伦人开创时是立足于算术的,但希腊人却颠覆了这个基础而要求立足于几何。因此印度人和阿拉伯人的工作不仅使代数重新立足于它所应有的基础上,甚至还在好些方面推进了代数技巧。印度人使用了数目较多的一套符号并推进了不定方程的工作,而阿拉伯人则在三次方程上前进了一步,尽管海亚姆的工作仍依赖于几何。

欧几里得几何未获进展,但三角则有进展。引用正弦或半弦一举确在使用上有其优点。在处理恒等式和三角计算上使用算术技巧或代数技巧也是加快数学发展的一个步骤;三角术脱离天文学而独立则出现了一门用途更广的科学。

有两件事对以后承认代数与几何的范围同样起了广泛作用。承认无理数之后,就有可能给所有线段以及二、三维的图形指定数值,就是说有可能用数来表示长度、面积和体积。其次是阿拉伯人用代数方法解方程然后用几何图形说明所做步骤的合理,他们的这种做法展示了代数与几何的并行不悖。这种并行性的进一步充分发扬便导致解析几何的产生。

最有意思的事也许就是印度人和阿拉伯人对于数学有自相矛盾的想法。他们在算术和代数里都随便作运算而根本没有想到要作证明。埃及人和巴比伦人依据经验而满足于他们的那一点点算术和几何法则是不足为奇的;因为人类几乎所有的知识都是以经验为天然依据的。但印度人和阿拉伯人懂得希腊人所揭示的对于数学证明的那种全然新颖的想法。印度人的做法是颇有道理可讲的;他们虽也确实知道一些希腊古典著作,但他们对此并不看重,而主要遵循亚历山大希腊人对算术和代数的做法。不过他们何以只重视一门数学而忽视另一门数学,这也引起人们的疑问。而阿拉伯人则是充分了解希腊几何的,他们甚至对欧几里得和其他作家的著述作过批判性研究,而且在长达数世纪的期间内曾存在有利于纯科学研究的条件,数学家无需被迫作出眼前实践上有用的结果而牺牲证明。这两个民族怎么会以这样迥异于希腊人的态度来对待这两门数学呢?

有许多可能的答案。这两种文明总的说来都是缺乏批判精神的,尽管阿拉伯人对欧几里得著作曾写过评注。因此可能他们满足于所传给他们的数学的现状;就是说,几何是讲究演绎的,而算术和代数则可以依据经验或直观启示。第二种可能的答案是:这两个民族——更可能的是阿拉伯人——认识到几何相对于算术和代数而言具有极不相同的标准,但想不出用什么办法来给算术提供逻辑基础。有一件事实似可说明这种解释的合理,即阿拉伯人确实在解释他们对二次方程的解法时至少想给出几何根据。

还可以有其他种种解释。印度人和阿拉伯人都喜欢研究算术、代数以及三角关系的代数式和运算。这种偏爱可能说明不同的心智状态,或者可能反映了不同文明的不同需求。这两种文明都是偏重实际的,而且正如我们在谈到亚历山大希腊文明时所指出的那样,实际需要确乎要求提供数量结果,而这就得用算术和代数来求出。而有利于心智状态不同之说的一点事实是:欧洲人也继承了同印度人和阿拉伯人一样的数学遗产,但他们的反应却很不一样。我们以后就会看到,欧洲人对算术和几何有不同的基础是伤过很多脑筋的。

由于对此缺乏详尽而肯定的研究,我们只得承认印度人和阿拉伯人体会到算术与代数的基础是不可靠的,不过他们胆子大(更由于实际需要),敢于进一步发展这两门学科。虽然他们肯定没有认识到他们所干工作的意义,但他们还是采纳了做数学创新工作时所能采纳的唯一道路。新思想只有在自由和勇敢的直观启发下才能产生。逻辑说理和补救办法(如果需要补救的话)只有在具备了可供逻辑说理的东西之后才能起作用。印度人和阿拉伯人的闯劲把算术和代数又一次提高到几乎和几何并驾齐驱的地位。

于此就确立了数学的两种独立的传统或概念:一种是希腊人所树立的那套逻辑演绎知识,其更大的目的是了解自然;另一种是源于经验为求实用的数学,它由埃及人和巴比伦人打下基础,为一些亚历山大的希腊数学家所重新拣起而为印度人和阿拉伯人所进一步推广。前者重视几何,后者重视算术与代数。这两种传统和两种目标此后继续起作用。

参 考 书 目

Ball, W. W. R.: *A Short Account of the History of Mathematics*, Dover (reprint), 1960, Chap. 9.

Berry, Arthur: *A Short History of Astronomy*, Dover (reprint), 1961, pp. 76 - 83.

Boyer, Carl B. : *A History of Mathematics*, John Wiley and Sons, 1968, Chaps. 12 - 13.

Cajori, Florian: *A History of Mathematics*, Macmillan, 1919, pp. 83 - 112.

Cantor, Moritz: *Vorlesungen über Geschichte der Mathematik*, 2nd ed. , B. G. Teubner, 1894, Johnson Reprint Corp. , 1965, Vol. 1, Chaps. 28 - 30, 32 - 37.

Coolidge, Julian L. : *The Mathematics of Great Amateurs*, Dover (reprint), 1963, Chap. 2.

Datta, B. , and A. N. Singh: *History of Hindu Mathematics*, 2 vols. , Asia Publishing House (reprint), 1962.

Dreyer, J. L. E. : *A History of Astronomy from Thales to Kepler*, Dover (reprint), 1953, Chap. 11.

Karpinski, L. C. : *Robert of Chester's Latin Translation of the Algebra of al-Khowarizmi*, Macmillan, 1915. English version also.

Kasir, D. S. : "The Algebra of Omar Khayyam," Columbia University Teachers College thesis, 1931.

O'Leary, De Lacy: *How Greek Science Passed to the Arabs*, Routledge and Kegan Paul, 1949.

Pannekoek, A. : *A History of Astronomy*, John Wiley and Sons, 1961, Chap. 15.

Scott, J. F. : *A History of Mathematics*, Taylor and Francis, 1958, Chap. 5.

Smith, David Eugene: *History of Mathematics*, Dover (reprint), 1958, Vol. 1, pp. 138 - 147, 152 - 192, 283 - 290.

Struik, D. J. : "Omar Khayyam, Mathematician," *The Mathematics Teacher*, 51, 1958, 280 - 285.

第 10 章

欧洲中世纪时期

在大多数科学里，一代人要推倒另一代人所修筑的东西，一个人所树立的另一个人要加以摧毁。只有数学，每一代人都能在旧建筑上增添一层楼。

汉克尔(Hermann Hankel)

1. 欧洲文明的开始

当阿拉伯文明开始衰落之时，西欧和中欧进入数学发展的时期。但为了熟悉一下中世纪欧洲的状态，认识欧洲文明是怎样开始的，并了解它所取的方向，就必须(至少短暂地)回顾它的开端。

在巴比伦、埃及、希腊和罗马人各自盛极一时的年代里，今日的欧洲(除意大利和希腊外)只有原始的文明。住在那里的日耳曼民族既不会书写又没有什么知识。罗马历史学者塔西佗(Tacitus，1 世纪)把当时这些部落描写为诚挚、好客、善饮、憎恶和平、因其妻子的忠贞而自豪的人。他们的主要工作是饲养牲口、打猎和种植谷物。从第 4 世纪起，匈奴人把居住在中欧的哥特和日耳曼部落往西赶。第 5 世纪时哥特人占领了西罗马帝国本土。

英法的部分领土虽早在罗马帝国统辖时就获得一些文化，但直到公元 500 年新的文化影响才开始在欧洲起作用。甚至在罗马帝国崩溃以前，天主教会已经是有组织有势力的集团了。教会逐步使日耳曼和哥特蛮族改信基督教并开始建立学校，这些是附设在当时稍具希腊和罗马知识的修道院里的，目的是为教授人们念诵教会经文和圣书。其后不久为了训练教会圣职人员，又逐步办起较高级的学校来。

在 8 世纪下半叶，有些世俗统治者又增设了一些学校。在查理曼(Charlemagne)的帝国里，一个英国约克郡的阿尔昆(Alcuin，730—804)应查理曼之邀到欧洲大陆去组织了一些学校。这些学校也是附设在教堂或修道院里的，注重学习基督教的神学和音乐。最后从教会的学校产生出欧洲的大学，并由教会中各教派如方济各会(Franciscan)和多米尼加(Dominican)教派的人士担任教员，最早的波洛尼亚(Bologna)大学是在1088年成立的。巴黎大学、萨莱诺(Salerno)大学、牛津大学和剑桥大学是大约在1200年成立的。当然,这些大学在一开头根本不是现代意义下的大学。而且虽然在形式上是独立的,但实际上都是服务于教会利益的。

2. 可供学习的材料

随着教会势力遍及各地,它就把它所宠爱的文化强加于世。拉丁文是教会的官方语言,因而它就成为欧洲的国际语言以及数学和科学的文字。直到18世纪相当晚的时候,拉丁文还是欧洲学校里授课用的语言。因此欧洲人不免要从拉丁文(即罗马)书籍来获取他们所需要的知识。由于罗马人的数学微不足道,所以欧洲人所学到的只不过是非常原始的一套记数法和少量算术法则。他们也通过少数翻译家汲取一点希腊数学知识。

主要的翻译家是一个罗马名门的后裔博伊西斯(Anicius Manlius Severinus Boethius,约480—524),他的译作直到12世纪还广泛流传。他根据希腊材料用拉丁文选编了算术、几何与天文的初等读物。他从欧几里得的《原本》里译了多则5篇(或少则3篇)的材料组成他的《几何》(*Geometry*)。在他的书里他给出定义和定理,但无证明。他又在这书里编入一些度量方法的几何材料。有些结果是不正确的,有些只是近似的。奇怪的是,《几何》里也含有关于算盘和分数的材料,后者是学习天文(这书我们没有看到)的预备知识。博伊西斯还写了《算术入门》(*Institutis arithmetica*),这是尼科马修斯所著《算术入门》的译本,但略去了尼科马修斯的一些结果。这书成为各学校所教算术知识的源泉几乎有1 000年之久。最后博伊西斯译出了亚里士多德的一些著作,根据托勒玫的著作写了一本天文书,根据欧几里得、托勒玫和尼科马修斯的著作写了一本音乐书。很可能博伊西斯并未全部理解他所翻译的书籍。他创造了“四大科”(“quadrivium”)这个词来代表算术、几何、音乐和天文。他最出名的著作《哲学的安慰》(*Consolations of Philosophy*)至今还有人在读,那是在他被控叛国(最后他因这个罪名被斩)而监禁在牢里时写的。

另一个翻译家是罗马人卡西奥道勒斯(Aurelius Cassiodorus,约475—570),他用蹩脚译文翻出了一小部分希腊数学和天文著作;还有塞维利亚(Seville)的伊西多尔(Isidore,约560—636),他撰写了《学源》(*Etymologies*),共20篇,内容从数学到医学都有;以及英国人“可敬的”比德(Venerable Bede,674—735)。这些人是希腊数学和中世纪早期学术界的主要联系者。

中世纪早期数学家书中的所有问题都只牵涉到整数的四则运算。由于实际计算是用各种算盘来做的,所以书中的运算法则也特别适应于算盘。分数很少用,即使用到分数也是照罗马人那样用分数的名称而不用特定记号;例如他们用 uncia

表示 1/12，quincunx 表示 5/12，dodrans 表示 9/12。无理数是根本不出现的。中世纪把善算的人叫做"蛊术"师或巫师。

10 世纪时奥弗涅(Auvergne)人热尔贝(Gerbert)[后来成为教皇西尔维斯特二世(Pope Sylvester Ⅱ)，死于 1003 年]把数学的学习稍微推进了一步。但他的著作只限于初等算术和初等几何。

3. 中世纪早期数学在欧洲的地位

虽然所教的数学内容很少，但即使在中世纪学校的课程里数学还是相当重要的。课程分为四大科和三文(trivium)。四大科包括算术(纯数的科学)、音乐(数的一个应用)、几何(关于长度、面积、体积和其他诸量的学问)和天文(关于运动中的量的学问)。三文包括修辞、辩证和文法。

即使是上述这点有限的数学，学了之后也有好几种用处。在热尔贝时代以后，数学用来计算高和距离，那时野外测量仪器是古代的观象仪和反射镜。当时教会指望教士能用说理来捍卫神学和驳斥论争，而数学则被认为是训练神学说理的最好学科，正如柏拉图认为数学是训练哲学的好学科一样。教会提倡教授数学，因它对修日历和预报节日有用。每个修道院里至少有一人能做必要的计算，并在这一工作中算术和制定历法都获得不同程度的改善。

促使人学习一点数学的另一动机是占星术。这门伪科学在巴比伦人、古典希腊人和阿拉伯人那里曾颇为风行，而在中世纪的欧洲则几乎普遍被人接受。占星术的基本信条当然是说天体能影响和控制人体以及人的命运。为了解天体的影响并预报特殊的天象事件如行星的会合和日月蚀所展示的吉凶祸福，那就需要有些天文知识，因此少不了要懂得点数学。

占星术到中世纪后期变得特别重要。每个朝廷都有占星术士，大学里也有占星术的教授和课程。占星术士帮王公大人谋划政治决策、军事征战和个人事务。奇怪的是甚至那些懂得并爱好希腊思想的君王也依靠占星术士。在中世纪末期和文艺复兴时，占星术不但成为一项重要的工作而且被看作是数学的一个分支。

数学通过占星术又同医学发生关系(第 7 章第 8 节)。教会虽把人的肉体视为微不足道，但医生是不能相信此说的。由于一般人迷信天体能影响人的健康，医生就想找出天体现象和特殊星座同各个人的健康之间的关系。他们把成千人出生、结婚、生病和死亡时出现的星座记录下来，用以预测医疗是否有效。为此需要懂得广泛的数学知识，因而使医生也变成深谙数学的人。事实上他们在占星术和数学方面的造诣远远超过其对人体知识的造诣。

数学通过占星术而应用于医学的做法在中世纪后期流行更广。12 世纪的波洛尼亚大学有个医学和数学学院。当天文学家第谷·布拉赫(Tycho Brahe)在1566年上罗斯托克(Rostock)大学时,那里没有天文学家,但有占星术士、炼金术士、数学家和医学家。在许多大学里占星学教授比真正的医学和天文学教授还要常见。伽利略确曾对医科学生讲过天文,但目的是为了使他们能研究占星术。

4. 数学的停滞

中世纪初期约从400年起到1100年左右为止,这700年的时期本来是很可能使欧洲文明发展一些数学的。如果它能从当时所拥有的少量线索追究其包藏的丰富知识,它很可能从希腊著作获得很大帮助。但这段时期内数学并无进展,也没有人认真做数学工作。凡是想了解数学在什么条件下能繁荣的人,自然很想知道这究竟是什么原因。

数学水平之所以低,主要原因是对物理世界缺乏兴趣。当时在欧洲占统治地位的基督教规定了它自身的目标、价值和生活方式。主要关心的是精神生活,因而认为出于好奇心或实用目的而探索自然的工作是浮薄不足道的。基督教乃至后期希腊哲学家如斯多葛派(Stoics,禁欲派。——译者)、伊壁鸠鲁派(Epicureans,享乐派。——译者)和新柏拉图派(neo-Platonists)都强调要把心灵提高到超越肉体和物质之上,并为灵魂作好准备,以便死后去过天国的生活。终极的实在是灵魂的永恒生命,而追求道德与精神的真理则可增强灵魂的健康。关于原罪的信条、对地狱的恐惧、上帝的拯救以及对天国的企求重于一切。由于对自然的研究无助于使人达到这些目的或准备好过来世生活,因此它就被认为是无益甚至邪妄之事。

那么欧洲人从哪里去获得关于自然的知识以及关于宇宙和人的天然设计方案呢?回答是所有知识都来源于研读圣经,教会神甫的教导和教条是圣经的补充发挥和解释,被认为具有至高无上的权威。奥古斯丁(Saint Augustine,354—430)是个很有学问并在传播新柏拉图主义方面最有影响的人,他曾说:“从圣经以外获得的任何知识,如果它是有害的,理应加以排斥;如果它是有益的,那它是会包含在圣经里的。”这段话虽不足以代表奥古斯丁,却足以代表中世纪早期的人对研究自然的态度。

关于中世纪早期文明的这一简略概述,由于我们主要关心它同数学的关系,难免颇为片面,但它无论如何可使我们大致认清教会领导下的欧洲本土能有什么样的文化,它又能从罗马人留下的微薄遗产上建立起什么样的文化。直到1100年,中世纪时期没有在知识领域里产生出任何大的文化。它的知识状态是思想一律、教条主义、神秘主义、信赖权威,不断向权威著作求教、进行分析并加以评述。倾向于神秘主义的结果使人把含糊其辞的思想奉为现实甚至接受为宗教真理。仅存的那一小点理论科学是呆板无生气的。神学统辖了所有的学问，教会神甫能编造万有知识体系。但除了包含在基督教义中的以外，他们不去寻思或追求任何别的原理。

罗马文明是产生不出数学来的，因它太注重实际和马上可以应用的结果，欧洲中世纪文明不能产生数学成果则出于正相反的原因。它根本不关心物理世界。俗世的事务和问题是不重要的。基督教重视死后的生活并重视为此而进行的准备。

数学显然不能在一个只重世务或只信天国的文明中繁荣滋长。我们可以看到，数学在一个自由的学术气氛中最能获得成功，那里既能对物理世界所提出的问题发生兴趣，又有人愿意从抽象方面去思考由这些问题所引起的概念，而不计其是否能谋取眼前的或实际的利益。自然界是产生概念的温床，然后必须对概念本身进行研究。反过来，能对自然获得新的观点，对它有更丰富、更广泛、更强有力的理解，而这又产生出更深刻的数学工作。

5. 希腊著述的第一次复活

在1100年之际，欧洲文明处于一种停滞的状态。虽然社会制度大部分仍属封建性的，但已经有不少独立的商人，有初步的工业，有自由民所从事的艺术和手工业、大规模的农业、制造业、矿业、银行业和牲畜饲养业。同国外的贸易，主要是同阿拉伯人和近东的贸易，已建立起来。最后，王公大人、教会官员和商人都获得了必需的财富来供养从事学术和艺术的人员。

虽然那是一个安定的社会，但一点也看不出有什么征象，能够说明欧洲人如果任其自行其是，会自动抛弃前述那种世界观和着重点，而回头来认真钻研数学。西欧是基督教罗马世界的后继者，而罗马和基督教都不是喜爱数学的。但到了1100年左右，新的思潮开始影响当时的学术界气氛。欧洲人通过贸易和旅游，同地中海地区和近东的阿拉伯人以及东罗马帝国的拜占庭人发生接触。十字军东征(约1100—约1300)，为掠取土地的军事征战，使欧洲人进入阿拉伯土地。十字军战士是打仗的而不是搞学术的人，所以通过十字军战争而产生的接触也许被人估计得过分重要。但无论如何欧洲人开始从阿拉伯人和拜占庭的希腊人那里学到了希腊的著作。

希腊学术的发现激起欧洲人很大的兴趣，他们大力搜求希腊著作的抄本、阿拉伯文译本以及阿拉伯人写的课本。王公和教会领袖支持学者去猎取这些学术宝藏。学者们纷纷到非洲、西班牙、法国南部、西西里和近东的阿拉伯文化中心去钻研阿拉伯人的著述并把他们所能买到的书籍带回欧洲。巴思(Bath)地方的阿德拉德(Adelard，约1090—约1150)乔装回教学生前往阿拉伯人控制下的叙利亚和科尔多瓦以及意大利南部。比萨的利奥那多(Leonardo)到北非去学算术。北意共和国和罗马教廷派出使团和大使到拜占庭帝国和西西里(那里原是著名的希腊文化中心,到 878 年为止仍在拜占庭统治下)。1085 年基督徒攻占了托莱多(Toledo),于是阿拉伯著作的一大中心向欧洲学者开放了。1091 年基督徒又从阿拉伯人手里夺取了西西里,他们又可自由阅读那里的著作了。从帝国开始之日起就收藏了希腊著作的罗马,经过一次搜索后发现了更多的手稿。

欧洲人获得这些著述后就愈来愈多地把它们译成拉丁文。12 世纪从希腊文译出的书总的说来质量不高,因当时对希腊文懂得不多。它们是逐字逐句译出的(de verbo ad verbum),但它们比那些通过阿拉伯译本重译的希腊著作好一些,因为阿拉伯文与希腊文是很不一样的。因此直到 17 世纪后很长的时间,欧洲不断出现新的更好的译本。

这样欧洲人就知道了欧几里得和托勒玫的著作,阿尔花拉子米的《算术》(*Arithmetic*)和《代数》,特奥多修斯的《球面学》,亚里士多德和赫伦的许多著作,阿基米德的几部著作,特别是他的《圆的量度》[*Measurement of a Circle*,他的其余著作在 1544 年由巴塞尔(Basle)的埃尔瓦吉乌斯(Hervagius)译成拉丁文]。但在 12 和 13 世纪间,阿波罗尼斯和丢番图的著作都未曾译出。此外哲学、医学、科学、神学和占星术方面的书也都翻译出来。由于阿拉伯人确实占有几乎全部的希腊著作,欧洲人就此获得了大量的文献。他们对这些著作是这样钦佩并这样倾倒于其中的新鲜思想,以至他们都成了希腊思想的门徒。他们珍视这些著作远远超过他们自己的创作。

6. 理性主义和对自然的兴趣的复活

第一批希腊和阿拉伯著作的译本传到欧洲后不久,对自然现象的理性探讨,并以自然原因而不以道德或神意的原因来作解释的风气几乎立刻就呈现出生命力。在法国夏尔特尔(Chartres)有一群人如波雷(Gilbert de la Porée,约 1076—1154)。夏尔特尔的蒂里(Thierry,约死于 1155 年)和伯那德·西尔维斯特(Bernard Sylvester,约 1150 年)甚至开始对圣经文字谋求作出合理化的解释,并且至少表示出需要用数学来研究自然的意愿。他们的主张是附和柏拉图的《蒂迈欧篇》(*Timaeus*)的,但比那个对话中的更合理。不过,他们对自然现象的说法(虽从中世纪思想角度来看是颇为可观的)没有足够的意义和影响,不值得多加注意。

随着希腊著作的传入,要求作合理化解释的趋势,对物理世界的研究,通过食品、物质生活来享受现世生活的兴趣以及对自然的乐趣,变得明显起来。有些人甚至开始用他们自己的道理来对抗教会的权威。例如巴思地方的阿德拉德说他不愿听从那些“被人牵着鼻子走的人……因此如果你要听我讲些什么东西,就得同我讲道理并且让我也来讲道理”。

说来奇怪,有些希腊著作的传入却使欧洲的觉醒推迟了两个世纪之久。到1200 年之际,亚里士多德的许多著作已相当普及。他书中的大量事实、精细的分辨能力、令人信服的论据,和对知识的逻辑编排,使欧洲学者读了心悦诚服。亚里士多德学说的缺点是他接受了那些在思想上认为是有理的说法而不管其是否符合实际经验。他提出一些想法、理论和解释,例如基本物质之说、地上物体与天体的区分(第 7 章第 3 节),以及对终极原因的强调,是很少现实根据或没有结果的。但因这些说法都被人毫无批判地加以接受,所以新的思想就不受欢迎或无人理睬,使进步推迟。亚里士多德给数学以较低的地位——肯定次于定性的物理解释的地位,这可能也是阻碍科学进步的。

大约从 1100 年到 1450 年这段期间内,从事科学工作的是经院派学者,他们信奉以基督教使徒和亚里士多德的权威为基础的学说,因此科学工作自然受到不利影响。有些经院派学者反抗当时流行的教条主义并否认亚里士多德学说的绝对正确。当时有一个人感到需要从实验得出一般原则,需要有利用数学的演绎推理,然后根据事实来检验这种推理,这人便是林肯郡的主教、自然哲学家格罗斯泰特(Robert Grosseteste,约 1168—1253)。

反抗权威的最出色的发言人并且真能提供有价值思想的是罗吉尔·培根(1214? —1294),他号称为“万能博士”(Doctor Mirabilis)。他宣称:“如果我有权处理亚里士多德的著作,我就会下令把它全烧掉,因为学习它不过是浪费时间而且把人引入歧途,而且它又是难以形容的层出不穷的无知之见。”罗吉尔·培根学识渊博,遍晓当时的许多科学和语言文字,包括阿拉伯文在内。他比别人早知道当时刚出现的发明和科学进展,如火药、透镜的作用,机制时钟,日历的编制,彩虹的形成等。他甚至谈到对潜水艇、飞机和汽车的设想。他在数学、力学、光学、视象成因、天文学、地理学、年表学、化学、透视学、音乐、医学、文法、逻辑、形而上学、伦理学和神学方面的著作都是含有正确思想的。

罗吉尔·培根的特别令人钦佩之处是他懂得可靠的知识是怎么得来的。他探讨了使科学获得进展或受到阻挠的原因,并提出改革研究方法的意见。他虽也劝人阅读圣经,但强调数学和实验,并预见科学造福于人类的伟大前景。

他确信数学思想是与生俱来的并且是同自然事物本身相一致的,因为自然界是用几何语言编写而成的。所以数学能提供真理。它先于其他科学,因为数学处理直觉所感知的量。他在所著《大作》(*Opus Majus*)的一章中“证明”所有科学都需要数学,他的论点表明他正确认识到数学在科学中的作用。他虽然强调数学,但也充分认识到实验在发现事实和验证从理论或其他方面所得结果的作用及其重要性。“论证可以总结一个问题,但它不能使我们感到放心或承认其为真理,除非通过经验而表明其确为真理。”

罗吉尔·培根的《大作》中谈了不少关于数学对地理、年表学、音乐、彩虹的解释,编日历和确定信念的用处。他还论述了数学在国家管理、气象学、水文学、占星术、透视学、光学和视像成因等方面的作用。

但甚至罗吉尔·培根也只是他那个时代的产物。他相信巫术、占星术,并坚称一切学问的目标是神学。他也是他那个时代的牺牲品,他死于监狱,正如其他许多倡导人类理智独立性以及实验观察重要性的学术界领袖一样。他对他那个时代的影响是不大的。

奥卡姆的威廉(William of Ockham,约 1300—1349)继续对亚里士多德进行有力的攻击,他批评亚里士多德对终极原因的观点。他说终极原因纯粹是虚拟的说法。所有原因都是直接的,足以产生一事件的所有前提构成它的总因。这种关于联系的认识是放之四海而皆准的,因为自然界是统一的。科学的首要功能是确定观察的次第。奥卡姆说,至于物质我们只知道它们的种种性质,而并没有一种基本的物质形式。

他又攻击当时的物理和形而上学(玄学),他说得自经验的知识是真知,而合理化的构思则不然,它们不过是人创造出来用以解释所观察的事实而已。他提出一个著名原则号称“奥卡姆的剃刀”[格罗斯泰特和司各脱(John Duns Scotus,1266—1308)在以前早提出过]:若能用较少的概念解决问题,那更多的概念是不必要的。他把神学同自然哲学(科学)分开,理由是神学的知识得自神的启示,而自然哲学的知识则应来自经验。

这些持异见的分子并没有提出新的科学思想。但他们确实要求自由研究、自由思想和自由探索,并主张以经验作为科学知识的来源。

7. 数学本身的进展

大约在 1100 年到 1450 年这段时期内,尽管思想严受束缚,但还是进行了一些数学活动,其主要中心是牛津大学、巴黎大学、维也纳大学(成立于 1365 年)和埃尔富特(Erfurt)大学(成立于 1392 年)。起初的工作是对希腊和阿拉伯文献的直接反应。

第一个值得一提的欧洲学者是比萨的利奥那多(约 1170—1250),又名斐波那契(Fibonacci)。他受教育于非洲,在欧洲和小亚细亚游历甚广,并以其精湛掌握当代及以前各代的全部数学知识而闻名。他住在比萨,为西西里的弗雷德里克(Frederick)二世及宫廷哲学家所深知,而他的大多数现存著作也是奉献给他们的。

1202年利奥那多写了划时代的并流传很久的《算经》(*Liber Abaci*)一书,这是从阿拉伯文和希腊文材料编译成拉丁文的书。当时在欧洲已多少知道一点阿拉伯记数法和印度算法,但只限于在修道院里。一般人还是用罗马数字而且避免用零,因他们不懂零的意思。利奥那多的书产生很大影响并改变了数学的面貌,其中传授了印度人用整数、分数、平方根、立方根进行计算的方法。这些方法其后又由佛罗伦萨(Florentine)的商人加以改进。

利奥那多在《算经》及较晚一部著作《四艺经》(*Liber Quadratorum*, 1225)中都论述了代数。他也照着阿拉伯人的样子用文字而不用记号讲述,并以算术方法作为代数的基础。他讲述了一次和二次确定或不定方程以及某些三次方程。他也像海亚姆一样认为一般三次方程是不能用代数方法解出的。

在几何方面,利奥那多在他的《几何实习》(*Practica Geometriae*, 1220)里重复讲述了欧几里得《原本》及希腊三角术的大部分内容。他传授用三角方法而不用罗马人的几何方法来搞测量,这是稍稍前进了一步。

利奥那多著述的最突出之点是他指出欧几里得在《原本》第十篇中对无理量的分类并不包括一切无理量。利奥那多证明 $x^3+2x^2+10x=20$ 的根不能用尺规作出。这第一次表明数系所含的数超过希腊人以是否尺规可作为准则所定的范围。利奥那多又引入了至今仍称为斐波那契数列的概念,在这数列中的每项等于其前两项之和。

除了有利奥那多发表关于无理量的意见外,奥雷姆(Nicole Oresme,约1323—1382)的著作里也有一些创见。此人是利雪(Lisieux)地方的主教兼纳瓦拉(Navarre)巴黎学院的教师。在他的未发表的著作《比例算法》(*Algorismus Proportionum*,约1360年)中,他引入了分数指数的记法和一些算法。他的想法是(用我们今天的记号):既然 $4^3=64$ 而 $(4^3)^{1/2}=8$,所以 $4^{3/2}=8$。分数指数的记法以后在16世纪的几个作家的著作中重又出现过,但直到17世纪才广泛采用。

奥雷姆的另一项贡献在于对变化的研究。我们记得亚里士多德对质和量是严格区别的。他认为热的强度是一种物质。改变热的强度就得增加或减少一种东西——一种热。奥雷姆认为并没有什么不同种类的热,而只有同一类热的多寡之分。14世纪一些牛津和巴黎的经院哲学家开始从量的方面来思考变化和变化率的问题。他们研究匀速(等速)运动,非匀速(变速)运动以及均匀性的非均匀运动(等加速运动)。

当时这一类思想的顶点是奥雷姆所提出的图线原理。关于这个问题他写了《论均匀与非均匀的强度》(*De Uniformitate et Difformitate Intensionum*,约1350年)与《论图线》(*Tractatus de Latitudinibus Formarum*,日期不详)。为研究变化与变化率,奥雷姆按照希腊人的传统指出凡可度量的量(除了数以外)都能用点、线、面来代表。于是,为表示随时间而变的速度,他用一水平线上的点代表时间,称之为经度;而不同时刻的速度则用纵线表示,称之为纬度。为表示一个从 O 处为 OA 减到 B 处为零的速度,他画出了一个三角形(图 10.1)。他又指出由 AB 中点 E 所定的矩形 $OBDC$ 与三角形 OAB 等面积并表示在同一段时间内的匀速运动。奥雷姆把物理变化同整个几何图形联系起来。整个面积代表所论的变化,其中不牵涉到数值。

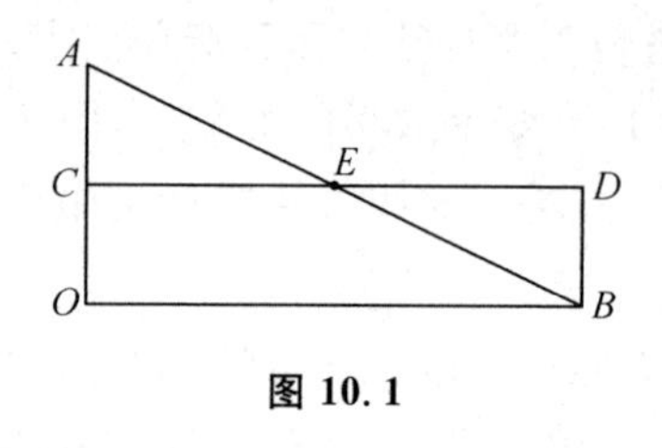

图 10.1

常有人说奥雷姆对提出函数概念,用函数表示物理规律以及函数的分类作出了贡献。人们也把创立坐标几何及函数的图像表示归功于他。事实上他的图线是个含糊的观念,至多是一种图表。虽然奥雷姆在图线(*latitudines formarum*)名义下表示强度的方法是经院哲学家试图用于研究物理变化的一个主要技巧,也曾在当时的大学里教给学生,并用之于修正亚里士多德的运动理论,但它对其后思想界的影响是不大的。伽利略确也用过这种图形,但思想远为清楚,用意远为明确。又由于笛卡儿尽量避免提及前人,我们也不知道他是否受了奥雷姆思想的影响。

8. 物理科学中的进展

由于数学的进展主要依赖于人们对科学重新发生兴趣,所以这里要简略指出中世纪人士在科学方面的工作。

在力学方面他们采纳了关于杠杆、重心以及阿基米德流体静力学这些非常可取的希腊著作。他们除了理解杠杆原理之外没有做更多的工作,不过约尔丹努斯·奈莫拉里乌斯(Jordanus Nemorarius,死于 1237 年)稍有一点补充。他们最注重的是运动理论。

由于亚里士多德的科学早已盛行一时,所以他的理论成为研究运动的出发点。如我们在第 7 章中所指出的,亚里士多德的理论有好几处明显说不通。早期中世纪科学家就想在亚里士多德学说体系的基本范围内解决这些疑点。例如,为说明落体何以会增速,13 世纪的有些人士,把亚里士多德关于重力的含糊概念,解释成物体的重量会随着其接近于地心而增加的意思。因此,由于力增大了,所以速度也增大。有人怀疑亚里士多德关于速度等于力除以阻力这个基本定律是否正确。

14 世纪中继夏尔特尔学派之后的是巴黎学派,其领袖是奥雷姆和比里当(Jean Buridan,约 1300—约 1360)。在那里的大学里亚里士多德的观点占上风。为解释物体受力后之所以继续运动,比里当提出一个新理论——冲力理论。比里当按照 6 世纪基督教学者菲洛波努斯(Philoponus)的说法,认为加到箭或抛射体上的动力是加到物体本身上的而不是加在空气上的。这个冲力(而不是空气的推进力),若无外力作用是能使物体永远保持匀速运动的。在落体的情形下,由于自然重力使原有冲力逐步获得增量,所以冲力是渐次增大的。在上投物体的情形下(如抛射体),传给物体的冲力因空气阻力和自然重力而逐渐减小。天球有上帝给予冲力后就无需天上其他因素作用而保持其运转。比里当把冲力定义为物体的质量与速度的乘积,用现代术语来讲这就是动量。

有好几方面的原因使这个新理论值得重视。比里当把它应用于天体运动和地面上物体的运动之后便将两者合成一个理论。其次是这理论同亚里士多德的定律相反,它暗含着力改变运动而不单是维持运动的想法。第三,冲力概念本身是一大进步,它把作用力从媒质转移到运动物体上,从而又使人能考虑没有媒质的真空。比里当是现代动力学的奠基人之一。他的理论在他那个世纪以及其后两个世纪中被人广泛接受。

抛射体运动之所以这样受人注意,也许是由于13世纪武器的改进,弩炮、横弓和长弓能把投射体抛过长的弯曲的路线,一个世纪以后又有了炮弹。亚里士多德说过一个物体在一个时间内只能在一种力的作用下运动;若有两种力则一种力会破坏另一种力的作用。因此若将一物往上抛出,它将沿一直线运动,直到那"激发"运动消耗掉之后物体就在天然运动下直落到地上。在对这理论进行修正的各种学说之中,约尔丹努斯·奈莫拉里乌斯提出的观点是最有帮助的,他说依直线方向抛射出去的物体,其运动的每一刻所受之力可分解为两个分力,一个是向下作用的自然重力,一个是水平抛射的"激发"力。这一思想以后为列奥纳多·达·芬奇(Leonardo da Vinci)、斯蒂文(Simon Stevin)、伽利略和笛卡儿所接受。

比里当和奥雷姆领导下的巴黎学派不仅考察匀速运动而且接下去考察均匀性的非均匀运动(匀加速运动),并按他们自己认为满意的方式证明这种运动中的有效速度是初速和终速的平均值。13,14世纪力学上最有意义的工作也许在于他们力求引入定量的考察,并以定量的论证来代替定性的论证。

中世纪科学家的主要兴趣在于光学方面。原因之一是希腊人在(今日所谓的)几何光学方面比在其他物理领域上树立了更坚实的基础,到中世纪末期,他们在光学方面的许多著作都在欧洲传开了。另外一个原因是,阿拉伯人又在希腊人的基础之上作出了一些进展。到1200年,光学上的一些基本定律都为人熟知,如光在均匀媒质中的直线行进、反射定律,以及托勒玫的不正确的折射定律(他相信折射角正比于入射角)。还有关于球面镜和抛物面镜的知识,球面像差,针孔照相机,透镜的用途,眼睛的功能,大气折射现象,放大视象,这些都从希腊人和阿拉伯人那里传到了欧洲。

格罗斯泰特、罗吉尔·培根、维泰洛(Vitello,13世纪)、佩卡姆(John Peckham,死于 1292 年)和弗赖贝格(Freiberg)的泰奥多里克(Theodoric,死于约 1311 年),这些科学家都把光学推向前进。他们根据光被透镜折射的知识,定出了一些透镜的焦距,研究了透镜的组合,提出用透镜组合来放大视象的意见,改进了解释彩虹的理论。13 世纪中玻璃镜的制造完善了,从 1299 年起有了眼镜。维泰洛观察到光在折射下的色散现象,就是说他让白光通过六角形晶体产生出有色光。他又引导光通过一碗水来研究彩虹,因他以前观察到光通过一碗水而射出后出现彩虹中的颜色。光学继续成为一门重要科学,我们以后将看到开普勒(Johannes Kepler)、伽利略、笛卡儿、费马(Pierre de Fermat)、惠更斯(Christian Huygens)和牛顿都在这方面进行工作。

9. 总　　结

在科学上也如在其他领域里一样,中世纪只是专攻那些经过时间考验的权威著作。各学院从古代手稿里做了辛勤的摘录、总结和评注的工作。时代精神迫使人们遵循一向所信赖的、一成不变的、死硬的方法。中世纪后期学术工作的特点是寻求一种包括人间、自然界和上帝的普遍哲学。但这些工作充满了这样的缺点:思想不分明,神秘主义,教条主义,以及咬文嚼字地引述权威著作。

然而随着世界情势的逐步改变,人们日益强烈地发觉信仰和明显事实之间的脱节和矛盾,并对学术和信仰需要修正看得愈来愈清楚。在伽利略演示经验的价值以前,在笛卡儿教导人们进行内省以前,在帕斯卡(Blaise Pascal)陈述关于进步的概念以前,就有那些离经叛道的思想家,主要是持异见的经院派学者,他们打算沿着新的路线前进,向旧有的观念提出挑战,要求比希腊人更多地依赖于对自然界的观察。

作实验(其部分目的是为寻求产生奇迹的秘方)和用归纳法来获得一般原理和科学规律,开始成为知识的重要来源,虽然中世纪的主要科学方法仍是根据一些先验的原则,用一种形式的或几何性的论证来作合理化的解释。

数学对研究自然的作用也获得某种承认。虽然中世纪科学家总的说来仿照亚里士多德的做法寻求物质上的或物理上的解释,但这种解释很难获得而且用处不大。他们愈来愈体会到,从数学上来对观测数据和实验事实进行整理比较,然后核验数学定律,做起来较为容易。所以,同天文理论本身、航海、修历法等工作有关的科学家,他们所用的天文理论不是亚里士多德从物理上对欧多克索斯理论的修补,而是托勒玫的理论。结果使数学开始起一种大于亚里士多德所指定给它的作用。

尽管有这些新的趋势和活动,但如果让中世纪的欧洲循着一条不变的道路继续走下去,那它会不会产生真正的科学和数学,这是很值得怀疑的事。自由探讨是不许可的。从 1400 年起就已存在的少数几所大学是受教会控制的，那里的教授不能自由讲授他们认为正确的东西。如果说教会在中世纪并未禁止过什么科学学说，那只是因为当时并没有发表过新的重要学说。但若不论在哪方面发现有真正与基督教思想相抵触的论调，那就会立即受到镇压，其残酷与恶毒的程度在历史上是空前的，而这种镇压大部分是由 13 世纪教皇英诺森三世(Innocent III)所创立的宗教裁判所来执行的。

其他一些相对比较次要的因素也推迟了欧洲的变革。复活的希腊知识只能为少数既有时间又有机会来学习的学者所接触。手稿很昂贵，许多人想要而得不到。此外，从 1100 年到 1500 年这段期间，欧洲分裂为许多独立的公国、侯国、多少带点民主色彩或寡头政治性的城邦以及教皇控制下的国家。这些政治单位间不断发生战争，耗尽了人民的精力。从 1100 年开始的十字军战争糟蹋了数目难以想象的生命。14 世纪下半叶的黑死病夺去了约占欧洲三分之一的人口，使整个文明倒退回去。但幸而革命力量已开始在欧洲的学术、政治和社会舞台上发挥它的影响。

参考书目

Ball, W. W. R.: *A Short Account of the History of Mathematics*, Dover (reprint), 1960, Chaps. 8,10,11.

Boyer, Carl B.: *A History of Mathematics*, John Wiley and Sons, 1968, Chap. 14.

Cajori, Florian: *A History of Mathematics*, Macmillan, 1919, pp. 113 - 129.

Clagett, Marshall: *The Science of Mechanics in the Middle Ages*, University of Wisconsin Press, 1959.

Clagett, Marshall: *Nicole Oresme and the Geometry of Qualities and Motions*, University of Wisconsin Press, 1968.

Crombie, A. C.: *Augustine to Galileo*, Falcon Press, 1952, Chaps. 1 - 5.

Crombie, A. C.: *Robert Grosseteste and the Origins of Experimental Science*, Oxford University Press, 1953.

Easton, Stewart: *Roger Bacon and His Search for a Universal Science*, Columbia University Press, 1952.

Hofmann, J. E.: *The History of Mathematics*, Philosophical Library, 1957, Chaps. 3 - 4.

Smith, David Eugene: *History of Mathematics*, Dover (reprint), 1958, Vol. 1, pp. 177 - 265.

第11章

文艺复兴

在我看来，一个人如果要在数学上有所进步，他必须向大师们学习，而不应向徒弟们学习。

阿贝尔(Niels Henrik Abel)

1. 革命在欧洲产生的影响

大约从1400年到1600年的这段时期，我们称之为文艺复兴时期(虽然这个名词被不同的作者用来形容不同的时期)。在这段时期内，欧洲被几件事情深深地震撼了一下，最后使得知识界的面貌大大改变，并使得数学活动以空前的规模和深度蓬勃兴起。

革命的影响是十分广泛并且连续不断的，几乎遍及欧洲每个国家每个城市的战争乃是政治变革的起因。文艺复兴的发源地意大利，就是一个最好的例子。虽然意大利各邦在15,16世纪的历史被不断的阴谋、大屠杀以及战争的破坏弄得支离破碎，但政治上不断的变迁以及某些民主政府的建立，则是有利于个性成长的。反抗教皇统治——当时政治上、军事上的主要力量——的战争，不仅从教会的统治下解放了人民，而且还鼓励知识分子造反。

中世纪后期，意大利得到了大量的财富。这主要是由于意大利的地理位置。意大利各港口地位极为优越，有利于把从亚洲、非洲进口的货物转运到欧洲其他地区去。大银行的建立使意大利成为经济中心。这种财富对于学术活动是不可少的。就在这个被搞得最一塌糊涂、混乱不堪的意大利，最早酝酿并且表现出了形成西方文化的思想。

在15世纪，希腊的著作大量进入了欧洲。在这个世纪早期，罗马和拜占庭帝国——它们占有大量的希腊文稿，但一直是孤立的——之间的联系变得很紧密。拜占庭帝国在和土耳其人打仗时，曾想得到意大利各邦的帮助。在关系改善的情况下，希腊的教师们被带到了意大利，而意大利的人则到拜占庭去学希腊文。当土耳其在1453年征服君士坦丁堡时，希腊的学者带着许多文稿逃到意大利。这样，不仅使欧洲有了更多的希腊著作,而且新得到的手稿远比早先在12,13世纪时得到的要好得多.这以后,直接从希腊文译成拉丁文的译本比从阿拉伯文转译的要可靠得多。

大约在1450年,古登堡(Johann Gutenberg)发明活版印刷,加速了知识的传播。从12世纪以来,欧洲通过阿拉伯人,从中国学来了制造麻纸和棉纸,以代替羊皮纸和草片纸。从1474年起,数学、天文学和占星术的著作开始印刷出版了。例如由坎帕纳斯(Johannes Campanus,13世纪)译成拉丁文的欧几里得《原本》的第一次印刷版本,1482年在威尼斯出现了。到了下一个世纪,阿波罗尼斯的《圆锥曲线》的前四册、帕普斯的著作、丢番图的《算术》以及其他一些著作,也以印刷版本出现了。

罗盘和火药的引进是有重大意义的。罗盘使得远洋航行成为可能。火药在13世纪引进,它改变了战争的方法和防御工事的设计,使得研究抛射体的运动变得很重要。

由于制造业、矿业、大规模的农业以及各种贸易的大量发展,一个新的经济时代开始了。所有这些企业中遇到的技术问题都以比过去旺盛得多的活力着手来解决。和埃及、希腊与罗马的奴隶社会以及中世纪的封建农奴制社会相比较,新社会拥有一个不断增大的自由手工业者和自由劳动者阶级。独立的机械工人和那些支付工资的雇主都有迫切愿望去寻找节省劳动力的方法。为了改进生产方法和材料的质量,资本主义经济竞争也促使人们直接去研究一些物理现象和因果关系。因为教会曾对这些物理现象作出过许多的解释,矛盾就产生了。可以肯定,每当物理的解释被证明比神学的解释更为有用的时候,神学的解释就被人们抛弃了。

通过15,16世纪进行的地理勘察,商人阶级对欧洲新秩序的建立作出了贡献。进行这些勘察是为了寻找更好的贸易途径和商品资源,它给欧洲带来了有关异地的植物、动物、气候、生活方式、信仰和习惯的知识。这些知识对中世纪的教条提出了挑战并激发了人们的想象力。

根据直接的观察以及一些探险家和商人带回欧洲来的见闻,引起了对教会的科学和宇宙学说的可靠性的怀疑,对教会压制实验和压制人们思考新秩序所产生的问题的反抗,一些教会领导人道德上的堕落,教会出卖赎罪券之类的腐败行为,以及最后严重的教义分歧,这一切最终导致了宗教改革。这些改革者由一批渴望打破教会势力的商人和王公贵族支持着。

宗教改革并没有解放人们的思想和精神。新教领导人的目的只在于挂出他们自己牌号的教条主义。但是,在提出关于圣礼的本性、教会统治的权威以及在圣经上一些文字段落的含义等问题时,路德(Martin Luther)、加尔文(Johannes Calvin)、慈运理(Ulrich Zwingli)这些人无意中激励了很多人去想一些以前所不敢想的问题。思想被激发了,辩论引起了。更进一步,为了争取信徒,新教宣称信仰的基础乃是个人的判断而不是教皇的权威。于是各种不同的信仰被认为是合法的了。许多人在要求他们选择天主教还是新教时宣称:"你们双方都见鬼去吧。"于是他们背弃这两种信仰而面向自然、观察和实验,以此作为知识的来源。

2. 知识界的新面貌

教会是建立在权威上的,它崇拜亚里士多德,并把怀疑定为有罪。教会也蔑弃物质的享受而强调身后灵魂的得救。这些教条与欧洲人从希腊学来的准则形成鲜明的对照,这些准则是(虽然亚里士多德没有宣布过):对大自然的探讨;物质世界的享受;力求身心的完美;研究问题和发表见解的自由;对人类理性的信赖。教会的权威,对世俗生活的限制,信赖圣经是一切知识的来源并应主宰一切的主张,这些都引起了知识分子们的反感,使他们如饥似渴地接受了新的价值准则。人们不再对圣经文字上的含义作无休止的考据与争辩来确定是非曲直,而开始面向自然本身。

数学兴趣的复活几乎是随着希腊知识和生活准则的复活一起而来的结果。到15世纪,柏拉图的著作被大家所了解后,欧洲人知道了自然界是按照数学方式设计的,并且这个设计是非常和谐优美的内部真理。自然界是合理的、简单的而且有秩序的,它是按照万古不易的规律行动的。柏拉图和毕达哥拉斯的著作也强调数是现实的精华,这个学说在13,14世纪开始被一些离经叛道的经院派学者们所注意。柏拉图主义的复活使这些人所不断深思苦虑的思想和方法得到澄清和结晶。毕达哥拉斯-柏拉图强调数量关系作为现实精髓的思想逐渐占据了统治地位。哥白尼、开普勒、伽利略、笛卡儿、惠更斯和牛顿实质上在这方面都是毕达哥拉斯主义者,并且在他们的著作中确立了这样的原则:科学工作的最终目标是确立定量的数学上的规律。

对于文艺复兴时期的知识分子,数学之所以受到重视尚有另一个理由。在文艺复兴这样一个时期里,随着新的影响、知识和革命运动席卷欧洲,使人们对中世纪的文化和文明产生怀疑和不信任。知识分子们要为其知识的建立寻找新的、坚固的基础,而数学则提供了这样一个基础。在各种哲学系统纷纷瓦解,神学上的信念受人怀疑以及伦理道德变化无常的情况下,数学是唯一被大家公认的真理体系。数学知识是确定无疑的,它给人们在沼泽地上提供了一个稳妥的立足点,人们又把寻求真理的努力引向数学。

数学家和科学家也从中世纪神学的偏见中得到某种启示,它反复灌输这样一个观点,所有自然界的现象不仅相互关联而且还按照一个统盘的计划运转:自然界的一切动作都遵循着一个由始因所规定下来的方案。那么,神学中上帝创造宇宙之说又怎么能够同寻找大自然的数学规律并行不悖呢?回答是提出一种新的教条,即上帝是按数学方式设计了大自然的。换句话说,把上帝推崇为一个至高无上的数学家,这就使寻找大自然的数学规律一事成为一件合法的宗教活动。

这个理论鼓舞了16,17世纪甚至18世纪一些数学家的工作。寻找大自然的数学规律是一项虔诚的工作,它是为了研究上帝的本性和做法以及上帝安排宇宙的方案。文艺复兴时期的自然科学家是神学家,用自然代替圣经作为他们的研究对象。哥白尼、第谷·布拉赫、开普勒、伽利略、帕斯卡、笛卡儿、牛顿和莱布尼茨再三谈到上帝通过他的数学方案给宇宙以和谐。数学知识,因为它本身是宇宙的真理,就像圣经里的每行文字那样神圣不可侵犯,甚至高于圣经中的文字,因为它是明确的、无可非议的知识。伽利略说过:"上帝在自然界的规律中令人赞美地体现出来的并不亚于他在圣经字句中所表现的。"对于这点莱布尼茨补充说:"世界是按上帝的计算创造的。"这些人寻找数学规律以宣扬上帝创造工作的崇高和光荣。人不能希望像上帝自己一样清楚地了解那些神圣的计划,但通过谦虚和谨慎,人至少能够近似地了解上帝的心意。

科学家们因为确信上帝在构造宇宙时已经把数学规律放在其中,所以他们坚持寻找自然现象背后的数学规律。每一条自然规律的发现都被认为证明了上帝的智慧而并非研究者的智慧。开普勒在每次获得发现时都对上帝写了颂歌。数学家和科学家们的信仰与态度是文艺复兴时代席卷整个欧洲的更大量文化现象的范例。希腊的著作冲击了非常虔诚的基督教世界,知识界的领导人则生在一个世界而被另一个世界所吸引,他们就把两个世界的教义融为一体了。

3. 学识的传播

由于某些理由,新的准则的扩散是缓慢的。首先,希腊的著作只有在教会内外王公贵族的朝廷里才能找到,而不是一般的人所能接近的。印刷业大大地帮助了书籍的广泛流传,但效果也是逐渐显示的,因为即使印刷的版本也是很昂贵的。传播知识的问题还由于另外两个因素而变得复杂了。第一,愿意把数学和科学运用于工业、手工业、航海、建筑和其他一些工作项目中去的人大都没有受过教育,上学的人并不是很普遍的。第二个因素则是语言问题。有学问的人——学者、教授和神学家——熟悉拉丁文,也略谙希腊文。但是,艺术家、手艺人和工程师只懂得本地方言——法语、德语和几种意大利语——因此不能从希腊著作的拉丁文译本获得教义。

从16世纪开始,许多希腊的经典著作被人用通俗的语言译出。数学家们自己也插手这些活动。例如,塔尔塔利亚在1543年把欧几里得的《原本》由拉丁文译成意大利文。翻译活动一直进行到17世纪,但进展得很慢,因为不少学者对普通人持敌对态度。前者是轻视后者的,他们喜欢用拉丁文,因为他们认为拉丁文的传统地位会使他们的说话有权威。为了抵制这样的人并接近公众从而得到公众的支持,伽利略特意用意大利文写作。笛卡儿也因为同样的理由而用法文写作,他希望那些只凭天然理性的人能比那些死抱古籍的人更善于鉴定他的著作。

在意大利的一些城市里用来启发公众的另一方法就是建立图书馆。在佛罗伦萨,由美第奇(Medici)家族资助开设了一些图书馆,几个教皇也在罗马这样做了。部分是为了推广教育,部分是为了给学者们提供一个开会的地方,一些自由派的领导人建立了学院。在这之中,最有名的是佛罗伦萨的设计学院,它是由科西莫一世·德·美第奇(Cosimo Ⅰ de' Medici,1519—1574)在1563年建造的,那儿变成了数学研究的中心。此外还有罗马的山猫学会(Accademia dei Lincei),在1603年建立。这些学院的成员把拉丁文著作译成普通语言,向公众作报告,并通过他们之间的相互交往,扩大和加深了自己的知识。这些学院是以后英国、法国、意大利和德国建立的一些最有名的、对知识的传播大有作用的科学院的前身。

遗憾的是15,16世纪的大学在这一发展中没有起什么作用,神学统治了大学,学习的目的只是研究神学。在这里知识被看作完全的、终极的东西。所以实验是不需要的,学校外面的新发明是被忽略置之不理的。保守的大学教授们尽其所能地死抱着由13世纪以来经院派学究们所创立的中世纪的学问。大学里诚然也教了算术、几何、天文和音乐,但是天文学是以托勒玫的著作为基础的,而且不进行任何观察。所谓自然哲学则只是研读亚里士多德的《物理学》。

4. 数学中的人文主义活动

当经院派学者们死抱着中世纪末期的教条时,一批新的人文主义者专心从事着收集、组织并批判地学习希腊和罗马的学说。这些人勤勉地学习,用他们那种整个说来不无问题的巧妙手段来清除书籍中的错误并恢复失散了的材料。他们奴隶般地接受、重复并且无休止地阐释那些他们在古代和中世纪的原稿中发现的东西,甚至从事语言学的研究以确定确切的含义。他们也写很多书,那不过是把古老的著作按经院派的意见重新予以解释。虽然这种活动可能唤起了人们对学习的兴趣,但它也给人们一个错觉,似乎学问仅仅是为了加深和巩固已有的知识。

16世纪人文主义的代表人物是代数学家卡丹[又名卡尔达诺(Gerolamo Cardano)],他1501年生于帕维亚(Pavia)。他作为一个无赖和学者的生涯是文艺复兴时期那些怪人的离奇生涯中最不寻常的一个。在他的《我的生平》(*De Vita*

Propria)一书中,他讲了他的身世,这本书写于他晚年,在书中,他赞扬同时又贬低了他自己。他说他的父母遗留给他的只是痛苦和受人轻视;他度过了一个悲惨的童年并且他生活的前 40 年是这样的贫困以至他并不认为自己是可怜的,因为如他所说,他穷到已没有什么可以丢失的东西。他是个脾气暴躁的人,热心追求色欲,报复心重,好争吵,自负,缺少幽默感,不知后悔而且故意用恶语伤人。虽然他并不热衷于赌博,但他在 25 年间每天都要掷骰子并且下了 40 年的棋,作为摆脱贫困、慢性病、被人诬告和所受不公正待遇的手段。在他死后,1663 年出版的《赌博之书》(*Liber de Ludo Aleae*)中,他说一个人应该用赌博赢钱来补偿失去的时间,还教人如何通过欺骗来保证获得这种补偿。

在他把青春贡献给数学、物理、赌博之后,他从帕维亚大学医科毕业了。他开了业,后来又在米兰和波洛尼亚教书,成为闻名全欧的医生。他还作为数学教授在几个意大利大学中任教。在 1570 年他因给耶稣基督算命的异端罪行被拘入狱。奇怪的是,教皇后来却雇用他当占星术士。在他 75 岁时,1576 年死前不久,他因有了名誉、一个外孙、财产、学问、有权势的朋友、笃信上帝和有十四只好的牙齿而自诩。

他的作品包括数学、天文学、占星术、医学和其他许多学科,其中还有道德格言(用来弥补他在纸牌方面的欺骗行为)。尽管卡丹在科学上训练有素,但他毕竟是他那时代的一个人物,他坚信占星术、梦、符咒、手相术、吉凶之兆和迷信,并且写了很多这方面的著作。对于这些玄妙的玩艺儿他会找出理由来辩护,这些东西,他认为像航海和医学一样可靠。他也写了关于宇宙间各种居民的巨著,即关于天使、恶魔和各种各样的智慧人物,在书中还包含了那些无疑是从他父亲的卓越朋友达·芬奇那里偷来的材料。现存他的著述材料约有 7 000 页。

自然哲学家企图把一切现实统一在巨著中的混合主义趋势,也表现在卡丹的数学著作上。他不加批判地把古代、中世纪和当代理论方面和经验性的已有数学知识不辞其劳地拼成百科全书式的堆集。他既醉心于那不可思议的和神秘的数论,又爱好代数思维,在这方面他比同时代的人先进。除了是个著名的医生之外,卡丹以他对数学的浓厚兴趣高出 16 世纪其他一些博学的自然哲学家。但数学对他来说不是方法,而是一种特殊的不可思议的才能,并且又是一种满载激情的思维。

一个名气较小的人文主义者丹蒂(Ignazio Danti,1537—1586),是波洛尼亚的一个数学教授,他写了一本通俗数学,把所有纯数学和应用数学搞成一串简要的表格。《缩减为表的数学科学》(*Le scienze matematiche ridotte in tavole*,波洛尼亚,1577)代表了那时代的分类精神;它为 16 世纪后期学校的数学教学指引了道路。丹蒂是那些提倡把应用数学当作一个学术分支的少数数学家和天文学家之一(正如后来的伽利略那样)。书中所涉及的题材是值得注意的,因为它们表明当时的数学包括了算术、几何、音乐、占星术、仪器测算(特别是体积的测量)、气象学、折射光学、地理学、水文学、力学、建筑学、军事建筑学、绘画和雕塑。前四个科目代表纯粹数学,其余则是应用数学。

有代表性的人文主义者的努力,明显地表现于诸如蒙特(Guidobaldo del Monte,1545—1607)、巴尔迪(Bernadino Baldi,1553—1617)和贝内代蒂(Giovanni Battista Benedetti,1530—1590)等有学识的数学家对力学的研究上。这些人没有掌握阿基米德的定理,帕普斯的工作对他们来说更有意义和吸引力,因为帕普斯详述了早期希腊古典作品中的证明。他们在处理典型问题时和经院派学究相差甚微,他们把自己限制于改正个别的结论和定理。他们接受了很多错误的东西,此外,他们没有能力将活的重要想法和已经僵死的东西区分开来。他们的人文主义的训练使他们倾向于把所有新和旧的知识都纳入欧几里得的推理中,不管这与实验是否一致。因此他们的批判能力减弱了,而他们自己的经验失去了价值。他们的试验不含神奇的成分,他们的博学实际上主要是人文主义的,但是从原则和实质上来说,他们是最末一批中世纪学者而不是新的思想方法和研究方法的创造者。意大利的数学家和物理学家莫鲁里克斯(Francesco Maurolycus,1494—1575)、贝内代蒂、巴尔迪和蒙特,这些伽利略后来慷慨地称之为老师的人,他们在某些方面也为伽利略开辟了道路,但是因为他们倚靠着古老的思想方法,所以没有为解决什么数学、物理问题作出别开生面的贡献。

5. 要求科学改革的呼声

像过去各个世纪一样,数学从物理科学那里取得了主要的启示和课题。但是,要想科学得到蓬勃的发展,欧洲人必须摆脱对权威的俯首听命。不少人体会到科学的方法论必须要改变,他们倡议真正摆脱经院哲学和无批判地接受希腊知识。

最早明确地提出要以新的态度对待知识的人之一,是有名的文艺复兴时代艺术家达·芬奇(1452—1519)。他在体力上和精神上有不可思议的天资,使他成为杰出的语言学家、植物学家、动物学家、解剖学家、地质学家、音乐家、雕塑家、绘画家、建筑学家、发明家和工程师。达·芬奇郑重宣布他不相信经院派学者奉为金科玉律的知识。他对这些读书人是这样描写的:他们高傲自大,卖弄学问,并非以自己的钻研所得而只是以背诵别人的成果来炫耀自己。他们只是别人学问的朗诵者和吹鼓手。他也批判了书呆子的概念、方法和目标,因为他们不同现实世界打交道,他夸耀自己不是文学家而是能够在经验中学习做更多更好的工作的人。的确,他学了很多的数学,一些力学的法则以及杠杆的平衡定律。他对鸟的飞行和水的流动、岩石的构造和人体的结构都作了引人注目的阐述。他研究光和颜色、植物和动物。他有一句名言："如果你不立足于大自然这个很好的基础，你的劳动将无裨于人，无益于己。"他说，经验永远是可靠的，虽然我们的判断会有错。"在以数学为依据的科学的研究中，如果有些人不直接向自然界请教而是向书本的作者请教，那么，他就不是自然界的儿子而只是孙子了。"

达·芬奇相信实践和理论的结合。他说："一个人如喜欢没有理论的实践，他就像水手上船而没有舵和罗盘，永远不知道驶向何方。"另一方面，他说，理论离开了实践是无法生存下去的，它产生之后便会消亡。"理论好比统帅，实践则是战士。"他希望用理论指导实践。

然而，达·芬奇并没有掌握真正的科学方法。实际上，他没有方法论，也没有以任何哲学作为基础。他的工作是大自然研究者的实践，是受美学的推动和启发而来的，但在其他方面没有指导。他有兴趣于寻找数量关系，从这一点说他是现代科学的先驱者。但是，他不像伽利略那样自觉追求定量规律。他有关数学和科学的作品虽然被16世纪的人如卡丹、巴尔迪、塔尔塔利亚和贝内代蒂等所运用，但对伽利略、笛卡儿、斯蒂文、罗贝瓦尔(Gilles Persone de Roberval)却没有产生什么作用。

达·芬奇对数学的看法以及他对数学的实际知识和用法是他那个时代所独有的，而且反映了那个时代的精神和方法。读达·芬奇的著作时，人们发现有很多论述暗示他是一个有学问的数学家，也是一个有职业数学家的工作水平的渊博的哲学家。例如，他说："一个人如怀疑数学的极端可靠性就是陷入混乱，他永远不能平息诡辩科学中只会导致不断空谈的争辩……因为人们的探讨不能称为是科学的，除非通过数学上的说明和论证。"为了超越观察和经验而进一步探索，对他来说只有一条可靠的路能避开幻景和错觉——数学。只有紧紧地依靠数学，才能穿透那不可捉摸的思想迷魂阵。大自然按照数学规律运转，自然界的力和动作必须通过数量的研究来探讨。这些必须通过经验来获得的数学规律是研究自然的目的。人们无疑是根据这些话，才往往把达·芬奇看成一个比他实际更为伟大的数学家。但当你审阅达·芬奇的笔记本时，你会发现他的数学知识是多么少，而他处理问题的方法完全是经验的、直观的。

在倡导科学方法改革中更有影响的是弗朗西斯·培根(Francis Bacon，1561—1626)。弗朗西斯·培根寻找在智慧、道德、政治、物理诸方面获得真理的方法。虽然16世纪已经在物理科学的方法上发生变革，但广大公众甚至很多有学问的人也没有意识到这点。弗朗西斯·培根的杰出口才、广博的知识、开阔的眼界以及对未来大胆的设想吸引人们去注视正在发生的事以及注意他所描写的"伟大复兴"而不是草草一看。他阐述的鲜明格言引起了人们的注意。最后当人们注意到科学正在开始作出弗朗西斯·培根所倡导的进步时,他们就推崇他为他所觉察到的革命的提倡者和领导者。实际上,他比他的同时代人更加理解正在发生的变革。

他哲学上的突出特点是确信和强调宣布科学发展上的新时代。在1605年,他发表了他的论文《崇学篇》(*Advancement of Learning*);接着在1620年发表了《新方法》(*Novum Organum*)。在后一本书中他说得更明确了,他指出以前对自然界的研究软弱无力而所得结果微小。他说,科学过去只服务于医学和数学,或者被用来训练不成熟的年轻人。以后的进步在于方法的改变。所有的知识是从观察开始的。然后,他作出了非凡的贡献,就是坚持"逐步的和继续不断的归纳"以代替草率的一般结论。弗朗西斯·培根说:"寻找和发现真理有两条路,也只有两条路。其一,通过感觉和特例飞跃到普遍的公理,然后通过这些原则及一劳永逸的真理发明和判断一些派生的公理。另一种方法是从感觉和特例收集公理,不断地逐步上升,这样最后到达更普遍的公理;这后一种方法是真实的,但尚未有人试用过。"他的所谓"公理"是指通过归纳所得的一般性的命题,它适宜于用作演绎和推理的起点。

弗朗西斯·培根攻击对自然现象学究式的探讨,说道:"由推辩发现的公理是不能用来得到新的发现的;因为自然界比推辩本身细致微妙许多倍……在人心目中第一个设想的根本错误是不会被后来优越的药物和条件治好的……我们必须引导人们去研究个别的现实,而人们自己则必须在一段时间内把自己的概念放下而使自己熟悉事实。"

弗朗西斯·培根没有认识到科学必须通过测量才能得到定量的规律。也就是说,他没有看到必须作何种逐步的研究以及按什么样的次序,他也没有意识到一切发明必须具备的创造才华。实际上,他说"天才的敏锐和力量是不足道的,所有天才和智慧都在同一水平上"。

弗朗西斯·培根虽然自己没有创造但却发出了关于实验方法的宣言。他攻击先验的哲学体系、思维的创造和无聊的炫耀学问。他说,科学工作不应该卷入寻求最终原因的迷阵中,这是属于哲学的事。逻辑学和修辞学仅仅在组织我们已知的事物时才有用。让我们接近大自然并面对着它。我们不要搞杂乱的、偶然的试验,要让它成为系统的、彻底的和有一定方向的。数学应该是物理学的仆人。总之弗朗西斯·培根对后代人提出了一个吸引人的纲领。

另外一个学说和纲领也是和弗朗西斯·培根有关的,虽然这是他以前的人提出的。总的来说,希腊人满足于从数学和科学获得的对大自然规律的了解。少数中世纪早期的科学家和学者研究大自然主要为了确定现象的最终原因和归宿。但是,更实际的阿拉伯人研究自然是为了征服自然。他们的占星术家、预言家和炼金术士寻找长生不老药、点金石、转变无用金属为有用金属的方法以及动物和植物的奇异特性,以求长生,治疗他们的疾病和发财致富。当这些假科学在中世纪盛极一时，一些更有理性的经院派学者——例如格罗斯泰特和罗吉尔·培根——开始追求同一目标，但通过更妥当的科学研究方法。由于弗朗西斯·培根的劝告，掌握大自然变成了一种确定的学说和一个贯穿一切的动力。

弗朗西斯·培根希望致知识于应用。他想以掌握自然来服务并造福于人类，而不是为博得学者的高兴和快乐。如他所说，科学应上升为公理然后又下降到应用。在《新大西洲》(*The New Atlantis*)中弗朗西斯·培根描写了一个学者组成的社会，它给他们提供了地方和装备去探索有用的知识。他预见到科学将会供给人们以"无尽的商品"，"赋予人类生活以发明和财富，并提供便利与舒适"。他说，这是科学的真正合理的目标。

笛卡儿在他的《方法论讲话》(*Discourse on Method*)中响应了这个思想：

> 获得对生活非常有用的知识是可能的，和学校里所教的纯思辨哲学不同，我们能够发现一个实用的哲学。通过这种哲学，当我们像了解手工艺人的各种工艺一样地清楚了解了火、水、空气、恒星、宇宙和所有围绕着我们的物体间的作用和力后，我们同样也能够把这些规律运用于它所适宜的各种用途，使得我们自己成为大自然的主人和占有者。

化学家波义耳(Robert Boyle)说："人类的福利能够通过自然科学家对各行各业的洞察力提高很多。"

弗朗西斯·培根和笛卡儿所提出的挑战很快地被接受了，科学家们乐观地投入到了解自然征服自然的工作。这两种动机至今仍然是一种主要推动力。从17世纪以来科学和工程间的相互联系确实飞快地增长起来。

这一纲领甚至也被政府认真采纳了。在1666年由科尔贝(Jean - Baptiste Colbert)建立的法兰西科学院，建于1662年的伦敦皇家学会都是为了培育"这种将来能有用的知识"和促使科学变得"有趣同时有用"的。

6. 经验主义的兴起

当科学的改革者主张转向自然并要求实验事实的时候，面向实际的手工业者、工程师和画家确实在获得扎实的经验事实。运用一般人天然的直观的处理方法，寻找的不是最终的真意而仅仅是他们在工作中遇到的现象的有效解释，这些技工们得到的知识嘲弄了那些博学的学究乃至人文主义者所提出的繁复辩解，在语汇学上的长篇推敲，纠缠不清的逻辑推理，以及对罗马和希腊权威的浮夸引证。由于文艺复兴时代的欧洲在技术上的成就超越并多于其他文明社会的成就，所以他们在工作中所得到的经验知识是巨大的。

手艺人、工程师和艺术家必须认真对付真实而行之有效的力学规律和材料的特性,并且用这样的方法获得的对物理世界的认识也是令人惊异的。那些眼镜制造者虽没有发现一个光学定理,却发明了望远镜和显微镜。技术人员由于注意现象而总结出规律来。他们以有分寸的、渐进的步骤(那是关于科学方法的任何抽象观点所不能启示的)获得的真理,就像大胆的猜测所敢于设想的那样深奥、广泛。理论上的改革者是大胆、自信、急促、有雄心和蔑视古老的东西,而实际的改革者则是小心、谦虚、缓慢并善于吸取所有的知识,不管是由传统而来还是由观察而来的。他们工作着而不是空想,研究细节而不是一般的规则,他们对科学添砖加瓦而不是给予定义或是建议如何来得到它。在物理、塑造工艺和一般技术领域中,不是理论上的思考而是经验成了知识的新来源。

和手工艺者的纯经验主义结合,或者受到他们所提出的问题的启示,系统的观察和实验逐步地产生了,这主要是由一些较有学识的人们进行的。亚里士多德和盖伦等希腊人曾经作了大量的观察,并且讨论了在观察基础上能够作出什么样的归纳,但是不能说希腊人曾经有过一个实验科学。文艺复兴时代的科学活动在一定的程度上标志着现代宏大的科学事业的开始。文艺复兴时代最可观的一批实验工作者是由维萨里(Andreas Vesalius,1514—1564)领导的生物学家团体、由阿尔德洛万迪(Ulysses Aldrovandi,1522—1605)领导的动物学家团体以及由塞萨尔比诺(Andrea Cesalpino,1519—1603)领导的植物学家团体。

在物理科学方面,吉尔伯特(William Gilbert,1540—1603)在磁学方面的实验工作是最最杰出的。他在著名的《磁学》(*De Magnete*, 1600)一书中明确地指出,我们必须从实验出发。虽然他尊敬古人,因为不少智慧是从他们那里得来的,但他轻视那些专门把别人的话当作权威来引证而对这些话却不加实验考核的人。他的一连串仔细进行的、周到而简单的实验在实验方法中是经典的。他附带指出,卡丹在他的《论事物的多样性》(*De Rerum Varietate*)中描写了一个永动机,并评注说:"上帝诅咒所有那些假的、偷来的、歪曲的工作。这些工作只是把学生的思想弄乱。"

我们曾经指出,各种各样的实践兴趣导致对自然界探讨的大发展以及随后对系统化实验的推动。和这些实际工作同时,大多数与之独立但并非与之无关,人们追求一个科学上更大的目标——了解自然界。前章所述晚期经院派学者们在落体方面的工作在16世纪继续有人进行。他们主要的目标是获得运动的基本规律。有关抛射体运动的工作,经常被说成是为了满足实际需要,但在更大程度上是由对力学所产生的广泛科学兴趣而引起的。哥白尼和开普勒在天文学方面的工作(第12章第5节)肯定是由于想要改进天文理论而产生的。甚至文艺复兴时代的艺术家也企图透过现象去了解现实的本质。

幸运的是技术人员和科学家开始看到共同的兴趣,并欣赏从对方得到的帮助。15,16世纪的技术人员,即早期的工程师,他们依赖熟练的手工操作、机械的技巧和单纯的发明能力,很少关心原理,现在开始意识到他们能从理论中获得对实践的帮助。在科学家方面也开始意识到手工艺者所获得关于自然界的知识是正确理论必须加以吸收的,并且他们能从手工艺者的工作中获得关于自己研究工作的启示。伽利略在他的《关于两门新科学的对话》(*Dialogues Concerning Two New Sciences*,即材料力学和物体运动理论这两门科学)的头一段中,承认对他的研究工作的这种启发:“你们威尼斯人在著名的兵工厂里持续地活动,特别是包含力学的那部分工作,对好学的人提出了一个广阔的研究领域,因为在这个部门中所有类型的机器和仪器在被很多手工艺者不断制造出来。在他们中间一定有人因为继承经验并利用自己的观察,在解释问题时变得高度熟练和非常聪明。”

实践和纯粹科学的兴趣在17世纪被融合了。当大的原则和问题由于经验的需要而出现,希腊的数学知识被科学家们完全采用的时候,他们才能够更有效地着手进行纯科学的工作。在没有丢失了解宇宙这一目标的同时,科学家也愿意设法帮助实践。结果是在科学活动中出现了一个规模空前的发展,加上影响深远的、重大的技术改进,在工业革命中达到了顶峰。

对我们来说,现代科学开端之所以非凡重要,当然在于它为数学的重大发展铺平了道路。它直接的效果是和具体问题相联系。因为文艺复兴时代的数学家们为共和国和王子们工作,并和建筑师、手艺工人相结合——莫鲁里克斯是墨西拿(Messina)城的一个工程师,巴尔迪是为乌尔比诺(Urbino)公爵服务的,贝尔代蒂是萨瓦(Savoy)公爵的总工程师,还有伽利略是托斯卡纳(Tuscany)大公爵的宫廷数学家——所以他们采纳了那些实践者的观察和经验。到伽利略的时候,在塔尔塔利亚(1499—1557)的工作中能够大量看到科技人员和建筑师的冲击和影响。塔尔塔利亚是当代科学上自修出来的一个天才。他完成了从实践数学家到博学的数学家之间的过渡。他有辨别地从经验知识中挑选出有用的题目和有用的结果。他的独特之处在于有这些成就并在于他完全独立于那种不可思议的影响之外,而这影响在他的对手卡丹的工作中是典型的。塔尔塔利亚的地位在达·芬奇和伽利略之间——不仅是按年代,也是因为他在动力学问题的数学工作上把这门学问提升为一种新的科学并且对伽利略的先驱者们很有影响。

长远的效果是现代数学在柏拉图“数学是现实的核心”的学说指引下,几乎完全是由具体的科学问题产生的。在研究自然并且得到包括观察和实验结果的规律这个新的方向的引导下,数学从哲学中分出来而且和物理科学联系在一起。对数学说来,进一步的后果是爆发了一个空前活跃和富有创造性的时期。这在数学史上是最最多产的时期。

参考书目

Ball, W. W. R.: *A Short Account of the History of Mathematics*, Dover (reprint), 1960, Chaps. 12 - 13.

Burtt, E. A.: *The Metaphysical Foundations of Modern Physical Science*, Routledge and Kegan Paul, 1932.

Butterfield, Herbert: *The Origins of Modern Science*, Macmillan, 1951, pp. 1 - 87.

Cajori, Florian: *A History of Mathematics*, 2nd ed., Macmillan, 1919, pp. 128 - 145.

Cardano, Gerolamo: *Opera Omnia*, Johnson Reprint Corp., 1964.

Cardano, Gerolamo: *The Book of My Life*, Dover (reprint), 1962.

Cardano, Gerolamo: *The Book on Games of Chance*, Holt, Rinehart and Winston, 1961.

Clagett, Marshall, ed.: *Critical Problems in the History of Science*, University of Wisconsin Press, 1959, pp. 3 - 196.

Crombie, A. C.: *Augustine to Galileo*, Falcon Press, 1952, Chaps. 5 - 6.

Crombie, A. C.: *Robert Grosseteste and the Origins of Experimental Science*, Oxford University Press, 1953, Chap. 11.

Dampier-Whetham, W. C. D.: *A History of Science*, Cambridge University Press, 1929, Chap. 3.

Farrington, B.: *Francis Bacon*, Henry Schuman, 1949.

Mason, S. F.: *A History of the Sciences*, Routledge and Kegan Paul, 1953, Chaps. 13, 16, 19, and 20.

Ore, O.: *Cardano: The Gambling Scholar*, Princeton University Press, 1953.

Randall, John H., Jr.: *The Making of the Modern Mind*, Houghton Mifflin, 1940, Chaps. 6 - 9.

Russell, Bertrand: *A History of Western Philosophy*, Simon and Schuster, 1945, pp. 491 - 557.

Smith, David Eugene: *History of Mathematics*, Dover (reprint), 1958, Vol. 1, pp. 242 - 265, and Chap. 8.

Smith, Preserved: *A History of Modern Culture*, Holt, Rinehart and Winston, 1940, Vol. 1, Chaps. 5 - 6.

Strong, Edward W.: *Procedures and Metaphysics*, University of California Press, 1936; reprinted by Georg Olms, 1966, pp. 1 - 134.

Taton, René, ed.: *The Beginnings of Modern Science*, Basic Books, 1964, pp. 3 - 51, pp. 82 - 177.

Vallentin, Antonina: *Leonardo da Vinci*, Viking Press, 1938.

White, Andrew D.: *A History of the Warfare of Science with Theology*, George Braziller (reprint), 1955.

第12章

文艺复兴时期数学的贡献

对外部世界进行研究的主要目的在于发现上帝赋予它的合理次序与和谐，而这些是上帝以数学语言透露给我们的。

开普勒

1. 透　视　法

虽然文艺复兴时期人们只是模糊地理解了希腊人工作的远景、价值和目标，但是他们确曾在数学上迈出了有创造性的几步，并且他们在另一些领域里取得了进展，为我们这个学科在17世纪所达到的惊人的高潮铺平了道路。

艺术家们最先表示出对自然界恢复了兴趣，最先认真地运用希腊的学说："数学是自然界真实的本质。"这些艺术家们是自学的并且是通过实践来学习的。希腊知识的片断渗入给他们，但总的说来，他们对希腊的思想和智慧是感觉了，却很难说是理解了。在某种程度上这倒是有利的，因为未受正规学校教育，他们就不受那些教条的约束。另外，他们享有表达思想的自由，因为他们的工作被认为是"无害的"。

文艺复兴时期的艺术家们从他们的职业来说是无所不知的，他们受雇于王公贵族去执行各种任务，从创作图画到设计防御工事、运河、桥梁、军事器械、宫殿、公共建筑和教堂。所以他们必须学习数学、物理、建筑学、工程学、石工、金工、解剖学、木工、光学、静力学和水力学。他们进行了手工操作但也解决了最抽象的问题。至少，在15世纪他们是最好的数学物理学家。

要去评价他们对几何学的贡献，我们必须注意到他们在绘画方面的新目标。在中世纪颂扬上帝和为圣经插图是绘画的目的。金色的背景表明所描绘的人和物存在于天堂之中。对图形的要求是象征性超过现实性。画家创作的形象是不鲜明的、不自然的并且没有离开标准格式。到文艺复兴时期，描绘现实世界成为绘画的目标。所以艺术家们着手去研究大自然，为的是在画布上忠实地再现它，于是面临一个数学问题,就是把三维的现实世界绘制到二维的画布上。

布鲁内莱斯基(又译“布鲁内列斯基”,Filippo Brunelleschi,1377—1446)是第一个认真地研究并使用数学的艺术家。意大利的艺术家兼传记作者瓦萨里(Giorgio Vasari,1511—1574)说,布鲁内莱斯基对数学的兴趣引导他去研究透视法,并说他从事绘画正是为了运用几何。他读了欧几里得、希帕恰斯和维泰洛在数学和光学方面的作品,并且向佛罗伦萨的数学家托斯卡内利(Paolo del Pozzo Toscanelli,1397—1482)学习数学。画家乌切洛(Paolo Uccello,1397—1475)和马萨丘(Masaccio,1401—1428)也探索了实际透视法的数学原理。

数学透视法方面的天才是艾伯蒂(又译“阿尔贝蒂”,Leone Battista Alberti,1404—1472)。他在《论绘画》(*Della pittura*, 1435)一书中介绍了他的想法。这书1511年出版,它的性质虽然全是数学,其中也包含了一些光学方面的工作。他的另一本重要的数学著作是《数学游戏》(*Ludi mathematici*, 1450),这本书里有机械、测量、计时和炮术方面的应用。艾伯蒂所设想的原理成了他艺术上的继承人所采用并加以完善的透视法数学体系的基础。虽然他非常清楚地知道在正常的视觉下,两只眼睛从稍有不同的位置看同一景色,只有通过大脑调和这两个映像才能觉察深度,但是他建议画一只眼睛所见到的景物。他的计划是通过光线的明暗和随距离而使颜色变淡的方法来加强深度的感觉。他的基本原理可以解释如下:在眼睛和景物之间他插进一张直立的玻璃屏板。然后他设想光线从眼睛或观测点出发射到景物本身的每一个点上。他把这些线叫做光束棱锥或投影线。他设想在这些线穿过玻璃屏板(画面)之处都标出一些点子,他把这点集叫做一个截景。重要的事实是截景给眼睛的印象和景物本身一样,因为从截景发出的光线和从原景物发出的一样。所以作画逼真的问题就是在玻璃屏板上(或者实际上是在画布上)作出一个真正的截景。当然这个截景依赖于眼睛的位置和屏板的位置。这意思就是对同一景物可以绘出不同的画。

因为画家并不透过画布来画出截景,他就必须有一些建立在数学理论上的基本法则,以便告诉他如何去画。艾伯蒂在他的《论绘画》中提供了一些正确的法则①,但是没有给出全部细节。他想要使他的书成为一本概要,通过与同辈画家的讨论来加以补充,并对他的简略表示歉意。他试图把内容讲得具体而较少考虑形式和严密性,所以给出了原理和解释而没有证明。

除了引进投影线和截景的概念之外,艾伯蒂还提出了一个很重要的问题。如果在眼睛和景物之间插进两张玻璃屏板,则在它们上面的截景将是不同的。进一

① 关于其中的一些法则以及根据这些法则所作的画,请参看作者的另一本书《西方文化中的数学》(*Mathematics in Western Culture*, Oxford University Press, 1953)。

步，如果眼睛从两个不同的位置看同一景物，而在每一种情形下都插一张玻璃屏板在眼睛和景物之间，那么截景也将是不同的。可是所有这些截景都传达原来的形象，所以它们必定有某种共性。他提的问题就是：任意两个这种截景之间有什么数学关系，或它们有什么共同的数学性质？这问题是射影几何发展的出发点。

虽然很多艺术家都在数学透视法方面写了书并且赞同艾伯蒂的艺术哲学，但我们在此可以只提他们中主要的一两个。达·芬奇认为一幅画必须是实体的精确的再现，坚信数学的透视法容许做到这一点。它就是“绘画的舵轮和准绳”，涉及应用光学和几何学。对他来说，绘画是一种科学，因为它揭示了自然界的真实性；由此，绘画比诗歌、音乐和建筑更为优越。达·芬奇关于透视法的著作包含在他的书《绘画专论》(*Trattato della pittura*, 1651)中，这书由某个不知名的作者所编辑，这个作者采用了达·芬奇有关笔记中最有价值的材料。

把透视法的数学原理以相当完整的形式陈述出来的画家是弗兰西斯卡(Piero della Francesca，约 1410—1492)。他还认为透视法是绘画的科学并且企图通过数学来修改和推广根据经验所得的知识。他的主要著作《透视画法论》(*De prospettiva pingendi*, 1482—1487)推进了艾伯蒂的投影线和截景的思想。一般地说，他给出的方法对艺术家是有用的，他的说明使用了纸条、木头等。就像艾伯蒂一样，他给出了直观易懂的定义来帮助艺术家们。然后他提出定理，并且通过作图或做一个比例的计算来“论证”这些定理。他是杰出的画家兼数学家，也是科学的艺术家，他的同辈们也都这样认为。他还是那个时代最好的几何学家。

可是，文艺复兴时期全体艺术家中最好的数学家要算是德国人丢勒(Albrecht Dürer，1471—1528)。他的《圆规直尺测量法》(*Underweysung der Messung mid dem Zyrkel und Rychtscheyd*, 1525)主要是几何方面的书，但它也想把丢勒在意大利所得到的知识介绍给德国，特别是想用透视法去帮助艺术家们。他的书谈论实际比理论多，很有影响。

从 16 世纪起透视法的理论就在绘画学校里按照前面所提到的大师们写下的原理讲授。不过，他们在透视法方面的论文总的说来只是些格言、法则和硬性规定的方法，缺乏一个坚实的数学基础。1500 年到 1600 年这段时期的艺术家和后来的数学家把这门学科放在一个令人满意的演绎基础上，使它从半经验的艺术成为真正的科学。透视法方面的权威性著作是很久之后才由 18 世纪的数学家泰勒(Brook Taylor)和兰伯特(Johann Heinrich Lambert)写出来的。

2. 几何本身

15，16 世纪除透视法外，几何学的发展没有给人深刻的印象。丢勒、达·芬奇和帕乔利(Luca Pacioli,约1445—约1514)(他是一个意大利的修士,弗兰西斯卡的学生,达·芬奇的朋友和教师)讨论的一个几何题目是作圆的内接正多边形。这些人试图按阿拉伯人阿布尔韦法曾考虑过的限制用直尺和开口固定的圆规来完成作图,但他们只是给出了近似的方法。

画正五边形是一个很受注意的问题,因为它是在筑城设计中提出来的。在《原本》四卷命题11中欧几里得曾经给出一个画法,但是没有限制用开口固定的圆规,塔尔塔利亚、费拉里(Lodovico Ferrari)、卡丹、蒙特、贝内代蒂和另外很多16世纪的数学家探讨了按照这种限制给出一个精确画法的问题。后来贝内代蒂扩大了这个问题,寻找用直尺和开口固定的圆规来解欧几里得的所有作图问题。一般的问题是由丹麦人莫尔(George Mohr,1640—1697)在他的《奇妙的欧氏纲要》(*Compendium Euclidis Curiosi*, 1673)一书中解决的。

莫尔在他的丹麦文《欧几里得》(*Euclides Danicus*,1672)一书中还指出,凡能用直尺和圆规作的图也可以只用一个圆规来完成。当然,没有直尺就不能画出连接两点的直线,但是给定了这两点就可以画出这直线和圆的交点,并且给定了两对点就可以画出由两对点所决定的两条直线的交点。马斯凯罗尼(Lorenzo Mascheroni,1750—1800)重新发现只用一个圆规就足以完成欧几里得作图这一事实并且发表在他的《圆周几何》(*La geometria del compasso*, 1797)一书中。

求物体的重心是希腊人另一个感兴趣的问题。这问题到文艺复兴时期又被几何学家们提出来了。例如,达·芬奇对求等腰梯形的重心给出了一个正确的方法和一个不正确的方法。然后他不加证明地给出了四面体的重心的位置,就是,重心在底面三角形的重心到对顶点的连线上四分之一的地方。

两个新颖的几何思想出现在丢勒的一些次要的著作里。第一个是空间曲线。他从空间螺旋线出发,并考虑这些曲线在平面上的投影。投影是各种各样的平面螺旋线,丢勒指出如何去画它们。他还介绍了外摆线,这是一个动圆在一个定圆外滚动时动圆上一点的轨迹。第二个思想是考虑曲线和人影在两个或三个相互垂直的平面上的正交投影。这个想法丢勒只是接触了一下,后来到18世纪时由蒙日(Gaspard Monge)发展为画法几何。

达·芬奇、弗兰西斯卡、帕乔利和丢勒在纯粹几何方面的工作从其有无新结果的观点来看的确是不重要的。它的主要价值是广泛地传播了某些几何知识,这些知识用希腊标准看来是粗浅的。丢勒的《圆规直尺测量法》的第四部分与弗兰西斯卡的《论规则形体》(*De Corporibus Regularibus*, 1487)和帕乔利的《神妙的比例》(*De Divina Proportione*, 1509)一起,重新引起人们对立体几何学(立体形的量法)的兴趣。立体几何学在开普勒时代繁荣起来。

另一个几何的活动是制作地图,它刺激了进一步研究几何。地形勘察揭露出现有地图的不妥当,同时揭开了新的地理知识。地图的制作和印刷开始于 15 世纪后半叶,以安特卫普和阿姆斯特丹为中心。

制作地图的问题是从下述事实提出来的:一个球不能裂开展平而不畸变。还有,方向(角)或面积,或两者都会发生畸变。制作地图的最有意义的新方法是克雷默(Gerhard Kremer)提出的,他也叫墨卡托(Mercator,1512—1594),他把终身贡献给这门科学。1569 年他作出了一幅地图,用了著名的墨卡托投影。在这张图上纬线和经线是直线。经线是等距离的,但是纬线的间隔是递增的。递增的目的是去保持经度 1′和纬度 1′的长的比值。在地球上纬度 1′的变化等于 6 087 英尺;而经度 1′的变化仅在赤道上是 6 087 英尺。例如,在纬度 20°时,经度改变 1′是 5 722 英尺,得到比值

$$\frac{\text{经度变 }1'}{\text{纬度变 }1'}=\frac{5\ 722}{6\ 087}.$$

墨卡托的直线地图上经线是等距离的,每一分的变化是 6 087 英尺。为了保持上面那个实际上的比值,当纬度 L 递增时他令纬线间的距离按倍数 $1/\cos L$ 递增。他的地图上,在纬度 20°的地方纬度每变化 1′,纬线的距离是 6 087(1/cos 20°),也就是 6 450 英尺。这样在纬度 20°处

$$\frac{\text{经度变 }1'}{\text{纬度变 }1'}=\frac{6\ 087}{6\ 450},$$

而这个比值和实际上的比值 $\frac{5\ 722}{6\ 087}$ 相等。

墨卡托地图有几个优点。只是在这种投影之下地图上相互两点的罗盘方位才是正确的。于是球面上罗盘方位是常数的线(即所谓斜驶线,它与子午线有相同的交角)成为地图上的一条直线。距离和面积不保持;事实上,在两极的周围地图畸变得很厉害。但是,因为方向是保持的,所以在一点处的两个方向之间的夹角是保持的,从而这个地图被称为是保形的。

虽然 16 世纪制作地图的工作中没有出现很多新的数学思想,但是后来这个问题被数学家们接了过去,并引导出微分几何中的工作。

3. 代　数

直到卡丹的《大衍术》(*Ars Magna*, 1545)出现(我们将在下一章里讨论),文艺复兴时期代数一直没有什么发展。但是,帕乔利的工作是值得注意的。就像他同时期的很多其他人一样,他认为数学是最广的有系统的学问,并且应用于所有人的实际生活和精神生活中。他还体会到理论知识对实际工作的好处。他告诉数学家和技术人员,理论必须是主导。就像卡丹一样,他也属于人文主义者。帕乔利的主

要出版物是《总论算术、几何、比例和比例性》(*Summa de Arithmetica, Geometria, Proportione et Proportionalita*, 1494)。《总论》是一本当代数学知识的概要并且是这个时代的代表,因为它把数学和很多实际应用联系起来。

这本书的内容包含了印度-阿拉伯的数字符号(这些符号已在欧洲使用)、商业算术,包括簿记和当时的代数,欧几里得《原本》的一个蹩脚的概括,还有一些从托勒玫那里抄来的三角学。应用比例概念去揭露自然界的各个方面和宇宙本身是一个大的课题。帕乔利把比例叫做"母亲"和"皇后",并且把它应用于人体各部分的尺寸,应用于透视,甚至应用于混合颜料。他的代数是修辞性的,他追随斐波那契和阿拉伯人把未知数叫做那个"东西"。帕乔利把未知数的平方叫 *census*,有时他缩写成 *ce* 或 Z;未知数的立方叫 *cuba*,有时用 *cu* 或 C 表示。其他文字的缩写如 p 表示 plus,*æ* 表示 *æqualis* 也用到了。他所写的方程中,系数总是常数,并把各项放在使系数为正的一边。虽然偶尔要减去一项,例如会出现 $-3x$,但纯负数是不用的,方程也只给正根。他用代数去计算几何量,如同我们用比例去求相似三角形边长的关系或去求一个未知的长度,不过他的用法常比这还要复杂。他认为解方程 $x^3+mx=n$ 和 $x^3+n=mx$ (我们用了现代的符号)就像化圆为方的作图题一样是不可能的,他用这条意见结束了他的书。

虽然在《总论》里没有什么是独创的,但是这书和他的《神妙的比例》都是有价值的,因为它们包含的内容比在大学里教的多很多。帕乔利是已有学术著作同艺术家与技术人员所获得的知识之间的媒介。他试图去帮助艺术家与技术人员学习和使用数学。然而《总论》这书对 1200 年到 1500 年之间算术和代数的发展只是一个很有意义的数学注解,因为它出版在 1494 年,但并不比比萨的斐波那契 1202 年的《算经》内容更多。事实上,《总论》中的算术和代数是根据斐波那契的书而写的。

4. 三　　角

1450 年以前三角主要是球面三角;测量学还继续用罗马的几何方法。虽然斐波那契在他的《几何实习》(*Practica Geometriae*, 1220)里就曾经倡导平面三角的方法,差不多到 1450 年左右平面三角学在测量中才变得重要起来。

15 世纪末叶和 16 世纪早期由德国人完成了三角学中的新方法,通常他们在意大利留学然后回到他们的祖国。当德国开始兴旺时,北德汉萨同盟(Hanseatic League of North Germany)控制着很多贸易,得到很多财富,于是商人中的赞助者就可以支持我们将要提到的很多人的工作。三角学的工作受到航行、推算日历和天文学的推动,对最后提到的这个领域的兴趣由于日心论的创造而增强,这日心论我们将在后面再讲。

维也纳的波伊尔巴赫(George Peurbach,1423—1461)开始去校订《大汇编》的拉丁文译本,这本书是由阿拉伯版本转译的,他打算由希腊原文翻译。他还开始去制作更精确的三角函数表。但波伊尔巴赫死时太年轻,他的工作由他的学生米勒(Johannes Müller,1436—1476)[又叫雷格蒙塔努斯(Regiomontanus)]继续下去,后者在欧洲传播了三角学。雷格蒙塔努斯在维也纳跟波伊尔巴赫学习天文学和三角学后去罗马跟贝萨里翁(Bessarion)大主教(约 1400—1472)学习希腊文,并且从逃避土耳其人的希腊学者那里收集希腊文的原稿。1471 年他定居在纽伦堡,在瓦尔特(Bernard Walther)的保护之下。雷格蒙塔努斯翻译了一些希腊作品——阿波罗尼斯的《圆锥曲线》、阿基米德和赫伦的部分作品,自己成立印刷厂出版这些书。

他仿照波伊尔巴赫采用印度人的正弦,即半弧的半弦,然后造了一个正弦表取圆半径为 600 000 单位和另一个取半径为10 000 000单位的正弦表。他还计算了正切表。在《方位表》(*Tabulae Directionum*,写于 1464—1467)一书中他给出了五位正切表并取十等分角度,这在那个时代是一个很不平常的做法。

15,16 世纪有很多人在做表,其中有莱伊提柯斯(George Joachim Rhaeticus,1514—1576)、哥白尼、韦达(1540—1603)和皮蒂斯科斯(Bartholomäus Pitiscus,1561—1613)。这一工作的特点是让圆半径的值很大很大以便能得到更精确的三角函数值而不用分数或小数。例如,莱伊提柯斯计算一个正弦表,半径取的是 10^{10},另一个是 10^{15},并且对每 10 秒弧给一个值。皮蒂斯科斯在他的《宝库》(*Thesaurus*, 1613)中修正并发表了莱伊提柯斯的第二个三角函数表。“trigonometry”一词就是他提出的。

更基本的工作是解平面和球面三角形。差不多直到 1450 年球面三角的内容由一些不严谨的法则组成,这些法则的基础是希腊、印度和阿拉伯的译本,最后这个译本来自西班牙。直到这个时候,欧洲还不知道东方阿拉伯人阿布尔韦法和纳西尔丁的工作。雷格蒙塔努斯能够从纳西尔丁的工作中得到益处,并且在 1462 年到 1463 年写的《论三角》(*De Triangulis*)中用更为有效的方式把平面三角、球面几何和球面三角中有用的知识放在一起。他给出球面三角的正弦定律,就是

$$\frac{\sin a}{\sin A}=\frac{\sin b}{\sin B}=\frac{\sin c}{\sin C},$$

和涉及边的余弦定律,即

$$\cos a=\cos b\cos c+\sin b\sin c\cos A.$$

《论三角》直到 1533 年才出版。在这同时沃纳(Johann Werner,1468—1528)在《论球面三角》(*De Triangulis Sphaericis*, 1514)一书中改进并发表了雷格蒙塔努斯的思想。

经过雷格蒙塔努斯多年的工作,球面三角仍然因为需要大批的公式而处于困难中,这部分是因为雷格蒙塔努斯在他的《论三角》一书中(甚至哥白尼在一个世纪之后)只用到正弦和余弦函数。还因为钝角的余弦和正切函数的负值没有被承认为数。

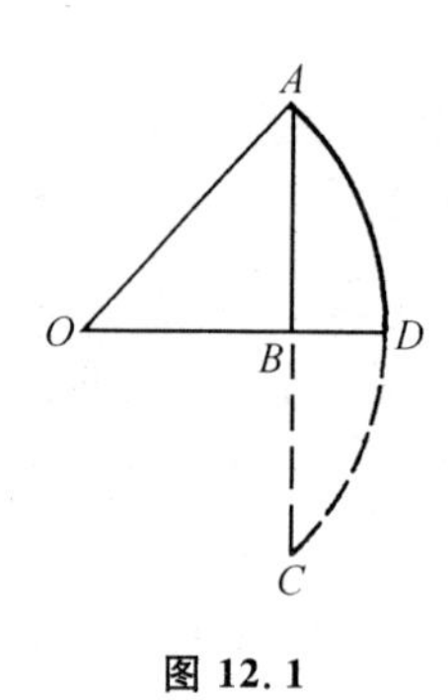

图 12.1

莱伊提柯斯是哥白尼的学生,他改变了正弦的意义。原来说 AD 的正弦是 AB,他改成说角 AOB 的正弦是 AB(图12.1)。但 AB 的长仍依赖于半径长度单位的选取。作为莱伊提柯斯改变的结果三角形 OAB 成为基本的结构,而半径为 OA 的圆成为附带的了。莱伊提柯斯采用了全部六个函数。

韦达将平面和球面三角进一步系统化并稍微加以发展,韦达的职业是律师,但是他更被认为是 16 世纪第一流的数学家。他的《标准数学》(*Canon Mathematicus*, 1579)一书是他在三角的许多工作中的第一本。在这里他把解直角和斜角平面三角形的公式收集到一起,也包括他自己的贡献正切定律:

$$\frac{a-b}{a+b}=\frac{\tan\left(\frac{A-B}{2}\right)}{\tan\left(\frac{A+B}{2}\right)}.$$

对球面直角三角形,他给出了用已知的两部分计算另一部分所需的一套完全的公式,并给出了用来记住这套公式的法则,我们现在把它叫做纳皮尔法则。他还提出了涉及钝角球面三角形角的余弦定律:

$$\cos A=-\cos B\cos C+\sin B\sin C\cos a.$$

很多三角恒等式是托勒玫建立的,韦达给以补充。例如,他给出了恒等式

$$\sin A-\sin B=2\cos\frac{A+B}{2}\sin\frac{A-B}{2}.$$

还有用 $\sin\theta$ 和 $\cos\theta$ 表示 $\sin n\theta$ 和 $\cos n\theta$ 的恒等式。后一个恒等式写在他的《斜截面》(*Sections Angulares*)一书中,这本书于他死后在 1615 年出版[①]。韦达把这些恒等式表示成代数形式,虽然那些符号并不是现代的。

他用 $\sin n\theta$ 的公式去解比利时数学家罗马努斯(Adrianus Romanus,1561—1615)在他的书《数学思想》(*Ideae Mathematicae*,1593)中作为对法国人的挑战而提出的一个问题。这个问题是求解 x 的一个 45 次方程。法国的亨利(Henry)四世找来了韦

① *Opera*, Leyden,1646,287-304.

达,他认为这个问题相当于:给定了一弧所对的弦,求该弧四十五分之一所对的弦。也就是等价于:用 $\sin A$ 表示 $\sin 45A$,并求出 $\sin A$。如果 $x=\sin A$,那么这个代数方程对 x 就是 45 次的。韦达知道这个问题可解,只要把这个方程分成一个 5 次的方程和两个 3 次的方程,而这些方程他很快地解出。他给出了 23 个正根,但忽略了负根。在他的《回答》(*Responsum*, 1595)[1]一书中他解释了他的解法。

16 世纪三角学开始从天文学里分出来,并成为数学的一个分支。三角学在天文学方面的应用依然是广泛的,但是在其他学科方面的应用——例如在测量学方面——说明有必要用更独立的观点来研究三角学。

5. 文艺复兴时期主要的科学进展

文艺复兴时期的数学家们翻译了希腊和阿拉伯的著作,并且在已有知识的基础上编辑了百科全书,为欧洲数学研究的高涨作了准备。但是欧洲后来的数学创作的启发和指导来自科学和技术问题,虽然也有些例外。代数的发展,至少在开头是阿拉伯活动路线的继续;在几何方面一些新的工作是根据艺术家们发生的问题而提出来的。

在文艺复兴时期,对推动以后两个世纪的数学具有决定意义的进展是哥白尼和开普勒领导的天文学革命。大约在 1200 年以后,当希腊人的工作被采用的时候,亚里士多德的天文理论(欧多克索斯的一个修补)和托勒玫的理论变得广泛流传并且互相对立。严格地说,对这两个体系,阿拉伯人和中世纪后叶的天文学家引进了各种各样的补充,以改进这两个体系的准确性,或者使亚里士多德的体系去适应基督教神学。托勒玫的体系在那个时代是相当准确的,它是纯数学的,所以只是作为一个假说,不作为真实构造的描述。亚里士多德的理论是为大多数人接受的,虽然托勒玫的理论对天文预测、航行和计算日历更为有用。

一些阿拉伯人,中世纪后叶的人,文艺复兴时代的人物,包括阿尔比鲁尼(973—1048)、奥雷姆和库萨(Cusa)的尼古拉(Nicholas,1401—1464)大主教,也许是响应希腊人的思想,当真考虑过地球或许在转动,并且考虑过在地球绕太阳转动的基础上,同样可能建立一种天文学理论,但是没有一个人提出新的理论。

在天文学家之中哥白尼作为一个巨人突然出现。哥白尼 1473 年生于波兰的托伦(Thorn),在克拉科夫(Cracow)大学学习数学和科学。23 岁时他到波洛尼亚进一步深造,在那里他熟悉了毕达哥拉斯和另一些希腊人的学说,包括天文学。他还研究医学和教会法令。1512 年他回到波兰成为弗劳恩堡(Frauenberg)大教堂的

---

① *Opera*, 305 - 324.

典事(一种管理人员),他在那里一直住到1543年逝世。他在完成工作职务的同时,专心致志于研究和观测,终于创立了革新的天文学理论。思维领域的这一成就,就其重要性、勇敢和宏伟的程度来说,远远超过了征服海洋的壮举。

很难断定什么原因使哥白尼抛弃了有1 400年之久的托勒玫理论。在他的经典著作《天体运行论》(*De Revolutionibus Orbium Coelestium*, 1543)的序言中所述的是不完全的并且有几分不可思议。哥白尼声明唤醒他的是关于托勒玫体系的精确度的各种不同观点,是认为托勒玫的理论只是一个假说的观点,以及亚里士多德和托勒玫理论的追随者之间的争执。

哥白尼保留了托勒玫天文学的一些原理。他用圆作基本曲线,在这曲线上他构造了对天体运动的解释。像托勒玫一样,他使用了这样一个事实,行星运动是由一系列的匀速运动构成的。他的理由是:速度的变化只能由原动力的变化造成,而上帝,这个运动的根源是不变的,所以效果也是不变的。他也采纳了希腊人关于在均轮上作周转运动的方案。但哥白尼反对托勒玫采用的在假想圆上的匀速运动,因为这个运动不要求均匀直线速度。

由于用了阿利斯塔克把太阳而不是把地球放在每个均轮的中心的思想,哥白尼就能够用比较简单的图来代替以前描绘每一个天体运动所需要的复杂的图。他用34个圆代替77个圆去解释月球和六个已知行星的运动。后来他改善了这个方案,让太阳只是靠近这个体系的中心而不是正在这中心。

从与观测结果相符合这点来说,哥白尼的理论并不比流行的托勒玫的修正理论更好些。哥白尼体系的优点乃是它用地球围绕太阳运动来解释行星运动的主要不规则性而不是用许多周转圆。此外,他的方案用同样通用的方法对待所有的行星,而托勒玫对内部行星水星、金星和外部行星火星、木星、土星采用稍有不同的方法。最后,在哥白尼的方案中天体的位置的计算是比较简单的,以至于在1542年天文学家们开始用他的理论来计算天体位置的新的表。

哥白尼的理论遇到了合理的和怀偏见的两种反对意见。哥白尼的理论同观测的不相符合使得第谷·布拉赫(1546—1601)放弃了这个理论而去寻找一个折衷的方案。韦达由于同样的原因完全地拒绝了它,并且转而去改进托勒玫的理论。很多知识分子拒绝这个理论或因为他们不了解它,或因为他们不能接受革新的思想。他书中所含的数学确是很难懂,就像哥白尼在他的序言里所说的,他的书是写给数学家看的。第谷·布拉赫和德国天文学家在1572年对于新星的观测是有帮助的,星球的突然出现和不见反驳了亚里士多德和经院派学者关于天体永恒不变的教条。

如果没有开普勒(1571—1630)的工作,日心说的命运将是不确定的。他出生于符腾堡(Württemberg)公国的一个城市魏尔(Weil)。他的父亲是一个酒鬼,先是当一个雇佣兵,后来开了一家酒馆。当开普勒上小学的时候,就得在酒馆里帮忙。后来他退了学去工作,做一个田间的劳动者。当他还是孩子的时候,他就得了天花,疾病留给他一双残废的手和损伤了的视力。但无论如何,他设法在1588年得到了毛尔布龙(Maulbronn)学院的学士学位,后来由于他向往教会职务就进蒂宾根(Tübingen)大学学习。一个友好的数学和天文学教授马斯特林(Michael Mästlin 或 Möstlin, 1550—1631)私下里教他日心学说。开普勒在大学里的上级怀疑他不够虔诚,于是在1594年派他去奥地利的格拉茨(Grätz)担任数学和道德学教授,开普勒都接受了。为了尽到他的责任,要求他了解占星术,这就使他更进一步倾向于天文学。

当格拉茨被天主教控制的时候,开普勒就被从这城市里驱逐了出去。他到了布拉格,在第谷·布拉赫的观象台里做他的助手。第谷·布拉赫死后,开普勒被任命接替这个位置。他的一部分工作是为他的雇主鲁道夫(Rudolph Ⅱ)大帝算命。开普勒用占星术有助于天文学家谋生的想法来聊以自慰。

开普勒的一生受各种困难的折磨。他的第一个妻子和几个孩子都死了。作为一个新教徒,他受天主教的各种迫害。他经常在经济上处于绝望之中。他的母亲被指控为巫婆,而开普勒得为她辩护。虽然他始终遭遇不幸,但他用恒心、非凡的努力和丰富的想象力从事他的科学工作。

在探讨科学问题的态度方面,开普勒是一个过渡人物。像哥白尼和中世纪思想家一样,他被一种美好的、合理的理论所吸引。他接受了柏拉图的教义,那就是宇宙是按照一个事先建立好的数学方案安排的。但是他不像他的前人,他极其尊重事实,他更为成熟的工作完全建立在事实的基础上,从事实发展到定律。在寻找定律时,他发挥了对假说的创造性,对真理的热爱和活跃的想象力但并不妨碍理智。虽然他设计了很多的假说,但当它们与事实不适合时,他毫不犹豫地抛弃它们。

被哥白尼体系的美好与和谐所触动,他决定从事于去寻求第谷·布拉赫所提供的更为精确的观测可能允许怎样的几何上的和谐关系。他寻找数学上的关系,他确信这种关系是存在的,这使得他在错误的道路上探索了许多年。在他的《神秘的宇宙结构学》(*Mysterium Cosmographicum*, 1596)一书的序言中,他说道:“我企图去证明上帝在创造宇宙并且调节宇宙的次序时,看到了从毕达哥拉斯和柏拉图时代起就为人们熟知的五种正多面体,他按照这些形体安排了天体的数目、它们的比例和它们运动间的关系。”

于是他假定六个行星的轨道半径是那样一些球的半径,这些球和五种正多面体按以下方式联系起来。最大的半径是土星的轨道半径。在这一半径的球里他假设有一个内接正立方体。在这个立方体里有一个内接球,这球的半径就是木星的轨道半径。在这个球里面他假设有一个内接正四面体,对它又有另一个内接球,它的半径是火星轨道半径,如此继续下去,经过五种正多面体。这样可以作出六个球,正好和当时知道的行星数目一样。但是由这个假说作出的推论却和观测不一致,他抛弃了这个想法,但在这以前他异常努力地以改进了的形式去运用它。

虽然用这五种正多面体去探索自然界的秘密的企图没有成功,但是后来开普勒在寻找和谐的数学关系上有显著的成绩。他的最有名最重要的成果今天以开普勒行星运动三定律著称。前两条定律公布在 1609 年出版的一本书里,这本书有个很长的名字,有时简称它为《新天文学》(*Astronomia Nova*),有时叫《论火星的运动》(*Commentaries on the Motions of Mars*)。

第一定律说每一个行星的轨道不是一些动圆联合的结果而是一个椭圆,太阳在它的一个焦点上(图 12.2)。开普勒的第二定律用图(图 12.3)来说明最好懂。我们知道希腊人相信行星运动必须用均匀线速率来解释。开普勒和哥白尼一样,一开始也坚定地相信匀速率的学说,但是他的观测迫使他又放弃了这个珍爱的信念。当他能够用具有同样魅力的某些东西代替这信念时,他是非常高兴的,因为他的关于自然界遵循数学规律的信念又得到了肯定。如果 MM' 和 NN' 是一个行星在同样长的一段时间里所通过的距离,那么按照匀速率的原理,MM' 和 NN' 一定是相等的距离。而按照开普勒的第二定律,MM' 和 NN' 一般是不相等的,但是面积 SMM' 和 SNN' 是相等的。这样开普勒用等面积代替了等距离。探索行星的这一奥秘确实是一个很大的胜利,因为所说的这个关系并不像它画在纸上那样容易被人发现。

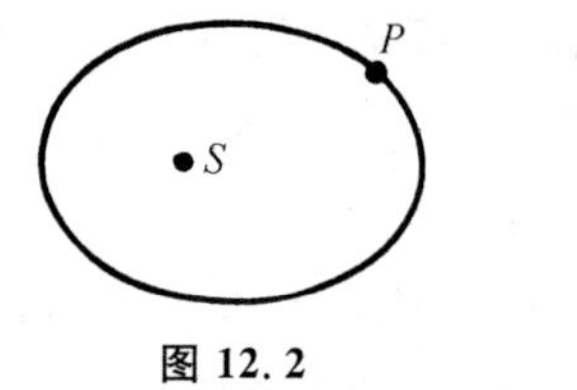

图 12.2

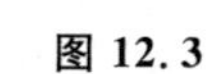

图 12.3

开普勒作出了更为异常的努力来得到行星运动的第三个定律。这定律说,取地球公转的周期和它到太阳的平均距离作为时间和距离的单位①,那么一个行星公转的周期的平方等于它到太阳的平均距离的立方。开普勒在《世界的和谐》(*The Harmony of the World*, 1619)一书中公布了这个结果。

开普勒的工作比哥白尼的工作要革命得多,他们在采用日心说上是同样的大胆,而开普勒采用椭圆(与采用圆运动相反)和非匀速运动则从根本上打破了权威

① 虽然开普勒这样叙述,但正确的叙述应该是用半主轴代替平均距离。

和传统。他坚持这样的立场:科学研究是独立于一切哲学和神学信条的;单单数学上的考虑就可以决定假说的正确性;假说以及从它作出的推理都必须通过实践来检验。

哥白尼和开普勒的工作在很多方面都值得注意,但我们只限于考虑它和数学史的关系。由于有很多严重的反对意见在反对这一个日心说,从他们的工作可见希腊人认为自然界的真理依赖于数学定律这一观点是多么有力地掌握了欧洲。

有些很有分量的科学上的反对意见,其中有许多是托勒玫针对阿利斯塔克的意见提出来的。地球是一个重的天体,怎样能使这样一个重的天体开始运动并且保持运动?即使按照托勒玫的理论,另一些行星也是在运动着,但是希腊人和中世纪的思想家坚持认为这些行星是由某种特别轻的物质组成的。还有一些反对的意见。如果地球从西向东旋转,那么,为什么扔到空气中的物体不落到它原来的位置的西边呢?为什么地球在它旋转时不飞散?哥白尼对后一个问题的极为软弱的回答是球是一个自然的形状,因此就自然地运动着,所以地球不会破坏它自己。进一步又有人问,既然地球以每秒约3/10英里的速度自旋,又以每秒约18英里的速度绕太阳转动,为什么地球上的物体和空气本身却和地球在一起?如果像托勒玫和哥白尼想象的那样,作自然运动的物体的速率正比于它的重量,那么地球将把较轻的物体留在它后面。哥白尼回答说,空气具有“地球性”,所以它跟着地球转。

天文学家又增加了一些科学异议。如果地球在运动,那么为什么“恒星”的方向不变?一个角的视差若是2′,则到星球的距离至少需要400万倍于地球半径,而这样一个距离在当时是不可想象的。没有觉察到星球的任何视差(这意味着这些星球甚至更远),哥白尼声明“天空与地球相比是无限的,好像是无穷大的……宇宙的边界是不知道的也是不可知的。”后来他感到这个回答不妥当,就把这问题转给哲学家,从而回避了它。直至1838年数学家贝塞尔(Friedrich Wilhelm Bessel)才测量了最近一个恒星的视差,发现它是0.31″。

如果哥白尼和开普勒是“清醒的”人,他们就永远不会去否定他们的感觉。尽管地球在高速率地转动,但我们不能感觉到它的自转和公转。另一方面,我们确实看到太阳在运动。

哥白尼和开普勒都非常虔诚,但他们都否认基督教的一条中心教义,就是上帝主要关心的是人,而人是宇宙的中心,宇宙万物都围绕着人转。相反,日心说把太阳放在宇宙的中心,这就威胁了这个慰藉人心的教义,因为它使得人成为可能有的一大群漂泊于寒冷天空的流浪者之一。他很不像是生来为了荣宗耀祖,死后去进天堂。更不像是上帝施恩的对象。这样,通过用太阳替代地球,哥白尼和开普勒就搬走了天主教神学的基石,并且危及其结构。哥白尼指出宇宙比起地球来是如此巨大,以至去谈论中心是毫无意义的。而这种议论就更加使他与宗教对立起来了。

反驳所有这些反对意见,哥白尼和开普勒都只用了一个回答,但却是有分量的回答。的确,每个人的回答都做到了数学上的简洁,压倒一切地协调并且是优美的理论。如果承认数学关系是科学工作应有的目标,那么能够给出更好的数学处理这一事实就足以压倒一切反对意见。这一看法由于相信上帝设计了这个世界并且显然会采用优秀的理论而更有说服力了。他们都感到并且清楚地说明了他们的工作给出了协调、对称和神圣作坊的设计,还有上帝存在的有力证据。哥白尼抑制不住自己感激的心情说:“我们发现,在这有次序的安排之下,宇宙有一种奇异的对称性,天体运动和大小的协调有确定的关系,而这是不可能从其他途径去获得的。”开普勒 1619 年的作品的题目是《世界的和谐》,他对上帝的无尽的颂扬,对上帝数学设计的宏伟所表现的钦佩证明了他的信仰。

一开始只有数学家支持日心说是不奇怪的。只有数学家,而且只有相信宇宙是按照数学方式设计的数学家,才会有足够坚强的信心摆脱那些流行的哲学上、宗教上和物理上的信念。直到伽利略把他的望远镜对准着天空,天文学的物证才支持了数学的理论。17 世纪初伽利略的观测看到在木星周围有四个卫星,证明了行星可以有卫星。由此得出,地球也不能因为它有一个月球而就不是行星。伽利略还看到月球有一个粗糙的表面,像地球一样有高山和深谷。所以地球也就是一个天体,未必是宇宙的中心。

最后日心说得到了承认,因为它计算简单,因为它的优越的数学,还因为观测结果支持着它。这表明运动科学应该在地球自转又公转的见解下改写。简单说来,需要一个新的力学。

关于光和光学的研究从中世纪时期起一直没有中断。17 世纪天文学家对这个课题更有兴趣了,因为空气对光线产生折射效应,所以当光线从行星或恒星射来的时候会改变方向,这就给这些星球的位置以一种假象。16 世纪末,发明了望远镜和显微镜。这些仪器在科学上的用途是明显的,它们打开了新的世界,在光学方面已经很广泛的兴趣被激发得更高了。在 17 世纪,几乎所有的数学家都研究过光学和透镜。

6. 文艺复兴时期评注

文艺复兴时期在数学方面没有出现任何杰出的新成就。数学领域的微小进展不能同文学、绘画、建筑、科学各领域所取得的进展相比。文学、绘画、建筑领域中创造出很多杰作,它们至今仍是我们文明的一部分。在科学方面,日心说使最好的希腊天文学说黯然失色,使阿拉伯或中世纪的贡献相形见绌。对于数学来说,这一时期主要是一个吸收希腊成果的时期,它与其说是古代文化的新生,倒不如说是它的再现。

对于数学的茁壮成长同样重要的是，它又像亚历山大时代那样建立起它和科学、技术的密切联系。在科学方面，认识到数学定律归根到底是终极的目标；在技术方面，认识到以数学式子来表达研究结果是知识最完善、最有用的形式，是设计和施工最有把握的向导。这样的估价保证了数学成为现代的一个主要力量，还保证了数学的新发展。

参考书目

Armitage, Angus: *Copernicus*, W. W. Norton, 1938.

Armitage, Angus: *John Kepler*, Faber and Faber, 1966.

Armitage, Angus: *Sun, Stand Then Still*, Henry Schuman, 1947; in paperback as *The World of Copernicus*, New American Library, 1951.

Ball, W. W. Rouse: *A Short Account of the History of Mathematics*, Dover (reprint), 1960, Chap. 12.

Baumgardt, Carola: *Johannes Kepler, Life and Letters*, Victor Gollancz, 1952.

Berry, Arthur: *A Short History of Astronomy*, Dover (reprint), 1961, pp. 86 – 197.

Braunmühl, A. von: *Vorlesungen über die Geschichte der Trigonometrie*, 2 vols., B. G. Teubner, 1900 and 1903, reprinted by M. Sändig, 1970.

Burtt, E. A.: *The Metaphysical Foundations of Modern Physical Science*, 2nd ed., Routledge and Kegan Paul, 1932, Chaps. 1 – 2.

Butterfield, Herbert: *The Origins of Modern Science*, Macmillan, 1951, Chaps. 1 – 7.

Cantor, Moritz: *Vorlesungen über Geschichte der Mathematik*, 2nd ed., B. G. Teubner, 1900, Vol. 2, pp. 1 – 344.

Caspar, Max: *Johannes Kepler*, trans. Doris Hellman, Abelard-Schuman, 1960.

Cohen, I. Bernard: *The Birth of a New Physics*, Doubleday, 1960.

Coolidge, Julian L.: *The Mathematics of Great Amateurs*, Dover (reprint), 1963, Chaps. 3 – 5.

Copernicus, Nicolaus: *De Revolutionibus Orbium Coelestium* (1543), Johnson Reprint Corp., 1965.

Crombie, A. C.: *Augustine to Galileo*, Falcon Press, 1952, Chap. 4.

Da Vinci, Leonardo: *Philosophical Diary*, Philosophical Library, 1959.

Da Vinci, Leonardo: *Treatise on Painting*, Princeton University Press, 1956.

Dampier-Whetham, William C. D.: *A History of Science*, Cambridge University Press, 1929, Chap. 3.

Dijksterhuis, E. J.: *The Mechanization of the World Picture*, Oxford University Press, 1961, Parts 3 and 4.

Drake, Stillman and I. E. Drabkin: *Mechanics in Sixteenth-Century Italy*, University of Wisconsin Press, 1969.

Dreyer, J. L. E.: *A History of Astronomy from Thales to Kepler*, Dover (reprint), 1953, Chaps. 12 - 16.

Dreyer, J. L. E.: *Tycho Brahe, A Picture of Scientific Life and Work in the Sixteenth Century*, Dover (reprint), 1963.

Gade, John A.: *The Life and Times of Tycho Brahe*, Princeton University Press, 1947.

Galilei, Galileo: *Dialogue on the Great World Systems* (1632), University of Chicago Press, 1953.

Hall, A. R.: *The Scientific Revolution*, Longmans Green, 1954, Chaps. 1 - 6.

Hallerberg, Arthur E.: "George Mohr and *Euclidis Curiosi*," *The Mathematics Teacher*, 53, 1960, 127 - 132.

Hallerberg, Arthur E.: "The Geometry of the Fixed-Compass," *The Mathematics Teacher*, 52, 1959, 230 - 244.

Hart, Ivor B.: *The World of Leonardo da Vinci*, Viking Press, 1962.

Hofmann, Joseph E.: *The History of Mathematics*, Philosophical Library, 1957.

Hughes, Barnabas: *Regiomontanus on Triangles*, University of Wisconsin Press, 1967. A translation of *De Triangulis*.

Ivins, W. M., Jr.: *Art and Geometry* (1946), Dover (reprint), 1965.

Kepler, Johannes: *Gesammelte Werke*, C. H. Beck'sche Verlagsbuchhandlung, 1938 - 1959.

Kepler, Johannes: *Concerning the More Certain Foundations of Astrology*, Cancy Publications, 1942. Many of Kepler's books have been reprinted and a few translated.

Koyré, Alexandre: *From the Closed World to the Infinite Universe*, Johns Hopkins Press, 1957.

Koyré, Alexandre: *La Révolution astronomique*, Hermann, 1961.

Kuhn, Thomas S.: *The Copernican Revolution*, Harvard University Press, 1957.

MacCurdy, Edward: *The Notebooks of Leonardo da Vinci*, George Braziller (reprint), 1954.

Pannekoek, A.: *A History of Astronomy*, John Wiley and Sons, 1961, Chaps. 16 - 25.

Panofsky, Erwin: "*Dürer as a Mathematician*," in James R. Newman, *The World of Mathematics*, Simon and Schuster, 1956, pp. 603 - 621.

Santillana, G. de: *The Crime of Galileo*, University of Chicago Press, 1955.

Sarton, George: *The Appreciation of Ancient and Medieval Science During the Renaissance*, University of Pennsylvania Press, 1955.

Sarton, George: *Six Wings: Men of Science in the Renaissance*, Indiana University Press, 1957.

Smith, David Eugene: *History of Mathematics*, Dover (reprint), 1958, Vol. 1, Chap. 8; Vol. 2, Chap. 8.

Smith, Preserved: *A History of Modern Culture*, Holt, Rinehart and Winston, 1930, Vol. 1, Chaps. 2 - 3.

Taylor, Henry Osborn: *Thought and Expression in the Sixteenth Century*, Crowell-Collier (reprint), 1962, Part V.

Taylor, R. Emmet: *No Royal Road: Luca Pacioli and His Times*, University of North Carolina Press, 1942.

Tropfke, Johannes: *Geschichte der Elementarmathematik*, 7 vols., 2nd. ed., W. De Gruyter, 1921 - 1924.

Vasari, Giorgio: *Lives of the Most Eminent Painters, Sculptors, and Architects* (many editions).

Wolf, Abraham: *A History of Science, Technology and Philosophy in the Sixteenth and Seventeenth Centuries*, George Allen and Unwin, 1950, Chaps. 1 - 6.

Zeller, Sister Mary Claudia: "The Development of Trigonometry from Regiomontanus to Pitiscus," Ph. D. dissertation, University of Michigan, 1944; Edwards Brothers, 1946.

第 13 章

16,17 世纪的算术和代数

代数是搞清楚世界上数量关系的智力工具。
怀特海(Alfred North Whitehead)

1. 引　　言

新的欧洲数学的第一个重大进展是在算术和代数方面。印度和阿拉伯人的工作把实用的算术计算放在数学的首位,并把代数建立在算术的而不是几何的基础上。他们的工作又吸引人们去注意解方程的问题。

在 16 世纪前半叶,欧洲人对待算术和代数的态度与精神,几乎还是同阿拉伯人一模一样,只是增加了他们从阿拉伯人著作里学来的数学门类。到这个世纪的中叶,欧洲文明的实际生活和科学工作的需要,促使他们把算术和代数推向前进。前已指出,科学成果在工程技术上的应用以及实践上的需要,要求人们得出数量上的结果。例如,远涉重洋的地理探险需要人们有更准确的天文知识。同时,把愈来愈精确的观察同新天文学说联系起来的兴趣,要求编制出更好的天文数表,而这又需要有更精确的三角函数表。事实上,16 世纪对于代数的兴趣,多数是在制作三角函数表时为解方程和处理恒等式的需要而引起的。日益发展的银行业务和商务活动要求有一个更好的算术。许多人的著作都反映了这些需要,其中包括帕乔利、塔尔塔利亚和斯蒂文的作品。帕乔利的《总论》、塔尔塔利亚的《数量概论》(*General trattato de' numeri e misure*, 1556)中都含有大量商业中的算术问题。最后,工匠的技术工作,特别是建筑、制造大炮和抛射体运动方面的工作,要求有定量的思维。除了这些应用之外,对代数还有一种完全新颖的应用——表示曲线——引起了大量的研究工作。在这些需要的压力下,代数的进展加速了。

我们分四个题目来考察这些新的发展:算术、符号体系、方程论和数论。

2. 数系和算术的状况

到 1500 年左右,零已被人接受作为一个数,无理数也用得更随便了。帕乔利、日耳曼数学家施蒂费尔(Michael Stifel, 1486? —1567)、军事工程师斯蒂文(1548—1620)和卡丹都按照印度人和阿拉伯人的传统使用无理数,并引入了种类越来越多的无理数。例如,施蒂费尔使用了$\sqrt[m]{a+\sqrt[n]{b}}$这种形式的无理数。卡丹曾把含立方根的分数有理化。使用无理数的广泛程度,以韦达那个表示 π[①] 的式子为例就可以看出来。韦达考察单位圆的内接正四、八、十六……边形,求出 π 值的式子:

$$\frac{2}{\pi}=\cos\frac{90^\circ}{2}\cos\frac{90^\circ}{4}\cos\frac{90^\circ}{8}\cdots$$

$$=\sqrt{\frac{1}{2}}\sqrt{\frac{1}{2}+\frac{1}{2}\sqrt{\frac{1}{2}}}\sqrt{\frac{1}{2}+\frac{1}{2}\sqrt{\frac{1}{2}+\frac{1}{2}\sqrt{\frac{1}{2}}}}\cdots$$

虽然人们对于用无理数进行计算是很随便的,但对于无理数是否确实是数却仍不放心。施蒂费尔在他的重要著作《整数的算术》(*Arithmetica Integra*, 1544)这一部论述算术、欧几里得《原本》第十篇中的无理数以及代数的书中,讨论了用10进制小数的记号表达无理数的问题。他一方面说:

> 在证明几何图形的问题中,由于当有理数不行而代之以无理数时,就能完全证出有理数所不能证明的结果……因此我们感到不能不承认它们确实是数,迫使我们承认的是由于使用它们而得出的结果——那是我们认为真实、可靠而且恒定的结果。但从另一方面讲,别的考虑却迫使我们不承认无理数是什么数。例如,当我们想把它们数出来[用十进制小数表示]时……就发现它们无止境地往远跑,因而没有一个无理数实质上是能被我们准确掌握住的……而本身缺乏准确性的东西就不能称其为真正的数……所以,正如无穷大的数并非数一样,无理数也不是一个真正的数,而是隐藏在一种无穷迷雾后面的东西。

他接着论证说实数不外乎整数或分数;无理数显然既非整数又非分数,因而不是实数。一个世纪之后,帕斯卡和巴罗(Isaac Barrow)还说,像$\sqrt{3}$这样的数只能作为几何上的量来理解;无理数仅仅是记号,它们脱离连续的几何量便不能存在,而对无理数进行运算,要以欧多克索斯关于量的理论来作逻辑依据。牛顿在他的《普遍的算术》(*Arithmetica Universalis*, 1707 年出版,但系根据其 30 年以前讲课内容所写)中也持这一观点。

其他一些人则肯定说无理数是独立存在的东西。斯蒂文承认无理数是数,并

---

① π 这个记号是琼斯(William Jones)第一个采用的(1706)。

用有理数来不断逼近它们。沃利斯在《代数》(*Algebra*, 1685)中也承认无理数是地地道道的数。他认为欧几里得《原本》的第五篇在本质上主要是算术性的。笛卡儿也在《指导思想的法则》(*Rules for the Direction of the Mind*,约1628)中承认无理数是能够代表连续量的抽象的数。

负数虽然通过阿拉伯人的著作传到欧洲,但16世纪和17世纪的大多数数学家并不承认它们是数,或者即使承认了,也并不认为它们是方程的根。15世纪的许凯(Nicolas Chuquet,1445? —1500?)和16世纪的施蒂费尔(1553年)都把负数说成是荒谬的数。卡丹把负数作为方程的根,但认为它们是不可能的解,仅仅是一些记号;他把负根称作是虚有的,而正根才算是实的根。韦达完全不要负数。笛卡儿只是部分地接受了负数。他把方程的负根称作假根,因为它们代表比无还少的数。但他指出(见第5节),对于一个给定的方程,可以得出另一个方程,使它的根比原方程的根大任何一个数量。这样,有负根的一个方程可以化成有正根的方程。既然我们可以把假根化成真根,所以笛卡儿愿意接受负数。帕斯卡则认为从0减去4纯粹是胡说。

帕斯卡的一位密友,神学家兼数学家阿尔诺(Antoine Arnauld,1612—1694)提出一种有趣的说法来反对无理数。阿尔诺怀疑 $-1:1=1:-1$,因为(他说)-1小于$+1$;那么较小数与较大数的比,怎么能等于较大数与较小数之比呢?许多人都讨论了这个问题。1712年,莱布尼茨承认[①]这个反对意见合理,但申辩说可以用这种比例来进行计算,因为它们的形式是正确的,正如我们能够用虚量来进行计算一样。

最早接受无理数的代数学者之一是哈里奥特(Thomas Harriot,1560—1621),他偶尔把负数单独写在方程的一边,但他并不接受负根。邦贝利(Raphael Bombelli,16世纪)给出了负数的明确定义。斯蒂文在方程里用了正的和负的系数,并接受负根。吉拉德(Albert Girard, 1595—1632)在他的《代数中的新发明》(*L'Invention nouvelle en l'algèbre*, 1629)中把负数与正数等量齐观,并且甚至在二次方程的两根都是负数时也给出两个根。吉拉德和哈里奥特都用减号表示减法运算和负数。

总的说来,在16世纪和17世纪,并没有很多数学家对于使用负数心安理得或者承认它是数,更谈不上承认它们可以作为方程的真实的根。当时人对负数有一种古怪的信念。例如沃利斯虽比他那个时代的人先进并且承认负数,但他认为负数大于无穷大而并非小于零。他在所著《无穷大的算术》(*Arithmetica Infinitorum*, 1655)中论证说:由于比 $a/0$ 在 a 为正数时是无穷大,故当分母变成负数时,

---

① *Acta Erud.*, 1712,167-169 = *Math. Schriften*, 5,387-389.

例如当 a/b 中的 b 是负数时,这个比必定大于无穷大。

欧洲人在还没有完全克服无理数和负数带来的困难时,就又无意地陷入了我们如今称之为复数的问题。他们在用配方法解二次方程时碰到要把求平方根的算术运算推广到任何样的数上,得出了这些新的数。例如,卡丹在所著《重要的艺术》(*Ars Magna*,1545)的第37章中列出并解出把10分成两部分,使其乘积为40的问题。方程是 $x(10-x)=40$。他求得根为 $5+\sqrt{-15}$ 和 $5-\sqrt{-15}$,然后说“不管会受到多大的良心责备”,把 $5+\sqrt{-15}$ 和 $5-\sqrt{-15}$ 相乘,得乘积为 $25-(-15)$ 或即40。于是他说:“算术就是这样神妙地研究下去的,它的目标,正如常言所说,是又精致又不中用的。”我们不久会看到,卡丹在解三次方程时(第4节),还要进一步同复数打交道。邦贝利在解三次方程时也考虑了复数,并且几乎像现代形式那样规定了复数的四种运算,但他仍认为复数“无用”而且“玄”。吉拉德则承认复数至少可作为方程的形式解。他在所著《代数中的新发明》中说:“有人可以说这些不可能的解[复根]有什么用?我回答:它有三方面用处——一是因为能肯定一般法则,二是因为它们有用,并且因为除此之外没有别的解。”但吉拉德的先进观点并无多大影响。

笛卡儿也摒弃复根,并造出“虚数”这个名称。他在《几何》(*La Géométrie*)中说:“真的和假的[负的]根都并不总是实在的,它们有时是虚的。”他的论点是:负根至少可以在它们所出现的方程变换为只有正根的方程后弄成“实”的,但这对复根却办不到。所以这些根不是实的而是虚的,它们并不是数。笛卡儿确实在区分方程的实根和虚根这一点上比他的前辈搞得清楚。

甚至牛顿也并不认为复数根是有意义的,这很可能是由于它们缺乏物理意义。事实上,他在《普遍的算术》①一书中说过:“正是方程的根常应出现为不可能的情况[复根],才不致使不可能解的问题显得像是可以解的样子。”也就是说,在物理上和几何上没有实解的那些问题,应该具有复数根。

对复数没有清楚认识的这种情况,反映在常被人引述的莱布尼茨的一段话中:“圣灵在分析的奇观中找到了超凡的显示,这就是那个理想世界的端兆,那个介于存在与不存在之间的两栖物,那个我们称之为虚的 -1 的平方根。”②莱布尼茨虽在形式运算中使用复数,但并不理解复数的性质。

在16,17世纪中,实数的运算步骤有了改进和推广。在比利时(当时荷兰的一部分),我们看到有斯蒂文在他的《十进制算术》(*La Disme*, 1585)中提倡用10进制小数来书写分数并对它们进行运算,而反对用60进制。别的人,如鲁道夫

① 第二版,1728,p.193。

② *Acta Erud.*, 1702 = *Math. Schriften*, 5,350-361.

(Christoff Rudolff,约 1500—约 1545)、韦达和阿拉伯人阿尔卡西(al-Kashî,卒于 1436 年左右)则早就采用了 10 进制。斯蒂文提倡用 10 进制的度量衡,他很关心节省簿记人员的时间和劳力(他自己就是当小职员出身的)。他把 5.912 写为 5⓪9①1②2③,或写为 $5,9'1''2'''$。韦达改进并推广了求平方根和立方根的方法。

这段时期的另一项进展是在算术里使用连分数。我们可能记得印度人——特别是阿里亚伯哈塔——曾用连分数解一次不定方程。邦贝利在他的《代数》(*Algebra*, 1572)里第一个用连分数来逼近平方根。为求 $\sqrt{2}$ 的近似值,他写出

$$(1)\qquad \sqrt{2}=1+\frac{1}{y}.$$

由此得

$$(2)\qquad y=1+\sqrt{2}.$$

在(1)两边加上 1 并利用(2),得

$$(3)\qquad y=2+\frac{1}{y}.$$

于是由(1)及(3),得

$$\sqrt{2}=1+\cfrac{1}{2+\cfrac{1}{y}}.$$

由于 y 已给出如(3),故

$$\sqrt{2}=1+\cfrac{1}{2+\cfrac{1}{2+\cfrac{1}{y}}}.$$

不断把 y 值的式子代入,邦贝利求得

$$\sqrt{2}=1+\cfrac{1}{2+\cfrac{1}{2+\cfrac{1}{2+\cfrac{1}{2}+\cdots}}}.$$

右边也可写成

$$\sqrt{2}=1+\frac{1}{2+}\,\frac{1}{2+}\,\frac{1}{2+}\cdots.$$

这是个简单的连分数,因为里面的分子都是 1;它又是循环的,因分母都重复。邦贝利又给出获得连分数的其他例子。但他并不考虑这展式是否会收敛于它所打算表示的那个数。

英国数学家沃利斯在他的《无穷大的算术》(1655)中把 $\frac{4}{\pi}$ 表为无穷乘积 $\frac{3\cdot3\cdot5\cdot5\cdot7\cdot7\cdots}{2\cdot4\cdot4\cdot6\cdot6\cdot8\cdots}$。在该书中他又说布龙克尔(William Brouncker)勋爵

(1620—1684)——皇家学会的第一任会长——曾把这乘积化为连分数

$$\frac{4}{\pi}=1+\frac{1}{2+}\ \frac{9}{2+}\ \frac{25}{2+}\ \frac{49}{2+}\cdots.$$

布龙克尔没有对这种形式作进一步的应用。但沃利斯进行了这项工作。他在所著《数学著作集Ⅰ》(*Opera Mathematica* Ⅰ，1695)中引入了“连分数”这一名称，给出了计算连分数的收敛子的一般法则。这就是，若 p_n/q_n 是连分数

$$\frac{b_1}{a_1+}\ \frac{b_2}{a_2+}\ \frac{b_3}{a_3+}\cdots$$

的第 n 个收敛子，则

$$\frac{p_n}{q_n}=\frac{a_np_{n-1}+b_np_{n-2}}{a_nq_{n-1}+b_nq_{n-2}}.$$

关于 p_n/q_n 是否收敛于连分数所表示的那个数，当时还没有得到明确的结果。

16 世纪和 17 世纪算术的最大改进是对数的发明。施蒂费尔已经认识到对数的基本思想。他在《整数的算术》里指出几何数列

$$1,\ r,\ r^2,\ r^3,\ \cdots$$

的各项与其指数所形成的算术数列

$$0,\ 1,\ 2,\ 3,\ \cdots$$

的各项互相对应。几何数列中两项相乘得出的项，它的指数等于算术数列中相应两项之和。几何级数中两项相除得出的项，其指数等于算术级数中相应两项之差。这一事实也由许凯在《数的科学三部曲》(*Le Triparty en la science des nombres*，1484)中指出过。施蒂费尔还把两个数列间的这种联系推广到负指数和分数指数的情形。例如，r^2 被 r^3 除得 r^{-1}，它相应于扩充了的算术数列中的 -1 那一项。但施蒂费尔并没有利用两数列间的这一联系来引入对数。

苏格兰人纳皮尔(John Napier，1550—1617)在 1594 年左右研究出对数的时候就受了几何数列的项和算术数列的相应项之间这种对应关系的启发。纳皮尔关心的是简化为解决天文问题的球面三角的计算工作。事实上，他曾把研究的初步结果送交第谷·布拉赫征求他的赞许。

纳皮尔在他的《论述对数的奇迹》(*Mirifici Logarithmorum Canonis Descriptio*，1614)以及他死后出版的遗作《做出对数的奇迹》(*Mirifici Logarithmorum Canonis Constructio*，1619)中解释了他的想法。因为他搞的是球面三角，所以处理的是正弦的对数。他按照雷格蒙塔努斯的办法，将圆的半径分成 10^7 单位，以圆弧的半弦为正弦，以 10^7 作为最大的数开始计算。他让 10^7 到 0 的正弦值表示在直线 AZ(图 13.1)上，并设 A 朝着 Z 运动，其速度正比于到 Z 点的距离。

严格地说，动点的速度应随着它离开 A 点的距离连续变化，并且需要用微积分才能真正表达。但若我们考察某一小段时间 t，并设 AB，BC，CD，⋯各段长度

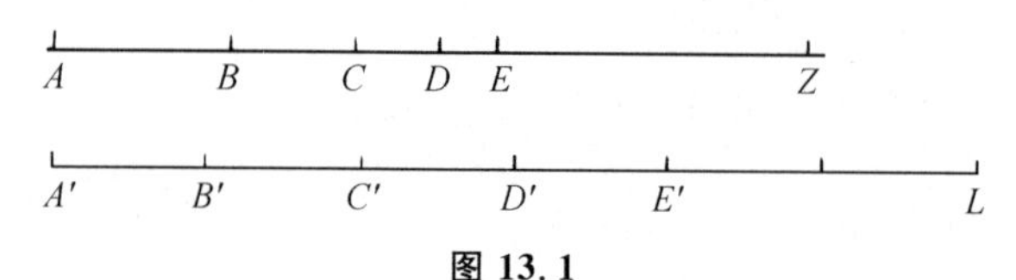

图 13.1

都是在这段时间里通过的,同时假设在 t 这段时间里速度不变并取动点在这段时间开始时的速度,那么 AZ, BZ, CZ, …这些长度就形成几何数列。因若考虑 DZ,并设 k 是动点速度与它到 Z 之间距离的比例常数。现因

$$DZ = CZ - CD.$$

又因动点在 C 处的速度是 $k(CZ)$。于是距离 $CD = k(CZ)t$。所以

$$DZ = CZ - k(CZ)t = CZ(1-kt).$$

这样,序列 AZ, BZ, CZ, …中的任一个长度是其前一个长度的 $1-kt$ 倍。

其次,纳皮尔假定有另一点与 A 同时开始在直线 $A'L$(图13.1,其右方无限伸长)上以恒速运动,使得当第一点到达 B, C, D, …之时,第二点分别到达 B', C', D', …。距离 $A'B'$, $A'C'$, $A'D'$, …显然形成算术数列。纳皮尔分别把 $A'B'$, $A'C'$, $A'D'$, …这些距离取作 BZ, CZ, DZ, …的对数。他取 AZ 或即 10^7 的对数为 0。这样,当数(正弦值)按几何数列递减时,对数按算术数列递增。这里记为 $1-kt$ 的量在纳皮尔的原著里是 $1-\frac{1}{10^7}$。但他在进行计算对数之际改变了这个比值。

我们看到,若取的 t 愈小,则从 AZ 到 BZ 到 CZ 等的正弦值的减小量就愈小。这样,对数表里的数就愈靠近。

纳皮尔取距离 $A'B'$, $A'C'$, …为 1, 2, 3, …但那样做并非必需。它们也可以取作$\frac{1}{2}$, 1, $1\frac{1}{2}$, 2, …而方案仍一样行得通。此外,原来那些数的意义同任何量一样,而与它们是否为正弦值不相干,所以纳皮尔的方案实际给出了一般数的对数。纳皮尔本人则是用对数来作球面三角的计算的。

“对数”(logarithm)这个术语是纳皮尔创造的,意即“比的数”。“比”是指数列 AZ, BZ, CZ, …的公比。他还把对数称为人造的数。

当时有一位数学和天文学教授布里格斯(Henry Briggs,1561—1631)在 1615 年向纳皮尔建议取 10 作为底数,使一个数的对数就等于该数的那个 10 的乘幂中的幂指数。这就跟纳皮尔的方案不同,事先取定了一个底数。布里格斯在计算他的对数时是逐次取 10 的平方根,即$\sqrt{10}$, $\sqrt{\sqrt{10}}$, …,一直取了 54 次这样的平方根,得出一个略大于 1 的数 A 时为止。就是说,他得出一个数 $A = 10^{\left[\left(\frac{1}{2}\right)^{54}\right]}$。然后他取 $\log_{10} A = \left(\frac{1}{2}\right)^{54}$。利用两数乘积的对数等于它们的对数之和这一事实,布里

格斯为靠得很近的数算出了一张对数表。现今常用的普通对数表就是从布里格斯对数表演变而来的。

比尔奇(Joost Bürgi,1552—1632)是瑞士的一个钟表和仪器匠人,是开普勒在布拉格的一名助手,他也曾有志于简化天文计算。他在 1600 年左右未悉纳皮尔的工作而独立发明了对数,但他的著作《进数表》(*Progress Tabulen*)直到 1620 年才发表。比尔奇也受到了施蒂费尔所指出的事实(几何数列中两项的乘除法可用指数的加减法来完成)的启发而发明对数的。他的算术工作也同纳皮尔的类似。

纳皮尔思想的各种推衍逐步有人引入。许许多多不同的对数表也用代数方法算了出来。其后有詹姆斯·格雷戈里(James Gregory)、布龙克尔勋爵、墨卡托(Nicholas Mercator)[(原名考夫曼(Kaufman,1620—1687)]、沃利斯和哈雷用无穷级数计算对数(参阅第 20 章第 2 节)。

虽然普通的做法是像布里格斯那样,取固定的底数,以它的乘幂来代表数,并定义幂指数为该数的对数,但在 17 世纪初期,人们并不把对数定义为幂指数,因那时还没有用分数指数和无理数指数。到 17 世纪末有些人认识到对数可以这样来定义,但直到 1742 年琼斯(William Jones,1675—1749)在给加德纳(William Gardiner)的《对数表》(*Table of Logarithms*)写的序言中才第一次用这种方法作了系统的叙述。欧拉早就把对数定义为指数,并于 1728 年在其一篇未发表的手稿《遗作》(*Opera Posthuma* Ⅱ,800—804)中引入了 e 作为自然对数的底。

算术上的第二项进展(它的进一步的实现在近代产生深远的影响)是加速算术运算的机械装置和机器的发明。冈特(Edmund Gunter,1581—1626)利用纳皮尔的对数研制出计算滑尺。奥特雷德(William Oughtred,1574—1660)制造出圆盘计算尺。

1642 年,帕斯卡发明了能自动从个位进到十位,从十位进到百位等的加法计算机。莱布尼茨在巴黎看到这机器后发明了能做乘法的计算机。他在 1677 年把他的想法告诉了伦敦的皇家学会,1710 年柏林科学院发表了这种想法的书面说明。17 世纪末期,莫兰(Samuel Morland,1625—1695)又独立地发明了一架能做加减法的机器和另一架能做乘法的机器。

我们不打算细述计算机发展的历史,因为至少在 1940 年以前,它们仅是些能作算术运算的简单机械装置,而且对数学进展并无影响。但我们要指出,在上述这种机器和现代电子计算机之间最重大的一步工作是由巴贝奇(Charles Babbage,1792—1871)做出的,他发明了一架原拟用于天文与航海计算方面的机器。他设计的"分析机"是打算先把一些指令输入机器后,让机器完成整个一系列的算术运算。这种运算是在蒸汽动力作用下自动进行的。他在英国政府支持下造出了演示模型。可惜这种机器的制造远远超出了他那个时代工程技术的能力。

3. 符号体系

代数上的进步是引用了较好的符号体系,这对它本身和分析的发展比16世纪技术上的进展远为重要。事实上,采取了这一步,才使代数有可能成为一门科学。在16世纪以前,自觉运用一套符号以使代数的思路和书写更加紧凑更加有效的人只有丢番图。记号上的所有其他变动基本上是标准文字的缩写,而且颇为随便。在文艺复兴时代,代数的普遍书写方式仍是文章式的,就是说用些特殊的字眼、缩写,当然还有数字符号。

16世纪中引进符号体系的压力无疑来自迅速发展的科学对数学家提出的要求,正如计算方法的改进反映了这种技术的日益增多的应用。不过改进是断续进行的。许多改变是偶然作出的,而且很清楚,16世纪的人们肯定没有体会到符号体系能对代数起多大作用,甚至在引进符号体系方面迈出了决定性的前进步伐以后,数学家也并不立即采纳。

从15世纪起,最早的缩写也许就是用p代表plus(加),用m代表minus(减)。但在文艺复兴时代,特别是在16,17世纪中,已引用了一些特殊的符号。+和-这两个符号是15世纪德国人引入的,用来表示箱子重量的超亏,后被数学家袭用。这些记号出现在1481年以后的手稿中。以符号×代表"乘"是奥特雷德首创的,但莱布尼茨合理地加以反对,因它易于同x相混。

=号是1557年剑桥的雷科德(Robert Recorde,1510—1558)引入的,他写了第一篇英文的代数论文《砺智石》(*The Whetstone of Witte*, 1557)。他说他所知道的最相像的两件东西是两根平行线,所以这两根线应该用来表示相等。韦达起初书写"aequalis",以后用~表示相等。笛卡儿用∝表示相等。>和<这两个符号是哈里奥特首创的。括号是1544年出现的。方括号和花括号是大约从1593年起由韦达引入的。平方根号$\sqrt{\ }$是笛卡儿采用的,但他把立方根号写为$\sqrt{c.\ \ }$。

我们不妨提出以下几点,作为当时一些书写方式的例子。卡丹用℞表示平方根,用p表示加,用m表示减,他把今日的

$$(5+\sqrt{-15})\cdot(5-\sqrt{-15})=25-(-15)=40$$

写成

5p:℞ m:15
5m:℞ m:15
25m:m:15qd. est40.

他又把

$\sqrt{7+\sqrt{14}}$ 写成℞.V.7.p:℞ 14.

这里V表示其后一切都在根号之下。

用符号表示未知量及未知量的乘幂这件事出现缓慢是颇为惊人的,因为这种记法既简单而且在实用上又非常有价值。(当然,丢番图已采用了这种符号。)16 世纪早期的作者如帕乔利把未知量称作 *radix*(拉丁文"根")或 *res*(拉丁文"东西")、*cosa*(意大利文"东西")和 *coss*(德文"东西"),因此,在当时代数是以"*cossic*"术(意即求根术。——译者)之名出现的。卡丹在他的《重要的艺术》中把未知量称作 *rem ignotam*(不知道的东西)。他把 $x^2 = 4x + 32$ 写作 qdratu aeqtur 4 rebus p:32①。他把常数项 32 称作 numero。名称与记法因人而大有差异,许多符号是从缩写变来的。例如,字母 R 曾作为未知量的符号之一,因它是 res 的缩写。二次幂记为 Z(来自 zensus),称作 quadratum 或 censo。C 取自 cubus,用来表示 x^3。

以后逐渐有人用指数来表示 x 的乘幂。我们可能记得,指数附在数字上的记法是奥雷姆在 14 世纪时就采用了的。1484 年许凯在《三部曲》里用 12^3, 10^5 和 120^8 表示 $12x^3$, $10x^5$ 和 $120x^8$。他又用 12^0 表示 $12x^0$,用 7^{1m} 表示 $7x^{-1}$。这样, 8^3, 7^{1m}equals(等于)56^2 就表示 $8x^3 \cdot 7x^{-1} = 56x^2$。

邦贝利在他的《代数》一书中使用了 tanto 这个字而没有使用 cosa。他把 x, x^2 和 x^3 写成$\smile\!\!\!\!\!\!{}^{1}$, $\smile\!\!\!\!\!\!{}^{2}$和 $\smile\!\!\!\!\!\!{}^{3}$。例如, $1+3x+6x^2+x^3$ 就成了 $1p.\,3^{\smile 1}\ p.\,6^{\smile 2}\ p.\,1^{\smile 3}$。1585 年,斯蒂文把这个式子写成 $1^{⓪} + 3^{①} + 6^{②} + 1^{③}$。斯蒂文还用分数指数 $\bigcirc\!\!\!\!\!\!\frac{1}{2}$表示平方根, $\bigcirc\!\!\!\!\!\!\frac{1}{3}$表示立方根等。梅齐利亚克(Claude Bachet de Méziriac ,1581—1638)则喜欢把 $x^3 + 13x^2 + 5x + 2$ 写成 $1C + 13Q + 5N + 2$。韦达也用同样的记法来写数字系数的方程。

笛卡儿曾颇为有系统地采用正整数指数。他把

$$1 + 3x + 6x^2 + x^3 \text{ 写成 } 1 + 3x + 6xx + x^3.$$

他和别的人偶尔也用 x^2 这种写法。对较高的乘幂,他用 x^4, x^5, …来记,但不用 x^n。牛顿使用了正指数、负指数、整数指数和分数指数,如 $x^{5/3}$ 和 x^{-3}。当高斯(Carl Friedrich Gauss)在 1801 年采用 x^2 代替 xx 后,x^2 就变成了标准写法。

代数性质上最重大的变革是由韦达在符号体系方面引入的。他受的专业训练是律师,曾以这一身份在布列塔尼(Brittany)议会里工作过,以后当那瓦尔(Navarre)的亨利(Henry)亲王的枢密顾问官。当他由于政治上处于反对派地位于 1584 年至 1589 年间在野时,就献身研究数学。总的说来,他把数学当作一种业余爱好,并自己出资印刷和发行他的著作。正如一个作家所说,这办法是使人不致默默无名的一种保证。

韦达在精神上和意图上是个人文主义者,他希望自己成为古代数学的保存者、

① Rem 和 rebus 是 res 一字的文法变形。

发掘者和继承者。他认为创新就是复古翻新。他把他所著的《分析术引论》(*In Artem Analyticam Isagoge*, 1591)①说成是“一部复古的数学分析著作”。他在这书中引述了帕普斯所著《数学汇编》的第七篇和丢番图的《算术》。他相信古人是用过一般的代数形式来计算的,而他在他的代数里重新引用,所以这只不过是复活了古人已知道和赞许的一种技巧罢了。

韦达在他政治生涯的间歇期间研读了卡丹、塔尔塔利亚、邦贝利、斯蒂文和丢番图的著作。他从这些名家特别是从丢番图那里,获得了使用字母的想法。以前虽然也有一些人,包括欧几里得和亚里士多德在内,曾用字母来代替特定的数,但他们这种用法不是经常的,是随着兴致所至偶尔用之的。韦达是第一个有意识地、系统地使用字母的人,他不仅用字母表示未知量和未知量的乘幂,而且用来表示一般的系数。通常他用辅音字母表示已知量,用元音字母表示未知量。他把他的符号性代数称作 logistica speciosa(类的筹算术)以别于 logistica numerosa(数的筹算术)。韦达充分体会到他在研讨一般二次方程 $ax^2+bx+c=0$ (用我们今天的记法)时,所处理的是整个一类的表达式。韦达在他的《引论》中提出 logistica numerosa 和 logistica speciosa 之间的区别时,就规定了算术和代数的分界。他说代数,即所谓 logistica speciosa,是施行于事物的类或形式的一种运算方法;而算术,即所谓 logistica numerosa,是同数打交道的。这样,代数就一下子成为研究一般类型的形式和方程的学问,因为对一般情形的研究包括了无穷多的特殊情形。但韦达只在正数的情形下才用文字系数。

韦达想把古代希腊著作中隐藏在几何形式下的代数恒等式建立起来,而这些关系在他心目中则认为是在丢番图的著作中可以明显看出来的。事实上如我们在第 6 章中所指出的,丢番图曾用他所未曾明确指出的前人的恒等式作过许多代数变换。韦达在他所著《分析五篇》(*Zeteticorum Libri Quinque*)②中打算把这些恒等式重新找出来。他把一个一般二次式配成平方并表达出像

$$a^3+3a^2b+3ab^2+b^3=(a+b)^3$$

这样的一般恒等式,不过他的写法是

$$a \text{ cubus} + b \text{ in } a \text{ quadr. } 3 + a \text{ in } b \text{ quad. } 3 + b \text{ cubo}$$
$$\text{aequalia } \overline{a+b} \text{ cubo.}$$

我们可能以为继韦达之后的数学家会立刻想到采用一般系数。但根据我们今日的推断,用字母表示各类数的办法被人认为是符号体系发展史上的一件小事。用文字系数的想法几乎是不知不觉地进入数学的。不过韦达关于符号体系的想法受到

---

① 英译名 Introduction to the Analytic Art, 1591 = *Opera* ,1 - 12。

② Five Books of Analysis, 1593 = *Opera* , 41 - 81.

后人的赞赏,并被哈里奥特、吉拉德和奥特雷德弄得更加灵活。

对韦达的使用字母作了改进的是笛卡儿。他用字母表中前面的字母表示已知量,用末后的一些字母表示未知量,成为现今的习惯用法。不过笛卡儿也像韦达那样只在正数的情形下用字母表示,虽然他毫不迟疑地进行了文字系数项的相减。一直到赫德(John Hudde,1633—1704)在 1657 年用字母来表示正数和负数之后,大家才都这样做。牛顿是放手这样做的。

莱布尼茨的名字在符号史上是必须提到的,虽然他在代数上采取这重大步骤的时间较晚。他对各种记法进行了长期的研究,试用过一些符号,征求过同时代人的意见,然后选取他认为最好的符号。以后在概述微积分发展史时,我们将碰到他所创立的一些符号。他肯定认识到好的符号有可能大大节省思维劳动。

所以到 17 世纪末,数学里已特意(而不是偶然或碰巧地)使用符号并认识到它所能赋予的功效和一般性。只可惜那些并不认识符号重要性的人漫不经心而随意引入的符号太多了,而至今却都已通用。数学史家卡乔里(Florian Cajori)在指出这一事实时曾慨叹说:“我们今日所用的符号,是许多早已摒弃的符号系统中个别残留记号的杂烩。”

4. 三次与四次方程的解法

用配方法解二次方程是从巴比伦时代就已经知道的,从那时起直到 1500 年,这方面的唯一进展是印度人作出的,他们把 $x^2+3x+2=0$ 与 $x^2-3x-2=0$ 那样的二次方程作为同一类型来处理,而他们的前人乃至文艺复兴时期的绝大多数后继者却宁愿把后一个方程作为 $x^2=3x+2$ 的形式来处理。如前所指出的,卡丹确曾解出一个有复数根的二次方程,但他认为这些解是无用的而未加考虑。至于三次方程,则除了个别情形之外数学家还对之束手无策,直到 1494 年那么晚近的年月,帕乔利还宣称一般的三次方程是不可能解的。

1500 年左右,波洛尼亚的数学教授费罗(Scipione dal Ferro,1465—1526)解出了 $x^3+mx=n$ 类型的三次方程。但他没有发表他的解法,因在 16,17 世纪时,人们常把所得的发现保密,而向对手们提出挑战,要他们解出同样的问题。但在 1510 年左右,他确曾把他的方法秘传给菲奥尔(Antonio Maria Fior,16 世纪前半叶)和他的女婿兼继承人纳韦(Annibale della Nave,1500? —1558)。

直到布雷西亚(Brescia)的丰塔纳(Niccolò Fontana,1499—1557)出场之前,情况没有什么变化。这人在孩提时被一个法国兵用马刀砍伤脸部而引起口吃,因此大家称他为塔尔塔利亚,意即“口吃者”。他出身贫寒,自己学会拉丁文、希腊文和数学。他靠着在意大利各城市讲授科学谋生。1535 年,菲奥尔向塔尔塔利亚挑战,要他解 30 个三次方程。塔尔塔利亚说他早已解出了 $x^3+mx^2=n$ (m 与 n 是正数)类型的三次方程,这次解出了所有 30 个方程,其中包括 $x^3+mx=n$ 类型的方程。

在卡丹的恳切要求之下,并发誓对此保守秘密,塔尔塔利亚才把他的方法写成一首语句晦涩的诗告诉给卡丹。这是 1539 年的事。1542 年卡丹和他的学生费拉里(1522—1565)在纳韦访问他们的时候,肯定认为费罗的方法同塔尔塔利亚的方法是相同的。卡丹不顾他的誓言,把他对这个方法的叙述发表在他的《重要的艺术》里。他在第十一章里说:"波洛尼亚的费罗差不多在 30 年以前就发现了这个法则,并把它传给威尼斯的菲奥尔,菲奥尔在他与布雷西亚的塔尔塔利亚竞赛的时候使塔尔塔利亚有机会发现这一法则。塔尔塔利亚在我的恳求下把这方法告诉了我,但保留了证明。我在获得这种帮助的情况下找出了它的各种形式的证明。这是很难做的。我把它叙述如下。"

塔尔塔利亚抗议卡丹背信弃义,并在《各种问题与发明》(*Quesiti ed invenzioni diverse*, 1546)中发表了他自己的方法。但是无论在这本书中还是在他的《数量概论》(1556,这是阐释那个时代的算术知识和几何知识的一本好书)中,他都没有给出关于三次方程本身的更多材料。关于谁先解出三次方程的争议使塔尔塔利亚与费拉里发生公开冲突,最后以双方肆意谩骂而告终,但卡丹并未参与其中。塔尔塔利亚自己也不是无可非议的,他出版了阿基米德的一些著作的译本,实则是抄自穆尔贝克的威廉(William of Moerbecke,卒于 1281 年左右)的,并且他自称发现了物体沿斜面运动的规律,但实际上这是约尔丹努斯·奈莫拉里乌斯创立的。

在卡丹所发表的方法中,他先以 $x^3+6x=20$ 为例。但为说明这个方法的一般性,我们来考察

$$x^3+mx=n, \tag{4}$$

其中 m 与 n 是正数。卡丹引入 t 与 u 两个量,并令

$$t-u=n, \tag{5}$$

以及

$$(tu)=\left(\frac{m}{3}\right)^3. \tag{6}$$

然后他断言

$$x=\sqrt[3]{t}-\sqrt[3]{u}. \tag{7}$$

他利用(5)及(6)进行消元并解所得的二次方程,得出

$$t=\sqrt{\left(\frac{n}{2}\right)^2+\left(\frac{m}{3}\right)^3}+\frac{n}{2},\quad u=\sqrt{\left(\frac{n}{2}\right)^2+\left(\frac{m}{3}\right)^3}-\frac{n}{2}. \tag{8}$$

这里我们也像卡丹那样取正根。求出了 t 和 u 后,卡丹取两者的正立方根,并用(7)给出 x 的一个值。据认为这就是塔尔塔利亚所得出的同一个根。

以上是卡丹发表的方法。不过他得证明(7)给出的是 x 的一个正确的值,他的证明是用几何方法的。卡丹把 t 和 u 看成立方体的体积,其边长各为 $\sqrt[3]{t}$ 和 $\sqrt[3]{u}$,而乘积 $\sqrt[3]{t}\sqrt[3]{u}$ 是两边所形成的矩形,其面积为 $m/3$。又,我们所说的 $t-u=n$ 对卡丹说是两个体积之差等于 n。于是他说解 x 就等于两立方体边长之差,即 $x=\sqrt[3]{t}-\sqrt[3]{u}$。为证明这 x 值是对的,他叙述并证明一个几何引理,这就是:若从一根线段 AC(图 13.2)上截去一段 BC,则 AB 上的立方体等于 AC 上的立方体减去 BC 上的立方体再减去以 AC, AB 及 BC 为边的正平行六面体。这个几何引理的内容当然只不过是说

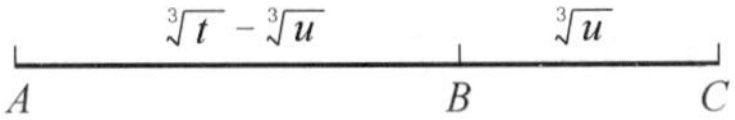

$\sqrt[3]{t}-\sqrt[3]{u}$　　$\sqrt[3]{u}$

A　　B　　C

图 13.2

$$(\sqrt[3]{t}-\sqrt[3]{u})^3=t-u-3(\sqrt[3]{t}-\sqrt[3]{u})\sqrt[3]{t}\sqrt[3]{u}. \tag{9}$$

有了这个引理(应用二项式定理,我们知道这引理必然成立,但卡丹是引用欧几里得书中的定理来证明的),卡丹就只要证明:若设 $x=\sqrt[3]{t}-\sqrt[3]{u}$, $t-u=n$ 以及 $\sqrt[3]{t}\sqrt[3]{u}=m/3$,则从引理便得 $x^3=n-mx$。于是,如果他选取了 t 和 u 使之能满足条件(5)与(6),则(7)所给出的以 t 与 u 表达的 x 值就能满足三次方程。然后他纯粹用语言叙述这方法的算术规则,告诉我们怎样按照(8)用 m 及 n 表示 t 及 u 并作出 $\sqrt[3]{t}-\sqrt[3]{u}$。

卡丹(还有塔尔塔利亚)又解出了下列三种特殊类型的方程:

$$x^3=mx+n,\ x^3+mx+n=0,\ x^3+n=mx.$$

他需要把这三种情形都分别处理,并且把三者同方程(4)分别处理,原因是:第一,那时候欧洲人写的方程中只含正数的项;第二,他得对每种情形所用的法则分别给出几何上的说明。

卡丹还给出怎样解 $x^3+6x^2=100$ 这类方程的方法。他知道怎样消去 x^2 项,即由于该项的系数是 6,他以 $y-2$ 代 x,得出 $y^3=12y+84$。他还指出像 $x^6+6x^4=100$ 这样的方程在设 $x^2=y$ 后可作为三次方程来处理。他在书中自始至终都给出正根和负根,尽管他把负数称作虚拟的数。但对复数根他是略而不提的。事实上,他在第 37 章中把那些既解不出真根(正数根)又不能解出假根(负数根)的问题称作错题。书中讲得很详细——对现代读者来说甚至腻人——因为卡丹把许多情形(不仅是对于三次方程,而且对于那些为求 t 及 u 而必须解出的辅助二次方程)都一一分别处理。在每种情形下,他把方程都写成各项有正系数的形式。

卡丹解三次方程的方法中有一个疑难点,他对此虽然指出了但并未解决。当三次方程的三个根都是实根而且各不相同时,可以证明 t 和 u 将是复数,因为(8)

中的被开方数是负数,然而我们却需要用 $\sqrt[3]{t}$ 和 $\sqrt[3]{u}$ 来求得 x。这就意味着实数可以用复数的立方根来表示。但这三个实根却不能用代数方法(也就是用根式)得出。这种情形塔尔塔利亚称之为不可约的。我们也许以为,实数既能用复数组合来表示,这件事可能会使卡丹认真看待复数,但事实并非如此。

韦达在他著于 1591 年并出版于 1615 年的《论方程的整理与修正》(*De Aequationum Recognitione et Emendatione*)中①,已能用一个三角恒等式解出了不可约三次方程,从而避免使用卡丹的公式。这个方法如今还在用。他从下列恒等式开始:

(10) $$\cos 3A \equiv 4\cos^3 A - 3\cos A.$$

令 $z = \cos A$,这恒等式就变为

(11) $$z^3 - \frac{3}{4}z - \frac{1}{4}\cos 3A \equiv 0.$$

设所给三次方程是(韦达处理的是 $x^3 - 3a^2x = a^2b$, 其中 $a > b/2$)

(12) $$y^3 + py + q = 0.$$

代入 $y = nz$, 其中 n 可按需要指定,便可使(12)的系数化成同(11)的系数一样。将 $y = nz$ 代入(12),得

(13) $$z^3 + \frac{p}{n^2}z + \frac{q}{n^3} = 0.$$

现在我们需要取 n 使 $p/n^2 = -3/4$, 故

(14) $$n = \sqrt{-4p/3}.$$

选取了这个 n 值后,再取 A 值使

(15) $$\frac{q}{n^3} = -\frac{1}{4}\cos 3A,$$

也就是使

(16) $$\cos 3A = -\frac{4q}{n^3} = \frac{-q/2}{\sqrt{-p^3/27}}.$$

我们可证明:若三根是实数,则 p 是负数,因而 n 是实数。又因 $|\cos 3A| < 1$, 故可从三角函数表查出 $3A$。

不管 A 取何值,$\cos A$ 总满足(11),因(11)是个恒等式。现已选取 A 使(13)成为(11)的特例。对于这个 A 值,$\cos A$ 满足(13)。但 A 值是由(16)确定的,而这 A 又确定了 $3A$。但若 A 是满足(16)的任一值,则 $A + 120°$ 及 $A + 240°$ 也满足(16)。因 $z = \cos A$,故有三个值满足(13):

$$\cos A,\ \cos(A + 120°)\ 及\ \cos(A + 240°).$$

满足(12)的那三个值是 z 值的 n 倍,而 n 是由(14)给出的。韦达得出的只是一个根。

---

① 英译名:On the Review and Correction of Equations, *Opera*, 82 - 162。

三次方程当然有三个根。对卡丹的三次方程解法的第一个完整的讨论是 1732 年由欧拉作出的,他强调指出三次方程总有三个根,并指出怎样去求①。若 ω 和 ω^2 是 $x^3-1=0$ 的复数根,也就是说,是 $x^2+x+1=0$ 的根,则(8)中 t 和 u 的三个立方根是

$$\sqrt[3]{t},\ \omega\sqrt[3]{t},\ \omega^2\sqrt[3]{t} \text{和} \sqrt[3]{u},\ \omega\sqrt[3]{u},\ \omega^2\sqrt[3]{u}.$$

现在必须从第一组里选取一根,从第二组里选取一根,使两者的乘积是实数 $m/3$。[参看卡丹解法中的方程(6)。]因 ω 与 ω^2 是 1 的立方根,$\omega\cdot\omega^2=\omega^3=1$;故据(7)可知合适选取的 x 应为

$$\begin{cases} x_1=\sqrt[3]{t}-\sqrt[3]{u},\ x_2=\omega\sqrt[3]{t}-\omega^2\sqrt[3]{u}, \\ x_3=\omega^2\sqrt[3]{t}-\omega\sqrt[3]{u}. \end{cases} \tag{17}$$

三次方程成功地解出之后接着几乎立即成功地解出了四次方程。解法是费拉里给出的并发表在卡丹的《重要的艺术》中,这里我们用现代的记号把它写出来并用文字系数以示其普遍性。设方程是

$$x^4+bx^3+cx^2+dx+e=0. \tag{18}$$

移项后得

$$x^4+bx^3=-cx^2-dx-e. \tag{19}$$

在左边加上 $\left(\frac{1}{2}bx\right)^2$ 配成平方。得

$$\left(x^2+\frac{1}{2}bx\right)^2=\left(\frac{1}{4}b^2-c\right)x^2-dx-e. \tag{20}$$

两边再加上 $\left(x^2+\frac{1}{2}bx\right)y+\frac{1}{4}y^2$,得

$$\begin{aligned}\left(x^2+\frac{1}{2}bx\right)^2+\left(x^2+\frac{1}{2}bx\right)y+\frac{1}{4}y^2 \\ =\left(\frac{1}{4}b^2-c+y\right)x^2+\left(\frac{1}{2}by-d\right)x+\frac{1}{4}y^2-e.\end{aligned} \tag{21}$$

若使右边这个 x 的二次式的判别式等于零,就能使这一边成为 x 的一次式的完全平方。于是设

$$\left(\frac{1}{2}by-d\right)^2-4\left(\frac{1}{4}b^2-c+y\right)\left(\frac{1}{4}y^2-e\right)=0. \tag{22}$$

这是 y 的一个三次方程。选取这三次方程的任一个根代入(21)中的 y。根据左边也是个完全平方这一事实,取平方根,得到 x 的一个二次式,它等于 x 的两个互为正负的线性函数之一。解出这两个二次方程便得到 x 的 4 个根。若从(22)选取另一个根就会从(21)引出一个不同的方程但得到同样的四个根。

---

① *Comm. Acad. Sci. Petrop.*, 6,1732/1733,217 - 231,pub. 1738 = *Opera*, (1),6,1 - 19.

卡丹在《重要的艺术》的第 39 章里讲述费拉里的方法时解出了许多数字系数的特例。例如,他解出了下列类型的方程:

$$x^4 = bx^2 + ax + n,\qquad x^4 = bx^2 + cx^3 + n,$$

$$x^4 = cx^3 + n,\qquad x^4 = ax + n.$$

同讲述三次方程的情形一样,他给出了主要代数步骤的几何证明,然后用语言叙述求解的法则。

卡丹、塔尔塔利亚、费拉里通过解出三次和四次方程的许多例子,表明他们曾寻求并获得能用之于一切情况的求解三次和四次方程的方法。注重一般性是一种新的特色。他们的工作做在韦达引用文字系数之前,所以不能利用这个工具。韦达在创用文字系数之后使证明有可能获得普遍意义,又进而追求另一类普遍性。他发现解二次、三次和四次方程的方法很不相同,就想找一种能适用于各次方程的方法。他的头一个想法是用置换法消去比最高次项次数小一次的项。塔尔塔利亚对三次方程这样做了,但并未对所有方程都这样试做过。

韦达在他的《分析术引论》中做了如下的步骤:为解二次方程

$$x^2 + 2bx = c,$$

他让

$$x + b = y.$$

于是

$$y^2 = x^2 + 2bx + b^2.$$

利用原方程,得

$$y = \sqrt{c + b^2}.$$

于是

$$x = y - b = \sqrt{c + b^2} - b.$$

对于三次方程

$$x^3 + bx^2 + cx + d = 0,$$

韦达先设 $x = y - b/3$ 。置换结果得约简三次方程

$$y^3 + py + q = 0. \tag{23}$$

其次他再作一次变换,那就是如今在学校里所教的,就是令

$$y = z - \frac{p}{3z}, \tag{24}$$

得

$$z^3 - \frac{p^3}{27z^3} + q = 0.$$

然后他解出这 z^3 的二次方程,得

$$z^3 = -\frac{q}{2} \pm \sqrt{R},\text{其中 } R = \left(\frac{p}{3}\right)^3 + \left(\frac{q}{2}\right)^2.$$

这里也同卡丹的方法一样,有两个 z^3 的值。韦达虽然只用了 z^3 的正立方根,但我们可以用所有六个(复数)根。应用(24)的结果可以证明从六个 z 值只能得出三个不同的 y 值。

为解一般四次方程

$$x^4 + bx^3 + cx^2 + dx + e = 0,$$

韦达设 $x = y - b/4$,于是把方程化为

$$x^4 + px^2 + qx + r = 0.$$

然后他把末后三项移到右边并在两边加上 $2x^2y^2 + y^4$。这就使左边配成完全平方,然后也像费拉里的方法那样,适当选取 y,使右边成为形如 $(Ax+B)^2$ 的完全平方。为选取合适的 y,他利用二次方程的判别式条件,得出 y 的一个六次方程而且凑巧还是 y^2 的三次方程。这一步以及其余各步就完全和费拉里的方法一样了。

韦达所探求的另一个一般性方法是把多项式分解成一次因子,如同我们把 x^2+5x+6 分解成 $(x+2)(x+3)$ 那样。这事他没有做成功,部分原因是他只取正根而舍弃其他一切根,部分原因是他没有足够的理论(如分解因子定理)作为依据来研究出一般方法。哈里奥特也有同样想法但也由于同样原因而归于失败。

寻求一般代数方法的工作接着就转向解四次以上的方程。詹姆斯·格雷戈里在提出他自己的解三次及四次方程的方法后,便试图用这些方法来解五次方程。他和奇恩豪森(Ehrenfried Walter von Tschirnhausen,1651—1708)想通过变换把高次方程化为只含 x 的一个乘幂和一个常数那么两项的方程。解四次以上的方程的这些尝试都失败了。詹姆斯·格雷戈里在其后关于积分法的著作中猜测,对 $n>4$ 的一般 n 次方程是不能用代数方法求解的。

5. 方　程　论

研究解方程的方法,得出了如今初等方程论里所学的一些有关定理和事实。当时人们考虑了一个方程能有多少个根的问题。卡丹引入了复数根,他似曾一度认为一个方程可以有任意个数的根。但他不久认识到一个三次方程能有 3 个根,一个四次方程有 4 个根等。吉拉德在他的《代数中的新发明》中推测并断言一个 n 次多项式方程,如果把不可能的根(即复数根)算在内并把一个几重根算作几个根,那它就有 n 个根。但吉拉德没有给出证明。笛卡儿在《几何》的第三篇中说,一个多少次的方程就能有多少个不同的根。他说“能有”是因他认为负根是假根。其后为了便于计算根的个数,他把虚根和负根包括在内,从而得出结论说根的个数同方程的次数一样多。

次一个重要的问题是怎样预知正根、负根和复根的个数。卡丹指出一个(实系

数)方程的复根是成对出现的。牛顿在他的《普遍的算术》里证明了这一点。笛卡儿在《几何》里未加证明地陈述了正负号法则(通称笛卡儿法则),即多项式方程 $f(x)=0$ 的正根的最多个数等于系数变号的次数,而负根的最多个数等于两个+号与两个-号连续出现的次数。在今日的教科书里,后一个法则的说法是:负根的最多个数等于 $f(-x)=0$ 里的系数变号次数。这法则被好几个18世纪的数学家所证明。现今通常教给学生的证法是马尔韦斯(Abbé Jean-Paul de Gua de Malves,1712—1785)作出的,他还证明,若方程中缺少 $2m$ 个先后相继的项,则按所缺项的前后那两项为同号或异号,可知该方程有 $2m+2$ 个或 $2m$ 个复数根。

牛顿在他的《普遍的算术》中叙述(但未证明)了确定正和负的实根的最多个数的另一个方法,从而能推出复数根至少能有多少个。这方法用起来较繁复,但比笛卡儿的正负号法则能给出更好的结果。最后詹姆斯·西尔维斯特(James Joseph Sylvester)证明这不过是一个更普遍定理的特例①。高斯在略早一些的时候证明,若正根个数少于变号次数,则所少的个数必为偶数。

另一类结果是关于方程的根和系数之间的关系。卡丹发现诸根之和等于 x^{n-1} 的系数取负值,每两个根的乘积之和等于 x^{n-2} 的系数等。卡丹和韦达(在《论方程的整理与修正》中)都利用低次方程的根与系数间的头一个关系,按照前述方式来消去多项式方程中的 x^{n-1} 项。牛顿在他的《普遍的算术》中叙述了根与系数间的关系;詹姆斯·格雷戈里在给皇家学会秘书柯林斯(John Collins,1625—1683)的一封信中也说了这事。但这些人里面谁也没有给出证明。

韦达和笛卡儿从已给方程做出新的方程,使新方程的根大于或小于已给方程的根。做法只不过是把 x 换成 $y+m$ 就行。他们两人又都用变换 $y=mx$ 把已给方程化成一个新方程,使新方程的根是原方程根的 m 倍。对笛卡儿来说,前一种变换的意义先前已讲过,就是可以把假(负)根变成真(正)根,或者反过来。

笛卡儿又证明:若一有理系数的三次方程有一个有理根,则此多项式可表为有理系数因子的乘积。

另一个重要结果就是现今所谓因子定理。笛卡儿在《几何》的第三篇中提出:$f(x)$能为 $(x-a)$ 整除($a>0$),当且仅当 a 是 $f(x)=0$ 的一个根;而且当 a 是一个假根时,$f(x)$能为 $(x+a)$ 整除。利用这一事实以及他所提出的其他事实,笛卡儿建立了求多项式方程有理根的现代方法。他在把最高项系数化成1之后,把所给方程的诸根乘以合适的因子,使所有系数都变成整数。这就是利用他给出的方法,把方程中的 x 换成 y/m。这时原方程的各有理根必定是新方程常数项的整数因子。如果通过试算得出 a 是一个根,则根据因子定理,$y-a$ 必是 y 的新多项式

① *Proc. London Math. Soc.*, 1,1865, 1-16 = *Math. Papers*, 2,498-513.

的一个因子。笛卡儿指出,若消去这个因子,就可减小方程的次数,然后再处理这化简后的方程。

牛顿在《普遍的算术》中以及别的一些较早的人给出了关于方程根的上界的一些定理。其中有个定理牵涉到微积分,我们将在第 17 章(第 7 节)中叙述。牛顿发现了一个方程的根与其判别式之间的关系,例如, $ax^2+bx+c=0$,依 b^2-4ac 等于 0,大于 0 或小于 0,而具有相等的根,实根或虚根。

笛卡儿在《几何》中引入了待定系数的原理。这原理可举例说明如下:为把 x^2-1 分解成两个线性因子,先设

$$x^2-1=(x+b)(x+d).$$

把右边乘出来,再使两边 x 同幂项的系数相等,得

$$b+d=0,$$
$$bd=-1.$$

这就可以解出 b 和 d 。笛卡儿强调指出这一方法的用处很大。

另外一个方法,数学归纳法,也在 16 世纪晚期明确出现在代数里。当然,甚至在欧几里得证明质数个数无穷时就已隐含有这个方法。他在证这定理时,指出若有 n 个质数,就必有 $n+1$ 个质数;而由于既有第一个质数,故质数的个数必为无穷。莫鲁里克斯在 1575 年所著《算术》(*Arithmetica*)中明确提出这一方法并用它来证明(比方说) $1+3+5+\cdots+(2n-1)=n^2$ 。帕斯卡在一封信中承认莫鲁里克斯引入了这个方法并在他的《三角阵算术》(*Traité du triangle arithmétique*, 1665)中使用了这个方法,他在该书中还给出了现今所谓的帕斯卡三角阵(第 6 节)。

6. 二项式定理及相关的问题

指数为正整数时的二项式定理,即 $(a+b)^n$ 在 n 为正整数时的展开式,那是 13 世纪时的阿拉伯人就已经知道了的。在 1544 年左右,施蒂费尔引入了"二项式系数"这个名称,并指出怎样从 $(1+a)^{n-1}$ 来计算 $(1+a)^n$ 。按下列方式排列的数阵:

$$\begin{array}{c} 1 \\ 1\quad 1 \\ 1\quad 2\quad 1 \\ 1\quad 3\quad 3\quad 1 \\ 1\quad 4\quad 6\quad 4\quad 1 \\ 1\quad 5\quad 10\quad 10\quad 5\quad 1 \\ \cdots\cdots\cdots\cdots\cdots\cdots \end{array}$$

(其中每个数是其上方紧邻两数之和)是塔尔塔利亚、施蒂费尔和斯蒂文都已知道的,

并被帕斯卡(1654)用来得出二项展开式的系数。例如,第四行中的数就是 $(a+b)^3$ 的展开式中的系数。尽管许多前人早就知道这个数阵,但一般仍称它为帕斯卡三角阵。

牛顿在 1665 年指出可以不必利用 $(1+a)^{n-1}$ 而直接展出 $(1+a)^n$ 。后来他深信这展开式对 n 为分数与负数的情形都适用(在这种情况下它是无穷级数),并陈述了这个推广,但未加证明。他验算了 $(1+x)^{1/2}$ 的级数自乘得出 $1+x$,但他和詹姆斯·格雷戈里(他独立发现这个定理)都不觉得需要一个证明。牛顿在 1676 年 6 月 6 日和 10 月 4 日写给皇家学会秘书奥尔登伯格(Henry Oldenburg,约 1615—1677)的两封信中,把他早在 1669 年前就知道的那个更为一般的结果,即 $(P+PQ)^{m/n}$ 的展开式,告诉了奥尔登伯格。他觉得这是求根的一个有用的方法,因为若 Q 小于 1(P 先提出到括号外),则后面各项都是 Q 的乘幂,数值就愈来愈小。

n 个东西每次取 r 个的排列数和组合数的公式,起初是和二项式定理方面的工作无关的,它们早就出现在一些数学家如婆什迦罗和法国人莱维·本·热尔松(Levi ben Gerson,1321)的著作中。帕斯卡指出组合公式——常记为 ${}_nC_r$ 或 $\binom{n}{r}$——也能给出二项式系数。这就是,固定 n,使 r 取 0 到 n 的值,这公式就给出二项展开式中相继各系数。詹姆斯·伯努利(James Bernoulli)在他的《推想的艺术》(*Ars Conjectandi*, 1713)中推广了组合理论,然后用组合公式证明了 n 为正整数时的二项式定理。

排列和组合方面的工作还同另一门学科概率论有关。概率论在 19 世纪晚期变得很重要,但在 16,17 世纪中只值得略加一提。关于两个骰子掷出一特定数的概率问题,早在中世纪就已有人提出。另一个问题是关于怎样分配一笔赌注的问题。设有甲乙两人相赌,谁先得 n 分就能获得赌注,但在甲得 p 分乙得 q 分之时赌局中止。怎样分配这笔赌注呢? 这个问题曾出现在帕乔利的《要义》以及卡丹、塔尔塔利亚和其他人的一些书中。当梅雷(Antoine Gombaud, Chevalier de Méré, 1610—1685)向帕斯卡提出这一问题,并由帕斯卡和费马通信讨论之后,这个问题才显得有点重要。这问题和各人提出的解法本身并不重要,但他们在这方面的工作标志了概率论的开始。他们都应用了组合理论。

概率论方面的第一本重要著作是詹姆斯·伯努利的《推想的艺术》。现时仍称为詹姆斯·伯努利定理的那个当时最重要的新结果是:若 p 是出现单独一次事件的概率,q 是该事件不出现的概率,则在 n 次试验中该事件至少出现 m 次的概率,等于 $(p+q)^n$ 的展开式中从 p^n 项到包括 $p^m q^{n-m}$ 为止的各项之和。

7. 数 论

实际事务的需要促使人们在计算上、在符号体系上和在方程的理论上取得进展,而对纯数学问题的兴趣则重新引起在数论方面的研究。这门学科当然是古希腊人开头研究的,丢番图又增添了不定方程的问题。印度人和阿拉伯人至少没有使这门学科湮没无闻。虽然前述文艺复兴时代几乎所有的代数学家都在数论方面作出一些猜测和指出一些事实,但第一个对数论作出广泛可观的贡献并给这门学科以巨大推动力的欧洲人是费马 (1601—1665)。

费马出身于商人家庭,在法国图卢兹(Toulouse)学法律并以当律师谋生。他一度是图卢兹议会的顾问。虽然数学只不过是费马的业余爱好,而且他只能利用闲暇来研究,但他对数论和微积分作出了第一流的贡献,他是坐标几何的两个发明者之一,并且(如前所述)同帕斯卡一起开创了概率论的研究工作。同他那个世纪的所有数学家一样,他研究了许多科学问题,对光学作出了不朽的贡献:费马极小(时间)原理(第 24 章第 3 节)。他的大多数工作是通过他写给朋友的信件闻名于后世的。他只发表了很少几篇论文,但有些书和论文是在他死后刊印发表的。

费马认为数论被人忽视了。他有一次抱怨说几乎没有什么人提出或懂得算术问题,并提出:“这是不是由于迄今为止,人们都用几何观点而不是用算术观点来处理算术的缘故?”他说甚至连丢番图也颇受几何观点的束缚。他相信算术有它自己的特殊园地:整数论。

费马在数论上的工作决定了在高斯作出贡献之前这门学科的研究方向。费马的出发点是丢番图。后者的《算术》曾被文艺复兴时代的数学家翻成许多译本。1621 年梅齐利亚克出版了希腊文版和拉丁文译本。费马手头有的就是这个版本,他的大部分结果都是由他记录在书页空白处的(不过有很少几个结果是通过给朋友的信传出去的)。1670 年费马的儿子出版了附有他页边笔记的这本书。

费马提出了数论方面的许多定理,但只对一个定理作出了证明,而且这证明也只是略述大意。18 世纪的最出色的数学家曾努力想证明他所提出的结果(第 25 章第 4 节)。这些结果被证明都是正确的,只有一个是错的(以后即将指出),其中还有一个迄今尚未证明的著名“定理”,所有迹象都说明它可能是成立的。[此即费马大定理,1994 年被英国数学家怀尔斯(Andrew Wiles,1953—　)证明,后面还会提及。——译者注]他无疑具有伟大的直观天才,但若要说他已证明了他所指出的所有结论则未必可信。

1879 年在惠更斯的故纸堆中发现一个文件,其中叙述了一个著名的方法——无限下推法(the method of infinite descent),这是费马首创和应用的一个方法。为说明这个方法,我们来考察费马在 1640 年 12 月 25 日给梅森(Marin Mersenne,1588—1648)的信中所提出的一个定理:形如 $4n+1$ 的一个质数可能而且只能以一种方式表达为两个平方数之和。例如 $17=16+1$, $29=25+4$。应用这一方法时,我们要证,若有形如 $4n+1$ 的一个质数并不具有所需性质,那就将有形如 $4n+1$ 的一个较小质数也不具有那个性质。于是,由于 n 是任意的,所以还必须有一个更小的。这样通过 n 的正整数值往下推就必定能推到 $n=1$,从而推到质数 $4\cdot1+1=5$ 。于是 5 就不能具有所需性质。而由于 5 能以唯一方式表达为两个平方数之和,因而每个形如 $4n+1$ 的质数都能这样表达。费马在 1659 年把他这个方法的梗概写信告诉他的朋友卡卡维(Pierre de Carcavi,卒于 1684 年)。费马说他用这方法证明了上述定理,但后人从未找到他的证明。他又说他用这个方法还证明了其他一些定理。

无穷下推法和数学归纳法不同。第一是这方法并不要求我们验证出哪怕是一个例子来说明所说定理成立,因为我们可以根据 $n=1$ 时的情况只会导出与某一其他已知结果相矛盾的这一事实来作出论断。还有,在对一个 n 值作了适当的假定后,这方法证明,还有一个较小的但未必就是次小的 n 值,也能使所作假定成立。最后一点是,这方法否定了某些论断,所以事实上它在这方面是更为有用的。

费马又断言没有一个形如 $4n+3$ 的质数能表达为两个平方数之和。费马在他的丢番图书页上的侧记中以及在写给梅森的一封信中,推广了著名的直角三角形的 3, 4, 5 关系,指出了如下一些定理:形如 $4n+1$ 的一个质数能够而且只能作为一个直角边为整数的直角三角形的斜边; $(4n+1)$ 的平方是两个而且只有两个这种直角三角形的斜边;它的立方是三个而且只有三个这种直角三角形的斜边;它的四次方是四个而且只有四个这种直角三角形的斜边如此等,乃至无穷。例如,我们来看 $n=1$ 的情形。这时 $4n+1=5$,而 3, 4, 5 是一个而且只有一个以 5 为斜边的直角三角形的边。然而以 5^2 为斜边的则有两个而且只有两个,它们的边长分别是 15, 20, 25 及 7, 24, 25。又以 5^3 为斜边的直角三角形有且仅有三个,它们的边长分别是:75, 100, 125; 35, 120, 125;44, 117, 125。

费马在给梅森的信中说,这 $4n+1$ 型的质数和它的平方都只能以一种方式表达为两个平方数之和;它的三次方和四次方都能以两种方式;它的五次方和六次方都能以三种方式如此等,乃至无穷。例如,当 $n=1$ 时有 $5=4+1$ 及 $5^2=9+16$; $5^3=4+121=25+100$ 等。信中接着说:若等于两平方数之和的一个质数乘以另一个也是这样的质数,则其乘积将能以两种方式表达为两个平方数之和。若第一个质数乘以第二个质数的平方,则乘积将能以三种方式表达为两个平方数之和;若乘以第二个质数的立方,则乘积将能以四种方式表达为两个平方数之和如此等,乃至无穷。

费马指出了关于将质数表达为 x^2+2y^2, x^2+3y^2, x^2+5y^2, x^2-2y^2 以及其他这类形式的许多定理,它们都是关于质数表达为平方和定理的推广。例如 $6n+1$ 型的每个质数可表为 x^2+3y^2; $8n+1$ 及 $8n+3$ 型的每个质数可表为 x^2+2y^2。一个奇质数(除 2 以外的每个质数)能且只能以一种方式表为两个平方数之差。

费马所提出的有两个定理被后人称为小定理和大定理,后者又被人称为最后定理。小定理是费马在 1640 年 10 月 18 日给他朋友弗雷尼克 · 德 · 贝西(Bernard Frénicle de Bessy,1605—1675)的一封信中传出去的,这定理说,若 p 是个质数而 a 与 p 互质,则 $a^p - a$ 能为 p 整除。

费马大"定理"是他相信自己已经证明了的。这定理说,对 $n > 2$, $x^n + y^n = z^n$ 不可能有正整数解。这定理写在丢番图书上丢番图问题(把已给平方数分解为两个平方数之和)的旁边。费马还写道:"然而此外,一个立方数不能分解为两个立方数,一个四次方数不能分解为两个四次方数,而一般说除平方以外的任何次乘幂都不能分解为两个同次幂。我发现了这定理的一个真正奇妙的证明,但书上空白的地方太少,写不下。"可惜的是,费马的证明(要是他真正有的话)从未被人找到过,而后代上百名最优秀的数学家都未能给予证明。费马在致卡卡维的一封信中说他已用无穷下推法证明了 $n = 4$ 的情形,但并未给出全部证明细节。弗雷尼克 · 德 · 贝西利用费马的少量提示,确实在 1676 年给出了对这一情形的证明,发表在他死后出版的《论直角三角形的数字性质》(*Traité des triangles rectangles en nombres*)一书中①。

这里,我们跨越时代提一下后日的事:欧拉证明了 $n = 3$ 的情形(第 25 章第 4 节)。因定理对 $n = 3$ 成立,故它对 3 的任何倍数也都成立;因若它在 $n = 6$ 时不成立,则将会有这样的整数 x, y, z 使

$$x^6 + y^6 = z^6.$$

但那样就有

$$(x^2)^3 + (y^2)^3 = (z^2)^3,$$

从而定理就会对 $n = 3$ 不能成立。于是我们知道费马定理对无穷多个 n 值是成立的,但仍不知道它对所有的 n 值是否都成立。事实上我们只需要对 $n = 4$ 以及对 n 为一个奇质数的情形证明这定理就可以了。因若先假定 n 是个不能被一个奇质数整除的数,那它必是 2 的一个乘幂,而由于它大于 2,所以它必是 4 或能被 4 所整除的数。令 $n = 4m$ 。于是方程 $x^n + y^n = z^n$ 就变成

$$(x^m)^4 + (y^m)^4 = (z^m)^4.$$

若定理对 n 不成立,那它对 $n = 4$ 也不成立。故若它对 $n = 4$ 成立,它就对所有不能被奇质数整除的 n 都成立。若 $n = pm$ 而 p 是个奇质数,则若定理对 n 不成立,那它对指数 p 也不会成立。故若对 $n = p$ 成立,那它对能为奇质数整除的任何 n 都成立。

费马确也出过错。他相信他已经解决了那个老问题:列出一个对各种 n 值都

① *Mém. de l'Acad. des Sci.*, *Paris*, 5, 1729,83 - 166.

能得出质数的公式。如今不难证明:除非 m 是 2 的乘幂, 2^m+1 不可能是个质数。从 1640 年起[①],费马在许多信中提出了这个问题的逆命题,即 $2^{2^n}+1$ 表达一系列的质数——虽然他承认他不能证明这个断言。以后他又怀疑这断言的正确性。迄今为止,已知这公式给出的质数只有五个:3, 5, 17, 257 以及65 537。(参看第 25 章第 4 节。)

费马用无穷下推法提出并概括地证明了[②]下述定理:边长为有理数的直角三角形的面积不可能是一个平方数。这个概括的证明是他唯一详细写出的证明,而且是作为 $x^4+y^4=z^4$ 不可能有正整数解的一个推论得出的。

关于多边形数,费马在他的那本丢番图的书上提出了一个重要定理:每个正整数或者本身是一个三角形数,或者是 2 个或 3 个三角形数之和;每个正整数或者本身是个正方形数,或者是 2, 3 或 4 个正方形数之和;每个正整数或者本身是个五边形数,或者是 2, 3, 4 或 5 个五边形数之和;以及对较高的多边形数的类似关系。这些结果只有在我们把 0 和 1 都归入多边形数之后才能成立,而证明它们需要做大量的工作。费马声称他用无穷下推法证明了它们。

我们知道完全数是希腊人曾经研究过的,欧几里得还给出了基本的结果: $2^{n-1}(2^n-1)$ 在 2^n-1 为质数时是个完全数。对 $n=2, 3, 5$ 和 7, 2^n-1 之值是质数,故 6,28,496 及 8 128 是完全数(如尼科马修斯所指出的)。在 1456 年的一份手稿中正确给出第五个完全数是 33 550 336;这是相应于 $n=13$ 的完全数。雷吉乌什(Hudalrich Regius)在他的《摘录》(*Epitome*, 1536)中也给出了这第五个完全数。卡塔尔迪(Pietro Antonio Cataldi,1552—1626)在 1607 年指出 2^n-1 在 n 为复合数时是复合数,并验证出 2^n-1 在 $n=13, 17$ 及 19 时是质数。1664 年梅森举出了其他一些完全数。费马也研究过完全数的问题。他考察了什么时候 2^n-1 是个质数,并在 1640 年 6 月致梅森的一封信中提出了下面这些定理:(a)若 n 不是质数,则 2^n-1 也不是质数。(b)若 n 是质数,则 2^n-1 在可能为他数所整除的情形下只能为 $2kn+1$ 型的质数所整除。现今所知的完全数约有 30 个(截至 2013 年初已知有 48 个。——译者注)。至于是否存在奇完全数的问题尚为悬案。

费马在 1636 年重新发现塔比特第一个提出的法则,给出了第二对亲和数 17 296 及 18 416(第一对亲和数 220 及 284 是毕达哥拉斯给出的),笛卡儿在致梅森的一封信中给出了第三对亲和数 9 363 584 和 9 437 056。

费马重新发现了求解 $x^2-Ay^2=1$ 的问题,其中 A 是整数但非平方数。这问题在希腊人和印度人中间有久远的历史。费马在 1657 年 2 月致弗雷尼克·德·

---

① *Œuvres*, 2, 206.

② *Œuvres*, 1, 340; 3, 271.

贝西的一封信中提出一个定理：$x^2 - Ay^2 = 1$ 在 A 是正整数而非完全平方时有无穷多个解①。欧拉把这方程误称为佩尔(Pell)方程，这名称流传到今天。费马在同一封信中②向所有数学家挑战，要求他们求出无穷多个整数解。布龙克尔勋爵给出了解，但并未证明解有无穷多个。沃利斯则全部解出了这个问题。并在 1657 年及 1658 年的信③中以及在他的《代数》的第 98 章中给出了解法。费马又说他能指出：对于给定的 A 和 B，$x^2 - Ay^2 = B$ 在什么情况下可解，并能把它解出来。我们并不知道费马是怎样解这两个方程的，尽管他在 1658 年的一封信中说他是用下推法解第一个方程的。

8. 代数同几何的关系

我们可以看出，代数在 16,17 世纪中得到巨大的发展。由于把它同几何捆在一起，故在 1500 年以前人们认为三次以上的方程是不现实的。当数学家不得不研究高次方程(例如由于辅助计算数字表而采用三角恒等式)或由对三次方程的自然推广而想到研究高次方程时，许多数学家对这种想法感到荒唐可笑。如施蒂费尔在他编辑出版的鲁道夫的《代数》(*Coss*)中这样说道："解三次以上的方程，似乎以为竟有什么高于三维的东西……那是违反自然的。"

然而代数终究摆脱了几何思维的束缚。不过代数同几何的关系仍然是复杂的。主要的问题是怎样使人认为代数推理是可靠的，而在 16 世纪以及在 17 世纪的大部分时间里，答案是依靠与代数相当的几何意义。帕乔利、卡丹、塔尔塔利亚、费拉里和其他人都给代数法则作出几何证明。韦达也是大都拘泥于几何的。例如他写 $A^3 + 3B^2A = Z^3$ (其中 A 是未知量，而 B 和 Z 是常数)，为的是使每一项都是三次的，从而都可以代表一个体积。然而我们即将看到，韦达对代数的这种看法和立场是过渡性的。巴罗和帕斯卡确实反对过代数，后来又反对在坐标几何和微积分里用分析方法，因他们觉得代数缺乏可靠依据。

当韦达，其后又有笛卡儿，用代数帮助解几何作图题时，代数依赖于几何的状况开始有点逆转过来了。韦达所著《分析术引论》(1591)中出现的许多代数问题大多数是由于为了解几何题或使几何作图法系统化而解的。韦达把代数应用于几何的典型例子是他所著《分析五篇》中的这样一个问题：已给矩形的面积及其两边之比，求矩形的两边。他设矩形面积为 B 亩(planum)，设大边与小边之比为 S 比 R。

---

① *Œuvres*, 2, 333 - 335.

② *Œuvres*, 2, 333 - 335; 3, 312 - 313.

③ 费马, *Œuvres*, 3, 457 - 480, 490 - 503。

令 A 为较大边,则较小边为 RA/S。于是 B 亩等于(R/S)(A 的平方)。两边乘以 S 得出最后的方程 $BS = RA^2$ 。然后韦达说明怎样从已知量 B 及 R/S,并依据这方程,用直尺和圆规作出 A 来。这里解题的思想方法是:若找出所求长度 x 满足方程 $ax^2 + bx + c = 0$,就知道

$$x = \frac{-b + \sqrt{b^2 - 4ac}}{2a},$$

于是就可以对 a, b 和 c 进行右边代数式里所规定的几何作图步骤,作出 x 来。

对韦达来说,代数是发现数学真理的特设步骤,它就是柏拉图心目中所认为的分析法(相对于综合法而言)。"分析"这个词是亚历山大的泰奥恩引入的,他把分析定义为这样的步骤:先假定所求的结果成立,然后根据逐步推理,得出一个已知的真理。所以韦达才把他的代数称作分析术。它执行了分析的过程,特别是对几何问题。事实上这也是笛卡儿坐标几何思想的出发点,而他在方程论方面的工作也是从他想利用方程来协助解决几何作图问题而引起的。

代数与几何的相互依赖关系也可从韦达一个学生盖塔尔蒂(Marino Ghetaldi, 1566—1627)的工作中看出来。他在所著《阿波罗尼斯著作的现代阐释》(*Apollonius Redivivus*, 1607)的一个篇章中对确定的几何问题的代数解法作了系统研究。他反过来又用几何来证明代数法则。他还用几何方法作出代数方程的根。他死后出版的《数学的分析与综合》(*De resolutione et compositione mathematica*, 1630)一书是详尽讨论这一问题的著作。

我们也发现 16 世纪和 17 世纪的数学家承认应该发展代数来代替希腊人所引用的几何方法。韦达看到有关量的相等或成比例的问题,不管这些量是来自几何、物理或商业的,都有可能用代数来处理。因此他对高次方程和代数方法论的研究是毫不迟疑的,他展望未来能出现一种运用符号的关于量的演绎科学。他一方面诚然把代数主要当作是研究几何问题的方便工具,但也有足够广阔的远见,能看到代数有它自身的生命力和意义。邦贝利不用几何而作出过一些能被当时所接受的代数证明。斯蒂文断言凡是几何上所能做到的事都能用算术和代数做到。哈里奥特所著《实用分析术》(*Artis Analyticae Praxis*, 1631)一书把韦达著作中的一些思想观点加以引申加以系统化并使之突出。这书很像一部现代的代数课本,它比先前任何一部代数书更富于分析精神,并在系统运用符号方面向前迈出了一大步。它的流传很广。

笛卡儿也开始看到代数的巨大潜力。他说他是继韦达的未竟之业的。从提供物质世界的知识这个意义上说,他并不认为代数是一门科学。他说几何与力学才确实含有这种知识,他把代数看成是进行推理——特别是关于抽象的和未知的量进行推理的有力方法。他认为代数使数学机械化,因而使思考和运算步骤变得简

单,而无需花很大的脑力。这有可能使数学创造变成一种几乎是自动化的工作。

对笛卡儿来说,代数居于数学其他各分支的最前列。它是逻辑的引申,是处理量的一门有用的学科,因而从这个意义上来说,它甚至比几何还具有根本的意义;就是说,在逻辑次序上它领先于几何。因此他想建立一门独立的有系统的代数,而不是一批符号的无计划无依据的堆砌和紧密依赖于几何的一些步骤方法。有一份关于代数论述的提纲,名为《计算》(*Le Calcul*, 1638),是笛卡儿本人或他所领导的人执笔的,那里就把代数作为一门独立的科学来处理。笛卡儿的代数是空洞而没有意义的。它只是一种计算技巧或一种方法,是他寻求方法的总工作里的一部分。

笛卡儿把代数看作是逻辑在处理量方面的一种延伸,这使他想到有可能创立一门范围较广的代数科学,能概括量以及其他概念,并能用于研讨一切问题。甚至逻辑上的原理和方法也可能用符号来表达,而整个体系则可用之于使一切推理过程机械化。笛卡儿把这种想法称作"通用数学"。这一思想在他的著作里是含糊不清的,也没有被他深入探讨。不过他毕竟是第一个把代数放在学术系统基本地位上的人。

对代数的这种观点有充分认识的第一个人是莱布尼茨,他终于把它发展成符号逻辑(第51章第4节)。巴罗也具有这种观点,但范围较窄。他是牛顿的师友,是在牛顿之前担任剑桥大学卢卡斯(Lucas)数学讲座的人。他并不把代数看作是正规数学的一部分,而是把它看成逻辑的一种形式化。他认为只有几何才是数学,而算术和代数是处理那种以符号形式表达出来的几何量的。

不管笛卡儿和巴罗对代数有什么样的哲学观点,也不管他们把代数看成一种普遍的推理科学将会有什么样的潜在可能性,算术和代数技巧的日益广泛的应用所产生的实际效果,是使代数成为独立于几何的一个数学分支。在当时,笛卡儿之既用 a^2 来表示一个长度又表示一块面积这件事是个重大的步骤,因为韦达尚坚持认为二次方只能表示面积。笛卡儿告诉读者注意他用 a^2 作为一个数,并且明确指出他和前人的用法不同。他说 x^2 是适合 $x^2 : x = x : 1$ 的一个数量。同样,他在《几何》中说一些线段的乘积可以是线段,这里他思想上指的是所涉及的数量,而不是古代希腊人所指的几何线段。他明确认识到代数计算是不依赖于几何的。

沃利斯受了韦达、笛卡儿、费马和哈里奥特的影响,在使算术和代数脱离几何描述的工作上比他们这些人走得更远。他在所著《算术》(1685)一书中用代数方法推导出欧几里得《原本》第五篇中的所有结论。他不再把 x 和 y 的代数方程限定为齐次方程,因为人们之所以持有这种想法,是由于这类方程来自几何问题的缘故。他看到代数具有简明易懂的特点。

牛顿虽然喜爱几何,但我们在他所著的《普遍的算术》中第一次看到他肯定算术与代数(相对于几何而言)具有根本的重要性,当时笛卡儿与巴罗则仍赞成以几何作为基本数学分支。牛顿为创立微积分需要而且也使用了代数语言,而微积分也以代数方法来处理最为适宜。所以就代数之所以能居于几何之上这件事来说,微积分学方面的需要是有决定意义的。

到1700年之际,代数已达到能够自身站稳脚跟的地步了。唯一的困难是没有地方容纳它。自从埃及与巴比伦时代以来,直观和边做边改的办法提供了一些实用法则;重新阐释希腊几何代数法的结果又提供了其他一些法则;16,17世纪中,部分地在几何意义的指引下进行的独立的代数研究工作,得出了许多新的结果。但代数的逻辑基础,足以同欧几里得提供给几何者相媲美的,却并不存在。鉴于当时欧洲人已充分认识到严格的演绎式数学该有什么要求,所以我们对当时人对此事普遍地缺乏关心(除了帕斯卡和巴罗的反对以外)感到惊异。

数学家怎么来判断哪些东西是正确的呢?正整数和分数的性质是如此直截了当地来自我们对事物集合的经验,以至于它们看来像是不言而喻似的。甚至欧几里得也不能给《原本》中那些讨论数论的篇章提供逻辑基础。随着数系中添入了新型的数,人们就把那些用之于正整数和分数的运算法则也施行到新的数上,并以几何意义作为方便的向导。字母一旦被人采用之后,它们就是数的化身,因而可以像数那样来处理。比较复杂的代数技巧,可通过卡丹所用的那种几何论证,或者通过对特例的单纯归纳,而获得似乎合理的依据。但所有这些做法在逻辑上都不能令人满意。而且即使求助于几何,也不能给负数、无理数和复数提供逻辑依据,并且,举个例说,也不能用来合理地说明:若一多项式当$x=a$时为负,而当$x=b$时为正,则它必在a与b之间取零。

然而数学家满怀喜悦和信心百倍地着手运用新的代数。事实上,沃利斯肯定说代数步骤的合法性并不逊于几何步骤。数学家没有认识到他们即将进入一个新的时代,那时归纳、直观、边做边改的办法和物理论点将要作为证明的基础。给数系和代数建立逻辑基础的问题是个难题,其难度远远超过17世纪的任何数学家所能认识到的程度。数学家能那样大胆轻信甚至直率而不拘泥于逻辑却倒是一件好事,因为自由创造必须走在正规化和逻辑基础的前面,而数学创造的最伟大的时代已经到来了。

参考书目

Ball, W. W. R.: *A Short Account of the History of Mathematics*, Dover (reprint), 1960, Chap. 12.

Boyer, Carl B.: *History of Analytic Geometry*, Scripta Mathematica, 1956, Chap. 4.

Boyer, Carl B.: *A History of Mathematics*, John Wiley and Sons, 1968, Chaps. 15-16.

Cajori, Florian: *Oughtred, A Great Seventeenth Century Teacher of Mathematics*, Open Court, 1916.

Cajori, Florian: *A History of Mathematics*, 2nd ed., Macmillan, 1919, pp. 130 - 159.

Cajori, Florian: *A History of Mathematical Notations*, Open Court, 1928, Vol. 1.

Cantor, Moritz: *Vorlesungen über Geschichte der Mathematik*, 2nd ed., B. G. Teubner, 1900, Johnson Reprint Corp., 1965, Vol. 2, pp. 369 - 806.

Cardan, G.: *Opera Omnia*, 10 vols., 1663, Johnson Reprint Corp., 1964.

Cardano, Girolamo: *The Great Art*, trans. T. R. Witmer, Massachusetts Institute of Technology Press, 1968.

Coolidge, Julian L.: *The Mathematics of Great Amateurs*, Dover (reprint), 1963, Chaps. 6 - 7.

David, F. N.: *Games, Gods and Gambling: The Origins and History of Probability*, Hafner, 1962.

Descartes, René: *The Geometry*, Dover (reprint), 1954, Book 3.

Dickson, Leonard E.: *History of the Theory of Numbers*, Carnegie Institution, 1919 - 1923, Chelsea (reprint), 1951, Vol. 2, Chap. 26.

Fermat, Pierre de: *Œuvres*, 4 vols. and Supplement, Gauthier-Villars, 1891 -1912, 1922.

Heath, Sir Thomas L.: *Diophantus of Alexandria*, 2nd ed., Cambridge University Press, 1910; Dover (reprint), 1964, Supplement, Secs. 1 - 5.

Hobson, E. W.: *John Napier and the Invention of Logarithms*, Cambridge University Press, 1914.

Klein, Jacob: *Greek Mathematical Thought and the Origin of Algebra*, Massachusetts Institute of Technology Press, 1968. Contains a translation of Vieta's *Isagoge*.

Knott, C. G.: *Napier Tercentenary Memorial Volume*, Longmans Green, 1915.

Montucla, J. F.: *Histoire des mathématiques*, Albert Blanchard (reprint), 1960, Vol. 1, Part 3, Book 3; Vol. 2, Part 4, Book 1.

Mordell, J. L.: *Three Lectures on Fermat's Last Theorem*, Cambridge University Press, 1921.

Morley, Henry: *Life of Cardan*, 2 vols., Chapman and Hall, 1854.

Newton, Sir Isaac: *Mathematical Works*, Vol. 2, ed. D. T. Whiteside, Johnson Reprint Corp., 1967. This volume contains a translation of *Arithmetica Universalis*.

Ore, Oystein: *Cardano: The Gambling Scholar*, Princeton University Press, 1953.

Ore, Oystein: "Pascal and the Invention of Probability Theory," *Amer. Math. Monthly*, 67, 1960, 409 - 419.

Pascal, Blaise: *Œuvres complètes*, Hachette, 1909.

Sarton, George: *Six Wings: Men of Science in the Renaissance*, Indiana University Press, 1957, "Second Wing."

Schneider, I.: "Der Mathematiker Abraham de Moivre (1667 - 1754)," Archive for History of Exact Sciences, 5, 1968, 177 - 317.

Scott, J. F.: *A History of Mathematics*, Taylor and Francis, 1958, Chaps. 6 and 9.

Scott, J. F.: *The Scientific Work of René Descartes*, Taylor and Francis, 1952, Chap. 9.

Scott, J. F.: *The Mathematical Work of John Wallis*, Oxford University Press, 1938.

Smith, David Eugene: *History of Mathematics*, Dover (reprint), 1958, Vol. 1, Chaps. 8 - 9; Vol. 2, Chaps. 4 and 6.

Smith, David Eugene: *A Source Book in Mathematics*, 2 vols., Dover (reprint), 1959.

Struik, D. J.: *A Source Book in Mathematics*, 1200 - 1800, Harvard University Press, 1969, Chaps. 1 - 2.

Todhunter, I.: *A History of the Mathematical Theory of Probability*, Chelsea (reprint), 1949, Chaps. 1 - 7.

Turnbull, H. W.: *James Gregory Tercentenary Memorial Volume*, Bell and Sons, 1939.

Turnbull, H. W.: *The Mathematical Discoveries of Newton*, Blackie and Son, 1945.

Vieta, F.: *Opera mathematica* (1646), Georg Olms (reprint), 1970.

第14章 射影几何的肇始

> 我坦率承认，我从未对物理或几何的学习或研究抱有兴趣，除非能通过它们获得有助于目前需要的某种知识……能服务于生活的幸福与方便，能有助于保持健康，有助于施展某种技艺……我看到好大一部分技艺扎根于几何，如建筑上的采石工艺，制作日规，特别是透视法。
>
> 德萨格

1. 几何的重生

几何上重要创作活动的复兴晚于代数。从帕普斯时代起到1600年光景，除了创立透视法的数学体系以及文艺复兴时代艺术家偶尔作出的几何研究(第12章第2节)之外，几何方面很少有成果的工作。阿波罗尼斯《圆锥曲线》的许多印刷版本的出现，特别是1566年科曼迪诺(Federigo Commandino，1509—1575)对此书第一篇到第四篇的著名拉丁文译本的问世，引起了人们对几何的一些兴趣。其他译者又译出了第五篇到第七篇，并且还有一些人，包括韦达、斯内尔(Willebrord Snell，1580—1626)和盖塔尔蒂在内，着手重整失传的第八篇。

要使数学家的心思纳入新的轨道，所需要的而且确实出现的是新的问题。有一个问题是早已被艾伯蒂所提出的：一个实物的同一投影的两个截景有什么共同的几何性质？许多问题是来自科学和实际的需要。开普勒在他1609年的著作中对圆锥曲线的应用，有力地推动人们去重新考察这些曲线，并寻求其对天文有用的性质。光学自古希腊时代以来就是数学家所喜爱的，而在17世纪初发明了望远镜和显微镜之后，它更受到人们大为增进的重视。给这些仪器设计透镜成了一件大事，这意味着人们要注意研究曲面，而由于透镜的表面都是旋转面，因而又要注重研究母曲线。地理探索产生了对地图的需要，引起人们研究在球面上和地图上表示的航行路线。产生了地球在转动的思想之后，需要新的力学原理来计算运动物体的路径,这就又需要研究曲线。而在运动物体之中,抛射体变得更加重要,因为人们已能用大炮把炮弹射到几百码的距离之外,预先算好弹道和射程就成为极端重要的事。计算面积和体积的实际问题也开始引起人们更多的注意。开普勒的《测量酒桶体积的新科学》(*Nova Stereometria Doliorum Vinariorum*, 1615)掀起了这方面一阵新的研究工作。

领会了希腊著作的内容之后,人们又重视起另一类问题来了。数学家开始感到希腊人的证明方法缺乏一般性。几乎每个定理都要想出一种特殊的方法来证。指出这一点的是早在1527年的阿格里帕·冯·内特海姆(Agrippa von Nettesheim,1486—1532)和莫鲁里克斯,后者在圆锥曲线和其他数学问题方面,翻译过希腊人的著作并写过他自己的著作。

对新问题的大部分反应引起了对旧课题的小变动。对圆锥曲线的处理方法改变了。人们一开头就把这种曲线定义为平面上的轨迹,而不再像阿波罗尼斯的书里那样定义为圆锥面的截线了。例如,蒙特在1579年把椭圆定义为与两焦点距离之和为常数的动点的轨迹。不仅是圆锥曲线,还有古代希腊人研究过的许多曲线如尼科梅德斯蚌线、狄奥克莱斯蔓叶线、阿基米德螺线和希比亚斯割圆曲线都被人重新加以研究。一些新的曲线也研究出来了,著名的如旋轮线(见第17章第2节)。所有这种工作虽都有助于传播希腊人的学术成就,但都没有提出什么新的定理或新的证明方法。第一项有成就的创新工作是由于回答画家所提出的问题而产生的。

2. 透视法工作中所提出的问题

画家们所搞出来的聚焦透视法体系,它的基本思想是投影和截面取景原理(第12章第1节)。人眼被当作一个点,由此出发来观察实景。从实景上各点出发,通往人眼的光线形成一个投射锥。根据这一体系,画面本身必含有投射锥中的一个截景,从数学上讲,这截景就是一个平面与投射棱锥相截的一部分截面。

现设人眼在O处(图14.1)观察水平面上的一个矩形$ABCD$。从O到矩形四边上各点的连线便形成一投射棱锥,其中OA,OB,OC及OD是四根典型直线。若在人眼和矩形间插入一平面,则投射锥上诸直线将穿过那个平面,并在其上勾画出四边形$A'B'C'D'$。由于截面(截景)$A'B'C'D'$对人眼产生的视觉印象和原矩形一样,所以人们自然要问(正如艾伯蒂所提出的那样):截景和原矩形有什么共同的几何性质?从直观上看,原形和截景既不重合又非相似,它们也不会有相同的面积。事实上截景未必是个矩形。

这问题的一个推广是:设有两个不同的平面以任意角度与这同一个投射锥相截得到两个不同的截景,它们有什么共同的性质?

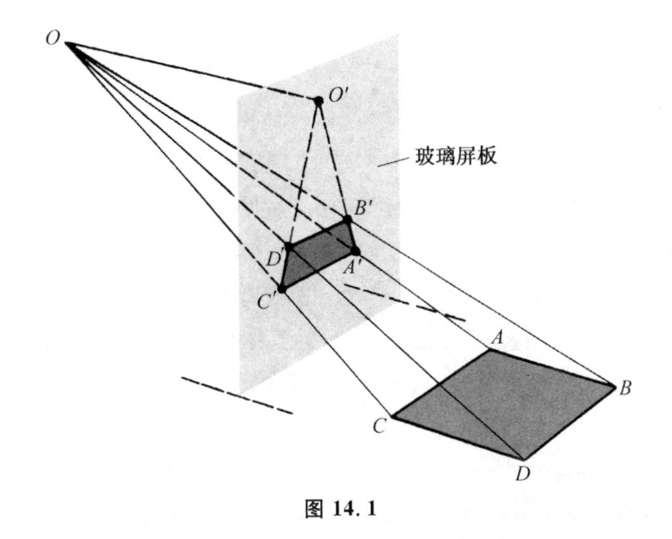

图 14.1

这问题还可进一步推广。设矩形 $ABCD$ 是从两个不同的点 O' 及 O'' 来观察(图 14.2)。于是就有两个投射锥,一个由 O' 及矩形确定,第二个由 O'' 及矩形确定。若在每个投射锥里各取一截景,则由于每一截景应与矩形有某些共同的几何性质,则此两截景也应有某些共同的几何性质。

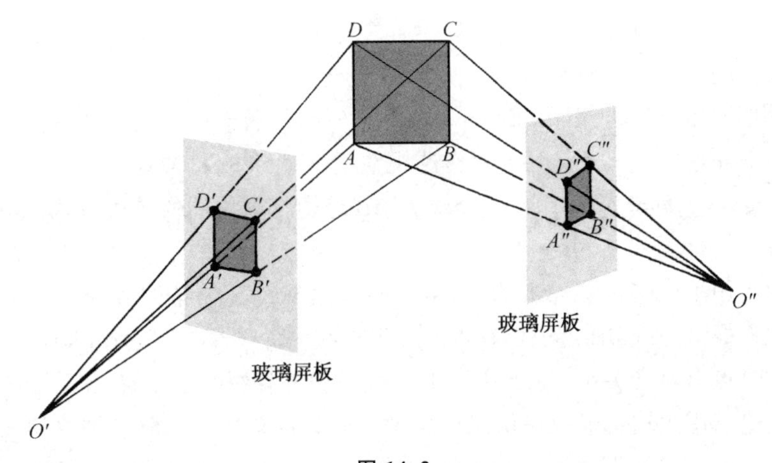

图 14.2

17 世纪的一些几何学者就开始找这些问题的答案。他们把所获得的方法和结果看成是欧几里得几何的一部分。然而,这些方法和结果诚然大大丰富了欧几里得几何的内容,但其本身却是几何一个新分支的开端,这个分支到了 19 世纪就被人称为射影几何。本章中我们就把这项工作称作射影几何,尽管在 17 世纪,人们并不对欧几里得几何与射影几何加以区分。

3. 德萨格的工作

直接寻找上述问题答案的第一个人是自学成名的德萨格(1591—1661)。他先是陆军军官,其后成为一个工程师和建筑师。德萨格通晓阿波罗尼斯的著作,并觉得他能发明新方法来证圆锥曲线的定理。他确实这样做了,并且充分认识到他这些方法的功效。德萨格还关心改进艺术家、工程师和石匠的教育和技艺,他对于为理论而研究理论是很不赞成的。他的头一步工作是汇集许多有用的定理,起初是通过书信和传单传播他所获得的成果。他还在巴黎免费给人讲课。后来他写了几本书,其中一本是教儿童学唱的书。另一本讲几何在泥瓦工和石工方面的应用。

他的主要著作是《试论锥面截一平面所得结果的初稿》(*Brouillon project d'une atteinte aux événemens des rencontres du cône avec un plan*, 1639)①。在这书之前他于1636年出版了关于透视法的一本小册子。在这部主要著作中,他论述了现今所谓的几何中的射影法。德萨格把书印了约50份,分送给他的朋友。不久所有的复制本都失传了。1845年沙勒(Michel Chasles)偶然发现了拉伊尔(Philippe de La Hire)手抄的复本,由波德拉(N. G. Poudra)加以复制,并由他在1864年编辑了德萨格的著作。但1950年左右穆瓦齐(Pierre Moisy)在巴黎国立图书馆里发现了一本1639年的原版本并复制发行。这新发现的版本中包含了重要的附录和德萨格所作的订正。德萨格关于三角形的主要定理和其他一些定理则于1648年发表在他朋友博斯(Abraham Bosse,1602—1676)所著的一本关于透视法的书的附录中。博斯在他的这本《运用德萨格透视法的一般讲解》(*Manière universelle de M. Desargues, pour pratiquer la perspective*)中打算用通俗方式讲解德萨格的一些实用方法。

德萨格用了一些古怪的术语,其中有些曾出现在艾伯蒂的著作中。他把一根直线称作一棵"棕"(palm),把标有点的一根直线叫做一个"干"(trunk)。但若一直线上有三对点有对合关系(见下述),那它就叫做一棵"树"。德萨格采用这些新术语的用意是想用比较普通的说法讲清道理而避免意义含糊。但这种语句和奇怪生疏的思想使他的书难于阅读。除了他的朋友梅森、笛卡儿、帕斯卡和费马外,他的同时代人都称他为怪人。甚至连笛卡儿本人,当他听说德萨格在创用一种新方法处理圆锥曲线时,也写信给梅森说,除了借助于代数之外他看不出任何人能对圆锥曲线搞出什么新的名堂来。但当笛卡儿知道了德萨格工作的细节之后就对之高度推崇。费马认为德萨格是圆锥曲线理论的真正奠基者,并且觉得他写的书(费马显

---

① *Œuvres*, 1, 103-230.

然拥有此书)思想丰富。但由于一般人未能欣赏,使德萨格灰心丧气,退休回到老家。

在谈德萨格的几个定理之前,必须先引述对平行线的一个新规定。艾伯蒂指出过,在作画的某个实际图景里,画面上的平行线(除非它们平行于玻璃屏板或画面)必须画成相交于某一点。例如上面图 14.1 中的直线 $A'B'$ 及 $C'D'$(它们与平行线 AB 及 CD 相对应),根据投射及截景的原理,必须相交于某点 O'。事实上,O 及 AB 确定一平面,O 及 CD 也确定一平面。这两个平面各交玻璃屏板于 $A'B'$ 及 $C'D'$,而由于它们交于 O,所以这两个平面必有一公共线(交线);这直线交玻璃屏于某点 O',它也是 $A'B'$ 与 $C'D'$ 的交点。这点 O' 并不对应于 AB 或 CD 上的任何普通的点。事实上,OO' 线是水平的,从而是平行于 AB 及 CD 的。这个点 O' 叫做没影点,因它在 AB 或 CD 上没有对应的点,而 $A'B'$ 或 $C'D'$ 上任何其他的点都分别对应于 AB 或 CD 上某个确定的点。

为使 $A'B'$ 与 AB 上的点以及 $C'D'$ 与 CD 上的点之间有完全的对应关系,德萨格在 AB 上以及在 CD 上引入一个新的点。它把这点叫做无穷远点,把它增添到两平行直线上普通的点之外,并把它看成是两平行线的公共点。而且平行于 AB 或 CD 的任何直线上都有这同一个点,并且都在该点处与 AB 或 CD 相交。方向不同于 AB 或 CD 的任何一组平行线都同样有一个公共的无穷远点。由于每组平行线都有一个公共点,而平行线组的数目是无穷的,所以德萨格的规定就是在欧几里得平面上引入了无穷多新的点。他进一步假定所有这些点都在同一直线上,而这直线则对应于截景(或画面)上的水平线或没影直线。这样就在欧几里得平面的已有直线中添入了一根新的直线。他假定一组平行平面上都有一根公共的无穷远线;就是说,所有平行平面都相交于一直线。

在每根线上增加一个新点,这件事并不与欧几里得几何的任何公理或定理相矛盾,但它确乎需要在文字叙述上加以修改。不平行的直线仍然相交于普通的点,但平行线则相交于每根线上的"无穷远点"。关于无穷远点的这一规定实质上是欧几里得几何里一件方便的事,因它避免了特殊情形。例如,现在就可以说任何两直线必然恰交于一点。我们不久可以更充分地看出这个规定的好处。

开普勒也(在 1604 年)决定要给平行线增添一个无穷远点,但出于不同的理由。对于通过 P(图 14.3)而交于 l 的每根直线,有 l 上的一点 Q 与之对应。但对于过 P 而平行于 l 的直线 PR,却没有 l 上的点同它对应。但若增添 PR 及 l 所共有的一个无穷远点,开普勒便可断言通过 P 的每根直线都交于 l。又,在 Q 往右移向"无穷远"而 PQ 变为 PR 后,可把 PR 与 l 的交点看成是 P 左边的一个无穷远点,而当 PR 继续绕

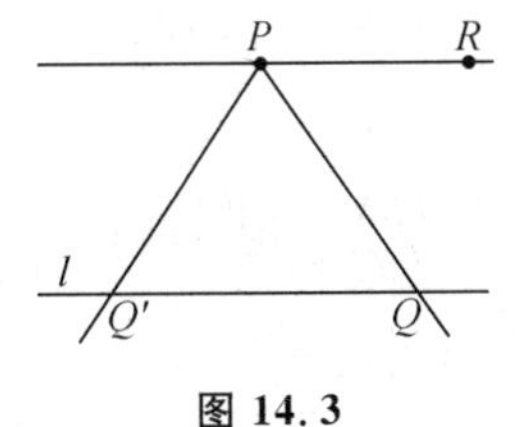

图 14.3

P 旋转时,PR 与 l 的交点 Q' 就从左边移近。这样,就使 PR 与 l 交点的移动保持连续性。换言之,开普勒(以及德萨格)认为直线的两"端"是在"无穷远"处会合的,因而认为直线和圆有同样的结构。事实上,开普勒确乎把一根直线看作是圆心在无穷远处的一个圆。

引入了无穷远点及无穷远线之后,德萨格就着手叙述一个基本定理,这定理现仍称为德萨格定理。设有点 O(图 14.4)及三角形 ABC。我们知道,从 O 到三角形边上各点的那些连线形成一投射锥。这投射锥的一个截景就含有一个三角形 $A'B'C'$,其中 A' 对应于 A,B' 对应于 B,C' 对应于 C。ABC 及 $A'B'C'$ 这两个三角形叫做从 O 点看去的透视图。德萨格定理断言:对于从一点透视出去的两个三角形,它们间成对的对应边 AB 与 $A'B'$,BC 与 $B'C'$,以及 AC 与 $A'C'$(或它们的延长线)相交的三个交点都在同一直线上。反之,若两三角形的三对对应边相交于一直线上的三点,则连接对应顶点的三根连线必交于一点。如果特别针对前面的图形来说,这定理本身告诉我们:AA',BB' 以及 CC' 交于一点 O,AC 与 $A'C'$ 交于一点 P,AB 与 $A'B'$ 交于一点 Q;BC 及 $B'C'$ 交于一点 R;而 P,Q 与 R 在一直线上。

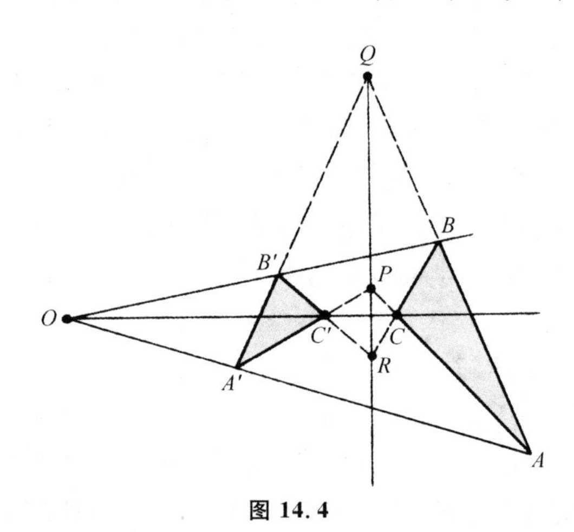

图 14.4

这定理虽然对三角形 ABC 与 $A'B'C'$ 在同一平面或不在同一平面这两种情形都成立,但其证明只在不同平面的情形才是简单的。德萨格对二维和三维的两种情形都证明了正定理和逆定理。

在博斯的 1648 年著作的附录里,载有德萨格的另一基本结论:交比在投影下的不变性。一直线上 A, B, C, D 四点所形成的诸线段的交比(图 14.5)定义为 $\frac{BA}{BC}\Big/\frac{DA}{DC}$。帕普斯早就引入过这个比(第 5 章第 7 节),并证明了在 AD 及 $A'D'$ 上的交比是一样的。梅内劳斯也有一个关于球面上大圆弧的类似定理(第 5 章第 6 节)。但他们都不是从投射锥和截景的观点来考虑的。而德萨格则是这样考虑的,并且证明了投射线的每个截线上的交比都相等。

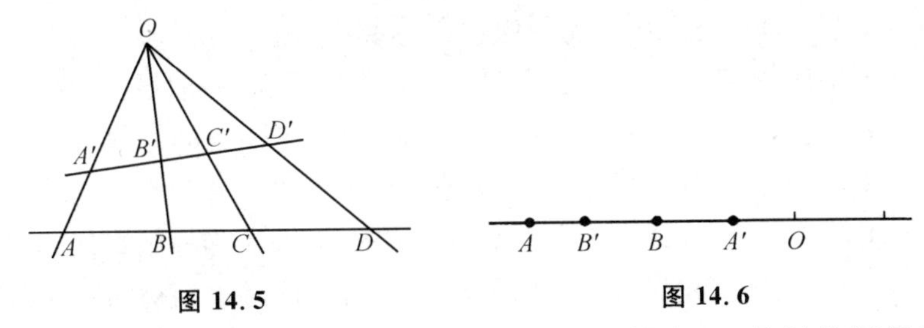

图 14.5　　图 14.6

德萨格在他的主要著作(1639)里处理了对合的概念，这是帕普斯早就引入而由德萨格定名的。直线上两对点 A, B 以及 A', B' 说是对合的，如果该直线上有一特定点 O(名叫对合中心)，使 $OA \cdot OB = OA' \cdot OB'$ (图 14.6)。同样，三对点 A, B, A', B' 以及 A'', B'' 说是对合的，如果 $OA \cdot OB = OA' \cdot OB' = OA'' \cdot OB''$。点 A 和 B, A' 和 B'，以及 A'' 和 B'' 叫做共轭点。若有一点 E 使 $OA \cdot OB = \overline{OE}^2$，则 E 叫做二重点。在这种情况下还有另一个二重点 F，而 O 是 EF 的中点。O 的共轭点是无穷远点。德萨格在一根与三角形三边相交的直线上应用梅内劳斯定理，证明在 A, B, A' 及 B' 有对合关系时(图 14.7)，若从点 P 把它们投射到另一直线上，成为点 A_1, B_1, A_1' 和 B_1'，则这第二组点也是对合的。

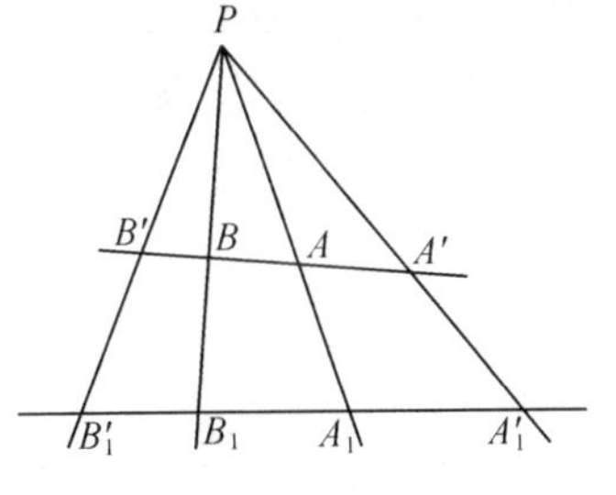

图 14.7

关于对合关系，德萨格证明了一个主要定理。为此我们先来考察完全四边形的概念，这是帕普斯已经部分探讨过的一个概念。设 B, C, D 及 E 是平面上任意四点，其中没有任何三点是共线的(图 14.8)。这时四点就确定了六根直线，形成完全四边形的各边。对边是彼此不相交于四点之一的两边。例如 BC 及 DE 是对边，CD 及 BE 还有 BD 及 CE 也都是对边。三对对边的交点 O, F 与 A 是四边形的对边点。今设四个

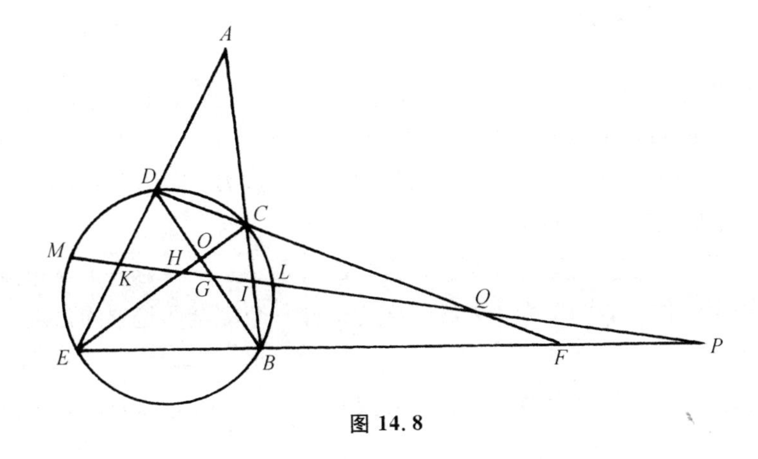

图 14.8

顶点 B, C, D, E 在一圆上。如果一直线 PM 交各组对边于 P, Q, I, K 以及 G, H;交圆于 L, M。那么这四组点是四组对合的点。

其次,设在图形所在平面外一点把整个图形作一投射,并取这投射锥的一个截景。这样原图里的圆就变成截景里的一个圆锥曲线,原图里的每根直线变成截景里的某根直线。特别是圆内接四边形就变成圆锥曲线内接四边形。由于对合关系在投影后还是对合关系,故得出一个重要而普遍的结论:若作一圆锥线的内接四边形,则任一不过顶点的直线与圆锥线以及与完全四边形对边相交的四对点有对合关系。

德萨格其次引入了调和点组(也称"调和点列"。——译注)的概念。点 A, B, E 及 F 说是成为一调和点组,如果相对于对合关系中的二重点 E 和 F 来说,A 与 B 是共轭点。(现今定义交比等于 -1 的点组为调和点组,那是以后的说法。)① 由于对合关系经投射后仍为对合关系,故调和点组经投射后仍为调和点组。接着德萨格又证明若调和点组中的一点是无穷远点(在四点所在直线上),则与之相配的那另一点平分其他两点间的线段。又,若 A, B, A' 及 B' 是调和点组(图 14.9),且若从 O 作投射,则当 OA' 垂直于 OB' 时,OA' 平分 AOB 角而 OB' 平分它的补角。

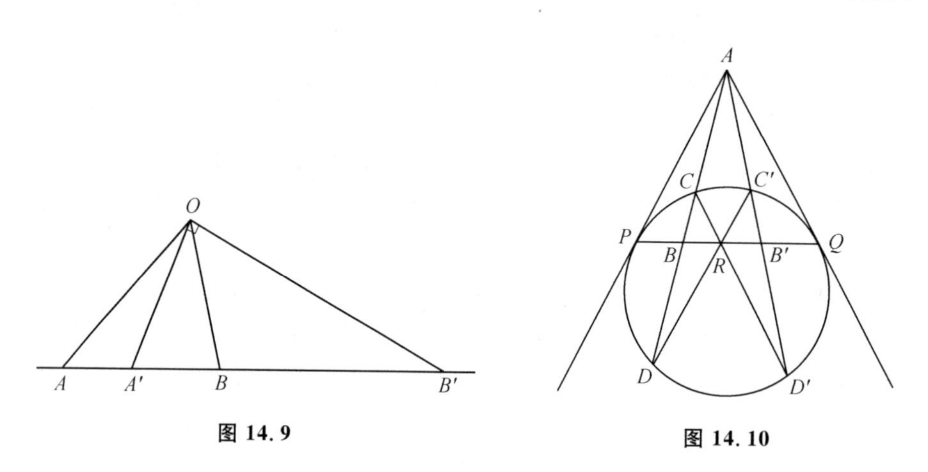

图 14.9　　图 14.10

有了调和点组的概念之后,德萨格就进而阐释极点与极线的理论,这是阿波罗尼斯早已引入过的理论。德萨格从一圆和圆外一点 A 出发(图 14.10)。则在从 A 出发交圆于 C 及 D 的任一直线上,必有第四个调和点 B。对于所有从 A 出发的这种直线而言,所有的第四调和点都位于一直线上,这直线就是点 A 的极线。如 BB' 就是 A 的极线。又,假设我们引入任一完全四边形,它以 A 为一个对边点而其四顶点都在圆上。例如,取 C, D, D' 及 C' 作为这样一个完全四边形的顶点。则 A 的

① 这是默比乌斯(Augustus Ferdinand Möbius)定义的:*Barycentrische Calcul* (1827), p. 269。

极线将通过这完全四边形的另外两个对边点。(在图 14.10 中,R 是这两个对边点之一。)当 A 在圆内时,同样的断言也成立。若 A 在圆外,则 A 的极线是从 A 所引圆的两根切线的切点(图中的点 P 及 Q)的连线。

对于圆证明了上述断言之后,德萨格又用从图形平面外一点所作的投射及其一个截景来证明这些断言对任何圆锥曲线都成立。

德萨格把圆锥曲线的直径看作无穷远点的极线。我们马上可以看到这定义与阿波罗尼斯的定义是一致的。设有一组平行线与圆锥曲线相交(图 14.11)。这些平行线有一公共点即无穷远点。若 $A'B'$ 是其中一直线,则 $A'B'$ 上关于 A' 及 B' 而言的无穷远点的调和共轭点是弦 $A'B'$ 的中点 B。同样,无穷远点对于 A_1' 和 B_1' 而言的调和共轭点是弦 $A_1'B_1'$ 的中点 B_1。平行弦族的这些中点位于一根直线上,而这直线按阿波罗尼斯的定义也是直径。德萨格然后证明关于双曲线的直径、共轭直径以及渐近线的一些事实。

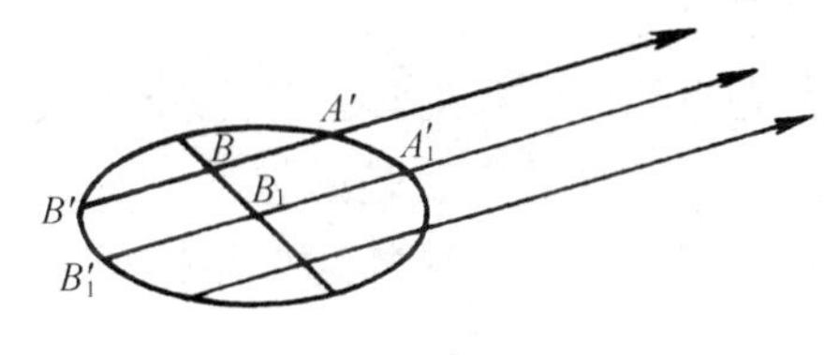

图 14.11

现在我们看到,德萨格不仅引入了诸如无穷远元素等新的概念以及许多新的定理,尤其重要的是他引入了以投射和截景作为一种新的证明方法,而且通过投射和截景统一处理了几种不同类型的圆锥曲线,而阿波罗尼斯则是把每类圆锥曲线分别处理的。在这一个天才辈出的世纪里,德萨格是最有独创精神的数学家之一。

4. 帕斯卡和拉伊尔的工作

对射影几何作出贡献的第二个主要人物是帕斯卡(1623—1662)。他生于法国克莱蒙(Clermont),从小多病,并在其短暂的一生中身体一直不好。他的父亲老帕斯卡 (Etienne Pascal)本打算不让他在十五六岁以前学数学,因其认为一个孩子在年岁不够大因而不能吸收时不应让他研究一门学科。但帕斯卡在 12 岁的时候就一定要想知道几何究竟是怎么回事,而一旦人家告诉了他,就自己着手研究。

在帕斯卡八岁时,他家迁到巴黎。早在孩提时,他就同他父亲参加每周一次的"梅森学院"(其后变为自由学院,并于 1666 年变为科学院)的例会。当时会员中的人有梅森神甫、德萨格、罗贝瓦尔(法兰西学院数学教授)、米道奇(Claude Mydorge,1585—1647)和费马。

帕斯卡把相当多的时间和精力用于研究射影几何。他是微积分的创始人之一,并在这方面对莱布尼茨有所影响。我们也提及过,他也参与了开创概率论的工作。他在19岁的时候就发明了第一架计算机,以帮助他父亲干课税员的工作。他在物理上也有些贡献,如独创一种抽真空的器械,发现空气重量随高度的增加而递减,阐明了液体中的压力概念。他在物理方面的工作是否具有独创性是有人怀疑的,事实上,有些科学史家按照他们的心胸是否宽大而把这看作是普及性工作或剽窃。

帕斯卡在其他许多领域里都有伟大成就。他是法文散文大师,他的《思绪》(*Pensées*)和《外地短札》(*Lettres provinciales*)是经典文学作品。他也是出名的神学辩论家。他从童年时期起便想把宗教信仰和数学及科学的理性主义调和起来,而这两方面的兴趣在他一生中都分去了他的精力和时间。他也和笛卡儿一样,相信科学真理必须清楚而分明地符合感性认识或符合理智,或者是这类真理的逻辑推论。他认为在科学和数学问题上不该有故弄玄虚之处。"凡有关信仰之事不能为理智所考虑。"在科学问题上只牵涉到我们的自然思维,权威是无用的,科学知识只能建立在理智的基础上。但信仰的奥秘是感觉和理性所不能察知的,所以必须凭圣经的权威加以接受。他谴责那些在科学上滥用权威以及在神学上使用理智的人。然而信仰的境界比理智更高出一层。

宗教在他24岁以后主宰了他的思想,虽然他仍继续从事数学和科学工作。他认为单纯作为一种乐趣来从事科学工作是错误的。以乐趣为主要目的而搞研究是糟踏了研究,因那样的人怀有"一种对学问的贪欲之心,对知识的无厌嗜求……这种对科学的钻研首先出于以自我为中心的关怀,而不是着眼于在周围一切自然现象中找出神的存在和荣耀。"

他的数学工作主要是凭直观的,他预告了重大的结果,作出了高明的猜测,看出了推理和运算的捷径。在他生命的后期,他把一切真理来源归之于直观。他关于这方面的一些话久已闻名于世。"心有其理,非理之所能知。""未谙真理者,才发觉需用理智这种迟缓迂回的方法。""孱弱无能的理智啊,你该有自知之明。"

如果我们可以凭1660年8月10日帕斯卡去世前不久给费马的一封信来作判断的话,可以发现帕斯卡似对数学颇有腻烦之心。他信中写道:"随便谈到数学,我觉得它是对精神的最高锻炼;但同时我又觉得它是那么无用,以致使我觉得一个单纯的数学家同一个普通工匠极少差别。我也觉得它是世界上最可爱的职业,然而仅仅是一种职业;我也常说想[学数学]是件好事,但为此费力则不然。所以我不愿为数学而多走两步,而我想你也会深有同感。"帕斯卡是个多才多艺然而性格矛盾的人。

德萨格敦促帕斯卡研究投射和取截景法,并建议他要把圆锥曲线的许多性质简化为少数几个基本命题作为目标。帕斯卡接受了这些建议。1639年他16岁时就用投射法(即取投射锥和截景)写了关于圆锥曲线的著作。这本著作现已失传，但莱布尼茨确于1676年在巴黎见过，并对帕斯卡的侄甥谈过这作品的内容。有一篇长约8页的《略论圆锥曲线》(*Essay on Conics*, 1640)当时只有少数人知道，旋即失传，直到1779年才重新发现[①]。笛卡儿曾见过1640年的这篇短文，觉得如此出色，竟然不相信它是一个这样年轻的人写的。

帕斯卡在射影几何里的一个最著名的结果(都发表在上述两篇著作中)是现今以他的名字命名的定理。用现代语言叙述，这定理的内容如下：若一六边形内接于一圆锥曲线，则每两条对边相交而得的三点在同一直线上。例如(图14.12)P,Q及R在同一直线上。若六边形的对边两两平行，则P, Q, R将在无穷远线上。

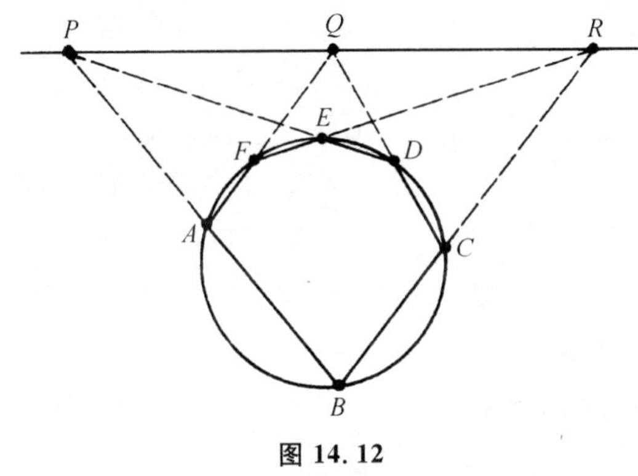

图14.12

关于帕斯卡是怎样证明这定理的，我们只有一些线索。他说由于这对于圆成立，故通过投射和取截景，它必对所有圆锥曲线都成立。显然，若从图形平面外一点作上述图形的投射锥并取一截景，则截景必含一圆锥曲线及其内接六边形。而且这六边形的对边将相交于一直线上的三点，即对应于原图P, Q, R三点的点及PQR线的直线。顺便提一下，关于两直线的每根线上有三点的那个帕普斯定理(第5章第7节)也是上述定理的一个特例。当圆锥曲线退化为两条直线(例如当双曲线退化为它的渐近线时)，那就得出帕普斯所说的定理。

帕斯卡定理的逆定理(即若一六边形的三对对边的三个交点共线，则六边形顶点在一圆锥曲线上)也是成立的，但帕斯卡并没有加以考虑。帕斯卡1640年论文中还有其他结果，但不值得在这里多谈。

投射和取截景法也为拉伊尔(1640—1718)所接受。拉伊尔年轻时是个画家，以后转而研究数学和天文。拉伊尔也同帕斯卡一样受了德萨格的影响，并在圆锥曲线方面做了相当多的工作。有些结果发表在1673年和1679年的论文中，是按

① *Œuvres*, 1, 1908, 243-260.

希腊人的综合方法但采用了新的观点,例如以焦点-距离来定义椭圆及双曲线,有些结果应用了笛卡儿和费马的解析几何。他的最大著作是《圆锥曲线》(*Sectiones Conicae*, 1685),这是专门研究射影几何的。

同德萨格和帕斯卡一样,拉伊尔也先证明了牵涉到调和点组的圆的性质,然后通过投射和取截景,把这些性质推到其他圆锥曲线。这样他可以用一种方法把圆的性质推到任一类圆锥曲线上。在拉伊尔的这部 1685 年的著作中,虽然漏掉了一些材料,如德萨格的对合定理和帕斯卡定理,但几乎包括了现今关于圆锥曲线的所有熟知的性质,并且都用综合方法证明,作出了有系统的陈述。事实上,拉伊尔几乎全部证明了阿波罗尼斯的 364 个关于圆锥曲线的定理。书中也有关于四边形的调和性质。拉伊尔总共证明了约有 300 个定理。他打算以此表明投射法比阿波罗尼斯的方法高明,也比当时已经创立的笛卡儿和费马的新的解析方法(第 15 章)优越。

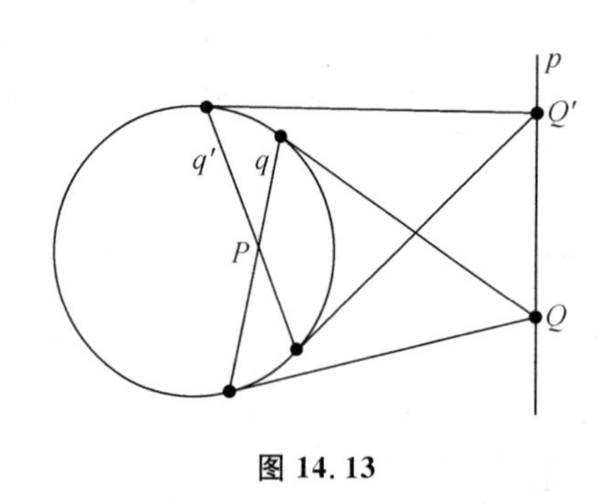

图 14.13

总的说来,拉伊尔所得结果并未超出德萨格的和帕斯卡的。但在极点和极线理论上他有一个重大的新结果。他证得:若一点在直线上移动,则该点的极线将绕那直线的极点转动。例如,若 Q(图 14.13)沿直线 p 移动,则 Q 的极线绕直线 p 的极点 P 转动。

5. 新原理的出现

在德萨格、帕斯卡和拉伊尔这些人得出的一些特殊定理之外和之上,当时开始出现一些新的思想和观点。第一个是关于**一个数学对象**从一个形状**连续变**到另一形状的思想,这里的数学对象就是几何图形。从开普勒 1604 年的《天文学的光学部分》(*Astronomiae pars Optica*[1])里,可以看出他似乎是第一个掌握了这一事实的人:抛物线、椭圆、双曲线、圆、由两直线组成的退化圆锥曲线,都可以从其中之一连续变为另一个。为实现从一个图形连续变换为另一个图形这个过程,比方说,从椭圆变到抛物线然后变到双曲线,开普勒设想一个焦点固定而让另一个焦点在它们的连线上移动。若让动点移向无穷远(同时让偏心率趋于 1),椭圆就成为抛物线;然后让那个动焦点又出现在定焦点的另一方,这时抛物线就变成双曲线。当两

① *Ad Vitellionem Paralipomena, quibus Astronomiae pars Optica Traditur* (维泰洛一书补遗,内含天文学的光学部分)。

焦点合而为一，椭圆变成圆；当双曲线的两焦点合在一起，双曲线便退化为两直线。要使一焦点从一个方向移往无穷远而又从另一个方向重新出现，开普勒就假定了（如前所指出过的）直线向两端无限延伸之点在无穷远处合成一点，从而赋予直线以圆的性质。虽然在直观上这样看待直线并不令人满意，但这种思想在逻辑上是合理的，而且事实上在 19 世纪的射影几何里成为一个基本原理。开普勒又指出，若连续改变那个截割圆锥的平面的倾角，便可得各种不同的圆锥曲线。

帕斯卡也应用了图形连续变化的观点。他让六边形的两相邻顶点彼此靠近合而为一，使之变成一五边形。然后他从六边形的性质，考察这些性质在图形连续变动时出现什么情况，来推断出五边形的性质。同样，他从五边形变到四边形。

从射影几何研究工作中明显出现的第二个思想是**变换和不变性**。从某点作一图形的投射，然后取这投射的一个截景，这就是把原图形变换成一个新图形。原图形中值得研究的性质是那些在变换后保持不变的性质。17 世纪的其他一些数学家如圣文森特的格雷戈里（Gregory of St. Vincent，1584—1667）和牛顿①还引入了投射取截法之外的其他变换。

射影几何学家也着手进行代数学家（特别是韦达）所开创的寻求一般方法的研究。在希腊时代，证明方法的功效是有限的。每个定理都需要有新的一种办法。欧几里得和阿波罗尼斯似都不关心找一般方法。但德萨格却强调投射取截法，因他看出凡是对于圆证明了的性质，都可拿它作为一般方法来证明它们对圆锥曲线也成立。他又从对合与调和点组的概念，看到有比欧几里得几何里更一般性的概念。事实上，四个形成调和组的点，若其中之一在无穷远处，就变成三个点，其中一点在另外两点连线的中点处。于是调和点组的概念及有关的定理比一点平分一线段的概念更一般。德萨格和帕斯卡想从单独一个定理推出尽可能多的结果来。博斯说德萨格从他的对合定理推出了阿波罗尼斯的 60 个定理，受到帕斯卡的称颂。帕斯卡通过寻求不同图形间的关系如六边形与五边形之间的关系，也想找出处理这些图形的共同原理。事实上，据说他通过考察有关图形的定理和推论，从他关于六边形的定理得出了约 400 个系。但现在找不到他在这方面的著作了。注重方法的精神在拉伊尔 1685 年的著作中是很明显的，因它的主要目标是为了显示投射取截法比阿波罗尼斯的方法甚至比笛卡儿的代数方法优越。追求结果与方法的一般性这项工作在其后的数学工作中成为一股强大的力量。

几何学家虽重视了方法的一般性，他们无意中却又发掘出另一类一般性。许多定理，如德萨格的三角形定理，处理的是点和线的相交问题，而不是像欧几里得几何里所处理的线段、角度和面积的大小问题。线的相交这一事实在逻辑上应先

① 《原理》，第 3 版，第 1 篇，引理 22 及命题 25。

于考虑量的大小,因为正是相交这样的事实才确定了一个图形的组成。几何的一个新的基本的分支诞生了,它着重位置和相交方面的性质,而不是大小和度量方面的性质。然而17世纪的射影几何学者用欧几里得几何作为基础,特别是用了距离和角的大小这些概念。而且这些几何学家非但没有用新几何的观点来思考问题,事实上他们还打算改进欧几里得几何里的方法。他们工作中蕴含着几何新分支这一事实,是直到19世纪才认识到的。

虽然射影几何方面的工作起初是为了想给画家提供帮助而研究的,但后来就分散到圆锥曲线方面并与之合流,因那时对圆锥曲线的兴趣又高涨起来了。不过纯粹数学并不迎合17世纪的时尚,那时的数学家对理解自然和控制自然的问题——简言之就是对科学问题——远比这个来得关心。用代数方法处理数学问题一般更为有效,特别是易于得出科技所需要的数量结果。而射影几何学家用综合方法得出的定性结果并不那样有用。因此射影几何就让位给代数、解析几何、微积分,而这些学科又进一步产生出在近代数学中占中心地位的其他学科。德萨格、帕斯卡和拉伊尔得出的结果被人遗忘了,直到19世纪才又重新被人发现,而那时候新获得的结果和新观点使数学家能培育出潜伏在射影几何里的重要思想。

参考书目

Chasles, Michel: *Aperçu historique des méthodes en géométrie*, 3rd ed., Gauthier-Villars et Fils, 1889, pp. 68 - 95, 118 - 137. (Same as first edition of 1837.)

Coolidge, Julian L.: *A History of Geometrical Methods*, Dover (reprint), 1963, pp. 88 - 92.

Coolidge, Julian L.: *A History of the Conic Sections and Quadric surfaces*, Dover (reprint), 1968, Chap. 3.

Coolidge, Julian L.: "The Rise and Fall of Projective Geometry," *Amer. Math. Monthly*, 41, 1934, 217 - 228.

Desargues, Girard: *Œuvres*, 2 vols., Leiber, 1864.

Ivins, W. M., Jr.: "A Note on Girard Desargues," *Scripta Math.*, 9, 1943, 33 - 48.

Ivins, W. M., Jr.: "A Note on Desargues's Theorem," *Scripta Math.*, 13, 1947, 203 - 210.

Mortimer, Ernest: *Blaise Pascal: The Life and Work of a Realist*, Harper and Bros., 1959.

Pascal, Blaise: *Œuvres*, Hachette, 1914 - 1921.

Smith, David Eugene: *A Source Book in Mathematics*, Dover (reprint), 1959, Vol. 2, pp. 307 - 314, 326 - 330.

Struik, D. J.: *A Source Book in Mathematics*, 1200-1800, Harvard University Press, 1969, pp. 157 - 168.

Taton, René: *L'Œuvre mathématique de G. Desargues*, Presses Universitaires de France, 1951.

第15章

坐标几何

……我决心放弃那个仅仅是抽象的几何。这就是说，不再去考虑那些仅仅是用来练习思想的问题。我这样做，是为了研究另一种几何，即目的在于解释自然现象的几何。

笛卡儿

1. 坐标几何的缘起

费马和笛卡儿是数学中下一个巨大创造的主要负责人，他们和德萨格及其追随者一样，关心到曲线研究中的一般方法。但他们两人在很大程度上参加了科学研究工作，敏锐地看到了数量方法的必要性，而且注意到代数具有提供这种方法的力量。因此，他们就用代数来研究几何。他们所创立的科目叫做坐标几何或解析几何，其中心思想是把代数方程和曲线曲面等联系起来。这个创造是数学中最丰富、最有效的设想之一。

科学的需要和对方法论的兴趣推动了费马和笛卡儿对坐标几何的研究，这是无可怀疑的。费马对于微积分的贡献，如作曲线的切线、计算最大值和最小值等(这些将在后面讲到微积分的历史时更清楚地说明)，是为解答科学问题而设计的。他还对光学作了第一等的贡献。他对方法论的兴趣，在他的一本小书《平面和立体的轨迹引论》(*Ad Locos Planos et Solidos Isagoge*)①中的一个明白的叙述里得到证实(此书写于1629年，但1679年才出版)②。他在书中说，他找到了一个研究有关曲线问题的普遍方法。至于笛卡儿，他是17世纪中最伟大的科学家之一，他把方法论作为他一切工作的首要对象。

---

① 费马是在帕普斯所解释的意义下用这些名词的，参看第8章第2节。

② *Œuvres*, 1, 91－103.

2. 费马的坐标几何

在他的数论工作中,费马从丢番图出发。他关于曲线的工作,则从研究希腊的几何学家,特别是阿波罗尼斯开始,阿波罗尼斯的《论平面轨迹》(*On Plane Loci*)一书,久已失传,而费马却是把它重新写出的人之一。他对代数作了贡献之后,准备把它用来研究曲线。这一点他在上述小书《轨迹引论》中做了。他说他打算发起一个关于轨迹的一般研究,这种研究是希腊人没有做到的。费马的坐标几何究竟是怎样产生的,我们不知道。费马是熟悉韦达用代数解决几何问题的用法的,但更可能的是他把阿波罗尼斯的结果直接翻译成代数的形式。

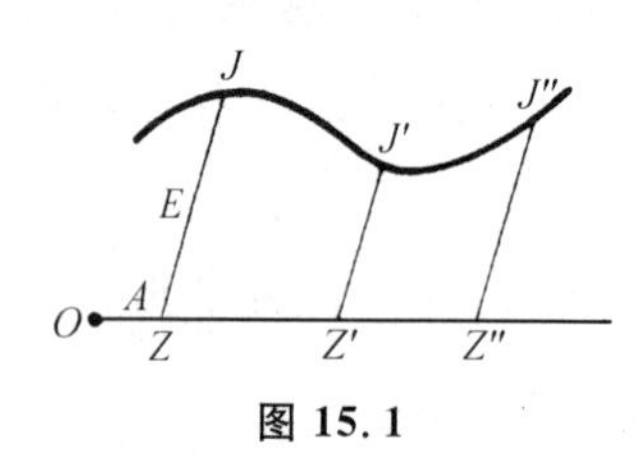

图 15.1

他考虑任意曲线和它上面的一般点 J(图 15.1)。J 的位置用 A, E 两字母定出:A 是从点 O 沿底线到点 Z 的距离,E 是从 Z 到 J 的距离。他所用的坐标就是我们所说的倾斜坐标,但是 y 轴没有明白出现,而且不用负数。他的 A, E 就是我们的 x,y。

费马早就叙述出他的一般原理:"只要在最后的方程里出现了两个未知量,我们就得到一个轨迹,这两个量之一,其末端就描绘出一条直线或曲线。"图中对于不同位置的 E,其末端 J, J', J'',…就把"线"描出。他的未知量 A 和 E,实际上是变数,或者可以说,联系 A 和 E 的方程是不确定的。在这里,费马用韦达的办法,让一个字母代表一类的数,然后写出联系 A 和 E 的各种方程,并指明它们所描绘的曲线。例如,他写出"*D in A aequetur B in E*"(用我们的记号就是 $Dx = By$)并指明这代表一条直线。他又给出(以下用我们的写法) $d(a-x) = by$,并肯定它也代表一条直线。方程 $B^2 - x^2 = y^2$ 代表一个圆,$a^2 - x^2 = ky^2$ 代表一个椭圆,$a^2 + x^2 = ky^2$ 和 $xy = a$ 各代表一条双曲线,而 $x^2 = ay$ 代表一条抛物线。因费马不用负坐标,他的方程不能像他所说代表整个曲线,但他确实领会到坐标轴可以平移或旋转,因为他给出一些较复杂的二次方程,并给出它们可以简化到的简单形式,他肯定:一个联系着 A 和 E 的方程,如果是一次的,就代表直线轨迹,如果是二次的,就代表圆锥曲线。在他的《求最大值和最小值的方法》(*Methodus ad Disquirendam Maximam et Minimam*, 1637)①中,他引进了曲线 $y = x^n$ 和 $y = x^{-n}$。

---

① *Œuvres*, 1,133 - 179;3,121 - 156.

3. 笛卡儿

笛卡儿是第一个杰出的近代哲学家，是近代生物学的奠基人，是第一流的物理学家，但只偶然地是个数学家。不过，像他那样富于智力的人，即使只花一部分时间在一个科目上，其工作也必定是很有意义的。

他于1596年3月31日出生在图赖讷的拉哈耶(La Haye in Touraine)地方。他父亲是个相当富有的律师。当他8岁的时候，他父亲把他送进安茹的拉弗莱什(La Flèche in Anjou)地方的一个耶稣会学校。因为他身体不好，被允许每天早上在床上工作，这习惯他一直保持到老。他16岁离开拉弗莱什，20岁毕业于普瓦蒂埃(Poitiers)大学，去巴黎当律师。在那里他遇见米道奇和梅森神甫，花了一年的时间和他们一起研究数学。但他却变得不安静起来，而于1617年投入了奥拉日(Orange)的莫里斯(Maurice)王子的军队。在那以后的九年里，他时而在几个军队中服役，时而在巴黎狂欢作乐，但一直继续研究数学。在荷兰布雷达(Breda)地方的招贴牌有一个挑战性的问题，他给解决了，这使他自信有数学才能，从而开始认真地用心于数学。他回到巴黎，为望远镜的威力所激动，闭门钻研光学仪器的理论与构造。1628年他移居到荷兰，得到较为安静自由的学术环境。他在那里住了20年，写出了他的著名作品。1649年他被邀请去瑞典做克里斯蒂娜(Christina)女皇的教师，他为王室的尊崇与荣誉所吸引，接受了这一邀请。1650年他在那里患肺炎逝世。

他的第一部著作《思想的指导法则》(*Regulae ad Directionem Ingenii*)[①]是1628年写成的，但在他死后才出版。他的第二部重要著作《世界体系》(*Le Monde*, 1634)，包括一个宇宙漩涡理论，是用来说明行星是如何转动不息而且保持在它们绕日的轨道中的。但他害怕教会的迫害，没有发表。1637年，他出版了他的《更好地指导推理和寻求科学真理的方法论》(*Discours de la méthode pour bien conduire sa raison, et chercher la vérité dans les sciences*)[②]。此书是文学和哲学的经典著作，包括三个著名的附录：《几何》(*La Géométrie*)、《折光》(*La Dioptrique*)和《陨星》(*Les Météores*)。其中的《几何》部分包括了他关于坐标几何和代数的思想。这是笛卡儿所写的唯一的数学书，虽然他在许多通信中，也确实传播过许多其他关于数学的思想。《方法论》一书立刻给他带来了很大的声誉。随着时间的流逝，他和他的群众更加注意他的著作。1644年，他发表了《哲学原理》

---

① 1692年用荷兰文出版；*Œuvres*, 10, 359-469。

② *Œuvres*, 6, 1-78.

(*Principia Philosophiae*),专论物理科学,特别是运动定律和漩涡理论。此书也包括《世界体系》中的材料,他相信这次已经写得使教会容易接受些。1650 年他发表了《音乐概要》(*Musicae Compendium*)。

笛卡儿的科学思想支配着 17 世纪。他的教导和著作,因为表达得非常清楚动人,甚至在非科学家中间也很通行。只有教会排斥他。实际上笛卡儿是虔诚的,并且他相信他已经证明了上帝的存在,因而感到高兴。但他教导说,圣经不是科学知识的来源,只凭理性就足以证明上帝的存在,并且说,人们应该只承认他所能了解的东西。教会对他这些话的反应是,在他死后不久,就把他的书列入《禁书目录》(*Index of Prohibited Books*),并且当在巴黎给他举行葬礼的时候,阻止给他致悼词。

笛卡儿是通过三条途径来研究数学的:作为哲学家,作为自然的研究者,作为一个关心科学的用途的人。试图把这三条思路分离开来是困难的,而且也许是不实际的。他生活在清教与天主教间的争论达到高潮的时代,又在科学刚刚开始发现出一些向主要的宗教教条挑战的自然规律的时代。因此,他就开始怀疑他在学校里所得到的一切知识。早在他在拉弗莱什结束了课业的时候,他就断定他所受的教育仅仅加重了他的烦闷。他是这样地为他的怀疑所困扰,以至他相信除了认识到他自已的无知外,没有什么进步。但是,由于他曾在欧洲最著名学校之一里呆过,又由于他相信他在那里不是一个劣等生,他感到有理由去怀疑在任何地方有没有可靠的成套知识。于是他就想这个问题:我们是怎样知道一些东西的?

但他不久就断定逻辑本身是无结果的:“谈到逻辑,它的三段论和其他观念的大部分,与其说是用来探索未知的东西,不如说是用来交流已知的东西,或者用来无判断地空谈我们所不知道的东西。”所以逻辑不能提供基本的真理。

但是,到哪里去找基本真理呢? 他排斥了通行的、大部分是经院派的哲学,说它虽然有吸引力,但显得没有明确的基础,而且所用的推理法并不总是无可非议的。他说,哲学仅仅提供一个“从表面上看来是到处为真的讨论工具。”神学指出了上天堂去的道路,他自己也和别人一样激动着要上那儿去,但这条道路是正确的吗?

在一切领域里建立真理的方法,据他说,是在 1619 年 11 月 10 日出现在他梦里的,那时他正在一次军事行动中,那个方法就是数学方法。他为数学所吸引是因为它的立足于公理上的证明是无懈可击的,而且是任何权威所不能左右的。数学提供了获得必然结果以及有效地证明其结果的方法。此外,笛卡儿还清楚地看到,数学方法超出他的对象之外。他说:“它是一个知识工具,比任何其他由于人的作用而得来的知识工具更为有力,因而他是所有其他知识工具的源泉。”在这同一个意向下,他写道:

> ……所有那些目的在于研究顺序和度量的科学,都和数学有关。至于所求的度量是关于数的呢,形的呢,星体的呢,声音的呢,还是其他东西的呢,都是无关紧要的。因此,应该有一门普遍的科学,去解释所有我们能够知道的顺序和度量,而不考虑它们在个别科学中的应用。事实上,通过长期使用,这门科学已经有了它自身的专名,这就是数学。它之所以在灵活性和重要性上远远超过那些依赖于它的科学,是因为它完全包括了这些科学的研究对象和许许多多的别的东西。

他于是就作出结论:“几何学家惯于在困难的证明中用来达到结论的成长串的简单而容易的推理,使我想到所有人们能够知道的东西,也同样是互相联系着的。”

从他的数学方法的研究中,他抽出了(并且写进了他的《思想的指导法则》一书里)在任何领域中获得正确知识的一些原则:不要承认任何事物是真的,除非它在思想上明白清楚到毫无疑问的程度;要把困难分成一些小的难点;要由简到繁,依次进行;最后,要列举并审查推理的步骤,要做得彻底,使之毫无遗漏的可能。

这些是他从数学家的实践中提炼出来的方法要点。他希望用这些要点,去解决哲学、物理学、解剖学、天文学、数学和其他领域中的问题。虽然这个大胆的计划并未成功,但他确实对于哲学、科学和数学作出了可观的贡献。心的直观力量(即对于基本的、清楚的、明显的真理的直接了解)和演绎推理,是他的知识哲学的要素。用别的方法得来的所谓知识,由于有错误的嫌疑和危险性,都应该摒弃。他在《方法论》中所写的三个附录,就是为了证明他的方法是有效的,他相信他已经证明了。

笛卡儿创立了近代哲学。我们不能详细叙述他的系统,只能注意其中与数学有关的几点。在哲学中,他找出了一些明白到他可以立刻接受的真理作为公理,最后他定出四条:(a)我思故我在(cogito, ergo sum);(b)每一现象必有原因;(c)效果不能大于它的原因;(d)心中本来就有完美、空间、时间和运动的观念。根据(c),完美的观念(即“完美的东西”的观念)不能从人的不完美的心中推导或创造出来,它只能从一个完美的东西得到。因此,上帝存在。因为上帝不欺骗我们,所以我们就能保证:在直观上很明白的数学公理,以及通过纯粹的思想程序从这些公理得出来的推论,确实可应用于物理世界,因而它们都是真理。由此可见,上帝一定是按照数学定律来建立自然界的。

对于数学本身,他相信他有明白而清楚的数学概念,例如三角形的概念。这些概念确实存在,而且是永恒的、不变的,它们的存在,不依赖于人是否正想着它们。因此,数学是永恒地客观地存在着的。

笛卡儿的第二个主要兴趣,是大多数和他同时代的思想家所共有的,这就是对自然界的了解。他用了许多年的时间在科学问题上,甚至广泛地作了力学、水静力学、光学和生物学方面的实验。他的漩涡理论是17世纪中最有势力的宇宙学。他是机械论哲学的奠基人。这个机械论说:一切自然现象包括人体的作用,都可归结到服从于力学定律的运动,但笛卡儿却把灵魂除外。他对于光学,特别对于透镜的设计感兴趣;他的《几何》的一部分和《折光》都是讲光学的。他和斯内尔分享了发现光的折射定律的荣誉。他的科学工作,和他的哲学工作一样,是根本性的而且是革命性的。

笛卡儿的科学工作的另一重要之点,是强调要把科学成果付之应用(第11章第5节)。在这一点上,他同希腊人明白地公开地决裂。为了人类的幸福而去掌握自然,他追究了许多科学问题。由于他注意到数学的力量,他自然会给它寻找用途。对他来说,数学不是思维的训练,而是一门建设性的有用科学。他与费马不同,几乎不注意美与协调性。他不推崇纯粹数学,认为把数学方法只用到数学本身是没有价值的,因为这不是研究自然。那些为数学而搞数学的人,是白费精神的盲目的研究者。

4. 笛卡儿在坐标几何方面的工作

笛卡儿既然断定方法的重要性,并断定数学可以有效地应用到科学上去,他就把方法应用到几何。在这里,他对方法的普遍兴趣和他对代数的专门知识,就组成联合力量。他对于下述事实深感不安:欧几里得几何中每一证明,总是要求某种新的、往往是奇巧的想法。他明白地批评希腊人的几何过于抽象,而且过多地依赖于图形,以至“它只能使人在想象力大大疲乏的情况下,去练习理解力”。他对当时通行的代数也加以批评,说它完全受法则和公式的控制,以至于“成为一种充满混杂与晦暗、故意用来阻碍思想的艺术,而不像一门改进思想的科学。”他因此主张采取代数和几何中一切最好的东西,互相以长补短。

事实上,他所着手开发的,是把代数用到几何上去。他完全看到代数的力量,看到它在提供广泛的方法论方面,高出希腊人的几何方法。他同时强调代数的一般性,以及它把推理程序机械化和把解题工作量减小的价值。他看到代数具有作为一门普遍的科学方法的潜力。他把代数应用到几何的产物,是他的《几何》一书。

虽然他在这本书里用了改进的记号(这在第13章已提到),但这书本是不容易读的,许多模糊不清之处是故意为之,他自吹说欧洲几乎没有一个数学家能懂他的著作,他只约略指出作图法和证法,而留给别人去填入细节。他在一封信里,把他的工作比作建筑师的工作,即立下计划,指明什么是应该做的,而把手工操作留给木工与瓦工。他还说:“我没有作过任何不经心的删节,但我预见到对于那些自命为无所不知的人，我如果写得使他们能充分理解，他们将不失机会地说我所写的都是他们已经知道的东西。”在《几何》中，他又给了一些别的理由，例如，他不愿夺去读者们自己进行加工的乐趣。后来有人给此书写了许多评注，使它易于了解。

他的思想必须从他书中许多解出的例题里去推测。他说，他之所以删去绝大多数定理的证明，是因为如果有人不嫌麻烦而去系统地考察这些例题，一般定理的证明就成为显然的了，而且照这样去学习是更为有益的。

在《几何》中，他开始仿照韦达的方式，用代数来解决几何作图的问题；后来才逐渐地出现了用方程表示曲线的思想。他首先指出，几何作图要求对线段作加减乘除，对特别的线段取平方根，因为这几种运算也包括在代数里，所以它们都可用代数的术语表示出。

在考虑作图问题时，笛卡儿说，我们必须假定问题已经解决，而用字母表示所有那些看来是作图所必需的已知和未知的线段。然后，不管线段是已知的还是未知的，我们必须这样去解除困难：弄清楚这些线段之间的相互关系，使得同一个量能够用两种方式表示出来，这样就得到一个方程。我们必须求出与未知线段数目相同的方程。如果方程不止一个，我们必须把它们组合起来，使得最后只剩下一个方程，其中只有一个未知的线段，用已知的线段表示出。笛卡儿然后说明怎样利用该未知线段的代数方程来把它画出。

例如，假定某几何问题归结到寻求一个未知长度 x，经过代数运算知道 x 满足方程 $x^2 = ax + b^2$，其中 a, b 是已知长度。于是由代数学得出

(1) $$x = \frac{a}{2} + \sqrt{\frac{a^2}{4} + b^2}.$$

(笛卡儿不考虑负根。)他画出 x 如下：作直角三角形 NLM(图 15.2)，其中 $LM = b$, $NL = \frac{a}{2}$。延长 MN 到 O，使 $NO = NL = \frac{a}{2}$。于是 x 就是 OM 的长度。笛卡儿没有证明这个结论的正确性，但是很明显

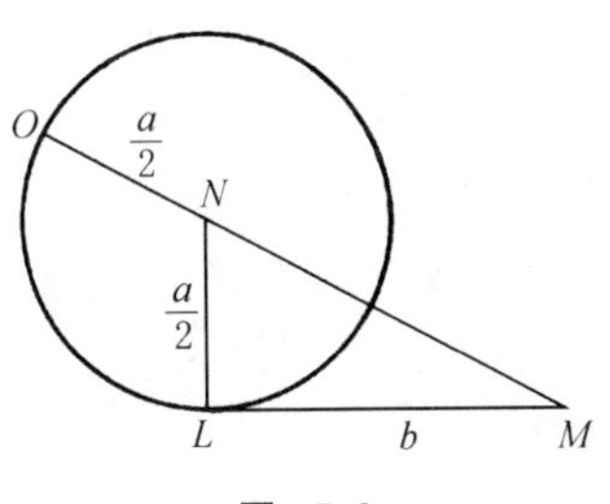

图 15.2

$$OM = ON + MN = \frac{a}{2} + \sqrt{\frac{a^2}{4} + b^2}.$$

这就是说，由解一个代数方程而得到的(1)式，指明了 x 的画法。

在第一卷书的前一半中，笛卡儿用代数解决的，只是古典的几何作图问题。这是代数在几何上的一个应用，并不是现代意义下的解析几何。以上所说的问题，可以叫做确定的作图问题，因为结果是一个唯一的长度。笛卡儿下一步考虑不确定问题，其结果有许多长度可以作为答案。这些长度的端点充满一条曲线，他在这里说：“也要求发现并且描出这条包括所有端点的曲线。”曲线的描出，根据于最后得

到的不定方程,此方程把未知的长度 y 用任意的长度 x 表示出。对此,笛卡儿着重指出,对于每个 x,长度 y 满足一个确定方程,因而可以画出。如果方程是一次的或二次的,就可以按照第一卷的方法,用直线和圆把 y 画出;对于高次方程,他说将在第三卷中说明怎样画 y。

笛卡儿用帕普斯(第5章第7节)的问题来说明当问题归结到一个含有两个未知长度的方程时该怎么办,这问题(他并没有普遍地解出)的叙述如下:在平面上给定三条直线,求所有这样的点的位置(即轨迹),从这点作三条直线各与一条已知线交于已知角(三个角不一定相同),使在所得的三条线段中,某两条的乘积(指长度的乘积)与第三条的平方成定比。如果给定四条直线,画法同上,但要求在所得的四条线段中,某两条的乘积,与其余两条的乘积成定比。如果给定五条直线,画法仍同上,但要求在所得的五条线段中,某三个的乘积与其余两个的乘积成定比。如果给定的直线多于五条,作法照此类推。

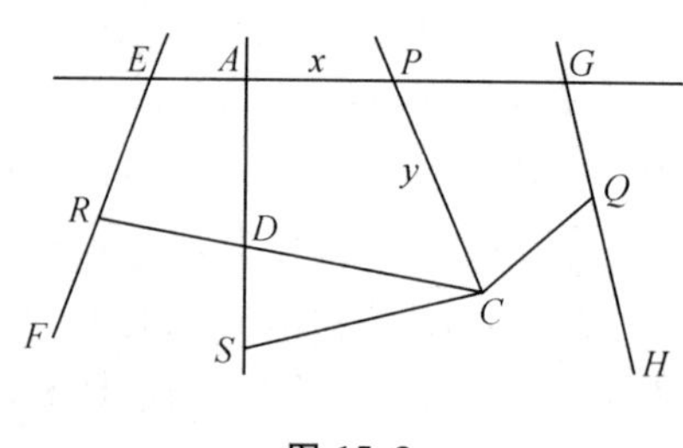

图 15.3

帕普斯曾宣称,当给定的直线是三条或四条时,所得的轨迹是一条圆锥曲线。在第二卷中,笛卡儿处理了四条直线时的帕普斯问题。设给定的线(图15.3)是 AG, GH, EF 和 AD。考虑一点 C,从点 C 引四线各与一条已知线交于已知角(四个角不一定相同),把所得的四条线段记为 CP, CQ, CR 和 CS。要求找出满足条件 $CP \cdot CR = CS \cdot CQ$ 的点 C 的轨迹。

笛卡儿记 AP 为 x,记 PC 为 y。经过简单的几何考虑,他从已知量得出 CR, CQ 和 CS 的值。把这三个值代入 $CP \cdot CR = CS \cdot CQ$,他就得到一个 x 和 y 的二次方程

$$y^2 = Ay + Bxy + Cx + Dx^2, \tag{2}$$

其中 A, B, C, D 是由已知量组成的简单的代数式。于是他指出,如果任意给 x 一个值,就得到一个 y 的二次方程;从这个方程可以解出 y,于是就能用直尺和圆规把 y 画出,像在第一卷里那样。由此可知,如果我们取无穷多个 x 值,就得到无穷多个 y 值,从而得到无穷多个点 C。所有这些 C 点的轨迹,就是方程(2)所代表的曲线。

笛卡儿的作法,是选定一条线(图15.3中的 AG)作为基线,以点 A 为原点。x 值是基线上的长度,从 A 量起;y 值是一个线段的长度,由基线出发,与基线作成一个固定的角度。这个坐标系,我们现在叫做斜坐标系。笛卡儿的 x, y 只取正值,他的图局限在第一象限之内,但方程(2)所代表的曲线却无此限制。笛卡儿简单地假定轨迹根本上位于第一象限之内;只附带地说了一下在第一象限外可能出现的

情况,他又不自觉地假定了对于每个正实数有一个长度。

有了曲线方程的思想之后,笛卡儿就进一步发展这个思想。他断言,容易证明曲线的次数与坐标轴的选择无关。他指出这个轴要选得使最后得到的方程愈简愈好。他又迈出另外一大步,这就是考虑两个不同的曲线,用同一坐标轴来写出它们的方程,并且联立地解出这两个方程来求出这两条曲线的交点。

也是在第二卷里,笛卡儿批判地考虑了希腊人关于平面曲线、立体曲线和线性曲线的区别。希腊人说,平面曲线是可以用圆规和直尺画出的曲线,立体曲线是圆锥曲线,其余的都是线性曲线,例如蚌线、螺线、割圆曲线和蔓叶线。希腊人也把线性曲线叫做机械曲线,因为需要用某些特殊机械来画出它们。但是笛卡儿说,就是直线和圆,也需要一些工具。机械作图的准确性是无关紧要的,因为在数学上只有推理才算数。他继续说,古人反对线性曲线可能是因为它们的定义不可靠。本此理由,笛卡儿排斥了这种思想:只有用直尺和圆规画出的曲线是合法的[1]。他甚至提出一些用机械画出的新的曲线。他用一句高度有意义的话来作结论:"几何曲线"是那些可用一个唯一的含 x 和 y 的有限次代数方程来表示出的曲线。因此,笛卡儿承认蚌线和蔓叶线是几何曲线,其他如螺线和割圆曲线等,他都叫做"机械曲线"。

笛卡儿坚持:可以认为是曲线的,是具有代数方程的那一种。这就开始取消了曲线是否存在看它是否可以画出这个判别标准。莱布尼茨比笛卡儿更进一步,用"代数的"和"超越的"字样来替代笛卡儿的词"几何的"和"机械的",他对曲线必须有代数方程这一要求提出抗议[2]。实际上笛卡儿和他的同时代人都忽略了这个要求而以同样的热情去研究旋轮线、对数曲线、对数螺线($\log\rho = a\theta$)和其他非代数曲线。

在推广容许曲线的概念方面,笛卡儿迈出了一大步。他不但接纳以前被排斥的曲线,而且开辟了整个的曲线领域。因为给定任何一个含 x 和 y 的代数方程,人们可以求出它的曲线,从而得到一些全新的曲线。在《普遍的算术》一书(1707)中,牛顿说:"但是近代人走得更远[比起希腊人的平面、立体和线性的轨迹来],把所有可以用方程表示的线都接收到几何里。"

笛卡儿下一步考虑几何曲线的分类。含 x 和 y 的一次和二次曲线,属于第一类,即最简单的类。关于这一点,笛卡儿说,圆锥曲线的方程是二次的,但他没有证明。三次和四次方程的曲线,构成第二类。五次和六次方程的曲线构成第三类,余类推。他把三次和四次的曲线归为一类,五次和六次的归为一类,是因为他相信,

---

① 比较第8章第2节中的讨论。

② *Acta Erud.*, 1684, pp. 470, 587; 1686, p. 292 = *Math. Schriften*, 5, 127, 223, 226.

在每一类中,高次的那一个可以化为低次的,正如四次方程的解可以通过三次方程的解来求出。当然,他这个信念是不对的。

《几何》的第三卷又回到第一卷的课题。它的目的是要解决这样的几何作图问题:当用代数语言叙述时,它们引到三次和高次的方程,而且依照代数,它们需要圆锥曲线和高次曲线。例如,笛卡儿考虑了求两个已知量 a 和 q 的两个比例中项这一作图问题。对于 $q=2a$ 的特殊情形,古希腊人曾经尝试过许多次,这一情形的重要处在于它是解决"倍立方"问题的一种方式。笛卡儿对此问题是这样进行的:设 z 是一个比例中项,则另一个必定是 z^2/a,因为

$$\frac{a}{z}=\frac{z}{z^2/a}=\frac{z^2/a}{z^3/a^2}.$$

因此,如果取 z^3/a^2 为 q,就得到 z 必须满足的方程。由此可见,给定 q 和 a 之后,我们必须求 z 使

$$z^3=a^2q. \tag{3}$$

这就是说,必须解一个三次方程。这时,笛卡儿就证明,z 和z^2/a可以借助一条抛物线和一个圆,用几何作图法求出。

从笛卡儿所描写的这个作图法上看,似乎没有牵涉到坐标几何。但是,抛物线是不能用直尺和圆规画出的(除非逐点去画),所以必须按方程把它准确地描出。

笛卡儿得到 z,*并不是*由于联立地解抛物线和圆的方程而求出它们的交点(x, y)。换句话说,他并不是在我们现在的意义下来图解方程。他所用的是纯粹的几何作图法(但假定抛物线是可画的)和 z 满足方程(3)的事实,以及圆和抛物线的几何性质(这些性质可以更容易地从这两个曲线的方程看出)。笛卡儿在这里做的和他在第一卷里做的完全一样,只不过在这里解决的几何作图问题中,其未知长度所满足的方程是三次或高次的,而不是一次或二次的。他所给出的关于问题的纯代数方面的解,以及随之而来的作图法,实际上和阿拉伯人所给出的一样,只不过他能够利用圆锥截线的方程来推导关于曲线的事实并且把它画出。

笛卡儿不但立意说明某些立体问题怎样可以在代数和圆锥曲线的帮助下得到解决,而且注意于问题的分类,使人从中知道问题牵涉到什么以及怎样进行解决。他的分类法根据于作图问题所引出的代数方程的次数。如果方程是一次的或二次的,就可用直线和圆把图作出。如果方程是三次或四次的,那就非用圆锥曲线不可。他无意中断言:所有三次的问题都可化为三等分角和倍立方的问题,而且不用比圆更为复杂的曲线,三次问题是不能解决的。如果方程的次数高于四,作图时就需要用比圆锥曲线更为复杂的曲线。

笛卡儿又强调曲线方程的次数是衡量曲线繁简的标准。作图时应该用最简单的曲线(即最低次的方程)。他把曲线的次数强调到这个程度,以至认为像笛卡儿

叶形线 $x^3+y^3-3axy=0$ (图 15.4)这样复杂的曲线,比曲线 $y=x^4$ 还要简单。

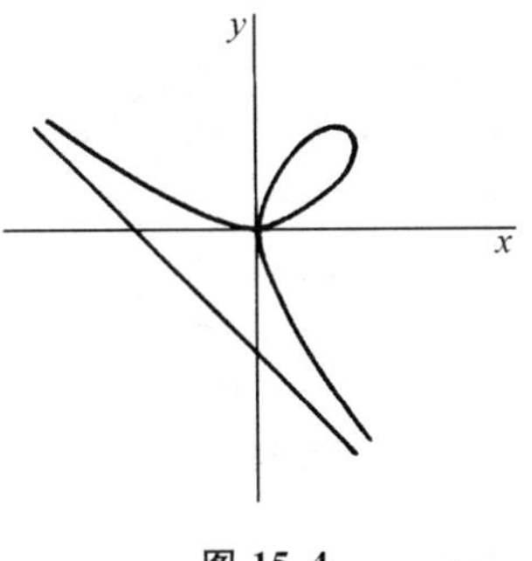

图 15.4

笛卡儿把代数提高到重要地位,其意义远远超过他对作图问题的洞察和分类。这个关键思想使人们能够认识典型的几何问题并且能够把在几何形式上互不相关的问题归在一起。代数给几何带来最自然的分类原则和最自然的方法层次。不仅可解性问题和作图可能性问题能够从平行于几何的代数来漂亮、迅速、完全地决定,而且离开代数,决定就成为不可能的了。因此,体系和结构就从几何转移到代数。

在《几何》第二卷的一部分和《折光》里,笛卡儿用坐标几何作为助力,从事于光学的研究。他对望远镜、显微镜以及其他光学仪器中透镜的设计非常关心,因为他体会到这些仪器对于天文学和生物学是重要的。他在《折光》里讨论了折射现象。在他之前,开普勒和阿尔哈森已经注意到下述说法对大的角度是不正确的:折射角和入射角成比例,其比例常数依赖于引起折射的介质。但他两人没有发现正确的定律。斯内尔在 1626 年之前发现了(但未发表)正确的定律

$$\frac{\sin i}{\sin r}=\frac{v_1}{v_2},$$

其中 v_1 是光在第一介质中的速度,v_2 是光进入第二介质后的速度(图 15.5)。笛卡儿于 1637 年在他的《折光》里给出同样的定律,他是不是独立地发现了这个定律,至今还没有考察清楚。关于这个定律,他所给出的证明是错误的。费马立即对定律及其证明进行攻击。这就引起了两人之间长达十年之久的争论。费马一直到他从他的“最短时间原理”(第 24 章第 3 节)导出此定律后,才承认它是正确的。

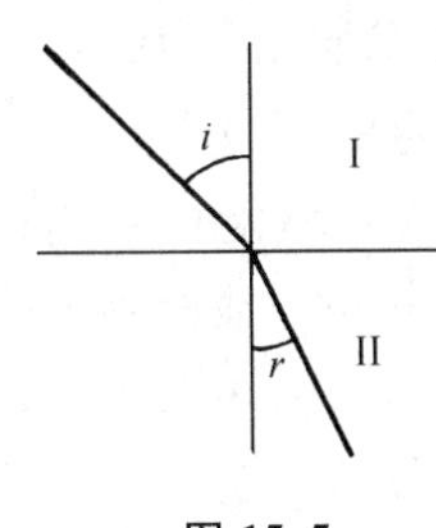

图 15.5

笛卡儿在《折光》里描述了眼的动作之后,进而考虑怎样去恰当地设计望远镜、显微镜和眼镜的聚焦透镜。早在古代就知道球形透镜不能使平行光线或从光源 S 发出的光线聚焦于一点,因此什么形状的透镜能起这样的聚焦作用,还是一个没有解决的问题。开普勒建议用某种圆锥截线,笛卡儿试图设计一个能完全聚焦的透镜。

他成功地解决了这个一般性问题:什么样的曲面作为两种介质的交界面时,能使从第一种介质内一点发出的光线射到曲面上,折入第二种介质而聚于一点。他发现:具有这个性质的旋转面是由一个卵形线(叫做笛卡儿卵形线)产生的。他在《折光》里讨论这个曲线和它的折光性质,并且在《几何》的第二卷里作了补充。

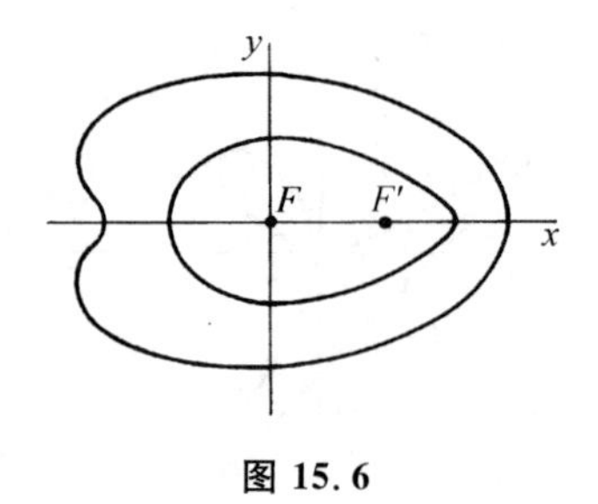

图 15.6

这条曲线的近代定义是满足条件

$$FM \pm nF'M = 2a$$

的点 M 的轨迹,其中 F 和 F' 是固定点,$2a$ 是大于 FF' 的任意实数,n 是任意实数。如果 $n=1$,曲线就成了椭圆。在一般情形下,卵形线的方程对 x 和 y 是四次的,这个曲线包括两个没有共同点的闭线,而且一个在另一个之内。在内的那个类似于椭圆,在外的那个可能是凸的,也可能有拐点,如图 15.6 所示。

我们现在能够看到,笛卡儿和费马研究坐标几何的方法大不相同。笛卡儿批评了希腊的传统,而且主张同这传统决裂;费马则着眼于继承希腊人的思想,认为他自己的工作只是重新表述了阿波罗尼斯的工作。真正的发现——代数方法的威力——是属于笛卡儿的,他知道他是在改换古代方法。虽然用方程表示曲线的思想在费马的工作中比在笛卡儿的工作中更为明显,但费马的工作主要是这样一个技术的成就:他完成了阿波罗尼斯的工作,并且利用了韦达用字母代表数类的思想。笛卡儿的方法是可以普遍使用的,而且就潜力而论也适用于超越曲线。

尽管笛卡儿和费马研究坐标几何的方式和目的有显著的不同,他们却卷入谁先发现的争论。费马的著作直到 1679 年才出版,但他在 1629 年已发现了坐标几何的基本原理,这比笛卡儿发表《几何》的年代 1637 年还早。笛卡儿当时已完全知道费马的许多发现,但否认他的思想是从费马来的。荷兰数学家贝克曼(Isaac Beeckman,1588—1637)把笛卡儿的坐标几何思想回溯到 1619 年,而且坐标几何中的许多基本思想,无疑是笛卡儿首创的。

当《几何》出版的时候,费马批评说,书中删去了极大值和极小值、曲线的切线以及立体轨迹的作图法。他认为这些是值得所有几何学家注意的。笛卡儿回答说,费马几乎没有做什么,至多做出一些不费气力不需要预备知识就能得到的东西,而他自己却在《几何》的第三卷中,用了关于方程性质的全部知识。他讽刺地称呼费马为我们的**极大和极小大臣**,并且说费马欠了他的债。罗贝瓦尔、帕斯卡和其他一些人站在费马一边,而米道奇和德萨格站在笛卡儿一边。费马的朋友们给笛卡儿写了尖刻的信。后来这两人的态度趋于缓和。在 1660 年的一篇文章里,费马虽然指出《几何》中的一个错误,但他宣称他是如此佩服笛卡儿的天才,即使笛卡儿有错误,他的工作甚至比别人没有错误的工作更有价值。笛卡儿却不像费马那样宽厚。

后代人对待《几何》并不像笛卡儿那样重视。虽然对数学的前途来说,方程和曲线的结合是一个显著的思想,但对笛卡儿来说,这个思想只是为了达到目的——解决作图问题——的一个手段。费马强调轨迹的方程,从近代观点来看,是更为恰当的。笛卡儿在卷一和卷三中所着重的几何作图问题,已逐渐失去重要性,这主要是因为不再像希腊人那样,用作图来证明存在了。

第三卷中也有一部分是在数学里占永久地位的。笛卡儿解决几何作图问题时,首先把问题用代数表示出,接着就解出所得到的代数方程,最后按解的要求来作图。在这个过程中,笛卡儿收集了自己的和别人的有助于求解的方程论工作。因为代数方程不断地出现在成百的、与作图问题无关的不同场合中,所以这个方程论已经成为初等代数的基础部分。

5. 坐标几何在17世纪中的扩展

有种种原因,使坐标几何的主要思想——用代数方程表示并研究曲线——没有被数学家热情地接受并利用。费马的《轨迹引论》虽然在他的朋友中得到传播,但迟至1679年才出版。笛卡儿对于几何作图问题的强调,遮蔽了方程和曲线的主要思想。事实上,许多和他同时代的人认为坐标几何主要是解决作图问题的工具,甚至莱布尼茨也说笛卡儿的工作是退回到古代。笛卡儿本人确实知道他的贡献远远不限于提供一个解决作图问题的新方法。他在《几何》的引言中说:"此外,我在第二卷中所作的关于曲线性质的讨论,以及考察这些性质的方法,据我看,远远超出了普通几何的论述,正如西塞罗的词令远远超过儿童的简单语言一样。"但是,他利用曲线方程之处,例如,解决帕普斯问题、求曲线的法线、找出卵形线的性质等,大大地被他的作图问题所遮盖。坐标几何传播速度缓慢的另一原因是笛卡儿坚持要把他的书写得使人难懂。

还有一个原因,是许多数学家反对把代数和几何混淆起来,或者把算术和几何混淆起来。早在16世纪当代数正在兴起的时候,已经有过这种反对的意见了。例如,塔尔塔利亚坚持要区别数的运算和希腊人对于几何物体的运算。他谴责《原本》的译者不加区别地使用*multiplicare*(乘)和*ducere*(倍)两字。他说,前一字是属于数的,后一字是属于几何量的。韦达也认为数的科学和几何量的科学是平行的,但是有区别。甚至牛顿也如此,他虽然对坐标几何有贡献,而且在微积分里使用了它,但反对把代数和几何混淆起来,他在《普遍的算术》中说①:

> 方程是算术计算的表达式,它在几何里,除了表示真正几何量(线、面、立体、比例)间的相等关系以外,是没有地位的。近来把乘、除和同类的计算法引入几何,是轻率的而且是违反这一科学的基本原则的……因此这两

① *Arithmetica Universalis*, 1707, p. 282.

门科学不容混淆,近代人混淆了它们,就失去了简单性,而这个简单性正是几何的一切优点所在。

对于牛顿的立场的一个合理解释是:他想把代数排斥到初等几何之外,但他也确实知道,代数在处理圆锥截线和高次曲线时是有用的。

使坐标几何迟迟才被接受的又一原因是代数被认为缺乏严密性。我们已经谈到(第13章第2节),巴罗不愿承认无理数除了作为表示连续几何量的一个符号外,还有别的意义。算术和代数从几何得到逻辑的核实,因而代数不能替代几何,或与几何并列。哲学家霍布斯(Thomas Hobbes,1588—1679)虽然在数学里是个小人物,但当他反对"把代数应用到几何的一整批人"时,却代表许多数学家发了言,说这批数学家错误地把符号当作几何。他又认为沃利斯论圆锥曲线的书是卑鄙的,是"符号的结痂"。

上述种种,虽然阻碍了对笛卡儿和费马的贡献的了解,但也有很多人逐渐采用并且扩展了坐标几何。第一个任务是解释笛卡儿的思想。范斯库滕(Frans van Schooten,1615—1660)将《几何》译成拉丁文,于1649年出版,并再版了若干次,这本书不但在文字上便于所有的学者(因为他们都能读拉丁文),而且添了一篇评论,对笛卡儿的精致陈述加以阐发。在1659到1661年的版本中,范斯库滕居然给出坐标变换——从一条基线(x轴)到另一条基线——的代数式。他如此深切地感到笛卡儿方法的力量,以至宣称希腊人就是用这个方法导出他们的结果的。照范斯库滕的说法,希腊人是先由代数工作看出怎样去综合地得出结果——范斯库滕说明如何做到这一步——然后发表那些没有代数方法显明的综合方法来惊世骇俗。范斯库滕可能误解了"分析"(这个词按希腊人的意思是分析某个问题)和"解析几何"(这个词特别描写笛卡儿把代数当作方法使用)的意义。

沃利斯在《论圆锥曲线》(*De Sectionibus Conicis*, 1655)中,第一次得到圆锥曲线的方程。他是为了阐明阿波罗尼斯的结果,把阿波罗尼斯的几何条件翻译成代数条件(就像我们在第4章第12节所做的),从而得到这些方程的。他于是把圆锥曲线定义为对应于含x和y的二次方程的曲线,并证明这些曲线确实就是几何里的圆锥曲线。他很可能是第一个用方程来推导圆锥截线的性质的人。他的书大大有助于传播坐标几何的思想,又有助于普及这样的处理法:把圆锥截线看作平面曲线,而不看作是圆锥与平面的交线,虽然这后一种看法仍继续流传着。此外,沃利斯强调代数推理是有效的,而笛卡儿至少在他的《几何》中实际上依靠几何,认为代数只是一种工具。沃利斯又是第一个有意识地引进负的纵横坐标的人。略晚一些,牛顿也这样做,可能是从沃利斯那里学来的。我们可以比较范斯库滕和沃利斯的说法,沃利斯说,阿基米德和几乎所有的古代人把他们的探索和分析问题的方法对后辈如此保密，使近代人觉得发明一种新的分析法比寻找旧的还要容易些。

牛顿的《流数法与无穷级数》(*The Method of Fluxions and Infinite Series*)大约于1671年写成，但第一次出版的，却是科尔森(John Colson，死于1760年)的英译本，出版于1736年。此书包括坐标几何的许多应用，例如按方程描出曲线。书中创见之一，是引进新的坐标系。17甚至18世纪的人，一般只用一根坐标轴(x轴)，其y值是沿着与x轴成直角或斜角的方向画出的。牛顿所引进的坐标系之一，是用一个固定点和通过此点的一条直线作标准，略如我们现在的极坐标系。书中还包括其他与极坐标有关的思想。牛顿又引进了双极坐标，其中每点的位置决定于它至两个固定点的距离(图15.7)。由于牛顿的这个工作直到1736年才为世人所知，而詹姆斯·伯努利于1691年在《教师学报》(*Acta Eruditorum*)上发表了一篇基本上是关于极坐标的文章，所以通常认为詹姆斯·伯努利是极坐标的发现者。

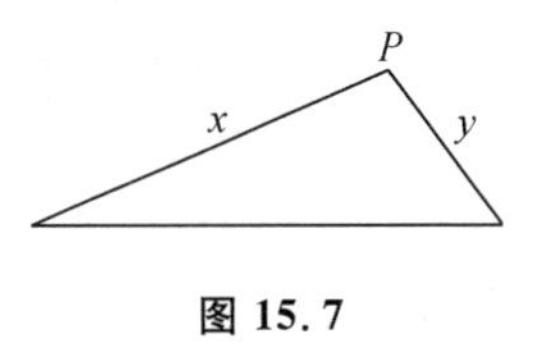

图 15.7

后来又出现了许多新的曲线和它们的方程。1694年，詹姆斯(雅各布)·伯努利引进了双纽线[①]，这个线在18世纪起了相当大的作用。这条曲线是一大族叫做卡西尼卵形线的一个特例。这族曲线是卡西尼(Jean-Dominique Cassini，1625—1712)引进的，但迟至1749年才由他的儿子卡西尼(Jacques Cassini，1677—1756)发表在《天文学初步》(*Eléments d'astronomie*)里。卡西尼卵形线(图15.8)的定义是：线上的任何点到两个固定点S_1，S_2的距离r_1，r_2的乘积等于常数b^2，b是正常数。设S_1与S_2间的距离是$2a$，如果$b>a$，就得到一个没有自交点的卵形线。如果$b=a$，就得到詹姆斯·伯努利所引进的双纽线。如果$b<a$，卵形线就分为两个。卡西尼卵形线的直角坐标方程是四次的。笛卡儿自己引进了对数螺线[②]，它的

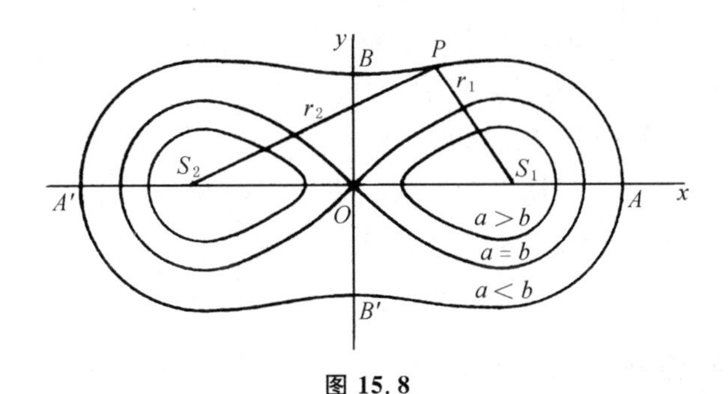

图 15.8

① *Acta Erud.*, Sept. 1694 = *Opera*, 2, 608 - 612.

② 1638年9月12日给梅森的信 = *Œuvres*, 2, 360。

极坐标方程是 $\rho = a^{\theta}$，并且发现了它的许多性质。还有其他曲线，包括悬链线和旋轮线，将在别处谈到。

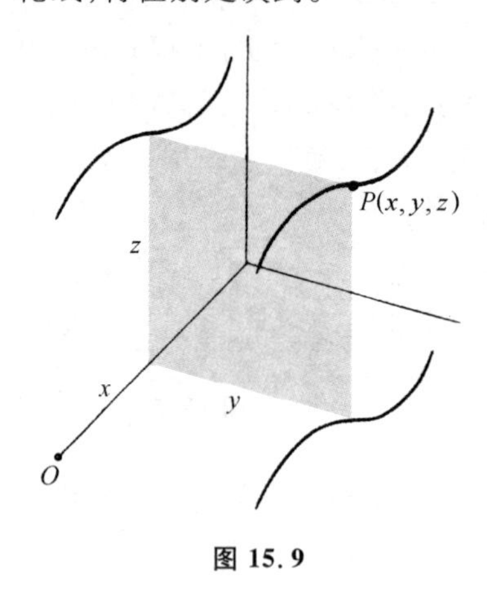

图 15.9

把坐标几何推广到三维空间，是在 17 世纪中叶开始的。在《几何》的第二卷中，笛卡儿指出，容易使他的想法运用到所有这样的曲线，即可以看作是一个点在三维空间中作规则运动时所产生的曲线。要把这种曲线用代数表示出来，笛卡儿的计划是:从曲线的每个点处作线段垂直于两个互相垂直的平面(图 15.9)。这些线段的端点将分别在这两个平面上描出两条曲线，而这两条平面曲线就可用已知的方法处理。在第二卷的靠前一部分里，笛卡儿指出，一个含有三个未知数——这三个数定出轨迹上的一点 C——的方程所代表的 C 的轨迹是一个平面、一个球面，或一个更复杂的曲面。他显然体会到他的方法可能推广到三维空间中的曲线和曲面，可是他没有进一步去考虑这种推广。

费马在 1643 年的一封信里，简短地描述了他的关于三维解析几何的思想。他谈到柱面、椭圆抛物面、双叶双曲面和椭球面。然后他说，作为平面曲线论的顶峰，应该研究曲面上的曲线。"这个理论，有可能用一个普遍的方法来处理，我有空闲时将说明这个方法。"在一篇只有半页长的文章(*Novus Secundarum*)①里，他说，含有三个未知数的方程表示一个曲面。

拉伊尔在他的《圆锥截线新论》(*Nouveaux élémens des sections coniques*, 1679)里，对三维坐标几何作了较为特殊的讨论。为了表示曲面，他先用三个坐标表示空间中的点 P(图 15.10)，然后实际写出了曲面的方程。尽管如此，三维坐标几何的发展，是 18 世纪里的事，我们以后将讨论到。

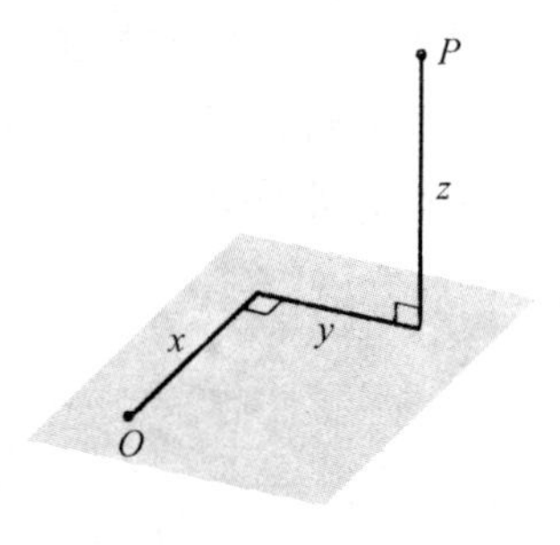

图 15.10

6. 坐标几何的重要性

在费马和笛卡儿走上数学舞台之前，代数已有相当大的进展，鉴于这个事实，

① *Œuvres*, 1,186 - 187;3,161 - 162.

坐标几何不是一个巨大的技术成就。对费马来说,它是阿波罗尼斯工作的代数翻版。对于笛卡儿来说,它几乎是一个偶然的发现,这个发现,是他继续韦达和其他人的工作,利用代数来解决确定的几何作图问题时得到的。然而坐标几何却改变了数学的面貌。

笛卡儿辩论说,曲线是任何具有代数方程的轨迹。他这话一下子就扩大了数学的领域。我们只要考虑到在数学中已经被承认被使用的曲线种类,并且把这些种类同希腊人所承认的曲线种类相比较,就知道冲破希腊人的堤防是如何重要的了。

笛卡儿企图通过坐标几何来给几何引进新方法。他的成就远远超过他的期望。在代数的帮助下,不但能够迅速地证明关于曲线的任何事实,而且这个探索问题的方式,几乎成为自动的。这些认识在今天已经是平淡无奇的事了。这套研究方法甚至是更为有力的。当沃利斯和牛顿开始用字母代表正数、负数甚至以后代表复数时,就有了可能把综合几何中必须分别处理的情形,用代数来统一处理。例如,在综合几何中证明三角形的高交于一点时,必须分别考虑交点是在三角形内和三角形外,而用坐标几何来证,则不加区别。

坐标几何把数学造成一个双面的工具。几何概念可用代数表示,几何的目标可通过代数达到。反过来,给代数语言以几何的解释,可以直观地掌握那些语言的意义,又可以得到启发去提出新的结论。拉格朗日(Joseph-Louis Lagrange)曾把这些优点写进他的《数学概要》(*Leçons élémentaires sur les mathématiques*)[①]中:"只要代数同几何分道扬镳,它们的进展就缓慢,它们的应用就狭窄。但是当这两门科学结合成伴侣时,它们就互相吸取新鲜的活力,从那以后,就以快速的步伐走向完善。"的确,17世纪以来数学的巨大发展,在很大程度上应归功于坐标几何。

坐标几何的显著优点,在于它恰好提供了科学久已迫切需要的,而且在17世纪一直公开要求着的数学设备。这设备就是数量的工具。研究物理世界,似乎首先需要几何。物体基本上是几何的形象,运动物体的路线是曲线。笛卡儿自己确也认为全部物理都可归结到几何。但是,我们已经指出,把科学应用到短程测地学、航海学、日历计算、天文预测、抛射体的运动,以及笛卡儿曾经搞过的透镜设计时,都需要数量知识。坐标几何使人能把形象和路线表示为代数的形式,从而导出数量知识。

因此,代数变得比几何更为重要,虽然笛卡儿认为它只是一种工具,又认为与其说它是数学的一部分,还不如说它是逻辑的一个推广。事实上,坐标几何为倒换代数和几何的作用铺平了道路。从希腊时代到1600年,几何统治着数学,代数居

① *Œuvres*, 7,183 - 287, p. 271 in part.

于附庸的地位。1600 年以后,代数成为基本的数学部门。在这作用的交替中,微积分将是决定的因素。不过,代数的升级,加重了我们已经指出过的困难,即算术和代数没有逻辑基础,这个困难直到 19 世纪晚期,还没有解决的办法。

代数建立在经验的基础上这一事实,引起了数学名词的混乱。费马和笛卡儿所创立的科目,通常叫做“解析几何”。“解析”一词用在这里是不恰当的,叫坐标几何或代数几何较好(代数几何现在有另外的意义)。自柏拉图以后,“解析”一词指的是这样的过程:从所要证明的结论开始,往回做去,直至达到一些已知的东西为止。“解析”在这个意义下与“综合”相反,后者系指演绎的表述而言。约在 1590 年,韦达认为 algebra(代数)一字在欧洲语言中没有意义,摒弃不用,而建议用 analysis(解析)字样(第 13 章第 8 节),他的建议没有被采用。但对韦达和笛卡儿来说,用“解析”一词来描写把代数应用到几何上还是恰当的,因为他们是用代数来分析几何作图问题的。他们假定要求的几何长度已经知道,找出这长度所满足的方程,并调整这方程,使得从中能看出怎样去画出所求的长度。因此奥扎南(Jacques Ozanam,1640—1717)在他的《词典》(*Dictionary*, 1690)中说:“近代人用代数来进行分析。”在 18 世纪著名的《百科全书》(*Encyclopédie*)中,达朗贝尔(Jean Le Rond d'Alembert)把“代数”和“解析”当作同义词用。“解析”一词逐渐地变为专指代数方法而言,而新的坐标几何,大约直到 18 世纪末,在形式上几乎一律被描写成代数在几何上的应用。但是到了 18 世纪末年,“解析几何”已经成为标准的名词,常常用作书的名字。

在代数变成一个突出的科目时,数学家就认为它的作用远远大于希腊人所理解的“对问题作分析”。在 18 世纪中,这样的看法——应用到几何上的代数,不像笛卡儿所说的只是一种工具,而是像费马所说的,它本身就是一个引进并研究曲线和曲面的基本方法——通过欧拉、拉格朗日和蒙日的工作而得到胜利。据此,“解析几何”一词含有证明和使用代数方法的意思,因而我们现在把解析几何和综合几何相提并论,不再认为一个是发明的手段,而另一个是证明的方法了。两者都是演绎的。

与此同时,微积分和无穷级数进入了数学。牛顿和莱布尼茨都认为微积分是代数的扩展;它是“无穷”的代数,或者是具有无穷多个项的代数,例如无穷级数。就在 1797 年这样近的年代里,拉格朗日在他的《解析函数论》(*Théorie des fonctions analytiques*)中说,微积分及其以后的发展只是初等代数的一个推广。因为代数和解析是同义词,所以微积分也叫做解析。欧拉于 1748 年在一本著名的微积分教科书中,用“无穷小量解析”一词来描写微积分。这个名字直到 19 世纪晚期还在使用,当时解析一词是用来描写微积分和建筑在微积分上的那些分支的。这样就给我们遗留下来一个混乱的情况:“analysis”包括所有建立在极限过程上的数学,而“analytic geometry”则与极限过程无关。

参考书目

Boyer, Carl B. : *History of Analytic Geometry*, Scripta Mathematica, 1956.

Cantor, Moritz: *Vorlesungen über Geschichte der Mathematik*, 2nd ed. , B. G. Teubner, 1900, Johnson Reprint Corp. , 1965, Vol. 2, pp. 806 - 876.

Chasles, Michel: *Aperçu historique sur l'origine et le développement des méthodes en géométrie*, 3rd ed. , Gauthier-Villars et Fils, 1889, Chaps. 2 - 3 and relevant notes.

Coolidge, Julian L. : *A History of Geometrical Methods*, Dover (reprint), 1963, pp. 117 - 131.

Descartes, René: *La Géométrie* (French and English), Dover (reprint), 1954.

Descartes, René: *Œuvres*, 12 vols. , Cerf, 1897 - 1913.

Fermat, Pierre de: *Œuvres*, 4 vols. and Supplement, Gauthier-Villars, 1891 - 1912; Supplement, 1922.

Montucla, J. F. : *Histoire des mathématiques*, Albert Blanchard (reprint), 1960, Vol. 2, pp. 102 - 177.

Scott, J. F. : *The Scientific Work of René Descartes*, Taylor and Francis, 1952.

Smith, David E. : *A Source Book in Mathematics*, Dover (reprint), 1959, Vol. 2, pp. 389 - 402.

Struik, D. J. : *A Source Book in Mathematics*, 1200 - 1800, Harvard University Press, 1969, pp. 87 - 93, 143 - 157.

Wallis, John: *Opera*, 3 vols. , (1693 - 1699), Georg Olms (reprint), 1968.

Vrooman, Jack R. : *René Descartes: A Biography*, G. P. Putnam's Sons, 1970.

Vuillemin, Jules: *Mathématiques et métaphysique chez Descartes*, Presses Universitaires de France, 1960.

第16章

科学的数学化

我们可以说，现在是第一次把一个拥有许多奇妙结果的新方法公开出来；在未来的年月里，它将赢得别人的重视。

伽利略

1. 引　言

截至1600年，欧洲的科学家无疑地注意到数学在自然科学研究上的重要性。这种信念的最有力的证据是哥白尼和开普勒的工作，他们为了一个在当时仅仅具有数学优越性的理论而坚决地去推翻久已公认的天文学和力学的定律以及宗教信条。尽管如此，倘若科学仍然跟着以往的脚步前进，就很可能不会有近代科学的惊人成就，数学也就不会从中取得推动创造性工作的巨大力量。可巧在17世纪中，笛卡儿和伽利略两人针对科学活动的基本性质，进行了革命化。他们选定科学应该使用的概念，重新规定科学活动的目标，改变科学中的方法论。他们这样做，不仅使科学得到出乎意料和史无前例的力量，而且把科学和数学紧紧地结合起来。他们这个计划，实际上是要把理论科学归结到数学。想要了解从17世纪到19世纪这段时间中推动数学的力量，我们必须先考察笛卡儿和伽利略两人的思想。

2. 笛卡儿的科学观

笛卡儿明确宣称，科学的本质是数学。他说，他“既不承认也不希望物理学中有任何原理不同于几何学和抽象数学中的原理，因为后者能解释一切自然现象，并且能对其中一些现象给出证明”。客观世界是固体化了的空间，或者说是几何的化身。因此它的性质应该可以从几何的基本原理推导出来，而其中一些简单性质隐含着逻辑推理中的基础作用。

笛卡儿精心讨论了为什么世界是可以接近的，并可归结到数学。他坚持物质的最基本和最可靠的性质是形状、延展和在时空里的运动。因为形状也只是延展，所以他断言："给我延展和运动，我将把宇宙构造出来。"运动本身是由于力作用在分子上的结果。笛卡儿相信这些力服从于不变的数学定律，而且由于延展和运动都可用数学表示出，所以一切现象都可用数学描写出来。

笛卡儿的机械哲学甚至推广到人体的功能上去。他相信，力学定律可以解释人和其他动物的生命。在他的生理学著作中，他用热、水力、管子、活塞和杠杆的机械作用去解释身体的作用；只有上帝和灵魂不是机械的。

如果笛卡儿把周围的一切看作只是由运动的物质构成的，那么，他怎样解释味道、气味、颜色和声音的质量呢？这里他采用了古希腊关于第一性和第二性的学说，依照德谟克利特，这个学说主张"甜与苦、冷与热以及颜色等东西，只在意念中存在，在实际中不存在，真正存在的是不变的粒子、原子以及它们在空的空间中的运动"。第一性的东西，即物质与运动，存在于物理世界中；第二性的东西，仅仅是当外界原子冲击到人的感官时，第一性的东西产生这些感官上的效果。

因此，在笛卡儿看来，有两个世界：一个是巨大的协调地设计出来的数学机器，存在于空间和时间中，另一个是思维的世界。第一世界中的元素作用在第二世界上的效果就产生出物质的非数学性质或次要的性质。此外，笛卡儿肯定了自然界定律的不变性，因为这些定律只是预先规定的数学图案的一部分，就是上帝，也不能改动这不变的自然界。在这里，笛卡儿否认了通行的信条：上帝不断地干预着宇宙的活动。

虽然笛卡儿的哲学和科学学说背离了亚里士多德主义和经院主义，但在一个基本的方面，他还是一个经院主义者：他从自己的心里得出关于存在和实在的命题。他相信有先天的真理，而且理智本身的力量，可以得到对于一切事物的完全知识。例如，他是在先天推理的基础上，叙述出运动定律的(实际上，在他的生物学工作中，他作了些实验，并且从中得出重要的结论)。但是除了依靠先天原理以外，他的确传播了一个普遍的系统的哲学，从而震撼了经院主义的堡垒，开辟了新鲜的思想渠道。他的关于清除一切先入之见和偏见的企图，是他对过去造反的明白的宣告。通过把自然现象归结为纯物理的事态，他的确作了许多努力去剥掉科学中的神秘主义和玄虚成分。笛卡儿的著作影响很大，他的演绎而且系统的哲学风行于 17 世纪，特别是使牛顿注意到运动的重要性。他的哲学著作的精装本，甚至成为贵妇们梳妆台上的点缀品。

3. 伽利略的科学研究方式

虽然伽利略的科学哲学大部分与笛卡儿的一致，但是给近代科学制定出更彻底更有效更具体的程序,并用自己的工作证实该程序的效果的,却是伽利略。

伽利略(1564—1642)出生于比萨一个布商的家庭,他进了比萨大学学医。那里的课程还是在中世纪的水平上。伽利略从一位工程师那里学了数学,在17岁那年他从医学转到数学。学了大约8年之后,他向波洛尼亚大学申请一个教师职位,但因他不够优秀而遭到拒绝。后来他到底得到比萨大学的一个数学教授职位。在那里,他开始攻击亚里士多德派的科学,并且毫不迟疑地发表他的看法。即使因为他的批评,同事们疏远了他,也在所不顾。那时他已经开始写出重要的数学论文,从而引起一些能力较差的人的忌妒,这使他感到不愉快,因而在1592年接受了帕多瓦大学数学教授的职位。在那里,他写了一本小册子《力学》(*Le mecaniche*,1604)。在帕多瓦呆了18年后,他被美第奇的大公爵科西莫(Cosimo Ⅱ)邀请到佛罗伦萨,并被任命为宫廷首席数学家。科西莫给了他一所住房和可观的薪俸,并且保护他免受耶稣会的迫害(那时耶稣会把持着教皇职位,而伽利略由于拥护哥白尼的学说已经受到它的威胁)。为了表达他的谢意,伽利略把他所发现的木星的卫星命名为美第奇卫星,这些星是在他为科西莫服务的第一年中发现的。他在佛罗伦萨有充分时间从事研究和写作。

他提倡哥白尼学说,触怒了罗马宗教法庭,1616年他被召到罗马。他对于太阳中心论的传播受到了谴责。他不得不答应不再发表关于这个专题的东西。1630年教皇乌尔班(Urban)八世确实允许他发表,只要他的书是数学的而不是教义的。因此,在1632年,他出版了他的经典著作《关于两大世界体系的对话》(*Dialogo dei massimi sistemi*)①。1633年罗马教皇法庭再次传唤他去。在刑具威胁下,强迫他放弃对于太阳中心论的拥护。他再度被禁止发表东西,而且被迫过着实际上是软禁的生活。但他仍然从事于写出他多年来关于运动现象和材料力学的思想与工作。他的著作《关于两门新科学的探讨和数学证明》(*Discorsi e dimostrazioni matematiche intorno à due nuove scienze*),又叫《关于两门新科学的对话》,被秘密地运到荷兰,于1638年在那里出版。这是一部经典著作,在书中伽利略提出了他的新的科学方法。他用以下的话为他的行为辩护:“我对教会和对我自己的良心的虔诚和崇敬从来没有衰减过。”

伽利略在许多科学领域里是一个杰出的人物。他是敏锐的天文观察者。他常被称为近代发明之父;虽然他没有发明望远镜[当时诗人琼森(Ben Jonson)称之为迷惑镜],但他一听说这种想法,他就能立刻造出一个来。他是显微镜的一个独立发明者,并且设计了第一个摆钟。他又设计并制成一个罗盘,其标尺自动地给出数

① 此书有中译本,书名是《关于托勒密和哥白尼两大世界体系的对话》,上海外国自然科学哲学著作编辑组译(据加利福尼亚大学1953年英译本译出)。——译者注

值的结果,使用者能在标尺上读出,避免了计算之烦。这种罗盘销路很广,他做了许多个出售。

伽利略是第一个重要的近代声学的研究者。他提出一个声波理论,并且开始进行关于音调、谐音和弦振动的研究工作。这工作被梅森和牛顿继承,成为 18 世纪中数学工作的主要激发力。

伽利略的主要著作虽然讨论的是科学课题,但至今仍被认为是文学杰作。在他 1610 年写的《恒星的使者》(*Sidereus Nuncius*)一书里,他宣布了他的天文观测,并宣称他是哥白尼理论的支持者。这书立刻给他带来胜利,他被选为著名的罗马“山猫学院”(Academy of the Lynx-like)的成员。他的两部经典著作《关于两大世界体系的对话》和《关于两门新科学的对话》写得清楚、直接、机智而又深奥。在这两本书中,伽利略让一个角色提出流行的观点,让另一个角色对他作巧妙而坚定的辩论,指出这些观点的错误和弱点以及新观点的力量。

在他的科学哲学中,伽利略对于自然界坚决地同臆测的、神秘的看法决裂而赞成力学的和数学的观点。他还相信,科学问题不应该为神学的辩论所迷惑、所蒙蔽。事实上,他的科学成就之一(虽然多少离开了我们将要考察的方法)就是他明确地认识了科学领域而决然地把它同宗教教条割断。

伽利略和笛卡儿一样,相信自然界是用数学设计的。他的 1610 年的叙述是著名的:

> 哲学[自然]是写在那本永远在我们眼前的伟大书本里的——我指的是宇宙——但是,我们如果不先学会书里所用的语言,掌握书里的符号,就不能了解它。这书是用数学语言写出的,符号是三角形、圆形和别的几何图像。没有它们的帮助,是连一个字也不会认识的;没有它们,人就在一个黑暗的迷宫里劳而无功地游荡着①。

自然界是简单而有秩序的,它的行为是规则的而且必要的。它按照完美而不变的数学规律活动着。神圣的理智,是自然界中理性事物的源泉。上帝把严密的数学必要性放入世界,人只有通过艰苦努力才能领会这个必要性。因此,数学知识不但是绝对真理,而且像圣经那样,每句每行都是神圣不可侵犯的。实际上,数学更优越,因为对圣经有许多不同的意见,而对数学的真理则不会有不同的意见。

另一信条,希腊人德谟克利特的原子论,在伽利略的著作中,比在笛卡儿的著作中更为明显。原子论预先假定有空的空间(笛卡儿不承认这一点)和单个的不可毁灭的原子。变化是由原子的组合和分解构成的。物体中所有质的差别,都是由

---

① *Opere*, 4,171.

原子在数量、大小、形状和位置排列上的差别造成的。原子的主要性质是不可透入性和不可毁灭性。这些性质可用来解释化学现象与物理现象。伽利略拥护原子论,把它摆在科学学说的前线。

原子论把伽利略吸引到第一性和第二性的学说。他说:"如果把耳朵、舌头和鼻子都去掉,我的意见是,形状、数量[大小]和运动将仍存在,但将失掉嗅觉、味觉和声觉,这些是从活的动物抽象出来的,照我看来,只是一些名词而已。"因此,伽利略和笛卡儿一样,一下子就剥掉了千百种现象和性质而集中到物质和运动这两种可用数学描述的东西。在一个把运动问题作为最突出最严肃的问题的世纪里,科学家认为运动是一个基本的物理现象,也许是不足为怪的。

集中到物质和运动,只是伽利略研究自然的新方式的第一步。他的下一步思想,笛卡儿也曾提到过的,就是任何科学分支应在数学模型上取图案。这包括两个主要步骤。数学从公理——清楚而自明的真理——出发,通过演绎推论而建立新的真理。据此,任何科学分支,都应从公理或原理出发,然后演绎地进行下去。不但如此,还应从公理推出尽量多的结果。当然,这个思想源于亚里士多德,他所寻求的也是在数学模型指引下的演绎结构。

可是,伽利略根本上不同于希腊人,不同于中世纪的科学家甚至笛卡儿之处,在于他的寻求基本原理的方法。伽利略以前的人和笛卡儿都相信基本原理出自心中,心只需对任何一类现象去想,它就能认出基本的真理。心的这种力量,在数学中明白地得到证实。像"等量加等量结果还相等"和"两个点确定一条直线"等公理,只要我们想到数和几何图形,就会立刻呈现出来,而且是无可争辩的真理。希腊人也曾这样找出一些自明的物理原理。例如"宇宙中所有物体都应有自然位置"这条原理是再恰当没有的了。静止状态看来显然比运动状态更为自然。必须用力来推动和保持物体的运动,这也似乎是无可争辩的。相信心能够提供基本原理,并不否认观测在获得这些原理的过程中可能起的作用,但是观测只是唤起正确的原理,正如看见一个熟识的面孔,就能想起有关那个人的事情一样。

希腊和中世纪的科学家,如此相信先天的基本原理,以至当观测偶然不符合时,他们就造出特殊的解释来保存原理,同时也说明异常的地方。这些人,照伽利略的说法,是首先决定世界应该如何作用着,然后把他们所看见的东西配合到他们预想的原理中去。

伽利略决定在物理学中,和在数学中相反,基本原理必须来自经验与实验。寻求正确而基本的原理的道路,是要注意什么是自然界说的,而不必注意什么是心之所愿的。他辩论道,自然界不是先造出人脑,然后把世界安排得使它能被人的智慧所接受。对于中世纪的思想家无休止地重复亚里士多德的话并且争论它的含义,伽利略给以批评说,知识来自观测,不来自书本,关于亚里士多德的辩论是无用的。

他说："当我们得到自然界的意志时，权威是没有意义的……"当然，有些文艺复兴时代的思想家以及伽利略的同时代人弗朗西斯·培根也得出同样的结论：实验是必要的。在他的新方法的这一特殊方面，伽利略并没有走在别人前面。但是，近代主义者笛卡儿却认为伽利略依赖于实验的办法是不明智的。笛卡儿说，感官所及的事情只能引向幻觉，只有理性能透过幻觉。从内心所提供的天生的一般原理，我们能推出自然界的特殊现象，并且理解它们。伽利略确曾领会到：人可能从实验得出一个不正确的原理，因而从这原理得出的推论，也是不正确的。因此，他建议用实验去考核推理的结果，并且去获得基本原理。

就实验而论，伽利略确是一个过渡人物。他，还有 50 年后的牛顿，都相信少数关键性实验应该能产生正确的基本原理。不仅如此，有许多伽利略叫做实验的，实际上是思想中的实验，这就是说，他依靠日常经验去想象如果真作实验的话，应该得到什么结果，于是他就坚信不疑地作出结论，好像他曾真正作过实验一样。当他在《关于两大世界体系的对话》中描写到一个球从航行着的船的桅杆顶上掉下来的运动时，辛普利丘(Simplicio，书中对话人之一)问他是否作过实验。伽利略答道："没有作过，我不需要作，即使没有任何经验，我也能肯定是这样的，因为它不能不是这样。"事实上，他说他很少作实验，作实验主要是为了驳斥那些不遵循数学的人。虽然牛顿作了一些著名而巧妙的实验，却也说，他作实验是为了使他的结果在物理上易于了解，并且使普通人相信。

这事的真实情况是伽利略对于自然有一些成见，这使他相信有少许实验就足够了。例如，他相信自然界是简单的，因此，当他考虑自由落体以递增的速度下降时，他断定速度的增加，在下降的每秒时间内是一样的，这是最简单的"真理"。他也相信自然界是用数学设计出来的，因此任何数学定律，即使只是在很有限的实验中似乎是对的，在他看来就是对的。

伽利略和惠更斯、牛顿一样，认为科学工作中的演绎数学部分所起的作用比实验部分所起的作用要大。对伽利略说来，由一个单独的原理推出大量定理所引起的自豪感，不亚于该原理本身的发现所引起的自豪感。为近代科学造型的人——笛卡儿、伽利略、惠更斯和牛顿(还可加上哥白尼和开普勒)——都是以数学家的身份去探索自然，无论在一般方法上或具体研究上都是这样。他们是悬拟式的思想家，期望通过直观或通过关键性的观察和实验去了解广泛的、深刻的(但是简单的)、清晰而且不变的数学原理，然后从这些基本原理导出新的定律，完全和数学本身构造它的几何的方式一样。大量的活动是演绎部分，整个的思想体系就是这样导出的。

17 世纪的大思想家所想象的科学的正当程序，后来确实证明是有益的。用理性去寻求自然界定律，到了牛顿的时代，在薄弱的观察和实验的基础上，导出了极有价值的结果。16,17 世纪的巨大科学成就是在天文学和力学方面,关于前者,观测只给出了很少一点新鲜的东西;关于后者,实验的结果很难说是惊人的,而且确实是没有决定性的。但是,数学理论却达到了广博与完善的地步。在后来的两个世纪中,科学家根据极少甚至琐碎的观测和实验,给出了深刻而广泛的自然定律。

伽利略、惠更斯和牛顿都期望有少数实验就够了。这期望是容易理解的,因为他们都相信自然界是用数学设计的,所以照他们看来,没有理由不按照数学家研究数学的程序去进行科学的研究。正如兰德尔(John Herman Randall)在《近代思想的形成》(*Making of the Modern Mind*)一书中所说的:“科学产生于用数学解释自然这一信念……”

但是,伽利略确实从经验中得出几个原则,而且在这个工作中,他的研究方式截然不同于他的前辈的研究方式。他断定人必须深入到现象的基本中去,而把后者作为起点。在《关于两门新科学的对话》中,他说,处理无穷多样的重量、形状和速度是不可能的。他曾经观察到不同的物体在空气里降落的速度差异,比在水里的要小。所以,介质越稀薄,物体下降的差异越小。“当观察到这点之后,我就得出结论:在一个完全没有阻力的介质中,所有物体以同一速度降落。”伽利略在这里所做的是去掉偶然的或次要的效应,去得到首要的效应。

当然,实际的物体是在有阻力的介质中降落的,对于这些运动,伽利略该怎样说呢?他的回答是:“……因此,为了科学地进行处理,必须割掉这些困难[空气阻力、摩擦力等],在无阻力的情形下,发现并且证明这些定理之后,再按照实际经验所给予的限制来应用这些定理。”

去掉空气阻力和摩擦力之后,伽利略找出了在真空里运动的基本定律。这样,他不仅用物体在空的空间中运动的概念来驳斥亚里士多德,甚至驳斥笛卡儿,而且他所做的,正如数学家在研究实际图形时所做的那样。数学家从线上去掉分子构造、颜色和厚度而得到线的基本性质,然后就集中研究这些性质。伽利略就是这样深入到物理因素的。数学的抽象方法确实离开了现实,但是说也奇怪,当回到现实时,它却比所有因素都考虑进去更为有力。

以上所说的是伽利略所表述的一些方法论原理,其中有许多是由于受到数学的研究方式——数学用以研究几何的方式——的启发而来的。他的下一个原理,是关于数学本身的应用,但只是一个特殊方式的应用。亚里士多德派和中世纪的科学家都倒向质的方面,他们认为质是基本的,他们研究了质的获得与丧失,辩论了质的意义,伽利略和他们不同,主张寻求量的公理。这个改变最为重要。我们稍后将看到它的全部意义,现在举个简例也许有用。亚里士多德派说,球的降落,是因为它有重量;它落在地上,是因为任何物体都要找它的自然位置;而重物的自然位置是地球的中心。这些原理都是属于质的。甚至开普勒的第一运动定理——行星的轨道是椭圆——也是属于质的。与此相反,让我们来看这一叙述:球在降落中每秒钟的速度,以英尺计,是32乘以开始降落后所经历的秒数,用符号表示出便是$v=32t$。这是一个关于球如何降落的量的叙述。伽利略着意于找出这样的叙述作为公理,并期望用数学方法得出一些推论,这些推论将仍给出量的知识。另外,我们已经看到,数学是他要用的主要工具。

决定去寻求用公式表达的量的知识,带来了另一个根本的决定,虽然同这一根本的决定初次接触时,很难揭示出它的全部意义。亚里士多德派相信,科学的任务之一是要解释事情为什么发生,解释一词意味着把现象的原因挖掘出来。"物体降落,因为它有重量"这一叙述给出降落的直接原因,而"物体找它的自然位置"这一叙述则给出最后原因。但是,量的叙述$v=32t$,不管它价值如何,没有解释物体为什么降落,它只说明速率是怎样随着时间而变的。换句话说,公式不解释,只描写。伽利略所寻求的自然知识,是描写性的。他在《两门新科学》中说:"落体运动的加速度的原因何在,不是研究工作的必要部分。"更一般些,他指出,他将研究并证明运动的若干性质,而不管其原因是什么。实证的科学探讨,要同最后原因的问题分开,对于物理原因的忖度应该放弃。

对伽利略的这个原理的初次反应,势必是否定的。用公式描写自然现象,只能说是第一步。亚里士多德派好像实际上已掌握了科学的真正作用,这就是解释种种现象为什么发生。甚至笛卡儿对伽利略追求描写性公式的决定也提出抗议。他说:"伽利略关于真空中落体所说的一切都是没有根据的,他应该首先定出重量的本质。"他又说,伽利略应该在最后的理由上着想。但是,再过几章之后,我们将清楚地看到,伽利略追求描写的决定,是历来关于科学方法论的最深刻最有成效的思想。

尽管亚里士多德派已经谈到一些关于质的名词,例如流动性、刚性、要素、自然位置、自然的和猛烈的运动,以及潜势等,伽利略却选择了一组全新的可以测量的概念,使得它们的测度可以用公式联系起来。这组概念包括距离、时间、速度、加速度、力、质量和重量等。这些概念我们是太熟悉了,不觉得有什么奇怪,但在伽利略的时代,这是彻底的改造,至少作为基本概念来说是如此,这些概念在了解和掌握自然的努力中,已证明是最有帮助的。

我们已经描述出伽利略程序的主要特点。其中有些思想是别人曾经提出过的,有些则完全是他自己的创造。但是,伽利略的卓越之处在于他非常清楚地看出当时科学研究工作中的错误和缺点,彻底地抛弃了旧的方式,而又非常明白地制定了新的程序。另外,在应用这些程序于运动问题时,他不但表演了这个方法,而且成功地获得了辉煌的成果——换句话说,他证明了他的程序是有效的。他工作的完整、思想和表达的明晰以及论辩的力量,影响了几乎所有他的同辈和后辈。伽利略是近代科学方法论的奠基人。他完全意识到他的成就(见本章开端处的引言)。别人也意识到他的成就,哲学家霍布斯谈到伽利略时说:“他是第一个给我们打开通向整个物理领域的门的人。”

我们不能细述科学方法论的历史,但因数学在这个方法论中非常重要,而这个方法论的采用,又反过来大大促进了数学,我们就应该注意到像牛顿这样的大人物,是怎样全盘地接受了伽利略的程序的。牛顿断言,需要用实验来提供基本定律。他又明白知道,在得到一些基本原理之后,科学的作用就是从这些原理推出新的事实。他在他所著的《自然哲学的数学原理》(*Philosphiae Naturalis Principia Mathematica*,简称 *Principia*)的序文中说:

> 古代人(正如帕普斯告诉我们的那样)在自然事物的研究中,把力学科学推崇到极端重要的地位,而近代人则排除物体的形式和玄妙的质,努力把自然现象放在数学的控制之下。本此理由,我在这本书里,培育数学直至它联系到哲学[科学]时为止……所以我献出这本书作为哲学的数学原理,因为哲学的整个负担似乎在于——从运动现象去考察自然的力,然后从这些力去阐明其他现象……

当然,数学原理对牛顿和对伽利略一样,都是量的原理。他在《原理》中说,他的目的是要发现并宣告“一切事物按测度、数目和重量安排”的准确方式。牛顿有充分理由来强调与物理解释针锋相对的量的数学定律,因为在他的天体力学里,中心的物理概念是引力,而引力的作用是完全不能用物理的术语解释的。牛顿不给解释,只给出一个显明而有用的数量公式,表明引力是怎样作用的。这就是为什么他在《原理》的开端处说:“因此,我计划在这里只给出这些力的数学概念,不考虑它们的物理原因和根底。”在书的接近末尾的地方,他又重复他的思想:

> 但是我们的目的是要从现象中寻出这个力的数量和性质,并且把我们在简单情形下发现的东西作为原理。通过数学方法,我们可以估计这些原理在较为复杂情形下的效果……我们说通过数学方法(牛顿加了着重号),是为了避免关于这个力的本性或质的一切问题,这个质是我们用任何假设都不会确定出来的。

放弃物理的机械解释而改用数学的描写,甚至杰出的科学家也感到震惊。惠更斯认为引力的概念是“荒谬的”,因为穿越空的空间的作用,排除了任何机械的解释。他很惊讶牛顿竟然自找麻烦去作这样多费力的计算,其中除了引力的数学原理以外,别无根据。莱布尼茨攻击引力,说它是一个无实质而又不可解释的力量。约翰·伯努利(John Bernoulli,詹姆斯·伯努利的弟弟)也否定了它,认为它“背叛了那些习惯于除了无可争辩和论据确凿的物理原理而外,不接受任何物理原理的思想”。但是,只有依靠数学的描写(即使完全缺乏物理的了解时也依靠它)才使得牛顿的惊人贡献成为可能,更不用说后来的发展了。

由于科学变得沉重地依赖于——几乎附属于——数学,所以扩展数学领域和数学技术的人是科学家;而科学所提供的种种问题,给数学家的创造性工作指出了许多重要的方向。

4. 函数概念

按照伽利略程序进行的科学探讨,其第一个数学收获来自对运动的研究。这个问题吸引了17世纪的科学家和数学家。其原因是容易知道的。虽然在17世纪的早期,特别是在伽利略给太阳中心论增添了证据之后,开普勒的天文学已为一般人所接受,但是他的椭圆运动定律只是近似的,除非天空只有太阳和一个行星(在这个理想情形下,该定律是准确的)。人们已经在考虑着这样一些思想:每个行星的椭圆运动受到其他行星的干扰,月球绕地球的椭圆运动受到太阳的干扰。事实上,作用于任何两个物体间的引力的概念,已由开普勒(还有别人)提示过。因此,如何改进计算行星位置的问题还未解决。开普勒得到他的定律,主要是依靠用曲线去配合天文数据,但他并没有根据基本的运动定律去解释为什么行星沿着椭圆轨道运动。关于如何从运动原理导出开普勒定律这一基本问题,是一个明显的挑战。

改进天文学理论,还有一个实用的目的。为了寻找原料和通商。欧洲人已从事于大规模的、看不见陆地的长距离海航。因此水手们就需要测定纬度和经度的准确方法。纬度可以通过观察太阳或恒星来确定,但测定经度则较困难。16世纪中的测经度的办法是这样得不准确以至经常产生大约500英里的误差。到了大约1514年之后,经度是用月球对一些恒星的相对方向来确定的。并且把从某个标准地点在不同时间观测到的相对方向制成表册。航海者可以测定月球的方向(人所在的地点虽不同,但不太影响月球的方向),又可以利用例如恒星的方向来测定他的当地时间,于是他就可以根据所测定的月球方向直接查表或通过插值,找出标准地点的时间,从而算出他所测定的当地时间和标准地点的时间之差。时间上差一小时意味着经度上差15°。不过,这个方法也不准确。由于那时的船在水上起伏不定,要得到月球的准确方向是困难的;另一方面,由于月球相对于恒星的运动,在几个小时内不会太大,月球的方向必须较为准确地测定。角度上差1′就意味着经度上差0.5°;但是要使误差小于1′,在当时是远远做不到的。虽然有人提出过并且试用过其他测定经度的方法,但是为了扩展并改进已有的表册,进一步了解月球的轨道看来是必要的,而且许多科学家包括牛顿都研究过这个问题。就是在牛顿的时代,关于月球位置的知识仍是这样得不准确以至用表册来确定船在海中的位置,可以导致大到 100 英里的误差。

那时航运的损失很大,欧洲各国政府甚为关心。1675 年,英王查理(Charles)二世在格林尼治(Greenwich)建立起皇家观测台,以期对月球运动得到较好的观测,并且把该台作为测定经度的固定站。1712 年,英国政府设立一个"经度测定委员会",并且设置高到两万英镑的奖金来征求测量经度的方案。

17 世纪的科学家也面临着解释地球运动的问题。按照太阳中心的理论,地球既自转又围绕太阳运行。为什么物体应该呆在地球上呢? 既然地球不再是宇宙的中心,为什么下降的物体还要落到地球上呢? 不仅如此,从一切运动,例如抛射体的运动来看,好像地球是静止的。这些问题激起了许多人的注意,其中包括卡丹、塔尔塔利亚、伽利略和牛顿。抛射体的路线、射程和所能达到的高度,以及炮弹的速度对于高度和射程的影响都是基本的问题,因而当时的亲王们,和现在的国家一样,花了大量的钱来谋求解决。这就需要有新的运动原理来解释地球的现象。科学家们就想到因为宇宙据信是按照一个宏伟的计划造成的,所以能解释地球运动的原理,也能解释天体的运动。

从各种运动问题的研究中出现了一个特殊的问题:如何设计一些较为准确的方法来测量时间? 从 1348 年以后通用的机械钟是不够准确的。佛兰芒人(Flemish)的制图家弗里修斯(Gemma Frisius,1508—1555)曾提出用时钟来测定经度。在一个已知经度的地方把钟对好,放在船上;因为船的当地时间比较容易确定,例如按太阳的位置来确定,所以航海者只需记下这两个时间的差数,就能立刻把这个差数翻译成经度的差数。但是截止到 1600 年,还没有准确的、耐久的、适用于航海的钟。

单摆的运动似乎提供了测量时间的基本装置。伽利略已注意到摆的一个往复所用的时间是固定的,而且看来是与摆幅无关的。他设计了摆钟,并且叫他的儿子造出一个来。但是,对单摆做出基本工作的,却是胡克(Robert Hooke)和惠更斯。虽然摆钟不适于用在船上(为了计算经度,钟每天的误差不得超过二或三秒,而船的运动对摆的影响很大),但它在科学工作中以及家庭和商业方面的计时上,确实是有很大价值的。适用于航海的钟终于由哈里森(John Harrison,1693—1776)在 1761 年设计出来,在 18 世纪末开始使用。在这之前,由于没有适当的钟,所以关于月球运动的准确观测,还是那个世纪的主要科学问题。

数学从运动的研究中引出了一个基本概念。在那以后的二百年里,这个概念在几乎所有的工作中占中心位置,这就是函数——或变量间的关系——的概念。伽利略创立近代力学的著作《两门新科学》一书,几乎从头至尾包含着这个概念。

伽利略用文字和比例的语言表达函数关系。例如，在他的关于材料力学的作品中，他有时说："两个等体积圆柱体的面积(底面积除外)之比，等于它们高度之比的平方根。"又如："两个侧面积相等的正圆柱，其体积之比等于它们高度之比的反比。"在他的关于运动的作品中，他说(例如)："从静止状态开始以定常加速度下降的物体，其经过的距离与所用时间的平方成正比。""沿着同高度但不同坡度的倾斜平板下滑的物体，其下滑的时间与平板的长度成正比。"这些话清楚地表明他是在讨论变数和函数，只差把文字叙述表为符号形式这短短的一步了。因为代数的符号化那时正在扩展，所以不久之后，伽利略关于落体距离的叙述就写为 $s = kt^2$，关于沿斜板下滑时间的叙述就写为 $t = kl$ 了。

在17世纪引进的绝大部分函数，在函数概念还没有充分认识以前，是当作曲线来研究的。例如，关于 $\log x$，$\sin x$ 和 a^x 等初等超越函数的研究就是这样。伽利略的学生托里拆利(Evangelista Torricelli，1608—1647)在1644年的一封信里，描述他对曲线(用现在的写法) $y = ae^{-cx}$ $(x \geqslant 0)$ 的研究(他的原稿直到1900年才刊出)。他是受到当时的对数工作的启发而考虑这条曲线的。笛卡儿在1639年也碰到过这条曲线，但没有谈到它和对数的关系。正弦曲线是通过罗贝瓦尔关于旋轮线的研究，作为旋轮线的伴侣曲线而进入数学的(第17章第2节)。沃利斯在他的《力学》(*Mechanica*，1670)中给正弦曲线画了两个周期的图。当然，到了那时期，列在表里的三角函数和对数函数的值，是非常精确的。

另一与此有关的事，是用运动概念来引进旧的和新的曲线。在希腊时代，有少数曲线例如割圆曲线和阿基米德螺线，是用运动定义的。但在那时这些曲线不属于正规数学的范围。到了17世纪，看法就不同了。梅森在1615年把前人已知的曲线cycloid(旋轮线)定义为当车轮沿地面滚动时轮上一个定点的轨迹。伽利略证明把物体斜抛(即与地平线成一角度)向空中时，它的路径是一个parabola(抛物线)，因而把这曲线看作是动点的轨迹。

把曲线看作是动点的路径这一概念，通过罗贝瓦尔、巴罗和牛顿而获得明显的认可与接受。牛顿在他的《求曲边形的面积》(*Quadrature of Curves*，写于1676年)中说："我认为这里的数学量，不是由小块合成的，而是由连续运动描出的。线[曲线]是描画出来的，因而它的产生不是由于凑零为整，而是由于点的连续运动……这样的起源，真正发生在事物的本性中，并且是日常从物体的运动中看见的。"

逐渐地就给这些曲线所代表的各种类型的函数引进了名词和记号。但还存在着许多没有认识到的细微的难点。例如，在17世纪中，函数 a^x(x 是正负整数或分数)的使用，已经很普通了。那时假定(此假定一直到19世纪定义了无理数之后才取消)此函数对于无理数也有意义。因此人们对于形如 $2^{\sqrt{2}}$ 的式子没有发生过疑问,而默认为它的值位于同样形式的两个数之间,其中一个的指数是小于$\sqrt{2}$的任何有理数,另一个的指数是大于$\sqrt{2}$的任何有理数。

笛卡儿所提的几何曲线和机械曲线的区别(第 15 章第 4 节),引出了代数函数和超越函数的区别。幸而笛卡儿的同时代人没有注意到他排斥机械曲线的事。通过求面积、求级数和,以及进入微积分里的其他运算,人们发现并研究了许多超越函数。詹姆斯·格雷戈里在 1667 年证明圆扇形的面积不能表为圆半径和弦的代数函数,从而明确了代数函数和超越函数的区别。莱布尼茨证明 $\sin x$ 不可能是 x 的代数函数,无意中证明了詹姆斯·格雷戈里所寻求的结果①。对于超越函数的完全了解和使用就渐渐地实现了。

17 世纪中,函数概念的定义以詹姆斯·格雷戈里在他的论文《论圆和双曲线的求积》(*Vera Circuli et Hyperbolae Quadratura*, 1667)中所给出的最为明显。他定义函数是这样一个量:它是从一些其他的量经过一系列代数运算而得到的,或者经过任何其他可以想象到的运算而得到的。这最后一句话的意思,据他的解释是除了五种代数运算以外,必须再加上一个第六种运算,即趋于极限的运算(我们将在第 17 章中看到詹姆斯·格雷戈里所关心的是求面积的问题)。詹姆斯·格雷戈里的定义被遗忘了,但无论如何,不久就证明他的定义太窄,因为函数的级数表示式不久就广泛地使用开了。

自从牛顿于 1665 年开始微积分的工作之后,他一直用“流量”(fluent)一词来表示变量间的关系。莱布尼茨在他 1673 年的一篇手稿里用“函数”(function)一词来表示任何一个随着曲线上的点的变动而变动的量——例如切线、法线、次切线等的长度以及纵坐标等。至于该曲线本身,据他说是由一个方程式给出的。莱布尼茨又引进“常量”、“变量”和“参变量”,这最后一词是用在曲线族中的②。约翰·伯努利自 1697 年起就谈到一个按任何方式用变量和常量构成的量③(“任何方式”一词据他说是包括代数式子和超越式子而言)。到 1698 年他采用了莱布尼茨的“x 的函数”一词作为他这个量的名字。莱布尼茨在他的著作《历史》(*Historia*,1714)中,用“函数”一词来表示依赖于一个变量的量。

在符号方面,约翰·伯努利利用 X 或 ξ 表示一般的 x 的函数,但到了 1718 年他又改写为 ϕx。莱布尼茨同意这样做,但又提出用 x^1,x^2 等来表示 x 的函数,其上标是在同时考虑几个函数时用的。记号 $f(x)$是欧拉于 1734 年引进的④。从此函数概念就成了微积分里的中心概念。我们以后将看到这个概念的扩展情况。

---

① *Math. Schriften*, 5,97 - 98.

② *Math. Schriften*, 5,266 - 269.

③ *Mém. de l'Acad. des Sci.*, Paris, 1718,100 ff. = *Opera*, 2, 235 - 269, p. 241 in particular.

④ *Comm. Acad. Sci. Petrop.*, 7,1734/1735,184 - 200,pub. 1740 = *Opera*, (1),22,57 - 75.

参考书目

Bell, A. E.: *Christian Huygens and the Development of Science in the Seventeenth Century*, Edward Arnold, 1947.

Burtt, A. E.: *The Metaphysical Foundations of Modern Physical Science*, 2nd ed., Routledge and Kegan Paul, 1932, Chaps. 1-7.

Butterfield, Herbert: *The Origins of Modern Science*, Macmillan, 1951, Chaps. 4-7.

Cohen, I. Bernard: *The Birth of a New Physics*, Doubleday, 1960.

Coolidge, J. L.: *The Mathematics of Great Amateurs*, Dover (reprint), 1963, pp. 119-127.

Crombie, A. C.: *Augustine to Galileo*, Falcon Press, 1952, Chap. 6.

Dampier-Whetham, W. C. D.: *A History of Science and Its Relations with Philosophy and Religion*, Cambridge University Press, 1929, Chap. 3.

Dijksterhuis, E. J.: *The Mechanization of the World Picture*, Oxford University Press, 1961.

Drabkin, I. E., and Stillman Drake: *Galileo Galilei: On Motion and Mechanics*, University of Wisconsin Press, 1960.

Drake, Stillman: *Discoveries and Opinions of Galileo*, Doubleday, 1957.

Galilei, Galileo: *Opere*, 20 vols., 1890-1909, reprinted by G. Barbera, 1964-1966.

Galilei, Galileo: *Dialogues Concerning Two New Sciences*, Dover (reprint), 1952.

Hall, A. R.: *The Scientific Revolution*, Longmans Green, 1954, Chaps. 1-8.

Hall, A. R.: *From Galileo to Newton*, Collins, 1963, Chaps. 1-5.

Huygens, C.: *Œuvres complètes*, 22 vols., M. Nyhoff, 1888-1950.

Newton, I.: *Mathematical Principles of Natural Philosophy*, University of California Press, 1946.

Randall, John H., Jr.: *Making of the Modern Mind*, rev. ed., Houghton Mifflin, 1940, Chap. 10.

Scott, J. F.: *The Scientific Work of René Descartes*, Taylor and Francis, 1952, Chaps. 10-12.

Smith, Preserved: *A History of Modern Culture*, Henry Holt, 1930, Vol. 1, Chaps. 3, 6, and 7.

Strong, Edward W.: *Procedures and Metaphysics*, University of California Press, 1936, Chaps. 5-8.

Whitehead, Alfred North: *Science and the Modern World*, Cambridge University Press, 1926, Chap. 3.

Wolf, Abraham: *A History of Science, Technology and Philosophy in the 16th and 17th Centuries*, 2nd ed., George Allen and Unwin, 1950, Chap. 3.

第 17 章

微积分的创立

他以几乎神一般的思维力，最先说明了行星的运动和图像、彗星的轨道和大海的潮汐。

牛顿墓志铭

1. 促使微积分产生的因素

紧接着函数概念的采用，产生了微积分，它是继欧几里得几何之后，全部数学中的一个最大的创造。虽然在某种程度上，它是已被古希腊人处理过的那些问题的解答，但是微积分的创立，首先是为了处理 17 世纪主要的科学问题的。

有四种主要类型的问题。第一类是已知物体移动的距离表示为时间的函数的公式，求物体在任意时刻的速度和加速度；反过来，已知物体的加速度表示为时间的函数的公式，求速度和距离。这类问题是研究运动时直接出现的，困难在于 17 世纪所涉及的速度和加速度每时每刻都在变化。比如，计算瞬时速度就不能像计算平均速度那样用运动的时间去除移动的距离，因为在给定的瞬时，移动的距离和所用的时间都是 0，而 0/0 是无意义的。但是根据物理，每一个运动的物体在它运动的每一时刻必有速度，这也是无疑的。已知速度公式求移动距离的问题也遇到同样的困难，因为速度每时每刻都在变化，所以不能用运动的时间乘任意时刻的速度来得到移动的距离。

第二种类型的问题是求曲线的切线。这个问题的重要性来源于好几个方面，它是纯几何的问题，而且对于科学应用有巨大的重要性。正如我们知道的那样，光学是 17 世纪的一门较重要的科学研究。透镜的设计直接吸引了费马、笛卡儿、惠更斯和牛顿。要研究光线通过透镜的通道，必须知道光线射入透镜的角度以便应用反射定律。重要的角是光线同曲线的法线间的夹角(图 17.1)。法线是垂直于切线的，所以问题在于求出法线或者是求出切线。另一个涉及曲线的切线的科学问题出现于运动的研究中。运动物体

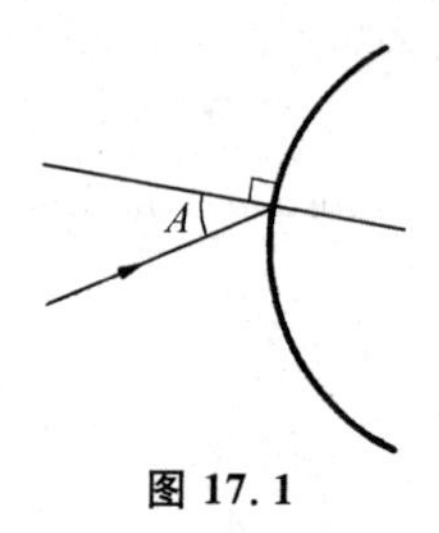

图 17.1

在它的轨迹上任一点处的运动方向是轨迹的切线方向。

实际上，甚至“切线”本身的意义也是没有解决的问题。对于圆锥曲线，把切线定义为和曲线只接触于一点而且位于曲线的一边的直线就足够了。这个定义古希腊人曾经用过，但是对于 17 世纪所用的较复杂的曲线，它就不适用了。

第三类问题是求函数的最大值与最小值。炮弹在炮筒里射出，它运行的水平距离，即射程，依赖于炮筒对地面的倾斜角，即发射角。一个“实际”问题是求能获得最大射程的发射角。17 世纪初期，伽利略断定(在真空中)最大射程在发射角是 45°时达到；他还得出炮弹从各个不同角度发射后所达到的不同的最大高度。研究行星的运动也涉及最大值和最小值的问题，例如求行星离开太阳的最远和最近的距离。

第四类问题是求曲线长(例如行星在已知时期中移动的距离)、曲线围成的面积、曲面围成的体积、物体的重心、一个**体积相当大的**物体(例如行星)作用于另一物体上的引力。古希腊人用穷竭法求出了一些面积和体积。尽管他们只是对于比较简单的面积和体积应用了这个方法，但也必须添上许多技巧，因为这个方法缺乏一般性。他们还经常得不到数字的解答。当阿基米德的工作在欧洲闻名时，求长度、面积、体积和重心的兴趣复兴了。穷竭法先是逐渐地被修改，后来由于微积分的创立而被根本地修改了。

2. 17 世纪初期的微积分工作

微积分问题至少被 17 世纪十几个最大的数学家和几十个小一些的数学家探索过。位于他们全部贡献的顶峰的是牛顿和莱布尼茨的成就。这里我们只能谈谈这两位大师的一些先驱者的主要贡献。

从距离(作为时间的函数)求瞬时速度的问题以及它的逆问题，不久就被看出是计算一个变量对另一个变量的变化率的问题以及它的逆问题的特例。一般变化率问题的第一个有效的解决属于牛顿，这将放在后面考察。

先叙述几种求曲线的切线的方法。罗贝瓦尔(1602—1675)在他的《不可分量论》(*Traité des indivisibles*，此书注明 1634 年，可是直到 1693 年才出版)中，推广了阿基米德用来求他的螺线上任一点处切线的方法。同阿基米德一样，罗贝瓦尔认为曲线是一个动点在两个速度作用下运动的轨迹。例如，从炮筒里发射的炮弹是在水平速度 PQ 和垂直速度 PR 的作用下(图 17.2)，这两个速度的合速度是 PQ 和 PR 构成的平行四边形的对角线。他把这条对角线作为在 P 点的切线。正

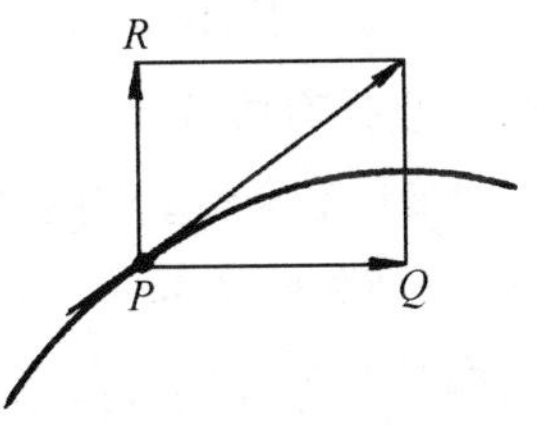

图 17.2

如托里拆利指出的那样,罗贝瓦尔的方法是应用了伽利略已经宣布过的法则,即水平的和垂直的速度是彼此独立地作用着的。托里拆利本人应用罗贝瓦尔的方法,求得了曲线(按我们的写法) $y = x^n$ 的切线。

把切线定义为合速度方向的直线,比古希腊人把它定义为接触曲线于一点的直线要复杂些,但这个较新的概念适用于许多旧概念不能适用的曲线。一方面,这个概念是有价值的,因为它把纯几何同力学联系起来了,而在伽利略以前,这个联系是根本没有的。但在另一方面,这个切线的定义在数学领域内是令人讨厌的,因为它是在物理的概念上定义切线的。很多曲线是在与运动无关的情况下产生的,切线的这个定义就相应地不适用了。所以求切线的其他方法受到欢迎。

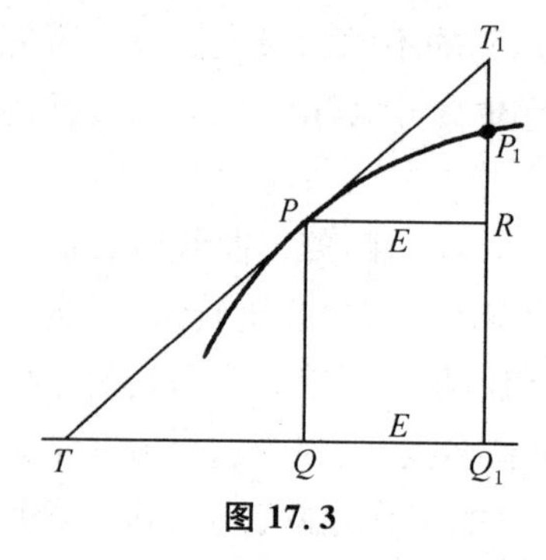

图 17.3

费马的方法是他在 1629 年已设计好,但在他 1637 年的手稿《求最大值和最小值的方法》[①]中才发现的。这方法实质上就是现在的方法。设 PT 是曲线上一点 P 处的切线(图 17.3)。TQ 的长叫次切线。费马的计划是求出 TQ 的长度,从而知道 T 的位置,最后就能作出 TP。

设 QQ_1 是 TQ 的增量,长度为 E。因为 $\triangle TQP \backsim \triangle PRT_1$,所以

$$TQ : PQ = E : T_1R.$$

但是费马说,T_1R 和 P_1R 是差不多长的;因此

$$TQ : PQ = E : (P_1Q_1 - QP).$$

用我们现在的符号,把 PQ 叫做 $f(x)$,我们就有

$$TQ : f(x) = E : [f(x+E) - f(x)].$$

因此

$$TQ = \frac{E \cdot f(x)}{f(x+E) - f(x)}.$$

对于费马所处理的 $f(x)$,马上就可以用 E 除上面分式的分子和分母。然后令 $E = 0$ (他说是去掉 E 项),就得到 TQ。

费马应用他的切线方法于许多难题。虽然这个方法完全依赖于深奥的极限理论,但它具有微分学现在的标准方法的*形式*。

对于笛卡儿,求曲线的切线的问题是重要的,因为通过它能获得曲线的性质——例如两条曲线相交的角度。他说:“这不但是我所知道的最有用最一般的问题,而且甚至可以说是我仅仅想要在几何里知道的问题。”他在《几何》的第二册中给出了他的方法。这是纯代数的,不牵涉极限概念;相反,费马的方法如果严密地

① *Œuvres*, 1,133 - 179;3,121 - 156.

阐述的话,就要牵涉到极限。但是笛卡儿的方法仅仅对于方程形式是 $y = f(x)$ [其中 $f(x)$是简单的多项式]的曲线有用。虽然费马的方法是普遍的,但笛卡儿却认为自己的方法较好。笛卡儿批评了费马的方法(应该承认,这个方法在当时表达得不清楚),而且想用自己的思想去解释它。而费马却也宣称他的方法优越,他看到了用小增量 E 的好处。

巴罗(1630—1677)也给出了求曲线切线的方法。巴罗是剑桥大学的数学教授,精通希腊文和阿拉伯文,他能够翻译一些欧几里得的著作并修改一些欧几里得、阿波罗尼斯、阿基米德和特奥多修斯的作品的译文。他的主要著作《几何讲义》(*Lectiones Geometricae*, 1669)是对微积分的一个巨大贡献。其中他应用了几何法,正如他所指出的:"从讨厌的计算重担中解放出来。"1669 年巴罗辞去了他的教授席位并让给牛顿,自己转向神学的研究。

巴罗的几何法相当复杂,而且用了辅助曲线。但有一个特点值得注意,因为它反映出那个时代的思想,这就是利用所谓微分三角形或者特征三角形。他是从三角形 PQR 出发的(图 17.4),这个三角形是增量 PR 的产物,他用了这个三角形相似于三角形 PMN 的事实,断定切线的斜率 QR/PR 等于 PM/MN。巴罗说,当弧 PP'足够小的时候,我们可以放心地把它和 P 点切线的一段 PQ 等同起来。三角形 PRP'(图 17.5)是特征三角形,其中 PP'既是曲线的弧长,又是切线的一部分。很早以前帕斯卡在求面积时用过特征三角形,在他以前别人也用过。

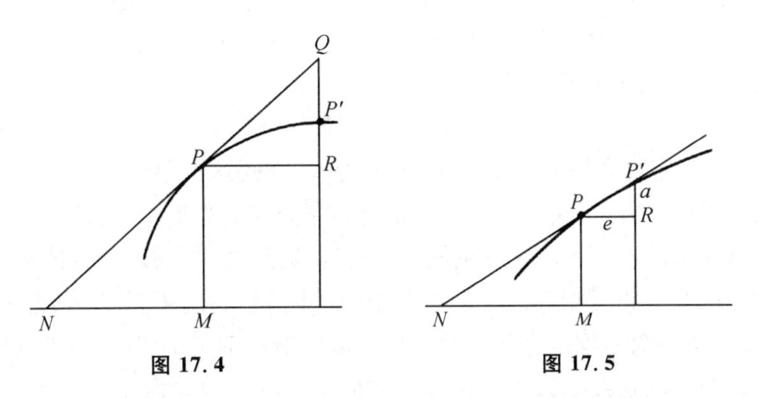

图 17.4　　图 17.5

在《几何讲义》的第十讲中,巴罗还是依靠计算,求出曲线的切线。实质上,他的方法和费马的方法是一致的。他用了曲线的方程,例如 $y^2 = px$,并用 $x + e$ 代替 x,用 $y + a$ 代替 y。这时

$$y^2 + 2ay + a^2 = px + pe.$$

消去 $y^2 = px$,得到

$$2ay + a^2 = pe.$$

然后他去掉 a 和 e 的高次幂(如果有的话),这相当于用图 17.5 中的 PRP'代替图

17.4 中的 PRP'。由此得出

$$\frac{a}{e} = \frac{p}{2y}.$$

这时，他说明 $a/e = PM/NM$，所以

$$\frac{PM}{NM} = \frac{p}{2y}.$$

因为 PM 是 y，所以他算出 NM，即次切线，从而知道 N 的位置。

关于第三类问题，即求函数的最大值和最小值的问题，这方面的工作可以说是由开普勒的观测开始的。他对酒桶的形状感兴趣，在他的《测量酒桶体积的新科学》(1615)中，他证明在所有内接于球面的、具有正方形底的正平行六面体中，立方体的容积最大。他的方法是对特殊选择的尺寸计算容积，这本身并不重要；但他注意到，当越来越接近最大体积时，对应于一个尺寸固定的变化，体积的变化越来越小。

费马在他的《求最大值和最小值的方法》中给出了他的方法，并用下面的例子进行说明：已知一条直线(段)，要找出它上面的一点，使被这点分成的两部分线段组成的矩形最大。他把整个线段叫做 B，并设它的一部分为 A。那么矩形的面积就是 $AB - A^2$。然后他用 $A + E$ 代替 A，这时另外一部分就是 $B-(A+E)$，矩形的面积就成为 $(A+E)(B-A-E)$。他把这两个面积等同起来，因为他认为当取最大值时，这两个函数值——即两个面积——应该是相等的。所以

$$AB + EB - A^2 - 2AE - E^2 = AB - A^2.$$

两边消去相同的项并用 E 除两边后，得到

$$B = 2A + E.$$

然后令 $E = 0$ (他说去掉 E 项)，得到 $B = 2A$。因此这矩形是正方形。

费马说，这个方法是完全普遍的。他这样描述道：如果 A 是自变量，并且如果 A 增加到 $A + E$，那么当 E 变成无限小，且当函数经过一个极大值(或极小值)时，函数的前后两个值将是相等的。把这两个值等同起来；用 E 除方程，然后使 E 消失，就可以从所得的方程确定使函数取最大值或最小值的 A 值。这个方法实质上是他用来求曲线的切线的方法。但是基本的事实在那里是两个三角形相似；而在这里是两个函数值相等。费马没有看到有必要去说明先引进非零 E，然后再用 E 通除之后令 $E = 0$ 的合理性①。

17 世纪求面积、体积、重心、曲线长的工作开始于开普勒，据说他被体积问题吸引住了，因为他注意到酒商用来求酒桶体积的方法不精确。用现在的标准来看，

---

① 对于他的在令 $E = 0$ 之前的方程，费马用了名词"*adaequalitas*"，博耶(Carl B. Boyer)在《微积分概念》(*The Concepts of the Calculus*)的 p. 156 中，恰当地把它译为"假等式"。

(在《测量酒桶体积的新科学》中的)这个工作是粗糙的。例如,圆的面积对他来说是无穷多个三角形的面积,每个三角形的顶点在圆心,底在圆周上,于是由正内接多边形的面积公式——周长乘上半径除以 2,他就得到了圆的面积。类似地,他认为球的体积是小圆锥的体积的和,这些圆锥的顶点在球心,底在球面上。他把圆锥看成是非常薄的圆盘的和,并由此算出它的体积。然后他进而证明球的体积是半径乘球面积的三分之一。在阿基米德的《球和柱》(*Spheroids and Conoids*)的启发下,他把面积旋转成新的图形,并计算其体积。同样地,他把被弦割下的弓形绕着弦旋转,并求其体积。

用无数个同维的无穷小元素之和来确定曲边形面积和体积,是开普勒方法的精华。把圆看作是无数个三角形的和,在他的思想中是用连续性原理(第 14 章第 5 节)证明的。他看到两种图像本质上没有区别。由同样的理由,一条直线和一个无穷小面积实际上是一样的;而且在一些问题中,他的确认为面积就是直线的和。

在《两门新科学》中,伽利略对于面积的想法和开普勒的想法相似。在处理匀加速运动的问题时,他给出了论据,证明在时间-速度曲线下的面积就是距离。假定一个物体以变速 $v = 32t$ 运动,这个速度在图 17.6 中用直线表示;那么在时间 OA 通过的距离就是面积 OAB。伽利略得到这个结论,是认为 $A'B'$ 是某个瞬时的速度,又是所走过的无穷小距离(如果乘上一个无穷短的时间,认为它就是距离),然后证明由直线 $A'B'$ 组成的面积 OAB 必定是总的距离。因为 AB 是 $32t$,OA 是 t,所以 OAB 的面积是 $16t^2$。这个推理当然是不清楚的。但在伽利略的思想里,却得到一种哲学观点的支持,即面积 OAB 是由 $A'B'$ 那样无数多个不可分的单位堆积而成的。他在线段和面积一类的连续量的结构问题上花了很多时间,但没有得到解决。

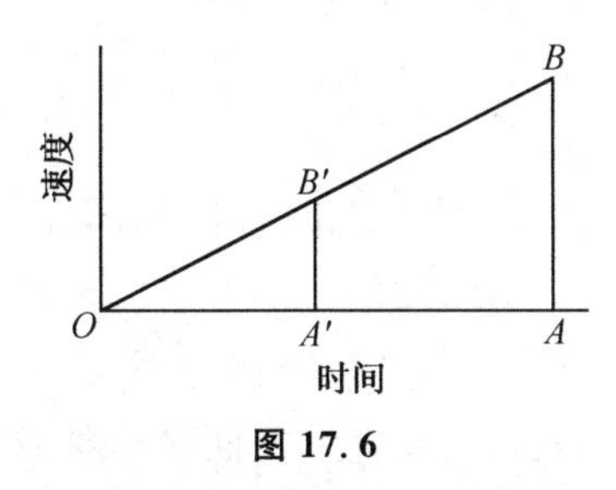

图 17.6

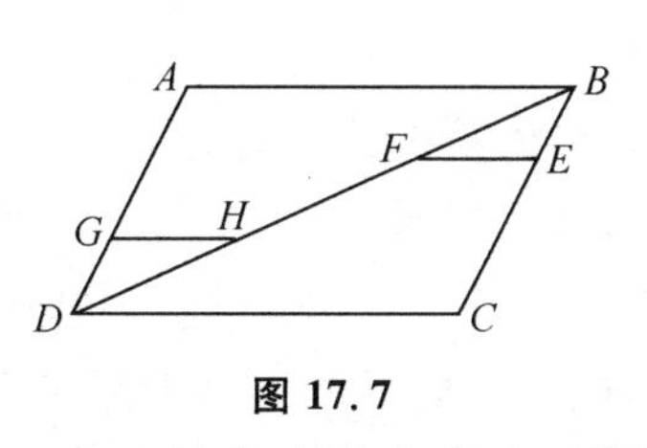

图 17.7

卡瓦列里(Bonaventura Cavalieri,1598—1647)是伽利略的学生,波洛尼亚学府的教授。他在开普勒和伽利略的影响下,并且在后者的敦促下,考察了微积分问题。卡瓦列里把伽利略和其他人在不可分量方面的思想发展成几何方法,并出版了这方面的著作《用新的方法推进连续体的不可分量的几何学》(*Geometria Indivisibilibus Continuorum Nova quadam Ratione Promota*, 1635)。他认为面积是无数个等距平行线段构成的,体积是无数个平行的平面面积构成的;他分别把这些元素叫做面积和体积的不可分量。卡瓦列里承认组成面积或体积的不可分量的数目一定是无穷大的,但他不想在这点上反复推敲。粗浅地说,正如卡瓦列里在他的《六道几何练习题》(*Exercitationes Geometricae Sex*, 1647)中指出的,不可分法认为线是由点构成的,就像链是由珠子穿成的一样;面是由直线构成的,就像布是由线织成的一样;立体是由平面构成的,就像书是由页组成的一样。不过,它们是对于无穷多个组成部分来说的。

卡瓦列里的方法(或者原则)可用下面的命题来说明(这个命题当然可以用其他方法证明)。为了证明平行四边形 $ABCD$(图 17.7)是三角形 ABD 或者 BCD 的两倍,他证明当 $GD = BE$ 时,$GH = FE$。因此三角形 ABD 和 BCD 是由相等数目的等长线段 GH 和 EF 构成的,所以一定有相等的面积。

这个原则已编入现在通行的立体几何书中,作为一个定理,叫做卡瓦列里定理。这个原则说,如果两个立体有相等的高,而且它们的平行于底面并且离开底面有相等距离的截面面积总有一定的比的话,那么这两个立体的体积之间也有这个比。实质上,运用了这个原则,卡瓦列里证明了圆锥的体积是外接圆柱的三分之一。同样,他考虑了在两条曲线下的面积。用我们的写法,曲线可为 $y = f(x)$ 和 $y = g(x)$,其中 x 的范围相同。把面积看成是纵坐标的和,如果一条曲线的纵坐标与另一条曲线的纵坐标的比是常数,那么卡瓦列里说,这两个面积也有同样的比。他用这个方法在《一百道杂题》(*Centuria di varii problemi*, 1639)中证明:对于从 1 到 9 的正整数 n,公式(按我们的记法)

$$\int_0^a x^n \mathrm{d}x = \frac{a^{n+1}}{n+1}$$

成立。可是,他的方法完全是几何的。他能成功地获得正确的结果,是因为他运用他的原则计算面积间和体积间的比的时候,组成相应的面积和体积的不可分量间的比是常数。

卡瓦列里的不可分法遭到了同时代人的批评。他企图回答他们,但没有严密的理由。有些时候他宣称他的方法只是一个避免穷竭法的实用方法。尽管方法受到批评,但许多数学家还是广泛地利用了它。另外,像费马、帕斯卡和罗贝瓦尔都用了这个方法,甚至用了“纵坐标的和”那样的语言,但是他们把面积想象成是无数无穷小长方形的和,而不是线的和。

1634 年罗贝瓦尔(他宣称曾研究过“神圣的阿基米德”)使用了实质上是不可分法去求出旋轮线的一个拱下面的面积,这是梅森在 1629 年让他注意的问题。有时罗贝瓦尔被认为是不可分法的独立发现者,但实际上他相信线、面和体的无限可分性,因此就不存在任何最后的部分。他的作品以《不可分量论》(*Traité des indivisibles*)命名,但是他把他的方法叫做“无穷大法”。

罗贝瓦尔获得摆线下的面积的方法是有启发性的。设 $OABP$(图 17.8)是旋轮线的半个拱下的面积。OC 是母圆的直径,P 是拱上的任意一点。作 $PQ = DF$ 。Q 的轨迹叫做伴旋轮线(只要原点是 OQB 的中点,x 轴平行于 OA,那么用我们的写法,曲线 OQB 就是 $y = a\sin x/a$, 其中 a 是母圆的半径)。罗贝瓦尔断言,曲线 OQB 把矩形 $OABC$ 分成两个相等的部分,因为基本上,对于 $OQBC$ 中的每一条线 DQ,在 $OABQ$ 中都相应地有一条线 RS。所以卡瓦列里的原理用上了。矩形 $OABC$ 的底和高分别等于母圆的半圆周和直径;因此它的面积是圆面积的 2 倍。而 $OABQ$ 的面积和母圆面积相等。另外,OPB 和 OQB 之间的面积等于半圆 OFC 的面积,这是因为由 Q 的定义, $DF = PQ$, 使得这两块面积在每个线段上都有相等的宽。所以在半拱下的面积是母圆面积的 $1\frac{1}{2}$倍。罗贝瓦尔还求出正弦曲线的一个拱下的面积,这拱绕着底旋转后产生的体积,以及其他与旋轮线有关的体积和旋轮线面积的形心。

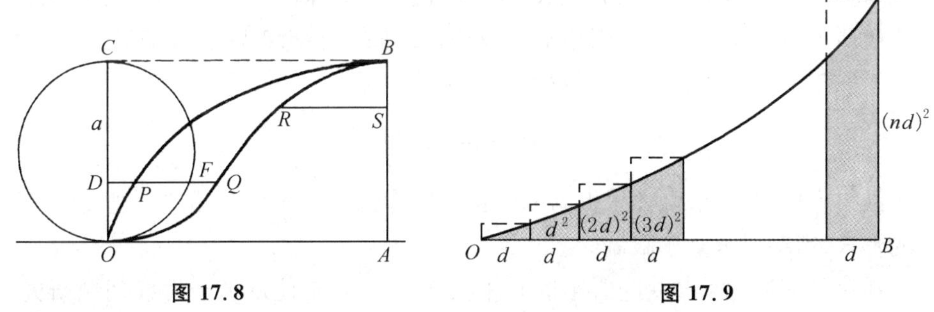

图 17.8　　　　图 17.9

计算面积、体积和其他量的最重要的新方法,从修改古希腊的穷竭法开始。让我们考虑一个典型的例子:计算抛物线 $y = x^2$ 下从 $x = 0$ 到 $x = B$ 的面积(图 17.9)。穷竭法对于不同的曲线形面积,用不同类型的直线形去逼近,而 17 世纪的一些人却采用系统的程序,使用矩形如图 17.9 所示。当这些矩形的宽度 d 越来越小时,这些矩形的面积的和就越来越接近曲线下的面积。如果底宽都是 d,那么根据纵坐标是横坐标的平方这一抛物线的特性,这和就是

(1)
$$d\cdot d^2 + d(2d)^2 + d(3d)^2 + \cdots + d(nd)^2$$

或者

$$d^3(1 + 2^2 + 3^2 + \cdots + n^2).$$

因为前 n 个自然数的 m 次幂的和,帕斯卡和费马就为着这样的问题的需要已经求得,所以数学家能够容易地用

(2)
$$d^3\left(\frac{2n^3 + 3n^2 + n}{6}\right)$$

代替上一个式子。但是 d 是定长 OB 除以 n。因此(2)式成为

$$(3)\qquad OB^3\left(\frac{1}{3}+\frac{1}{2n}+\frac{1}{6n^2}\right).$$

现在如果照这些人的说法,认为当 n 是无穷大时,最后两项能够忽略的话,正确的结果就得到了。那时极限过程还没有提出——或者仅仅是粗糙地觉察到——所以最后两项的省略并没有证明。

我们看到这种方法和穷竭法一样,要求用直线形逼近曲线形。但是在最后的步骤中存在着重要的差别:在老方法中用到间接证明的地方,在这里矩形的数目成为无穷大,而且当 n 成为无穷大时,人们就取(3)的极限——虽然当时他们并没有明显地从极限上着想。这条新的途径,最早是斯蒂文于 1586 年在他的《静力学》(*Statics*)中提出来的,并有许多追随者,包括费马在内①。

如果涉及的曲线不是抛物线,那就必须用问题中曲线的特性代替抛物线的特性,并因此得出一些其他的级数来代替(1)。从类似于(1)的求和得到(2)的类似是需要技巧的。因此关于面积、体积和重心的结果是不多的。当然用强有力的反微分法来计算这样的和的极限的方法,那时候还不能想象。

实质上应用我们刚才说明的求和技巧,费马在 1636 年以前就知道,对于除了 -1 以外的任何有理数 n,有(用我们的记法)②

$$\int_0^a x^n\,\mathrm{d}x=\frac{a^{n+1}}{n+1}.$$

这个结果也由罗贝瓦尔、托里拆利和卡瓦列里各自独立地获得,虽然有些仅仅是几何的形式,有些对 n 加了限制。

在用几何形式求和法的人中间有帕斯卡。1658 年他从事于摆线问题研究③。他计算出曲线的任一段和平行于底的一直线所包围的图形面积、该图形的形心,以及由该图形绕着它的底(图 17.10 中的 YZ)或者垂直线(对称轴)旋转生成的立体的体积。在这一工作中,和在关于 $y=x^n$ 一类曲线下的面积的早期著作中,他把小矩形加起来,其方式与上文处理(1)的方式相同,只不过他的工作与结果都是用几何语言叙述的。他用德东维尔(Dettonville)的假名提出了他已解决的问题,向其他数学家挑战,然后出版了他自己卓越的解[《德东维尔的信》(*Lettres de Dettonville*), 1659]。

在牛顿和莱布尼茨以前,对于把分析方法引入微积分的工作做得最多的人是沃利斯(1616—1703)。虽然他直到二十岁左右才开始学习数学——他在剑桥大学

---

① *Œuvres*, 1,255 - 259;3,216 - 219.

② *Œuvres*, 1,255 - 259;3,216 - 219.

③ *Traité des sinus du quart de cercle*, 1659=*Œuvres*, 9,60 - 76.

时是专门研究神学的——但是他在牛津大学成为几何教授而且在那个世纪中是仅次于牛顿的最能干的英国数学家。在他的《无穷的算术》(*Arithmetica Infinitorum*, 1655)中,他运用分析法和不可分法求出了许多面积并得到广泛而有用的结果。

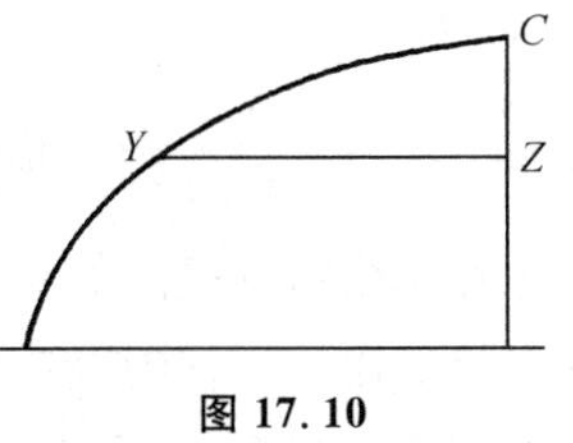

图 17.10

沃利斯的一个值得注意的结果,是在他分析地计算圆面积的努力中得到的,即 π 的新的表达式。他计算由坐标轴、x 点的纵坐标和函数

$$y=(1-x^2)^0,\ y=(1-x^2)^1,\ y=(1-x^2)^2,\ y=(1-x^2)^3,\ \cdots$$

的曲线围成的面积,得到的结果分别是

$$x,\ x-\frac{1}{3}x^3,\ x-\frac{2}{3}x^3+\frac{1}{5}x^5,\ x-\frac{3}{3}x^3+\frac{3}{5}x^5-\frac{1}{7}x^7,\ \cdots.$$

当 $x=1$ 时这些面积是

$$1,\ \frac{2}{3},\ \frac{8}{15},\ \frac{48}{105},\ \cdots, \tag{4}$$

而圆却是由 $y=(1-x^2)^{1/2}$ 给出的。应用归纳法和插值法,沃利斯算出它的面积,并通过更复杂的推理得到

$$\frac{\pi}{2}=\frac{2\cdot 2\cdot 4\cdot 4\cdot 6\cdot 6\cdot 8\cdot 8\cdots}{1\cdot 3\cdot 3\cdot 5\cdot 5\cdot 7\cdot 7\cdot 9\cdots}.$$

圣文森特的格雷戈里在他的《几何著作》(*Opus Geometricum*, 1647)中给直角双曲线和对数函数之间的重要联系提供了根据。他用穷竭法证明:对于曲线 $y=1/x$ (图 17.11),如果 x_i 选择得使面积 a, b, c, d, …相等,则 y_i 便构成几何数列。这意味着从 x_0 到 x_i 的面积之和(这些和构成算术数列)是与 y_i 值的对数成比例的,这可用我们的符号写为

$$\int_{x_0}^{x}\frac{\mathrm{d}x}{x}=k\log y.$$

因为 $y=\dfrac{1}{x}$,所以这和我们熟悉的积分结果是一致的。第一个注意到面积能解释成对数的人是格雷戈里的学生——比利时耶稣会会员萨拉萨(Alfons A. de Sarasa, 1618—1667),这个解释见于他的书《关于梅森的命题的问题的解答》(*Solutio Problematis a Mersenno Propositi*, 1649)。1665 年左右牛顿也注意到双曲线下的面积与对数之间的关系,并将这个关系写在他的《流数法》(*Method of Fluxions*)中。他用二项式定理展开 $1/(1+x)$, 并逐项积分,

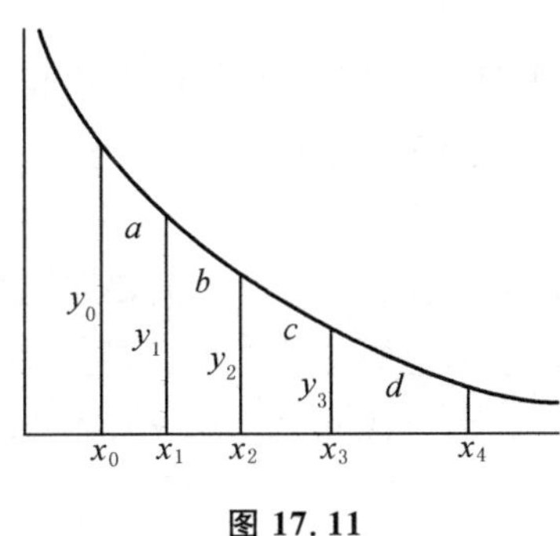

图 17.11

得到

$$\log_e(1+x) = x - \frac{x^2}{2} + \frac{x^3}{3} - \cdots.$$

墨卡托用格雷戈里的结果,在他的 1668 年的《对数技术》(*Logarithmotechnia*)中,独立地给出了同样的级数(但没有明显地叙述出来)。其他的人不久发现了(按照我们的说法)收敛得更快的级数。关于抛物线的求积以及它和对数函数的联系这一工作是由许多人做的,而且有很多是在通信中交流的,因此很难查出谁是最先发现的人。

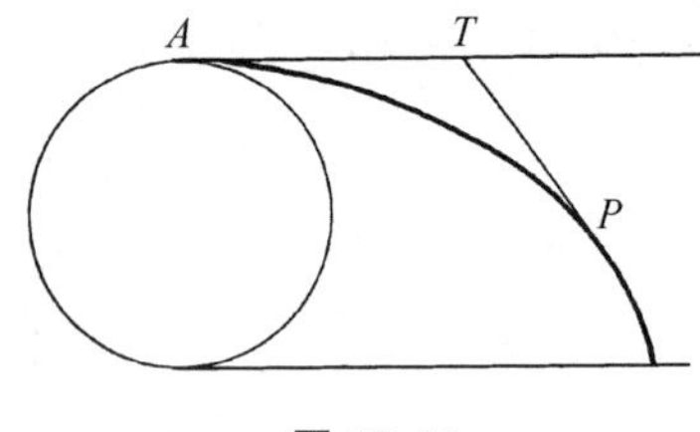

图 17.12

直到 1650 年还无人相信一曲线的长度能完全等于某直线长度。实际上,在《几何》第二册中,笛卡儿说在曲线和直线之间的关系是未知的或者是永不可知的。但是罗贝瓦尔求出了摆线的一个拱的长度。建筑师雷恩(Christopher Wren,1632—1723)由证明弧 $PA = 2PT$ 而算出摆线的长度(图 17.12)①。尼尔(1637—1670)也得到(1659)一个拱的长度,他还用沃利斯的提示,算出了半立方抛物线($y^3 = ax^2$)的长度②。费马也计算了一些曲线的长度。这些人一般是用内接多边形去逼近曲线的,先求出各边的和,然后随着每条边长的缩小而使边数成为无穷大。圣安德鲁斯大学和爱丁堡大学的教授詹姆斯·格雷戈里[1638—1675,对他的工作,他的同时代人略有所知,直到滕博尔(H. W. Turnbull)编辑的纪念册于 1939 年出版后,才一般地被人知道],在他的《几何的通用部分》(*Geometriae Pars Universalis*, 1668)中给出了计算曲线长度的方法。

关于计算曲线长度的更进一步的结果是惠更斯(1629—1695)得到的。实际上,他给出了蔓叶线的弧长。他还对面积和体积的工作作出贡献,而且是第一个得到除了球以外的表面积的结果的。例如他得到抛物面和双曲面的一部分表面的面积。惠更斯用纯几何的方法得到所有这些结果,不过也和阿基米德一样,他有时用算术得到数量的解答。

计算椭圆的长度难住了数学家们。事实上,詹姆斯·格雷戈里声称椭圆和双曲线的长度不能用已知函数表示出。有一段时期数学家们对这问题的进一步工作失望了,直到下一世纪才得到新的结果。

我们讨论了牛顿和莱布尼茨的先驱者对于推动微积分工作的四个主要问题所

① 这个方法由沃利斯在《续论》(*Tractatus Duo*, 1659=*Opera*, 1,550-569)中公布。雷恩只是给出了结果。

② 尼尔的工作由沃利斯在脚注①引证的书中发表。

作的主要贡献。当时认为这四个问题是不同的,但也注意到甚至于利用了它们之间的联系。例如费马就是用同样的方法求函数的最大值和曲线的切线。另外,那时也已看出函数对于自变量的变化率问题与切线问题是同一问题。实际上,费马和巴罗的求切线的方法,仅仅是求变化率的几何副本。但是微积分的主要特征——仅次于导数的概念以及积分作为和的极限的概念本身的——便是积分可以由微分的逆过程求得,或者说求反导数。这一关系的很多迹象早已遇到过,但是它的意义却没有人体会到。托里拆利在特殊的例子中看到了变化率问题本质上是面积问题的反问题。事实上,这包含在伽利略所用的事实中:在速度-时间的图形下的面积就是距离。因为距离的变化率必定是速度,所以如果把面积看作是"和",它的变化率必定是面积函数的导数。但是托里拆利没有看到普遍的情况。费马同样也只在特殊的例子中知道了面积和导数间的关系,没有体会到它的一般性或重要性。詹姆斯·格雷戈里在他的1668年的《几何的通用部分》中证明切线问题是面积问题的逆问题,但是他的书未引起注意。在《几何讲义》中,巴罗有了求曲线的切线问题和面积问题之间的关系,但它是几何形式的,而且他本人也没有认识到它的重要性。

实际上在牛顿和莱布尼茨作出他们的冲刺之前,微积分的大量知识已经积累起来了。甚至在巴罗的一本书里,就能看到求切线的方法、两个函数的积和商的微分定理、x 的幂的微分、求曲线的长度、定积分中的变量代换,甚至还有隐函数的微分定理。虽然在巴罗那儿,几何的表达使得普遍思想难于辨识,但在沃利斯的《无穷的算术》中,可与之相比较的结果是用代数的形式表达的。

人们于是惊问,在主要的新结果方面,还有什么有待于发现呢?问题的回答是方法的较大的普遍性以及在特殊问题里已建立起来的东西中认识其普遍性。这世纪的前三分之二的时间内,微积分的工作沉没在细节里。另外,许多人在通过几何来获得严密性的努力中,没有去利用或者探索新的代数和坐标几何中蕴含的东西,作用不大的细微末节的推理使他们精疲力竭了。最终能培育出必要洞察力和高度概括力的是费马、圣文森特的格雷戈里和沃利斯的算术工作,而霍布斯批评他们用符号替代几何。詹姆斯·格雷戈里在《几何的通用部分》的序言中说,数学的真正划分不是分成几何和算术,而是分成普遍的和特殊的。这普遍的东西是由两个包罗万象的思想家——牛顿和莱布尼茨提供的。

3. 牛顿的工作

数学和科学中的巨大进展,几乎总是建立在几百年中作出一点一滴贡献的许多人的工作之上的。需要有一个人来走那最高和最后的一步,这个人要能足够敏锐地从纷乱的猜测和说明中清理出前人有价值的想法,有足够想象力地把这些碎片重新组织起来,并且足够大胆地制定一个宏伟的计划。在微积分中,这个人就是牛顿。

牛顿(1642—1727)生于英格兰伍尔斯索普(Woolsthorpe)的一个小村庄里,他的母亲在那里管理着丈夫遗留下来的农庄,他父亲是在他出生前两个月去世的。他在低标准的地方学校中接受教育,而且是一个除了对机械设计有兴趣以外没有特殊才华的青年人。他考取了大学,但他的欧几里得几何的答卷是有缺陷的。1661 年他进入剑桥大学的三一学院,安静而没有阻力地学习着。有一次,他几乎要改变方向,从学自然哲学(即科学)转到学法律。显然,可能除了巴罗以外,他从他的老师那里得到了很少一点鼓舞,他自己作实验并且研究笛卡儿的《几何》,以及哥白尼、开普勒、伽利略、沃利斯和巴罗的著作。

牛顿刚结束了他的大学课程,学校就因为伦敦地区鼠疫流行而关闭。他离开剑桥,在安静的伍尔斯索普的家乡度过了 1665 年和 1666 年。在那里开始了他在机械、数学和光学上的伟大工作。这时他意识到引力的平方反比定律——这个概念早已有人提出过,包括开普勒在内,可以回溯到 1612 年——这是打开那无所不包的力学科学的钥匙。他获得了解决微积分问题的一般方法;并且通过光学的实验,他作出了划时代的发现,即像太阳光那样的白光实际上是从紫到红的各种颜色光混合而成的。“所有这些”,牛顿后来说:“是在 1665 年和 1666 年两个鼠疫年中做的,因为在这些日子里,我正处在发现力最盛的时期,而且对于数学和哲学(自然科学)的关心比其他任何时候都多。”

关于这些发现,牛顿什么也没有说过。1667 年他回到剑桥获得硕士学位,并被选为三一学院的研究员。1669 年巴罗辞去他的教授席位,牛顿被委任接替巴罗担任卢卡斯数学教授。显然,他不是一个成功的教员,因为听他的课的学生很少;他提出的独创性的材料没有受到同事们的注意。只有巴罗,稍后一些还有天文学家哈雷(1656—1742),认识到他的伟大,并给他以鼓励。

起初牛顿并没有公布他的发现。人们说他有一种变态的害怕批评的心理。德摩根说是“一种病态的害怕别人反对的心理统治了他的一生”。1672 年他确实也发表了他的光学论文并附带发表了他的自然哲学思想的作品,遭到了同时代大多数人的严厉批评,包括胡克和惠更斯在内,他们对于光的本性持有不同的看法。牛顿吃了一惊,决心以后再不发表了。但是 1675 年他又发表了另一篇光学论文,其中包括光是质点流的想法——光的粒子学说。他再一次遭到了暴风雨般的批评,甚至有人声称他们已经发现了这些思想。这次牛顿决心死后才公开他的成果。然而,他还是发表了后来的论文及几本著名的书:《原理》、《光学》(*Opticks*, 1704 年英文版,1706 年拉丁文版)和《普遍的算术》(1707)。

从 1665 年起他把引力定律应用于行星的运动，在这方面，胡克和惠更斯的著作极大地影响了他。1684 年他的朋友哈雷力劝他发表已取得的成果，但是除了因为不愿意外，牛顿还没有证明一个实心球体所作用的引力恰好等于球心处一个质点所产生的引力，这个质点上集中了球的全部质量。1686 年 6 月 20 日在给哈雷的信中他说，直到 1685 年他仍然怀疑这是错的。在这一年中他证明了一个实心球，它的密度随着到球心的距离而变化，在吸引一个外部质点时，实际上就好像球的质量集中在它的中心一样。并且同意写出他的著作。

这时哈雷协助牛顿编辑并且出资付印。1687 年《自然哲学的数学原理》第一版出版了。以后的两个版本是在 1713 年和 1726 年，第二版包括了一些改进。虽然这本书给牛顿带来巨大的名望，但它很难懂。他告诉朋友说，他有意使它难懂，"目的是为了避免遭到数学知识浅薄的人的抑制"。毫无疑问，他希望这样可以避免他早期的光学论文所曾遭到的批评。

牛顿也是一个大化学家。虽然在这个领域里没有什么大的发现联系到他的工作，但是必须记住，那时化学正处在婴儿时期。他有试图用最终的微粒解释化学现象的正确想法，而且还有广博的实验化学知识。在这门学科中，他写了一篇重要论文《酸的性质》(写于 1692 年，发表于 1710 年)。在 1701 年的皇家学会哲学汇刊上他发表了一篇关于热的论文，其中包括他的著名的冷却定律。虽然他读了炼金术士的书，但并没有接受他们模糊的和神秘的观点。他相信，物体的物理性质和化学性质可以用最终的微粒的大小、形状和运动来说明。他排除了炼金术士的神秘的力，诸如同情、厌恶、和谐、诱惑等。

除了天体力学、光学和化学的工作以外，牛顿还研究了流体静力学和流体动力学。在他的超等的光学实验工作之后，他又实验了钟摆运动在各种介质中的衰减，以及作了球在空气和水中下落、水从喷嘴里喷出的实验。他和当时的大多数人一样，自己制造实验装置。他造了两个反射望远镜，甚至于制造出做架子用的合金、浇铸框架，做底座、磨光镜头。

在当了 35 年教授之后，牛顿成为沮丧的、痛苦的神经衰竭者。他决定放弃研究，并于 1695 年接受任命，担任伦敦的不列颠造币厂监察。在造币厂的 27 年中，除了关于个别问题的工作以外，他没有进行研究。1703 年他成为皇家学会会长，一直到逝世；1705 年他被授予爵士的称号。

很明显，牛顿对于科学的兴趣要比对于数学的兴趣大得多，而且还是一个研究当代问题的积极参加者。他认为，他的科学工作的主要价值在于它支持天启教(即由上帝直接启示于人的宗教。——译者)。他虽然不是牧师，但实际上他是一个博学的神学家。他认为科学研究虽然是艰苦而又枯燥的，但要坚持，因为它给上帝的创造提出证据。像他的前辈巴罗一样，晚年牛顿转向神学的研究。在《修改的古代王国年表》(*The Chronology of Ancient Kingdoms Amended*)中,他想把圣经和宗教文件上记载的事件和天文事件联系起来,从而精确地注明这些事件的日子。他的主要宗教著作是《对于丹尼尔的预言和圣约翰的启示录的观察》(*Observations Upon the Prophecies of Daniel and the Apocalypse of St. John*)。圣经的注释是对宗教作理性探讨的一个方面,这种探讨在理性时代是很流行的,莱布尼茨也参加了这种探讨。

关于微积分,牛顿总结了已经由许多人发展了的思想,建立起成熟的方法,并且提出了前面叙述的几个主要问题之间的内在联系。虽然他在学生时期向巴罗学了很多,但在代数和微积分方面,他更受沃利斯的影响。他说《无穷的算术》引导他在分析中有所发现,确实,在他的微积分著作中,他是通过分析的思想前进的。但是,甚至牛顿自己也认为,对于严密的证明,几何是必需的。

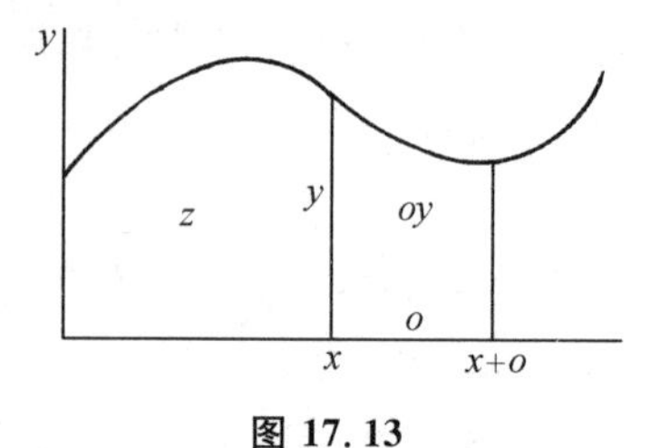

图 17.13

1669 年牛顿在他的朋友中散发了题为《运用无穷多项方程的分析学》(*De Analysi per Aequationes Numero Terminorum Infinitas*)的小册子,这本书直到 1711 年才出版。他假定有一条曲线而且曲线下的面积 z(图 17.13)已知是

$$z = ax^m, \tag{5}$$

其中 m 是整数或者分数。他把 x 的无限小的增量叫做 x 的瞬(moment),并用 o 表示,这是詹姆斯·格雷戈里用的符号,相当于费马的符号 E。由曲线、x 轴、y 轴和 $x+o$ 处的纵坐标围成的面积,他用 $z+oy$ 表示,其中 oy 是面积的瞬。那么

$$z + oy = a(x+o)^m. \tag{6}$$

运用二项式定理于右边,当 m 是分数时,得到一个无穷级数,从(6)减去(5),用 o 除方程的两边,略去仍然含有 o 的项,就得到

$$y = max^{m-1}.$$

因此,用我们的话来讲就是,面积在任意 x 点的变化率是曲线在 x 处的 y 值。反过来,如果曲线是 $y = max^{m-1}$,那么在它下面的面积就是 $z = ax^m$。

在这里,牛顿不仅给出了求一个变量对于另一个变量(在上面的例子中是 z 对 x)的瞬时变化率的普遍方法,而且证明了面积可以由求变化率的逆过程得到。因为面积也是用无穷小面积的和来表示从而获得的,所以牛顿证明了这样的和能由求变化率的逆过程得到。和(更精确些说,和的极限)能够由反微分得到,这个事实就是我们现在所叫的微积分基本定理。虽然牛顿的先驱者在特殊的例子中知道了并且也模糊地预见到了这个事实,但是牛顿看出它是普遍的。他应用这个方法得到了许多曲线下的面积,并且解决了其他能够表示成和式的问题。

在证明了面积的导数是 y 值，并断言逆程序是正确的以后，牛顿给出了法则：如果 y 值是若干项的和，那么面积就是由每一项得到的面积的和。用现在的话来说，就是函数之和的不定积分是各个函数的积分之和。

他在这篇专题文章中的又一个贡献，是更进一步运用他的无穷级数。为了积分 $y = a^2/(b+x)$，他用 $b+x$ 除 a^2 得到

$$y = \frac{a^2}{b} - \frac{a^2x}{b^2} + \frac{a^2x^2}{b^3} - \frac{a^2x^3}{b^4} + \cdots.$$

他把这个无穷级数逐项积分，求出了面积

$$\frac{a^2x}{b} - \frac{a^2x^2}{2b^2} + \frac{a^2x^3}{3b^3} - \frac{a^2x^4}{4b^4} + \cdots.$$

对于这个无穷级数，他说只要 b 是 x 的倍数，对于任何用途，取最初几项就足够了。

同样地，为了积分 $y = 1/(1+x^2)$，他用二项式展开，写成

$$y = 1 - x^2 + x^4 - x^6 + x^8 - \cdots,$$

并且逐项积分。他注意到，如果把 y 取成 $1/(x^2+1)$ 的话，那么由二项式展开将得到

$$y = x^{-2} - x^{-4} + x^{-6} - x^{-8} + \cdots,$$

而且现在也能逐项积分。随后他说，当 x 相当小时，应该用第一个展开式；但当 x 大时，必须用第二个展开式。因此他稍微有些意识到我们现在叫做收敛性的重要，但是还没有关于它的明确概念。

牛顿意识到他已经把逐项积分扩展到用于无穷级数，但在《分析学》(*De Analysi*)中，他说：

> 任何事情，只要是普通分析能够通过有限多项的方程去做的，也能够通过无限多项的方程去做，这就使我没有问题地把这后一种也叫做分析。因为后一种推理的正确性不少于前一种，后一种方程的正确性也不少于前一种；不过，我们这些凡人的推理力量是局限在狭窄的范围内的，所以既不能表达出也无法去想象方程的一切项，使得能够从中确知所求的量。

到此为止，牛顿对微积分的探讨用了可以说是无穷小的方法。瞬是无限小的量、不可分的量、或者是微元。当然牛顿这样做在逻辑上是不清楚的。在这本书中他说他的方法“与其说是精确的证明，不如说是简短的说明”。

在写于 1671 年但直到 1736 年才出版的书《流数法和无穷级数》(*Methodus Fluxionum et Serierum Infinitarum*)中，牛顿给他的思想作出了第二种更广泛而且更明确的说明。在这本书中，他说他认为变量是由点、线和面的连续运动产生的，而不是他在早期论文中所说的无穷小元素的静止的集合。他现在把变量叫做

流量(fluent),变量的变化率叫做流数(fluxion)。对于流量 x 和 y 的流数,他记为 $\dot{x}$ 和 $\dot{y}$。$\dot{x}$ 的流数是 $\ddot{x}$ 等。流数为 x 的流量是 $\acute{x}$,后者的流量是 $\H{x}$。

在这第二本书中,牛顿更清楚地陈述了微积分的基本问题:已知两个流之间的关系,求它们的流数之间的关系,以及它的逆问题。由已知关系给定的两个变量,能够表示任何量。但是牛顿认为它们是随时间变化的,因为这是一种有用的虽然不是必需的思想方法。因为如果 o 是“无穷小的时间间隔”,那么 $\dot{x}o$ 和 $\dot{y}o$ 就是 x 和 y 的无穷小增量,或者说是 x 和 y 的瞬。例如,假定流量是 $y=x^n$,为求出 $\dot{y}$ 和 $\dot{x}$ 之间的联系,牛顿首先建立

$$y+\dot{y}o=(x+\dot{x}o)^n,$$

然后按早期论文中说的那样去做。他用二项式定理展开右边,消去 $y=x^n$,用 o 除两边,略去所有仍然含有 o 的项,得到

$$\dot{y}=nx^{n-1}\dot{x}.$$

用现在的记号,这个结果可以写成

$$\frac{\mathrm{d}y}{\mathrm{d}t}=nx^{n-1}\frac{\mathrm{d}x}{\mathrm{d}t},$$

而且因为 $\mathrm{d}y/\mathrm{d}x=(\mathrm{d}y/\mathrm{d}t)/(\mathrm{d}x/\mathrm{d}t)$,所以牛顿在求出 $\mathrm{d}y/\mathrm{d}t$ 对 $\mathrm{d}x/\mathrm{d}t$,或者说 $\dot{y}$ 对 $\dot{x}$ 的比中,已经求出了 $\mathrm{d}y/\mathrm{d}x$。

流数法同《分析》中使用的方法并无本质区别,也没有任何好一点的严密性,牛顿扔掉 $\dot{x}\dot{x}o$ 和 $\dot{x}\dot{x}o\,\dot{x}o$(他写成 $\dot{x}^3oo$)那样的项,根据是它们同剩余下来的项相比是无穷小。但是他在《流数法》中的观点毕竟是有些不同了。瞬 $\dot{x}o$ 和 $\dot{y}o$ 是随时间 o 变化的,而在第一篇论文中的瞬是 x 和 z 的最后的固定的一小片。这个新观点是遵循着伽利略的更富有动力学思想的想法;而旧的观点是运用卡瓦列里的静力学不可分法。正如牛顿指出的,这个改动只是为了从不可分法的学说中排除生涩,但是瞬 $\dot{x}o$ 和 $\dot{y}o$ 仍然是某种无穷小量。另外,x 和 y 的对于时间的流数或者导数 $\dot{x}$ 和 $\dot{y}$ 从来没有真正定义过,这个中心问题是避开了的。

已知 $\dot{x}$ 和 $\dot{y}$ 之间的关系,要求出 x 和 y 之间的关系,比之仅仅积分 x 的函数更困难些。牛顿处理了几种类型的问题:(1)有 $\dot{x}$,$\dot{y}$,还有 x 或 y 出现;(2)有 $\dot{x}$,$\dot{y}$,x 和 y 出现;(3)有 $\dot{x}$,$\dot{y}$,$\dot{z}$ 和它们的流量出现。第一类是最简单的,在现在的记法中,要求解 $\mathrm{d}y/\mathrm{d}x=f(x)$。在第二类中,牛顿处理了 $\dot{y}/\dot{x}=1-3x+y+x^2+xy$,而且是用逐步逼近法去解的。他从 $\dot{y}/\dot{x}=1-3x+x^2$ 作为第一近似出发,得到作为 x 的函数的 y,将这个 y 值代入原等式的右边,并继续这一手续。牛顿叙述了他的做法,但没有证明。在第三类中,他解了 $2\dot{x}-\dot{z}+\dot{y}x=0$。他假定了 x 和 y 之间的一个关系式,比如说 $x=y^2$,于是 $\dot{x}=2\dot{y}y$。这样,方程就成为 $4\dot{y}y-\dot{z}-\dot{y}y^2=0$,从此得到 $2y^2+(y^3/3)=z$。所以如果把第三种类型认为是偏

微分方程，那么牛顿只得到了一个特殊积分。

牛顿意识到在这篇论文中他已提出了一个普遍的方法。他在 1672 年 12 月 10 日写给柯林斯的信中，给出了他的方法的真相和一个例子，他说：

> 这是普遍方法的一个特殊方法，或者更确切地，一个推理，它本身用不着任何麻烦的计算，不仅可以用来作出任何曲线的切线（不管这曲线是几何的还是机械的），而且还可以用来解出其他关于曲度、面积、曲线的长度、重心等深奥问题；它的应用并不限于没有无理根的方程。通过把方程化为无穷级数，我把这个方法和在方程中起作用的其他方法紧密结合起来。

牛顿强调无穷级数的用处，因为用它能处理像 $(1+x)^{3/2}$ 一类的函数，相反，他的前人却完全限制在有理代数函数方面。

在写于 1676 年、发表于 1704 年的第三篇微积分论文《求曲边形的面积》（*Tractatus de Quadratura Curvarum*）中，牛顿说他已放弃了微元或无穷小量。他现在批评扔掉含 o 项的做法，因为他说：

> 在数学中，最微小的误差也不能忽略……在这里，我认为数学的量并不是由非常小的部分组成的，而是用连续的运动来描述的。直线不是一部分一部分地连接，而是由点的连续运动画出的，因而是这样生成的；面是由线的运动，体是由面的运动，角是由边的旋转，时间段落是由连续的流动生成的……
>
> 随我们的意愿，流数可以任意地接近于在尽可能小的等间隔时段中产生的流量的增量，精确地说，它们是最初增量的最初的比，它们也能用和它们成比例的任何线段来表示。

这就是牛顿的新概念——最初和最后比的方法。他考虑函数 $y=x^n$。为了求出 y 或者 x^n 的流数，设 x“由流动(by flowing)”成为 $x+o$。x^n 就成为

$$(x+o)^n = x^n + nox^{n-1} + \frac{n^2-n}{2}o^2x^{n-2} + \cdots.$$

x 和 y 的增量的比，即 o 和 $nox^{n-1} + \frac{n^2-n}{2}o^2x^{n-2} + \cdots$ 的比，等于（都用 o 来除）

$$1 \text{ 和 } nx^{n-1} + \frac{n^2-n}{2}ox^{n-2} + \cdots \text{ 的比}.$$

“现在设增量消失，它们的最后比就是”

$$1 \text{ 比 } nx^{n-1}.$$

因此 x 的流数和 x^n 的流数的比就等于 1 比 nx^{n-1}，或者如我们今天说的，y 对于 x

的变化率是 nx^{n-1},这是最初增量的最初比。当然,这种说法的逻辑性并不比前面的两种好;然而牛顿说这个方法与古代的几何是融洽的而且没有必要引进无穷小量。

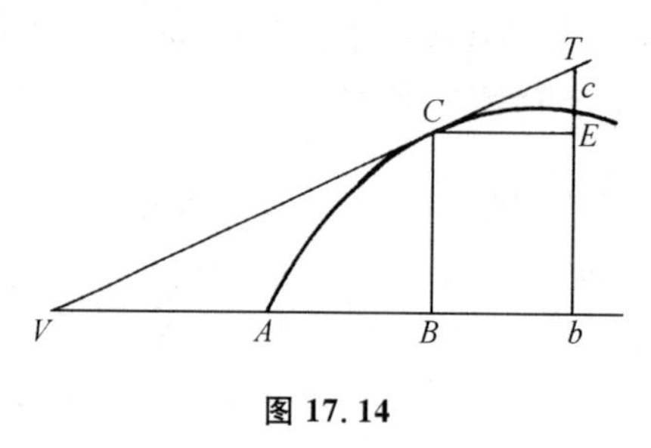

图 17.14

牛顿还给出了几何的解释。在图 17.14 中,假定 bc 移向 BC,使得 c 和 C 重合。那么曲边三角形 CEc 以“最后的形式”和三角形 CET 相似,因此它的“即将消失的”各边将和 CE, ET 和 CT 成比例。所以 AB, BC 和 AC 的流数在它们消失的增量的最后比中,和三角形 CET 或者三角形 VBC 的边成比例。

在《流数法》中,牛顿作了一些应用,用流数法微分隐函数,求曲线的切线、函数的最大值与最小值、曲线的曲率和曲线的拐点。他也得到了曲线下的面积和曲线的长度。关于曲率,他给出曲率半径的正确公式,即

$$r=\frac{(1+\dot{y}^2)^{3/2}}{\ddot{y}},$$

其中 $\dot{x}$ 取作 1。他还给出极坐标中的曲率半径的公式。最后,他附了一个积分简表。

在写完微积分的基本论文以后,过了很长时间,牛顿才发表这些论文。他的流数理论最早发表在沃利斯的《代数》(*Algebra*, 1693 年,拉丁文第二版)中,牛顿写了书的第 390 至 396 页。如果当初他写出来就发表的话,也许可以避免与莱布尼茨发生谁先发现的争论。

牛顿的第一本包括他的微积分的书是他的巨著《自然哲学的数学原理》①。只要涉及微积分的基本概念,即流数或者我们说的导数,牛顿就作出几种陈述,他舍弃了无穷小量或者最后的不可分量而用了“消失的可分量”,即能够无穷地缩小的量。在《原理》的第一版和第三版中,牛顿说:“量在其中消失的最后比,严格说来,不是最后量的比,而是无限减少的这些量的比所趋近的极限,而它与这个极限之差虽然能比任何给出的差更小,但是在这些量无限缩小以前既不能越过也不能达到这个极限。”②这是他曾经给过的作为最后比的意思最清楚的说明。关于前面的引文,他还说:“最后速度的意思是,它既不是在物体达到最后位置(在该处假定物体停止)之前的速度,也不是在达到以后的速度,而是正达到的那瞬间的速度……因此,同样的,就消失量的最后比来说,应理解为不是在量消失以前,也不是

① 第三版由莫特(Andrew Motte)在 1729 年译成英文。由卡乔里修订和编注的这一版,由加利福尼亚(California)大学出版社出版。

② 第三版,第 39 页。

在消失以后，而是正当它们消失时的比。”

在《原理》中牛顿用了几何的证明方法。然而在包含有他的未出版的著作的名叫《朴次茅斯论文集》(*Portsmouth Papers*)中，他用分析的方法找出了一些定理。这些论文说明除了能归结到几何的以外，他也分析地获得了一些结果。他诉诸几何的一个原因是相信证明将更能被他的同时代人理解。另外一个原因是他非常赞赏惠更斯的几何著作并希望和它并列。在这些几何证明中，牛顿用了微积分的基本的极限过程。因此，正如今天的微积分所做的那样，曲线下的面积本质上被认为是近似矩形的和的极限。但是，他用了这个概念去比较不同的曲线下的面积，而没有计算这样的面积。

他证明当 AR 和 BR(图 17.15)垂直于弧 ACB 在 A 点和 B 点的切线时，弦 AB、弧 ACB 和 AD 这三个量中任意两个的最后比，当 B 接近于 A 并和 A 重合时，都等于 1。因此他在书的第一卷的引理 2 的系 3 中说：“因此在关于最后比的所有推论中，我们可以用这些线中的任意一个随意代替另一个。”然后他证明，当 B 接近并重合于 A 时，三角形 RAB, $RACB$, RAD 中任意两个的面积之比将等于 1。“因此，在关于最后比的所有推论中，我们可用这些三角形中的任意一个代替另一个。”同样的，设 BD 和 CE(图17.16)垂直于 AE(它不必是弧 ABC 在 A 点的切线)。当 B 和 C 接近 A 并和 A 重合时，ACE 和 ABD 的面积的最后比将等于 AE^2 和 AD^2 的最后比。

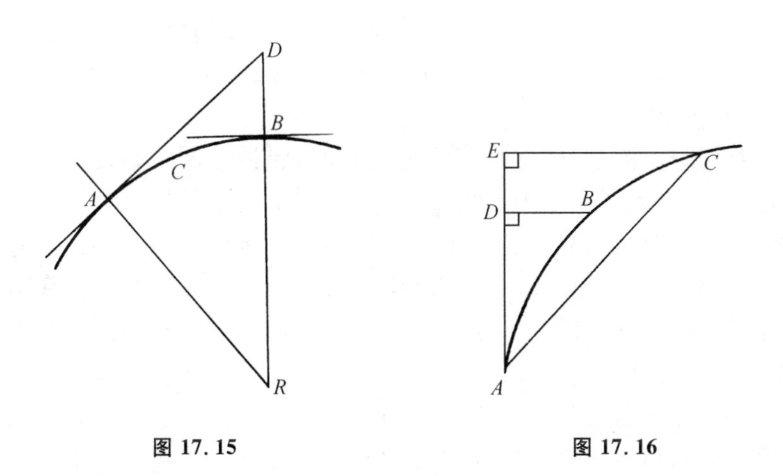

图 17.15　　**图 17.16**

《原理》包含丰富的成果，其中的一些我们将要提到。虽然这本书是研究天体力学的，但是对于数学史也有极大的重要性，这不仅因为牛顿自己在微积分方面的工作，大部分是由他对书中处理的问题的压倒一切的兴趣激发的，而且还因为《原理》对许多问题提出了新的课题和研究方式，而这些问题经过下一个世纪的研究，产生出大量的分析成果。

《原理》分成三卷[①]。在引言性章节中牛顿定义了诸如惯量、动量和力等力学概念,然后叙述了三条著名的运动学公理或定律。在他的书中是这样说的:

定律Ⅰ.每一个物体保持它原来的静止状态或匀速直线运动状态不变,除非由作用于它的力迫使它改变这种状态。

定律Ⅱ.运动的(量的)改变与施加的动力成正比,而且是朝着力所作用的直线方向改变。

牛顿所谓的动量,正如他先前曾说明过的,等于质量乘上速度。因此,如果质量是常数,那么动量的变化就是速度的变化,即加速度。当力的单位是磅达,质量的单位是磅,加速度的单位是英尺/秒^2 时,第二定律现在通常写成 $F = ma$ 。牛顿第二定律实际上是矢量的叙述,这就是如果力是由三个互相垂直的方向上的分力合成的,那么每一个分量在它自己的方向上引起一个加速度。牛顿在特殊的问题中用了力的矢量特性,但是定律的矢量本质的全部意义首先是由欧拉充分认识的。这个定律具体化了对亚里士多德力学的关键性的改革,亚里士多德断言力引起速度。他还断言,力对于维持速度是必需的。定律Ⅰ否定了这一点。

定律Ⅲ.每一个作用总是引起一个相等的反作用。

我们不去深究力学的历史,只是指出前两个定律是先前由伽利略和笛卡儿发现并提出、而由牛顿给以更明确和更概括的叙述的。在质量(即一个物体对于它在运动中的变化的抵抗)和重量(即作用在任何物体质量上的引力)之间的差别,也归功于这些人。力的向量特性推广了伽利略的原则:抛射体的竖直方向和水平方向的运动能够分开来处理。

《原理》的第一卷以一些微积分的定理开始,包括上面引到的关于最后比的一些定理。然后讨论了中心力作用下的运动,这个力总是把运动物体引向一个固定点(实际上就是太阳),并且证明了命题 1:在相等的时间内扫出相等的面积(这包含了开普勒的面积定律)。接着,牛顿考虑了一个沿着圆锥曲线运动的物体,并且证明(命题 11,12 和 13):力必定是随着到某个定点的距离的平方的反比变化的。他还证明了逆定理,这包含开普勒的第一定律。在作了向心力的论述之后,他推出了开普勒第三定律(命题 15)。接着的两节是研究圆锥曲线性质的。主要的问题是构造满足五种已知条件的二次曲线,这些条件实际上是平常观察的数据。这样,已知一个物体沿着圆锥曲线运动的时间,他求出了它的速度和位置。他着手于拱点线(apse line)的运动,即连接(在一个焦点上的)引力的中心和沿着一条本身以某种速度绕焦点旋转的圆锥曲线移动的物体的最大或最小

---

① 所有的出处都是第 302 页的脚注①中提到的版本。

距离位置的直线。第 10 节参考特殊的单摆运动来研究物体沿着表面的运动。这里牛顿给惠更斯以应有的感谢。联系到重力在运动中的加速作用,他研究了摆线、圆外旋轮线、四尖圆内旋轮线的几何性质,并给出圆外旋轮线的长度(命题 49)。

第 11 节中牛顿从运动定律和引力定律推断出两个物体的运动法则,这两个物体按照引力彼此吸引。它们的运动归结为一个物体围绕着固定的第二个物体的运动。这个运动的物体是沿着椭圆移动的。

然后他考虑均匀密度和变化密度的球体以及球型物体对一个质点的吸引力。他给出一个几何证明(第 12 节命题 70),证明一个薄的匀质球壳对它内部的质点没有吸引力。因为这个结论对薄壳成立,所以对于这样的薄壳的和,即对于一定厚度的壳也成立。(他后来证明命题 91 系 3,对于均匀的椭球壳,即包含在同样放置的两个相似的椭球面之间的壳,这个结论也成立。)命题 71 证明一个薄的均匀球壳对**外部**质量的吸引力,等于球壳的质量集中在中心时产生的吸引力,所以球壳吸引外部质点的力是向着它的中心的,这个力与离开中心的距离的平方成反比。命题 73 证明一个均匀的实心球体,吸引内部质点的力与质点离开球心的距离成比例。至于球体对外部质点的吸引力,命题 74 证明它与球的质量集中在中心时产生的吸引力是相同的。据此,如果两个球互相吸引,第一个球对第二个球的每一个质点的吸引力就好像第一个球的质量集中在它的中心时产生的吸引力一样。这样,第一个球就成为被第二个球的离散质量吸引的质点;所以第二个球也可以当作质量集中在中心的一个质点。因此两个球都可以作为质量分别集中在中心的质点。所有这些由牛顿首创的结论,都推广到密度是球对称的球体,以及不同于平方反比定律的其他引力定律。

接着,牛顿着手处理三体运动,这三体的每一个吸引其他两个,得到一些近似的结果。三体运动问题成为牛顿以来的一个主要问题,至今还未解决。

《原理》的第二卷是研究物体在气体和液体那样有阻力的介质中的运动,这是流体动力学的开端。牛顿在一些问题中假定介质的阻力与运动物体的速度成比例,在另一些问题中假定与运动物体速度的平方成比例。他考虑物体必须具有什么形状才能使它遇到的阻力最小(见第 24 章第 1 节)。他还考虑了钟摆和射弹在空气和液体中的运动。有一节是研究空气中的波动理论的(例如声波),并且得到声音在空气中的速度公式。他还论述了水中的波的运动。牛顿接着描写他所作的一些实验,这些实验用来决定在流体中运动的物体所受到的阻力。一个主要的结论是:行星在真空中运动。在这本书中牛顿完全打开了一个新的境界,但是流体运动的决定性工作还有待于完成。

第三卷的标题是《论世界的体系》(*On the System of the World*),它将第一卷中建立的普遍理论应用于太阳系。它说明了太阳的质量怎样可以用地球的质量计算出来;并说明了任何有卫星的行星的质量也可以用同样的方法去求。他计算了地球的平均密度,发现它是在水的密度的5～6倍之间(今天的数值是5.5)。

他证明地球不是一个真的球而是一个扁球,而且计算了扁平度。他的结论是扁球的椭率是1/230(今天的数值是1/297)。从观察到的任何一个行星的扁率,就可以算出它的日长。用扁平度的大小以及向心力,牛顿计算了地球的引力在地球表面上的变化,从而求出物体的重量的变化。他证明扁球的引力与这扁球的质量集中在它的中心时的引力是不一样的。

然后他解释(分点)岁差。这个解释的依据是:地球不是球体而是沿着赤道凸出的。因此在月球的引力作用下,地球的受力点实际上不是地球的中心,而是周期性地在地球的旋转轴上变动。这个变化的周期牛顿计算出来是26 000年。这个值曾由希帕恰斯从他所能得到的观察资料中推断出来过。

牛顿说明了潮汐的主要特征(第一卷的命题66和第三卷的命题36和37)。月球是主要原因;太阳是第二位的原因。用太阳的质量他算出了太阳潮汐的高度。由观察大潮和小潮的高度(太阳和月球正连成一线或正相反时发生的潮汐),他求出了太阳潮汐并估计了月球的质量。牛顿还制出一些近似办法来讨论太阳对月球绕地球运动的影响,他求出了月球在纬度和经度的运动、拱点线的运动(连接地球中心到月球的最大距离的线)、交点的运动(这些点是月球轨道与地球轨道平面的交点,这些点退行着,即背着月球自身运动的方向缓慢地移动)、出差(月球轨道偏心度的周期变化)、年方程(地球和太阳间距离的每天变化对月球运动的影响),以及月球轨道平面与地球轨道平面的倾角的周期变化。月球运动的无规律性已知有七项,牛顿又发现了两项:远地点(拱点线)的不等性和交点的不等性。他的近似法只给出拱点线运动的一半。1752年克莱罗(Alexis-Claude Clairaut)改进了计算,并得到满3°的拱点线的旋转;然而,很晚以后,亚当斯(John Couch Adams)在牛顿的论文中发现了正确的计算。最后,牛顿证明了彗星一定是在太阳的引力下运动的,因为在观察的基础上测定出它们的轨迹是圆锥曲线。正如我们在前一章中指出的,牛顿花了大量的时间于月球运动的问题,是因为这个知识对于改进求经度的方法是必需的。他工作得如此艰苦,以至他抱怨说,这个问题使得他头疼。

4. 莱布尼茨的工作

在建立微积分中和牛顿并列的是莱布尼茨(1646—1716),虽然他的贡献是完全不同的。他研究法律,在答辩了关于逻辑的论文之后,得到哲学学士学位。1666

年他写了论文《论组合的艺术》(*De Arte Combinatoria*)①,这是一本关于一般推理方法的著作,这就完成了他在阿尔特多夫(Altdorf)大学的哲学博士论文并使他获得教授席位。1670年和1671年,莱布尼茨写了他的第一篇力学论文,1671年左右,他制造出他的计算机。他得到一件差使,作为美因茨(Mainz)选帝侯(德国有权选举神圣罗马帝国皇帝的诸侯。——译者注)的大使在1672年3月政治出差到巴黎。这次访问使他同数学家和科学家接触,其中值得注意的是惠更斯激起了他对数学的兴趣。虽然他在这门学科中作过一些阅读并写了1666年的论文,但他说直到1672年他还基本上不懂数学。1673年他到伦敦,遇到另外一些科学家和数学家,包括当时的伦敦皇家学会秘书奥尔登伯格。虽然他靠做外交官生活,但却更深入地钻研了数学,研究了笛卡儿和帕斯卡。1676年他被任命为汉诺威(Hanover)选帝侯的图书馆管理员和顾问。24年后勃兰登堡(Brandenburg)的选帝侯邀请莱布尼茨在柏林工作。尽管莱布尼茨卷入了各种政治活动,其中包括路德维希(George Ludwig)继承英国王位的活动,但他的工作领域是广泛的,他的业余活动的范围是庞大的。1716年他无声无息地死去。

除了是外交官外,莱布尼茨还是哲学家、法学家、历史学家、语言学家和先驱的地质学家,他在逻辑学、力学、光学、数学、流体静力学、气体学、航海学和计算机方面做了重要的工作。虽然他的教授席位是法学的,但是他在数学和哲学方面的著作列于世界上曾产生过的最优秀的著作之中。他用通信保持和人们接触,最远的到锡兰(Ceylon)②和中国。他无休止地想调和旧教和新教的信仰。正是他,在1669年提议建立德国科学院,1700年柏林科学院终于组织起来了。他原来的意见是要成立一个学会,从事于对人类有益的力学中的发明和化学、生理学方面的发现。莱布尼茨要求知识是应用的。他把大学称作"僧院",指责他们拥有知识而没有判断力,并且专门注意小事情。相反地,他力劝追求真正的知识——数学、物理、地理、化学、解剖学、植物学、动物学和历史。在莱布尼茨看来,手工艺人和实践者的技能比专门学者的深奥的细微末节要有价值。他认为德文优于拉丁文,因为拉丁文联系于古老的无用思想。他说,人们用拉丁文来吸引别人的注意,而掩饰自己的无知。相反,德语是一般人都理解的,而且经过发展,能帮助思想的清晰和说理的锐利。

莱布尼茨从1684年起发表微积分论文,以后我们将更多地谈到它们。然而,他的许多成果,以及他的思想的发展,都包含在他从1673年起写的、但他自己从未发表过的成百页的笔记本中。这些笔记,人们也许能预料到,从一个课题跳到另一

---

① 1690年发表于《哲学论文》(*Die philosophische Schriften*),4,27-102。

② 锡兰,1972年5月22日改名为斯里兰卡。——译者注

个课题,并且随着他思想的发展而改变他所用的记号。有些是在他研究圣文森特的格雷戈里、费马、帕斯卡、笛卡儿和巴罗的书或文章时,或是试图把他们的思想纳入他自己处理微积分的方式时所出现的简单思想。1714 年莱布尼茨写了《微分学的历史和起源》(*Historia et Origo Calculi Differentialis*),在这本书中,他给出一些关于他自己思想发展的记载。但是这是在他的工作做了以后许多年才写的,而且由于人的记忆力的衰减和他在此时获得的巨大洞察力,他的历史可能不是精确的。又因为他的目的是针对当时加于他的剽窃的罪名而保卫自己,所以他可能不自觉地歪曲了关于他的思想来源的记载。

不管莱布尼茨的笔记怎么混乱,我们将仔细检查几篇,因为它们揭示了一个最伟大的天才,怎样为了达到理解和创造而奋斗。1673 年左右,他看到求曲线的切线的正问题和反问题的重要性;他也完全相信,反方法等价于通过求和来求面积和体积。他的思想的一些较为系统的发展开始于 1675 年的笔记。然而,谈一谈他在《论组合的艺术》中所考虑的数的序列、第一阶差、第二阶差以及高阶差,对于了解他的思想是有帮助的。例如,对于平方的序列

$$0,\ 1,\ 4,\ 9,\ 16,\ 25,\ 36,$$

第一阶差是

$$1,\ 3,\ 5,\ 7,\ 9,\ 11,$$

第二阶差是

$$2,\ 2,\ 2,\ 2,\ 2.$$

莱布尼茨注意到自然数列的第二阶差消失以及平方序列的第三阶差消失等。当然,他还观察到,如果原来的序列是从 0 开始的,那么第一阶差的和就是序列的最后一项。

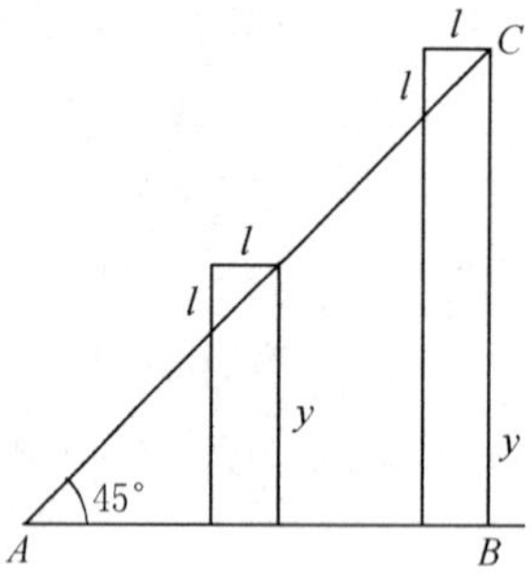

图 17.17

要把这些事实和微积分联系起来,他必须把序列看作是函数的 y 值,而把任何两项的差看作是邻近两个 y 值的差。最初他认为 x 表示序列中的项的次序,y 表示这一项的值。

量 dx,他经常写作 a,这时候等于 1,因为它是两个相连的项的序数之差,dy 是两个相连项的值的实际的差。然后用 omn.,即拉丁文 omnia 的缩写,表示和,并用 l 代替 dy,莱布尼茨断言 omn. $l = y$, 因为 omn. l 是首项为 0 的序列的第一阶差的和,这样就给出了最后一项。但是,omn. yl 产生一个新问题。莱布尼茨获得 omn. $yl = \frac{y^2}{2}$ 的结论是在 $y = x$ 的条件下考虑的。因此,如图 17.17 所示,三角形 ABC 的面积是 yl 的和(对于"很小"的 l 来说),

它也是$\frac{y^2}{2}$。莱布尼茨说："从 0 起增长的直线，每一个用与它相应的增长的元素相乘，组成三角形。"这几点事实，和一些较复杂的东西，已经出现在 1673 年的论文中。

下一阶段中，他和几个困难作斗争。他必须从一串离散的值过渡到 $\mathrm{d}y$ 和 $\mathrm{d}x$ 是 x 的任意函数 y 的增量的情况。因为他仍然局限于数列，而在数列中 x 是项的顺序，所以他的 a 或 $\mathrm{d}x$ 是 1；因此他自由地插入或者去掉 a。当他过渡到任意函数的 $\mathrm{d}y$ 和 $\mathrm{d}x$ 时，这个 a 就不再是 1 了。但是，当他仍然与和的概念作斗争时，他忽略了这个事实。

因此在 1675 年 10 月 29 日的手稿中，莱布尼茨从

$$\text{omn. } yl = \overline{\text{omn. } \overline{\text{omn. } l}\, \frac{l}{a}} \tag{7}$$

出发，因为 y 本身就是 omn. l，所以(7)是成立的。他用 a 除 l 保持量纲。莱布尼茨说，无论 l 等于什么，(7)是成立的。但是，我们已经在图 17.17 中看到

$$\text{omn. } yl = \frac{y^2}{2}. \tag{8}$$

所以，由(7)和(8)得

$$\frac{y^2}{2} = \overline{\text{omn. } \overline{\text{omn. } l}\, \frac{l}{a}}. \tag{9}$$

用我们的记号来写，就是

$$\frac{y^2}{2} = \int\left\{\int \mathrm{d}y\right\}\frac{\mathrm{d}y}{\mathrm{d}x} = \int y\,\frac{\mathrm{d}y}{\mathrm{d}x}.$$

莱布尼茨说，这个结论是值得称赞的。

莱布尼茨从几何的论据中得来的另一个同类型的定理是

$$\text{omn. } xl = x\text{omn. } l - \text{omn. omn. } l, \tag{10}$$

其中 l 是一个序列中相连两项的差，x 是项数。对于我们，这个方程就是

$$\int x\mathrm{d}y = xy - \int y\mathrm{d}x.$$

莱布尼茨又假定(10)中的 l 本身是 x，就得到

$$\text{omn. } x^2 = x\text{omn. } x - \text{omn. omn. } x.$$

他说，但是 omn. x 是$\frac{x^2}{2}$ $\left(\text{他已证明了 omn. } yl = \frac{y^2}{2}\right)$，所以

$$\text{omn. } x^2 = x\,\frac{x^2}{2} - \text{omn. } \frac{x^2}{2}.$$

由移置最后一项，他得到

$$\text{omn. } x^2 = \frac{x^3}{3}.$$

在 1675 年 10 月 29 日的手稿中，莱布尼茨决定用 $\int$ 代替 omn. ;因此

$$\int l = \text{omn.}\, l, \qquad \int x = \frac{x^2}{2}.$$

记号 $\int$ 是"sum"(和)的第一个字母 S 的拉长。

可能是由于研究巴罗的著作的关系，莱布尼茨很早就意识到，微分与积分(看作是和)必定是相反的过程，所以面积被微分时，必定给出长度。因此，在 10 月 29 日的同一篇手稿中，他说："已知 l 及它与 x 的关系，求 $\int l$。" 然后，他说："假定 $\int l = ya$。设 $l = ya/\text{d}$。[这里他把 d 放在分母中。如果他写成 $l = \text{d}(ya)$，那对我们就会有更好的理解。]那么正如 $\int$ 将增加维数那样，d 将减少维数。但是 $\int$ 意味着和，d 意味着差。从已知的 y 我们总能求出 y/d 或者 l，即 y 的微差。因此一个方程能变到另一个方程；正如从方程

$$\overline{\int c \int \overline{l^2}} = \frac{c\int \overline{l^3}}{3a^3}$$

我们得到方程

$$c\int \overline{l^2} = \frac{c\int \overline{l^3}}{3a^3\text{d}}$$

一样。"

在这篇早期论文中，莱布尼茨似乎是在探索 $\int$ 的**运算**和 d 的**运算**，并看出它们是相反的。最后他意识到 $\int$ 不提高维数，d 也不降低维数，因为 $\int$ 实际上是矩形的和，因而是面积的和。所以他承认，要从 y 回到 $\text{d}y$，必须做出 y 的微差或者取 y 的微分。然后他说："但是 $\int$ 意味着和，d 意味着差。"这可能是后来加进去的。因此两个星期以后，为了从 y 得到 $\text{d}y$，他从用 d 除改成做 y 的微差，并写作 $\text{d}y$。

在此之前，莱布尼茨还认为 y 值是序列的项的值，x 通常作为这些项的序数。但是现在，在这篇论文中他说："所有这些定理对于那些级数是正确的，在这些级数中项的差和项本身间之比小于任意指定的量。"这就是说，$\text{d}y/y$ 可以小于任意指定的量。

在注着 1675 年 11 月 11 日、标题为《切线的反方法的例子》的手稿中，莱布尼茨用 $\int$ 表示和，x/d 表示差。然后他说，x/d 是 $\text{d}x$，是两个相邻的 x 值的差，但是显然这里的 $\text{d}x$ 是常数，并且等于 1。

根据上面勉强可以理解的议论，莱布尼茨断定一个事实：**作为求和的过程的积**

分是微分的逆。这个想法已出现在巴罗和牛顿的著作中，他们用反微分求得面积。但莱布尼茨是第一次表达出求和与微分之间的关系。除了这个直率的断言以外，他并不清楚怎样可以从这样一个粗糙的式子 $\sum y\mathrm{d}x$ 去得到面积——即怎样从一组矩形得到曲线下的面积。当然，这个困难困扰了 17 世纪所有的数学家。由于没有清楚的极限概念，或者甚至没有清楚的面积概念，莱布尼茨有时认为后者是非常小而又非常多的矩形的和，因而这个和与曲线下的真正的面积之差是可以忽略的；他有时又认为面积是纵坐标 y 的和。这后一个面积概念是普通的，尤其是在不可分量论者中，他们认为面积的最终单元与 y 值是同样的。

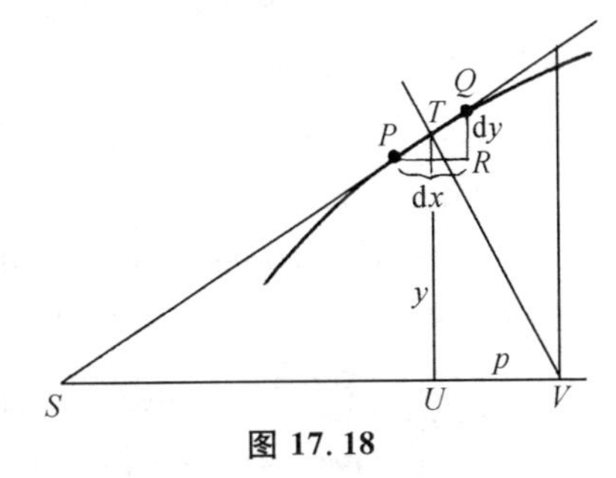

图 17.18

谈到微分，即使承认了 $\mathrm{d}y$ 和 $\mathrm{d}x$ 能是任意小的量之后，莱布尼茨仍然必须克服 $\mathrm{d}y/\mathrm{d}x$ 不完全是我们意义中的导数这个基本困难。他在帕斯卡和巴罗曾用过的特征三角形上建立他的理论。这个三角形(图 17.18)由 $\mathrm{d}y$, $\mathrm{d}x$ 和弦 PQ 组成，莱布尼茨还认为弦 PQ 是“*P 和 Q 之间的曲线，而且是 T 点的切线的一部分*”。虽然说这个三角形是无穷小的，但他坚持它和确定的三角形是相似的，即相似于由次切线 SU，T 点的纵坐标以及切线 ST 组成的三角形 STU。因此，$\mathrm{d}y$ 和 $\mathrm{d}x$ 是最终的元素，它们的比有确定的意义。事实上，他用三角形 PRQ 和 SUT 相似的论据得到 $\mathrm{d}y/\mathrm{d}x = TU/SU$ 。

在 1675 年 11 月 11 日的手稿中，莱布尼茨说明他怎样能解答一个确定的问题。他寻求次法线与纵坐标成反比的曲线。在图 17.18 中，法线是 TV，次法线是 UV。由三角形 PRQ 和 TUV 的相似性，他得到

$$\frac{\mathrm{d}y}{\mathrm{d}x} = \frac{p}{y}$$

或者

$$p\mathrm{d}x = y\mathrm{d}y.$$

但是曲线有已知的性质

$$p = \frac{b}{y},$$

其中 b 是比例常数。因此

$$\mathrm{d}x = \frac{y^2}{b}\mathrm{d}y.$$

所以

$$\int \mathrm{d}x = \int \frac{y^2}{b}\mathrm{d}y,$$

即

$$x = \frac{y^3}{3b}.$$

莱布尼茨还解决了其他的反切线问题。

在 1676 年 6 月 26 日的手稿中,他意识到求切线的最好方法是求 $\mathrm{d}y/\mathrm{d}x$,其中 $\mathrm{d}y$ 和 $\mathrm{d}x$ 是差,$\mathrm{d}y/\mathrm{d}x$ 是商。他忽略 $\mathrm{d}x\cdot\mathrm{d}x$ 和 $\mathrm{d}x$ 的高次幂。

1676 年 11 月左右,他能够给出一般法则 $\mathrm{d}x^n = nx^{n-1}\mathrm{d}x$ 和 $\int x^n = \frac{x^{n+1}}{n+1}$,其中 n 是整数或分数。他说:"这个道理是普遍的,不管 x 的序列是什么样的。"这里 x 仍然意味着序列的项的次序。在这篇手稿中,他说要微分 $\sqrt{a+bz+cz^2}$ 的话,设 $a+bz+cz^2=x$,微分 $\sqrt{x}$,然后乘以 $\mathrm{d}x/\mathrm{d}z$。这就是链式法则。

1677 年 7 月 11 日左右,莱布尼茨又能给出正确的法则去微分两个函数的和、差、积、商以及幂和方根,但没有证明。在 1675 年 11 月 11 日的手稿中,他致力于 $\mathrm{d}(uv)$ 和 $\mathrm{d}(u/v)$,并认为 $\mathrm{d}(uv)=\mathrm{d}u\cdot\mathrm{d}v$ 。

1680 年,$\mathrm{d}x$ 成为横坐标的差,$\mathrm{d}y$ 成为纵坐标的差。他说:"……现在把 $\mathrm{d}x$ 和 $\mathrm{d}y$ 取为无穷小,或者把曲线上的两个点理解为它们中间的距离比任何给定的长度都小……"他把 $\mathrm{d}y$ 叫做当纵坐标沿着 x 轴移动时 y 的"瞬时的增长"。但是图 17.18 中的 PQ 仍被认为是直线的部分。它是"曲线的一个元素,或者是代替曲线的无穷多角的多边形的一条边……"他继续用通常的微分形式。例如,如果 $y=a^2/x$,则

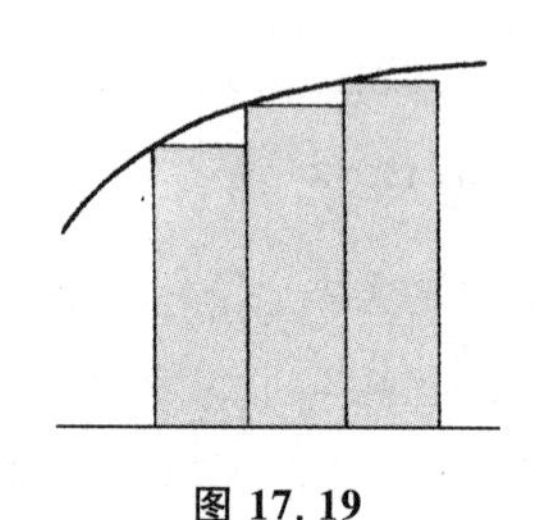

图 17.19

$$\mathrm{d}y=-\frac{a^2}{x^2}\mathrm{d}x.$$

他还说差是相反于和的。因此为了得到曲线下的面积(图 17.19),他就计算矩形的和并说能忽略剩余的"三角形,因为它们同矩形相比是无穷小……因此在我的微积分中,我用 $\int y\mathrm{d}x$ 表示面积……"对于弧的元素,他给出

$$\mathrm{d}s=\sqrt{\mathrm{d}x^2+\mathrm{d}y^2};$$

对于曲线绕 x 轴旋转而得到的旋转体体积,他给出

$$V=\pi\int y^2\mathrm{d}x.$$

尽管他先前说过,$\mathrm{d}x$ 和 $\mathrm{d}y$ 是很小的差,但他仍然谈到序列。他说:"差与和是彼此相反的,这就是说,一个级数[序列]的差之和是级数的项,级数和的差也是级数的项,所以我用 $\int \mathrm{d}x=x$ 表示前者,用 $\mathrm{d}\int x=x$ 表示后者。"事实上,在 1684 年以后写的手稿中,莱布尼茨说他的无穷小方法已经众所周知地作为差的微积分了。

莱布尼茨在微积分方面的首次发表的文章是在 1684 年的《教师学报》①上。

---

① *Acta Erud.*, 3,1684,467-473=*Math. Schriften*, 5,220-226.

在这篇文章中，dy 和 dx 的意义仍然是不清楚的。在一个地方，他说设 dx 是任意的量，dy 是由（图 17.18）

$$dy : dx = y : \text{次切线}$$

来定义的。dy 的这个定义假定了次切线的一些表达式，因此这个定义不是完全的。另外，莱布尼茨把切线定义为连接两个无限邻近的点的直线，也不是令人满意的。

在这篇文章中，他还给出在 1677 年获得的两个函数的和、积、商的微分法则以及求 $d(x^n)$ 的法则。对于最后一种情况，他对于 n 是正整数的情况作出了证明，但是他说对于所有的 n，它都是正确的；对于其他法则他没有证明。他给出求切线、求最大最小值以及求拐点方面的应用。这篇 6 页长的文章是如此不清楚，以至伯努利兄弟说它"与其说是解释，不如说是谜"①。

在 1686 年的论文中②，莱布尼茨给出

$$y = \sqrt{2x - x^2} + \int \frac{dx}{\sqrt{2x - x^2}}$$

作为摆线的方程。这里，他的意图在于说明用他的方法和符号，可以把一些曲线表示为方程，而其他方法是办不到的。在他的《历史》中他重申了这一点，他说他的 dx，ddx（二阶微分），以及作为这些微分的逆的和能应用到所有的 x 的函数，而且不排除韦达和笛卡儿的机械曲线，虽然笛卡儿曾说过这种曲线没有方程。莱布尼茨还说，他能包括那些即使用牛顿的级数法也不能处理的曲线。

在 1686 年及其后来的论文中③，莱布尼茨给出对数函数和指数函数的微分并承认指数函数是一类。他还讨论了曲率、密切圆和包络理论（见第 23 章）。1697 年在给约翰·伯努利的一封信中，他在积分号下对参变量求微分。他还有这样的想法，即许多不定积分能够在化为已知形式后计算出来，并说在为这种化法准备表格，换句话说，就是准备一个积分表。他试着定义如 $ddy(d^2y)$ 和 $dddy(d^3y)$ 等高阶微分，但是定义不令人满意。他还想发现 $d^{\alpha}y$ 的意义，其中 α 是任意实数，但没有成功。

谈到记号，莱布尼茨煞费苦心地工作，要把记号选得最好。当然，他的 dx，dy 和 dy/dx 仍然是标准的。他引进记号 $\log x$，对于 n 阶微分引进 d^n，甚至对 $\int$ 与 n 重和分别引进 d^{-1} 与 d^{-n}。

一般地说，莱布尼茨的工作，虽然富于启发性而且意义深远，但它是如此零碎

---

① 莱布尼茨：*Math. Schriften*, 3, Part 1,5。

② *Acta Erud.*, 5,1686,292－300＝*Math. Schriften*, 5,226－233.

③ *Acta Erud.*, 1692,168－171＝*Math. Schriften*, 5,266－269；*Acta Erud.*, 1694＝*Math. Schriften*, 5,301－306.

不全,以至几乎不能理解。幸好伯努利兄弟即詹姆斯·伯努利和约翰·伯努利,在莱布尼茨思想的巨大影响和激动下,把他的梗概性的文章大力加工,并作了大量的新发展。这我们以后将要谈到。莱布尼茨同意他们在微积分方面的工作和他一样多。

5. 牛顿与莱布尼茨的工作的比较

微积分是能应用于许多类函数的一种新的普遍的方法,这一发现必须归功于牛顿和莱布尼茨两人。经过他们的工作,微积分不再是古希腊几何的附庸和延展,而是一门独立的科学,用来处理较前更为广泛的问题。

两人也都算术化了微积分,即在代数的概念上建立微积分。牛顿和莱布尼茨使用的代数记号和方法,不仅给他们提供了比几何更为有效的工具,而且还允许许多不同的几何和物理问题用同样方法处理。从 17 世纪开始到末尾,主要的变化就是微积分的代数化。这同韦达在方程理论、笛卡儿和费马在几何中所做的是可以比美的。

牛顿和莱布尼茨平分的第三个极端重要的贡献是把面积、体积及其他以前作为和来处理的问题归并到反微分。因此,四个主要问题——速率、切线、最大值和最小值、求和——全部归结为微分和反微分。

两个人的工作的主要差异是,牛顿把 x 和 y 的无穷小增量作为求流数或导数的手段。当增量越来越小的时候,流数(或导数)实际上就是增量的比的极限。而莱布尼茨却直接用 x 和 y 的无穷小增量(即微分)求出它们之间的关系。这个差别反映了牛顿的物理方向和莱布尼茨的哲学方向。在物理方向中,速度之类是中心概念,而哲学则着眼于物质的最终的微粒,这些微粒,莱布尼茨称作单子(monad)。从而牛顿完全是从考虑变化率出发来解决面积和体积问题的。对于他来说,求导数是基础,这个过程和它的逆解决了所有的微积分问题。事实上,用和来得到面积、体积或者重心,在他的著作中是少见的。相反,莱布尼茨首先着想的是和,当然这些和仍是用反微分计算的。

这两个人的工作的第三个差别在于牛顿自由地用级数表示函数,而莱布尼茨宁愿用有限的形式。在 1676 年给莱布尼茨的信中,牛顿强调用级数,甚至对于解简单的微分方程也如此。虽然莱布尼茨用了无穷级数,但他回答说,真正的目标是在确定的范围内获得结果,在代数函数不能起作用的地方,要用三角函数和对数函数。他向牛顿回忆詹姆斯·格雷戈里的断言,椭圆和双曲线的长度不能归结为圆函数和对数函数,他向牛顿挑战用级数来决定詹姆斯·格雷戈里是否正确。牛顿回答说,用级数他能决定一些积分是否能在有限项的范围内得到,但没有给出判别法。再者,在 1712 年给约翰·伯努利的信中,莱布尼茨反对把函数展成级数,他说微积分应着眼于把结果归结为求积(积分),而且如果必要的话,归结为含有超越函数的积分。

他们的工作方式也不相同。牛顿是经验的、具体的和谨慎的,而莱布尼茨是富于想象的、喜欢推广的而且是大胆的。莱布尼茨更关心的是用运算公式创造出广泛意义下的微积分,例如函数的积或商的微分法则,关于 $d^n(uv)$(u 和 v 都是 x 的函数)的法则,以及积分表。正是他建立了微积分的规范,即法则和公式的系统。至于牛顿,即使他能容易地推广他的具体结果,他也没有费心去提出法则。他知道,如果 $z=uv$,那么 $\dot{z}=u\dot{v}+v\dot{u}$,但他并没有指出这个普遍的结论。虽然牛顿创立了许多方法,但他并没有加以强调。他的宏伟的微积分应用不仅证明了它的价值,而且远远超过莱布尼茨的工作,刺激并决定了几乎整个 18 世纪分析的方向。牛顿和莱布尼茨在对记号的关心方面也有差别。牛顿认为这事无关紧要,而莱布尼茨却花费了很多日子来选择富有提示性的记号。

6. 优先权的争论

1687 年以前,牛顿没有发表过微积分方面的任何工作,虽然他从 1665 年到 1687 年把结果通知了他的朋友。特别地,1669 年他把他的短文《分析学》送给巴罗,后者把它送给柯林斯。莱布尼茨于 1672 年访问巴黎,1673 年访问伦敦,并和一些知道牛顿工作的人通信。然而,他直到 1684 年才发表微积分的著作。于是就发生莱布尼茨是否知道牛顿工作详情的问题,他被指责为剽窃者。但是,在这两个人死了很久以后,调查证明虽然牛顿工作的大部分是在莱布尼茨之前做的,但是莱布尼茨是微积分主要思想的独立发明者。两个人都受到巴罗的很多启发,虽然巴罗几乎无例外地用了几何方法。这场争吵的重要性不在于谁胜谁负的问题,而是使数学家分成两派。大陆的数学家,尤其是伯努利兄弟,支持莱布尼茨,而英国数学家捍卫牛顿。两派不和甚至尖锐地互相敌对,约翰·伯努利甚至嘲笑并猛烈攻击英国人。

这件事的结果,英国的和大陆的数学家停止了思想交换。因为牛顿在关于微积分的主要工作和第一部出版物,即《原理》中使用了几何方法,所以在他死后差不多一百年中,英国人继续以几何为主要工具。而大陆的数学家继续莱布尼茨的分析法,使它发展并得到改善。这些事情的影响非常巨大,它不仅使英国的数学家落在后面,而且使数学损失了一些最有才能的人应可作出的贡献。

7. 微积分的一些直接增补

微积分当然是数学中最庞大的部分的开端,这一部分一般叫做分析。我们将在以下几章里叙述这个领域中的重要发展,但是在这里,我们可以注意在牛顿和莱布尼茨的基础工作之后立即作出的一些补充。

在牛顿的《普遍的算术》(1707)中,他建立了多项式方程实根的上界定理。这个定理说:数 a 是 $f(x)=0$ 的实根的上界,如果用 a 代替 x 时,$f(x)$和它的所有的导数都给出相同的符号。

在他的《分析学》和《流数法》中,他给出一个一般的方法去逼近 $f(x)=0$ 的根,这个方法发表在 1685 年的沃利斯的《代数》里。拉夫森(Joseph Raphson, 1648—1715)在小册子《普遍方程分析》(*Analysis Aequationum Universalis*, 1690)中,改善了这个方法,虽然他只把这个方法应用到多项式,但它有更广泛的用处。这个修改后的方法现在叫做牛顿法或者牛顿-拉夫森法。它首先是选择一个近似值 a。然后计算 $a-f(a)/f'(a)$ 。记这数为 b,再计算 $b-f(b)/f'(b)$ 。把结果记为 c,如此继续做下去,数 $a, b, c, \cdots$是根的逐次近似值(用的记号是现在的)。实际上,这个方法不一定给出根的越来越好的近似值。穆拉耶(J. Raymond Mourraille)在 1768 年证明,a 必须选择得使 $y=f(x)$ 的曲线在 a 和根的区间内凸向 x 轴。很久以后,傅里叶(Joseph Fourier)也独立地发现了这一点。

罗尔(Michel Rolle, 1652—1719)在他的《任意次方程的一个解法的证明》(*Démonstration d'une méthode pour résoudre les égalitéz de tous les dégrez*, 1691)中给出了著名的现在以他的名字命名的定理,即如果函数在 x 的两个值,比如说 a 和 b 处等于 0,那么在 a 和 b 之间的某个 x 值上,函数的导数等于 0。罗尔叙述了定理但没有证明。

在牛顿和莱布尼茨之后,微积分的两个最重要的奠基者是伯努利兄弟,詹姆斯·伯努利[也叫雅各布(Jakob)或雅克(Jacques, 1655—1705)]是自学数学的,因而在这门学科中成熟缓慢。在他父亲的敦促下,他为做一个牧师而进行学习,但最后转向了数学,并在 1686 年成为巴塞尔(Basel)大学的教授。从此以后,他的主要兴趣就是数学和天文学。在 17 世纪 70 年代末,当他开始研究数学问题时,他还不知道牛顿和莱布尼茨的工作。他也学习了笛卡儿的《几何》、沃利斯的《无穷的算术》以及巴罗的《几何讲义》。虽然他从巴罗那里学到很多,但他却把巴罗的结果表示为分析的形式。他逐渐地熟习了莱布尼茨的工作,但是因为后者的工作很少印出发表,所以使得詹姆斯·伯努利的许多结果和莱布尼茨重叠。实际上,他和当时的数学家一样,并没有充分理解莱布尼茨的工作。

詹姆斯·伯努利的活动和他的弟弟约翰·伯努利[或叫做 Johann 或让(Jean), 1667—1748]的活动紧密地连接在一起。约翰·伯努利被他的父亲送去经商,但转向了医学,并从他哥哥那里学习数学。他成为荷兰格罗宁根(Groningen)的数学教授,后来继承他的哥哥成为巴塞尔的数学教授。

詹姆斯·伯努利和约翰·伯努利都经常地和莱布尼茨、惠更斯以及其他数学家通信,他们俩也互相通信。所有这些人都致力于信中提出的或者提出作为挑战的许多共同的问题。在这些日子里,因为结论也是在信中通知的,随后也没有发表,所以谁先发现是一个复杂的问题。有时把信誉归于那些虽已公开但当时还没有证明的结论。问题由于独特关系的出现而更加复杂化。约翰·伯努利非常急于成名而开始和他的哥哥竞争,很快两人在许多问题上互相挑战。约翰·伯努利毫不迟疑地用不正当手段把别人的包括他哥哥的成果作为自己的结果。詹姆斯·伯努利非常敏感,并且照样回击。他们各自发表文章,大部分互相取资,但不指明他们思想的来源。约翰·伯努利实际上成了他哥哥的尖刻的批评者,莱布尼茨想在两人之间进行调和。虽然在赞扬巴罗时,詹姆斯·伯努利早就说过,莱布尼茨的工作不应该贬低,但是他越来越怀疑莱布尼茨。另外,他忿恨莱布尼茨超等的洞察力,认为莱布尼茨态度傲慢,因为詹姆斯·伯努利认为起源于自己的事情,莱布尼茨声称他已经做了。他开始确信莱布尼茨蓄意要贬低他的工作,而且在他们兄弟间的争吵中偏袒约翰·伯努利。当法蒂奥·德·杜伊利埃(Nicholas Fatio de Duillier, 1664—1753)赞扬牛顿创立了微积分而且卷入与莱布尼茨的争论时,詹姆斯·伯努利写信给法蒂奥反对莱布尼茨。

至于伯努利兄弟在微积分方面的工作,也是关于求曲线的曲率、法包线(曲线的法线的包络)、拐点、曲线的求长以及其他基本的微积分课题。牛顿和莱布尼茨的结论后来扩展到各种各样的螺线、悬链线和曳物线(它是这样一条曲线,其中 PT 和 OT 的比等于常数,图 17.20)。詹姆斯·伯努利还写了五篇关于级数的文章(第 20 章第 4 节),文章把牛顿的级数的应用扩展到积分复杂的代数函数和超越函数。1691 年詹姆斯·伯努利和约翰·伯努利给出曲线的曲率半径的公式。詹姆斯·伯努利称之为“黄金定理”并写作

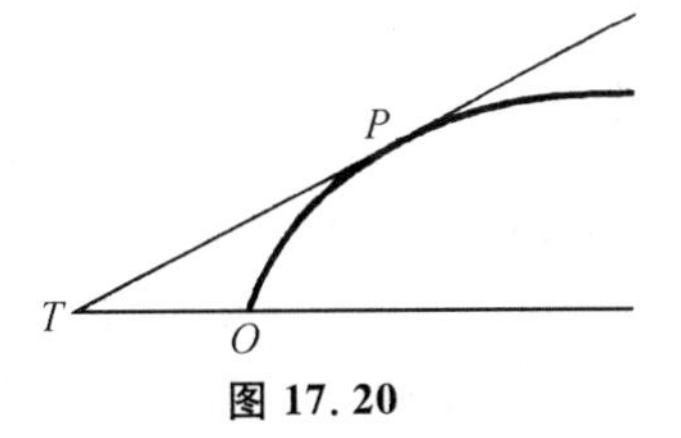

图 17.20

$$z = \mathrm{d}x\mathrm{d}s : \mathrm{dd}y = \mathrm{d}y\mathrm{d}s : \mathrm{dd}x,$$

其中 z 是曲率半径。如果我们用 $\mathrm{d}s^2$ 除每一个比的分子和分母,就得到

$$z = \frac{\mathrm{d}x/\mathrm{d}s}{\mathrm{d}^2y/\mathrm{d}s^2} = \frac{\mathrm{d}y/\mathrm{d}s}{\mathrm{d}^2x/\mathrm{d}s^2},$$

这是更熟悉的形式。詹姆斯·伯努利也在极坐标中给出了这个结果。

约翰·伯努利作出一个现今著名的定理,它是用来求一个分数当分子和分母都趋于 0 时的极限的。这个定理由约翰·伯努利的学生洛必达(Guillaume F. A. L'Hospital, 1661—1704)编入微积分的一本有影响的书《无穷小分析》(*Analyse des infiniment petits*, 1696)中,现在通称为洛必达法则。

8. 微积分的可靠性

从引进求速度、切线、最大值和最小值等新方法开始,它的证明就被攻击为是不可靠的。卡瓦列里的使用不可分量的最终元素以及他的论据震惊了那些重视逻辑严密性的人们。卡瓦列里答复他们的批评说,当代的几何学家在逻辑方面比他还随便——开普勒在他的《测量酒桶体积的新科学》中就是一例。他继续说,这些几何学家在面积计算中满足于模仿阿基米德的求直线的总和的方法,但没有能够给出像希腊人用来使工作严密的那种完整的证明。他们满足于他们的计算,只要结果有用就行了。卡瓦列里感到有理由采用同样的观点。他说,他的做法能引向新的创造,而且他的方法一点也没有强迫人们把一个几何结构看成是由无穷多部分组成的;除了在面积之间和体积之间建立正确的比之外,没有其他目的。但是这些比保持它们的意义和值,而不管人们对于连续统有什么见解。无论如何,卡瓦列里说:"严密是哲学所关心的,而不是几何所关心的事情。"

费马、帕斯卡和巴罗意识到他们在求和工作中的不严密性,但是相信照阿基米德的方式就能作出严密的证明。在《德东维尔的信》(1659)中,帕斯卡断言,无限小的几何与古希腊几何是一致的。他断言:"凡是能用不可分量的正确法则证明的东西,也能用古代的方式去严密地证明。"更进一步,他说不可分法必定会受到任何一个自称为几何学者的数学家的承认。它和古代的方法只是语言上的不同。然而,帕斯卡对于严密性也有矛盾心理。有时他辩护道,内心的干预给我们保证了数学步骤的正确性。为了做正确的工作所必需的东西是专门的"技巧",而不是几何的逻辑,正如宗教对皈依的领会高于理智一样。在微积分中运用的几何的悖论,如同圣经中的明显的荒唐事一样,几何中的不可分量与有限量之间的关系同人类的公正与上帝的公正之间的关系是一样的。

卡瓦列里和帕斯卡提供的辩护适用于无穷小量的求和。关于导数,早期的作者如费马和罗贝瓦尔认为他们有一套简单的代数程序,这个程序有着非常明白的几何解释,因而能用几何的论据证明是合理的。实际上,当费马不能用穷竭法去核实他所提出的任何想法时,他谨慎地避免宣布一般性的定理。巴罗局限于几何论证,而且尽管他攻击代数学家缺乏严密性,可是对于他的几何论据的可靠性也是不够注意的。

牛顿和莱布尼茨都没有清楚地理解也没有严密地定义他们的基本概念。我们已经观察到他们在定义导数和微分时都是犹豫不定的。牛顿实际上是不相信他违背了希腊几何。虽然他使用了不合他口味的代数和坐标几何,但他认为归根到底他的方法不过是纯几何的自然延展。然而,莱布尼茨像笛卡儿一样,是一个思想开阔、很有远见的人,他看到了新思想有长远的潜力,而且毫不犹豫地宣告新科学出世了。因此对于微积分中严密性的缺乏不很担心。

对于他的思想的批评者,莱布尼茨作出各种不能令人满意的回答。他在1690年3月30日给沃利斯的信中[1]说:

> 考虑这样一种无穷小量将是有用的,当寻找它们的比时,不把它们当作是零,但是只要它们和无法相比的大量一起出现,就把它们舍弃。例如,如果我们有 $x+\mathrm{d}x$,就把 $\mathrm{d}x$ 舍弃。但是如果我们求 $x+\mathrm{d}x$ 和 x 之间的差,情况就不同了。类似地,我们不能把 $x\mathrm{d}x$ 和 $\mathrm{d}x\mathrm{d}x$ 并列。因此如果我们微分 xy,我们写下 $(x+\mathrm{d}x)(y+\mathrm{d}y)-xy=x\mathrm{d}y+y\mathrm{d}x+\mathrm{d}x\mathrm{d}y$。但 $\mathrm{d}x\mathrm{d}y$ 是不可比较地小于 $x\mathrm{d}y+y\mathrm{d}x$,所以必须舍弃。这样就在任何特殊的情况下,误差都小于任何有限的量。

至于 $\mathrm{d}y$,$\mathrm{d}x$ 和 $\mathrm{d}y/\mathrm{d}x$ 的最终的含意,莱布尼茨仍然是含糊的。他说 $\mathrm{d}x$ 是两个无限接近的点的 x 值的差,切线是连接这样两点的直线。虽然他在各阶无穷小量之间确实作出了区别,但是他没有经过证明就扔掉高阶微分。有时候把无穷小量 $\mathrm{d}x$ 和 $\mathrm{d}y$ 描述成正在消失的或者刚出现的量,与已经形成的量相对应。这些无穷小量不是0,但小于任意有限的量。有时他求助于几何,说高阶微分和低阶微分相比,如同点和直线相比一样[2],又说 $\mathrm{d}x$ 比 x 如同点比地球,或地球的半径比宇宙的半径一样。他认为两个无穷小量的比是不能指出的量之商或者是无限小的量之商,但是这个比仍然能用有限的量表示出,如同纵坐标对次切线的比那样。

暴风雨般的攻击和反驳开始于1694年和1695年荷兰物理学家和几何学家纽汶提(Bernard Nieuwentijdt,1654—1718)的书。虽然他承认,一般地说来,新方法引向正确的结果,但他批评方法的含糊,并指出有时方法引向荒谬。他抱怨说他无法理解无穷小量怎样和0有区别,并质问为什么无穷小量的和能是有限的量。他还质问高阶微分的意义和存在,质问在推理的过程中为何舍弃无穷小量。

在可能写于1695年的回答纽汶提的草稿中,以及在1695年的《教师学报》(*Acta Eruditorum*)的一篇文章中[3],莱布尼茨作出了各种回答。他谈到"过分苛刻"的批评者,并说过分的审慎不应该使我们抛弃创造的成果。然后他说他的方法不同于阿基米德方法之处,只在于所用的表达方面,但他自己的方法更好地适应于发明的艺术。"无穷大"和"无穷小"仅仅表示愿要多大就多大和愿要多小就多小的

---

① 莱布尼茨:*Math. Schriften*, 4,63.

② *Math. Schriften*, 5,322 ff.

③ *Acta Erud.*, 1695,310-316=*Math. Schriften*, 5,320-328.

量,这是为了证明误差可以小于任何指定的数——换句话说,就是没有误差。人们能用这些最终的东西——即无穷大量和无穷小量——作为一种工具,正如在代数里用虚根有极大的好处一样。

到这时为止,莱布尼茨的论据是他的微积分只用到通常的数学概念。但是因为不能使他的批评者满意,所以他说了一个叫做连续性定律的哲学原理,这个原理实际上和开普勒叙述的是一样的。1687 年在给培尔(Pierre Bayle)的信中①,莱布尼茨叙述这个原理如下:“在任何假定的向任何终点的过渡中,允许制定一个普遍的推论,使最后的终点也可以包括进去。”为了支持这个原理,在 1695 年左右的没有发表的手稿中,作为例子,他给出一个把椭圆和抛物线包括在内的论证,虽然抛物线是椭圆的一个焦点移向无穷远时的极限情形。

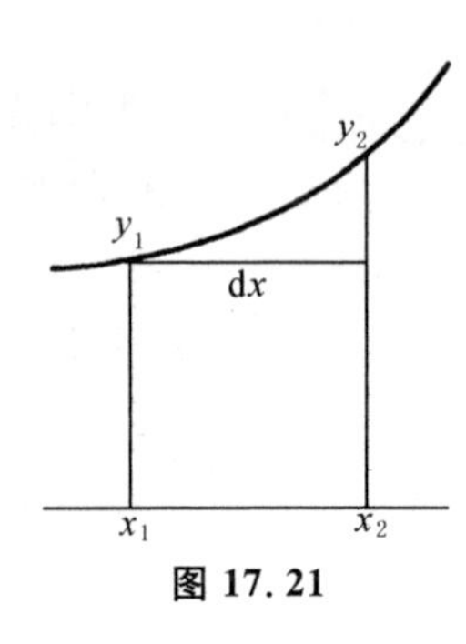

图 17.21

然后他运用这个原理为抛物线 $y = x^2/a$ 计算 dy/dx。在得到

$$dy : dx = (2x + dx) : a$$

之后,他说:“现在,因为按我们的公设,允许在一个普遍的道理下,也包括纵坐标 x_2y_2 越来越向确定的纵坐标 x_1y_1 移近并最终和它重合的情形(图 17.21),所以明显地,在这种情形下,dx 成为 0,并且应该忽略……”莱布尼茨没有说明应该给予方程左边的 dx 以什么意义。

他说,当然,绝对相等的东西总有一个绝对是无的差别,因此抛物线不是椭圆。

> 然而一个过渡的状态或者即将消失的状态是可以设想的,其中实际上仍然没有出现完全的相等或者静止……而是进入这样一种状态,即差小于任何指定的量,在这种状态中还剩余一些差、一些速度、一些角度,但它们每个都是无穷小……
>
> 是否这样一个从不等到相等的瞬时过渡……能够保持在严密的或者形而上学的意义中呢?或者无穷大的扩展顺次地越来越大,或者无穷小的扩展顺次地越来越小,这是否是合法的考虑呢?在目前,我承认这可能还是未解决的问题。
>
> 如果当我们说到无穷大(或者更严格些说,无限制的大)或者无穷小量(即在我们的知识中是最小的)时,就理解为我们意味着无限大的或者无限小的量(即要多大就多大,要多小就多小,使得任何人得到的误差可以小于某个指定的量),那就足够了。

---

① *Math. Schriften*, 5,385.

> 在这些假定下，我们在 1684 年 10 月的《教师学报》中列出的算法的全部规则，都能够不很麻烦地给以证明。

然后莱布尼茨重新给出这些规则。他引进量(d)y 和(d)x，并用它们完成通常的微分手续。他叫这些量是能指定的或者有限的没有消失的量。在得到最后的结果之后，他说，我们能够用消失的或不能指定的量 dy 和 dx 代替(d)y 和(d)x，因为我们"假定消失量 dy 和 dx 的比等于(d)y 和(d)x 的比，而这个假定永远能归结到一个不容怀疑的真理。"

莱布尼茨的连续性原理确实不是今天的一个数学公理，但是他强调它，而且后来它成为重要的东西。他给出许多和这个原理相符的论据。例如在给沃利斯的信中①，莱布尼茨为他使用一个没有量的形式的特征三角形，即量缩小为 0 之后，特征三角形的形式仍然保存作辩护，而且挑战地反问道："谁不承认没有量的形式呢？"同样的，在给格朗迪(Guido Grandi)的信中②，他说无穷小不是简单的、绝对的零，而是相对的零，这就是说，它是一个消失的量，但仍保持着它那正在消失的特征。然而，莱布尼茨在另外的时候又说，他不相信度量中真正的无穷大或者真正的无穷小。

莱布尼茨对于他的一套做法是否正确的最终验证比牛顿更少关心，认为这应取决于做法的有效性。他强调他所创造的东西在做法上或算法上的价值。在某种程度上，他确信只要他清楚地表述并且恰当地运用他的运算法则，就会获得合理而正确的结果，而不管所用符号的意义怎样可疑。

很明显，牛顿和莱布尼茨都没有把微积分的基本概念——导数和积分——弄清楚，更不用说弄精确了。他们不能正确地掌握这些概念，而是依靠成果的彼此一致和方法的多产，没有严密性地向前推进。

有几个例子可以说明即使在牛顿和莱布尼茨的卓越的最接近的继承者那里也缺乏明晰性。约翰·伯努利在 1691 年和 1692 年写出第一本微积分教材。积分部分于 1742 年出版③；微分部分《微分学》(*Die Differentialrechnung*)，直到 1924 年才出版。但是洛必达(Marquis de l'Hospital)以他自己的名义在 1696 年出版了一个略加修改的法文译本(前已提到过)。约翰·伯努利以三条公设开始《微分学》。第一条说："一个量增加或减少一个无穷小量之后，它既没有增加也没有减少。"第二条公设是："每一条曲线是由本身是无穷小的无数条直线组成的。"在推理中他追随莱布尼茨，用了无穷小量。例如，为了从 $y = x^2$ 得到 dy，他用 e 代替 dx 并得到

---

① *Math. Schriften*, 4,54.

② *Math. Schriften*, 4,218.

③ *Opera Omnia*, 3,385－558.

$(x+e)^2-x^2$ 即 $2xe+e^2$，然后只须去掉 e^2。像莱布尼茨一样，他用了含糊的比拟说明微分是什么东西。他说，因此无穷大量像是天文距离，而无穷小量像是显微镜揭示出来的微生物。1698 年他辩论无穷小量必定存在①。为此，只要考虑无穷数列 1, 1/2, 1/4, …就行了。如取 10 项，1/10 就存在；如取 100 项，1/100 就存在。相应地取无穷多个项，那就是无穷小量了。

包括沃利斯和约翰·伯努利在内的很少的几个人，试着定义无穷小是∞的倒数，他们认为∞是明确的数。还有其他一些人似乎认为，不可理解的东西不需要进一步解释。对于 17 世纪的大多数人来说，严密不是一件关心的事情。他们经常说的能够用阿基米德方法严密化的东西实际上不能够用阿基米德式的严密化，对于微分特别是这样，因为在古希腊数学中没有类似于微分的东西。

实际上，新的微积分正在引进与先前的工作根本不同的概念和方法。经过牛顿和莱布尼茨的工作，微积分成为一门完全新的要求有它自己的基础的学科。虽然他们没有完全意识到这一点，但是数学家们已经同过去决裂了。

正确的新概念的萌芽甚至能在 17 世纪的文献中发现。沃利斯在《无穷的算术》(1655)中，提出了函数的极限的算术概念：它是被函数逼近的数，使得这个数和函数之间的差能够小于任一指定的数，并且当过程无限地继续下去，差最终将消失。他的话是不严密的，但却包含了正确的思想。

詹姆斯·格雷戈里在他的《论圆和双曲线的求积》(1667)中明白指出，求面积、体积和曲线长度的方法，包含一个新的过程，即极限过程。他又说，这种运算同加、减、乘、除以及开方等五种代数运算的性质不同。他把穷竭法表示为代数的形式，并看出用外切于已知面积或体积的直线形与用内接直线形得到的逐次逼近值都收敛到相同的“最后项”。他还注意到极限过程产生不是有理数的根的无理数。但是沃利斯和詹姆斯·格雷戈里的见解在他们的世纪中没有引起注意。

微积分的基础仍然是不清楚的。更加混乱的是，牛顿的支持者继续谈论最初比和最后比，而莱布尼茨的追随者使用无穷小的非零量。许多英国数学家也许是由于基本上仍然为古希腊的几何所束缚，因而怀疑微积分的全部工作。这个世纪就这样在微积分处于混乱状态之下结束了。

参考书目

Armitage, A.: *Edmond Halley*, Thomas Nelson and Sons, 1966.

Auger, L.: *Un Savant méconnu: Gilles Persone de Roberval* (1602 - 1675), A.

① 莱布尼茨：*Math. Schriften*, 3, Part 2, 563 ff。

Blanchard, 1962.

Ball, W. W. R.: *A Short Account of the History of Mathematics*, Dover (reprint), 1960, pp. 309 - 370.

Baron, Margaret E.: *The Origins of the Infinitesimal Calculus*, Pergamon Press, 1969.

Bell, Arthur E.: *Newtonian Science*, Edward Arnold, 1961.

Boyer, Carl B.: *The Concepts of the Calculus*, Dover (reprint), 1949.

Boyer, Carl B.: *A History of Mathematics*, John Wiley and Sons, 1968, Chaps. 18 - 19.

Brewster, David: *Memoirs of the Life, Writings and Discoveries of Sir Isaac Newton*, 2 vols., 1855, Johnson Reprint Corp., 1965.

Cajori, Florian: *A History of the Conceptions of Limits and Fluxions in Great Britain from Newton to Woodhouse*, Open Court, 1919.

Cajori, Florian: *A History of Mathematics*, Macmillan, 1919,2nd ed., pp. 181 - 220.

Cantor, Moritz: *Vorlesungen über Geschichte der Mathematik*, 2nd ed., B. G. Teubner, 1900 and 1898, Vol. 2, pp. 821 - 922; Vol. 3, pp. 150 - 316.

Child, J. M.: *The Geometrical Lectures of Isaac Barrow*, Open Court, 1916.

Child, J. M.: *The Early Mathematical Manuscripts of Leibniz*, Open Court, 1920.

Cohen, I. B.: *Isaac Newton's Papers and Letters on Natural Philosophy*, Harvard University Press, 1958.

Coolidge, Julian L.: *The Mathematics of Great Amateurs*, Dover (reprint), 1963, Chaps. 7, 11, and 12.

De Morgan, Augustus: *Essays on the Life and Work of Newton*, Open Court, 1914.

Fermat, Pierre de: *Œuvres*, Gauthier-Villars, 1891 - 1912, Vol. 1, pp. 133 - 179, Vol. 3, pp. 121 - 156.

Gibson, G. A.: "James Gregory's Mathematical Work," *Proc. Edinburgh Math. Soc.*, 41, 1922/1923,2 - 125.

Huygens, C.: *Œuvres complètes*, 22 vols., Société Hollandaise des Sciences, Nyhoff, 1888 - 1950.

Leibniz, G. W.: *Œuvres*, Firmin-Didot, 1859 - 1875.

Leibniz, G. W.: *Mathematische Schriften*, ed. C. I. Gerhardt, 7 vols., Ascher-Schmidt, 1849 - 1863. Reprinted by Georg Olms, 1962.

More, Louis T.: *Isaac Newton*, Dover (reprint), 1962.

Montucla, J. F.: *Histoire des mathématiques*, Albert Blanchard (reprint), 1960, Vol. 2, pp. 102 - 177,348 - 403; Vol. 3, pp. 102 - 138.

Newton, Sir Isaac: *The Mathematical Works*, ed. D. T. Whiteside, 2 vols., Johnson Reprint Corp., 1964 - 1967. Vol. 1 contains translations of the three basic papers on the calculus.

Newton, Sir Isaac: *Mathematical Papers*, ed. D. T. Whiteside, 4 vols., Cambridge University Press, 1967 - 1971.

Newton, Sir Isaac: *Mathematical Principles of Natural Philosophy*, ed. Florian Cajori, 3rd ed. , University of California Press, 1946.

Newton, Sir Isaac: *Opticks*, Dover (reprint), 1952.

Pascal, B. : *Œuvres*, Hachette, 1914 - 1921.

Scott, Joseph F. : *The Mathematical Work of John Wallis*, Oxford University Press, 1938.

Scott, Joseph F. : *A History of Mathematics*, Taylor and Francis, 1958, Chaps. 10 - 11.

Smith, D. E. : *A Source Book in Mathematics*, Dover (reprint) , 1959, pp. 605 - 626.

Struik, D. J. : *A Source Book in Mathematics*, 1200 - 1800, Harvard University Press, 1969, pp. 188 - 316, 324 - 328.

Thayer, H. S. : *Newton's Philosophy of Nature*, Hafner, 1953.

Turnbull, H. W. : *The Mathematical Discoveries of Newton*, Blackie and Son, 1945.

Turnbull, H. W. : *James Gregory Tercentenary Memorial Volume*, Royal Society of Edinburgh, 1939.

Turnbull, H. W. and J. F. Scott: *The Correspondence of Isaac Newton*, 4 vols. , Cambridge University Press, 1959 - 1967.

Waller, Evelyn: *A Study of the* Traité des indivisibles *of Gilles Persone de Roberval*, Columbia University Press, 1932.

Wallis, John: *Opera Mathematica*, 3 vols. , 1693 - 1699, Georg Olms (reprint), 1968.

Whiteside, Derek T. : "Patterns of Mathematical Thought in the Seventeenth Century," *Archive for History of Exact Sciences*, 1, 1961, pp. 179 - 388.

Wolf, Abraham: *A History of Science, Technology and Philosophy in the 16th and 17th Centuries*, 2nd ed. , George Allen and Unwin, 1950, Chaps. 7 - 14.